高等职业教育自动化类专业系列教材

自动线安装与调试

主　编　谢青海　朱春颖
副主编　薛建芳　樊东亮　周月侠
参　编　杜金平　王　健　张军贵
主　审　王志强

北京理工大学出版社
BEIJING INSTITUTE OF TECHNOLOGY PRESS

内 容 简 介

本书共四篇，分别是开篇、自动化生产线基础模块、自动化生产线总体安装与调试模块和自动化生产线单元编程与调试模块。本书以“活页式理念”编写，每篇按照项目引领、任务驱动的形式开展，侧重实践与应用，特别是将素养教学、交流与思考、学习拓展等内容融入课程中，培养读者良好的职业素养。

本书配有电路原理图、控制程序及调试步骤，旨在让读者通过本书尽快掌握自动化生产线安装与调试的相关知识与技能。本书可作为高等职业院校电气自动化、机电一体化等相关专业及技术培训的教材，也可作为工程技术人员自学或参考用书。

图书在版编目（CIP）数据

自动线安装与调试 / 谢青海，朱春颖主编. -- 北京：北京理工大学出版社，2025.1（2025.2 重印）.

ISBN 978-7-5763-4683-1

Ⅰ. TP278

中国国家版本馆 CIP 数据核字第 2025ZM0658 号

责任编辑：王培凝　　**文案编辑**：李海燕
责任校对：周瑞红　　**责任印制**：施胜娟

出版发行 / 北京理工大学出版社有限责任公司
社　　址 / 北京市丰台区四合庄路 6 号
邮　　编 / 100070
电　　话 /（010）68914026（教材售后服务热线）
（010）63726648（课件资源服务热线）
网　　址 / http://www.bitpress.com.cn

版 印 次 / 2025 年 2 月第 1 版第 2 次印刷
印　　刷 / 三河市天利华印刷装订有限公司
开　　本 / 787 mm × 1092 mm　1/16
印　　张 / 25.5
字　　数 / 564 千字
定　　价 / 59.90 元

前言

随着科技的飞速发展，自动化技术已经成为现代工业生产中不可或缺的一部分。自动化生产线以高效、精准、稳定的特性广泛应用于各类制造业中，极大提高了生产效率，降低了生产成本，推动了工业领域的创新发展。因此，培养具有自动化设备设计、安装、调试、运维、技术改造等方面的高素质技术技能人才，是高等职业院校电气类专业的主要任务，这对于提升个人技能、促进职业发展及推动工业进步都具有重要意义。

自动化生产线安装与调试作为一门新兴课程，最大特点是具有综合性和系统性，该课程融合了机械技术、PLC 技术、变频器技术、传感器技术、电机与电气控制技术、气动技术、工业组态与网络通信技术等多种技术，并综合应用到生产设备中。本书强调实践性，以项目为载体，通过任务驱动，让读者能够将理论知识与实际操作相结合，提高实践能力。总体来说，本书具有以下特点。

（1）内容坚持以实际应用为主要目的，为满足具有不同学习目标的人群，不仅注重理论知识的系统完整，更力求与课程的综合化和模块化相适应。本书将内容划分为若干独立模块，便于读者根据行业发展和技术更新进行自由组合，满足难易程度不同的学习需求。

（2）有机融入素养、素质教育。本书融入职业规范、职业精神内容，引导学生树立正确的职业观和价值观。通过“小资料”模块引入国家科技进步、大国工匠等案例，激发学生的民族自豪感和社会责任感。

（3）数字资源丰富，便于学习。本书配套丰富的立体化教学资源，包括电子课件、教学大纲、原理动画、微课视频、实操视频、习题资源、运行程序等。可通过移动终端扫描书中内容对应处的二维码观看相应视频，使内容更加生动丰富。

（4）项目引领，任务驱动。本书以项目为载体，通过任务驱动，激发学生的学习兴趣，让学生在完成项目的过程中学习知识和技能，提高实践能力和解决问题能力。通过项目式教学、团队合作的形式进行实操，引导学生加强团队协作、沟通交流等能力，为未来的职业发展奠定坚实的基础。

（5）融入新技术，紧跟行业发展。本书内容反映行业最新技术，紧跟自动化生产线技术的发展趋势，确保学生所学知识与行业现状保持同步。

（6）校企合作，共同开发教材。本书在编写过程中吸取了众多行业企业专家和业内人士的意见和建议，确保教材内容符合企业实际需求，提高学生的就业竞争力。

本书由河北机电职业技术学院的谢青海、朱春颖、薛建芳、樊东亮、杜金平、王健、衡水职业技术学院的周月侠共同编写。其中谢青海和朱春颖担任主编，薛建芳、樊东亮和周月侠担任副主编，机械工业教育发展中心王志强担任主审。编写人员及分工如下：樊东亮编写项目1、2、4、5、6、11；朱春颖和周月侠编写项目3、12；杜金平编写项目7、8、13；薛建芳编写项目9、10、16、17、18、19、20；王健编写项目14、15；主编负责整书的规划、统稿、校稿等工作。特别感谢亚龙智能装备集团股份有限公司的高级技师张军贵，在本书编写过程中给予了支持和并提出了宝贵意见。限于编者经验和水平，书中难免存在疏漏和不足之处，敬请广大读者批评指正。

编　者

目录

第一篇　开篇

第二篇　自动化生产线基础模块

第三篇　自动化生产线总体安装与调试模块

第四篇　自动化生产线单元编程与调试模块

第一篇

开　篇

项目1

自动化生产线的简介

项目概述

自动化生产线是一个涉及多种技术知识的重要系统。它不仅涉及机械技术、气动技术，还涉及传感检测技术、控制技术及网络通信技术等。其中，可编程控制器（Programmable Logic Controller，PLC）控制技术是自动化生产线的核心，广泛应用于自动化控制系统中。多技术的结合促进自动化生产线能够实现高效、准确的生产。YL－335B型自动化生产线实训考核设备模拟真实生产线的控制过程，使学生可以初步认识和了解到自动化生产线系统所涉及的各种技术知识，为从事自动化生产线相关工作奠定良好的技术基础。

一、自动化生产线的概念

自动化生产线是指原料在产品制造过程中所经过的路线，即原料从开始进入生产现场，到加工、运输、组装、检查等一系列生产活动所构成的路线。自动化生产线是由自动执行装置（各种执行装置及机构，如气动气缸、电动机、电磁铁、电磁阀等）及各种检查设备（包括各种检查设备、传感器、仪表等）所组成的可通过逻辑运算及判断，并根据生产工艺要求的顺序自动进行生产作业的一种生产组织形式。图1－1所示为自动化生产线应用实例。

由于生产产品的不同，各种类型的自动化生产线大小不一、结构多样、功能各异，但基本都可分为5个部分：机械装置部分、电气控制部分、传感器检测部分、执行机构部分和动力源部分。

（1）机械装置部分。在自动化设备及生产线中，机械装置部分是被自动化的对象，也是完成给定工作的主体，是机电一体化技术的载体。机械装置包括机壳、机架、机械传动部件及各种连杆机构等。

（2）电气控制部分。电气控制部分的作用是处理各种信息并作出相应的判断、决策和指令。装在自动化设备及生产线上的各种检测元件将检测到的信号传送到电气控制部分。

（3）传感器检测部分。传感器检测部分作为自动化生产线必不可少的部分，主要实现对信息的获取及监测，也是控制部分的基础。自动化设备及生产线在运行过程中必须及时了解与运行相关的情况，充分掌握各种信息，系统才能得到控制并正常运行。

（a） （b）

（c） （d）

图1－1 自动化生产线应用实例

（a）汽车生产线；（b）快递分拣；（c）自动化立体仓库；（d）桶装水灌装生产线

（4）执行机构部分。执行机构部分的作用是执行各种指令、完成预期动作。它由传动机构和执行元件组成，能实现给定的运动，传递足够的动力，并具有良好的传动性能，可完成上料、下料、定量和传送等动作。

（5）动力源部分。动力源部分的作用是向自动化设备及生产线供应能量，以驱动它们进行各种运动和操作。

从功能上看，任意类型的自动化生产线都应具备最基本的四大功能，即运转功能、控制功能、检测功能和驱动功能。运转功能在生产线中依靠动力源来提供；控制功能由微型机、单片机、PLC或其他一些电子装置来完成；检测功能主要由各种类型的传感器来实现。在实际工作过程中，传感器会收集生产线上的各种信息，如位置、温度、压力、流量等，并把这些信息转换成相应的电信号传递给控制装置，控制装置对这些电信号进行存储、传送、运算、变换等，然后通过相应的接口电路向执行机构发出命令，执行机构（如电动机、液压/气压缸等）再驱动机械装置完成所要求的动作。

二、自动化生产线的发展概况

自动化生产线所涉及的技术领域较为广泛，主要包括机械技术、PLC控制技术、气动技术、传感检测技术、驱动技术、网络通信技术、人机接口技术等，如图1－2所示。自动化生产线的发展与各种技术的进步紧密相关，同时各种技术的不断更新也推动了其不断完善。

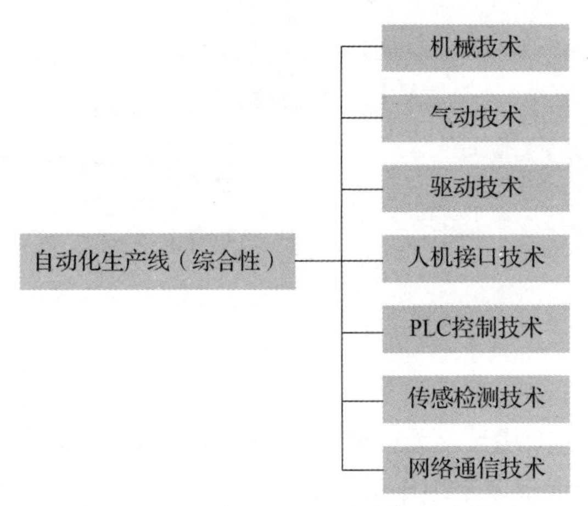

图1－2　自动化生产线涉及的技术领域

PLC是一种专门为工业环境而设计的数字运算操作电子系统。它采用一种可编程的存储器，在其内部存储执行逻辑运算、顺序控制、定时、计数和算术运算等操作的指令，并通过数字式或模拟式的输入/输出来控制各种类型的机械设备或生产过程，广泛应用于自动化生产的控制系统之中。

微型计算机的出现，使机器人内置的控制器能够被计算机代替，从而产生了工业机器人，其中以工业机械手最为普遍。各具特色的机器人和机械手在自动化生产中广泛应用于装卸工件、定位夹紧、工件传送等。现在正在研制的新一代智能机器人不仅具有运动操作技能，而且具有视觉、听觉、触觉等感觉的辨别能力，有的还具有判断、决策能力。这种机器人的成功研制，将自动化生产带入一个全新的领域。

液压和气动技术，特别是气动技术，由于其介质是取之不尽的空气，具有传动反应快、动作迅速、气动元件制作容易、成本低、便于集中供应和长距离输送等优点，引起人们的普遍重视。气动技术已经发展成为一个独立的技术领域，在各行业，特别是自动化生产线中得到迅速发展和广泛使用。

此外，随着材料科学的发展和固体效应的出现，传感器检测技术形成了一个新型的科学技术领域，在应用上出现了带有微处理器的“智能传感器”，它在自动化生产中作为前端感知工具，起着极其重要的作用。

进入互联网时代，自动化生产在计算机技术、网络通信技术和人工智能技术的推动下不断发展，产生了更加智能的控制设备，使工业生产过程有一定的自适应能力。这些支持自动化生产的相关技术的进一步发展，使自动化生产功能更加完善、先进，从而能完成技术性更复杂的操作和生产，或装配工艺更复杂的产品。

项目2

YL-335B型自动化生产线的认知与操作

项目概述

YL－335B 型自动化生产线是一种典型的自动化生产线，由供料单元、加工单元、装配单元、分拣单元和输送单元等多个工作单元组成。这些工作单元通过控制系统和传送系统相互连接，形成一个完整的自动化生产线。

任务1 YL－335B 型自动化生产线的功能及组成

知识目标

1. 熟悉自动化生产线实训装置各工作单元的功能及组成。
2. 熟悉自动化生产线实训装置电气控制系统基本结构。
3. 熟悉自动化生产线实训装置气动系统。
4. 掌握自动化生产线实训装置电气操作流程。

技能目标

1. 能够分析自动化生产线实训装置各工作单元的基本操作流程。
2. 能够检查、分析电气控制回路。

素养目标

1. 培养团队合作精神和沟通协作能力。
2. 培养学生爱国主义意识。

任务导入

自动化生产线各工作单元都由哪些部件组成？各工作单元部件起到哪些作用？

知识储备

YL－335B 型自动化生产线实训装置由安装在铝合金导轨式实训台上的供料单元、装配单元、加工单元、输送单元和分拣单元 5 个工作单元组成，其中各工作单元的位置可以根据需要进行调整，如图 2－1 所示。

图2－1　YL－335B 型自动化生产线实训装置

一、YL－335B 型自动化生产线的基本功能

YL－335B 型自动化生产线的每个工作单元均由一台 PLC 控制，各 PLC 之间通过工业以太网实现互联的分布式控制。YL－335B 型自动化生产线的工作过程如图 2－2 所示。

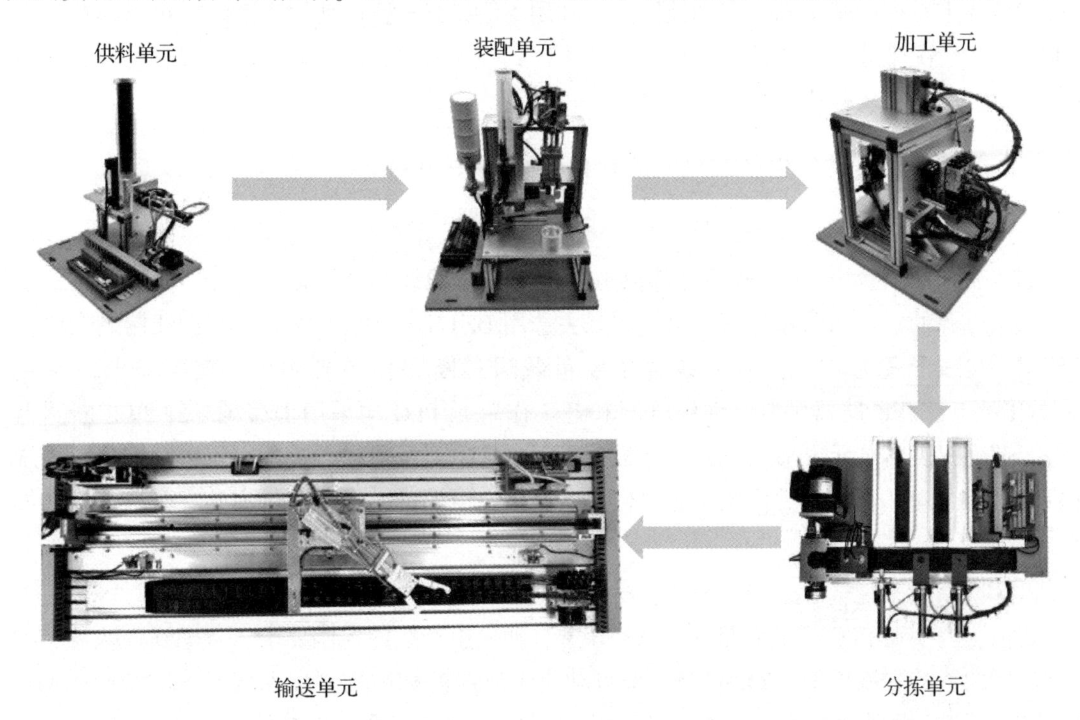

图2－2　YL－335B 型自动化生产线的工作过程

(1) 供料单元按照需要将放置在料仓中的工件(原料)推到出料台上,输送单元的机械手抓取推出的工件,并将其输送到装配单元的装配台上。

(2) 装配单元将其料仓内的金属、黑色或白色小圆柱芯件嵌入装配台上的待装配工件中。装配完成后,输送单元的机械手抓取已装配工件,输送到加工单元的加工台上。

(3) 加工单元对加工台上的工件进行压紧加工。工作过程为:夹紧工件,使加工台移动到冲压机构正下方完成冲压加工,然后加工台返回初始位置;松开工件,输送单元的机械手抓取工件后输送到分拣单元的进料口。

(4) 分拣单元的变频器驱动传送带电动机运转,传送工件,并在检测区获得工件的属性(颜色、材质等)后传送工件进入分拣区后,完成不同属性的工件从不同料槽分流的任务。

(5) 在上述工艺流程中,工件在各工作单元间的转移都依靠输送单元实现。输送单元通过伺服装置驱动抓取机械手在直线导轨上运动,而后定位到指定工作单元的物料台处,在该物料台上抓取工件,并把抓取到的工件输送到下一指定地点放下,以实现传送工件的功能。从生产线的控制过程来看,供料单元、装配单元和加工单元都属于对气动执行元件的逻辑控制;分拣单元则包括变频器驱动、运用 PLC 内置高速计数器(High - Speed Counter, HSC)检测工件位移的运动控制,以及通过传感器检测工件属性、实现分拣算法的逻辑控制;输送单元则侧重于伺服系统快速、精确定位的运动控制。系统各工作单元 PLC 之间的信息交换通过工业以太网实现,而系统主令信号的运行、各单元工作状态的监控,则由连接到系统主站的嵌入式人机界面(Human Machine Interface, HMI)实现。

由此可见,YL - 335B 型自动化生产线充分体现了综合性和系统性两大特点,涵盖了机电类专业要求掌握的基本知识点和技能点。利用 YL - 335B 型自动化生产线,可以模拟一个与实际生产情况十分接近的控制过程,使学生得到一个非常接近实际的教学设备环境,从而缩短了理论教学与实际应用之间的距离。

二、YL - 335B 型自动化生产线电气控制系统结构

1. 供电电源

YL - 335B 型自动化生产线的外部供电电源为三相五线制 AC 380 V/220 V,图 2 - 3 所示为供电电源的一次回路原理图。总电源开关选用 DZ47LE - 32/C32 型三相四线制剩余电流断路器,接线形式为 3P + N;系统各主要负载通过断路器单独供电,变频器电源选用 DZ47C16/3P 三相断路器供电;伺服电源和各工作单元 PLC 均采用 DZ47C5/2P 单相断路器供电。此外,供料单元、加工单元、装配单元、分拣单元及输送单元的直流电源部分由系统配置 4 台 DC 24 V/6 A 开关稳压电源提供。所有供电电源的开关设备都安装在配电箱内,如图 2 - 4 所示。

2. PLC

目前国内小型 PLC 都能满足 YL - 335B 型自动化生产线的控制要求,考虑到各院校 PLC 实训场所配置的主流机型,YL - 335B 型自动化生产线的标准配置以西门子 S7 - 200SMART 系列和三菱 FX 系列 PLC 为主。本书以采用 S7 - 200 SMART 系列 PLC 的 YL - 335B 型自动化生产线为例进行介绍,其各工作单元 PLC 的配置见表 2 - 1。

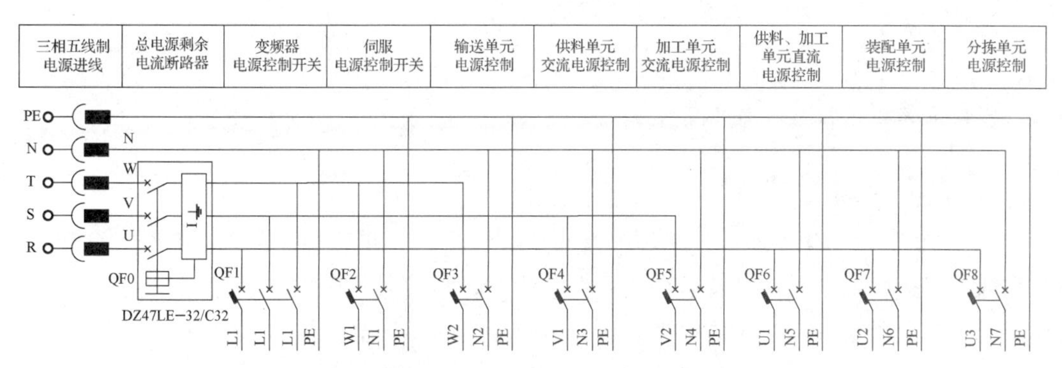

图 2－3 供电电源的一次回路原理图

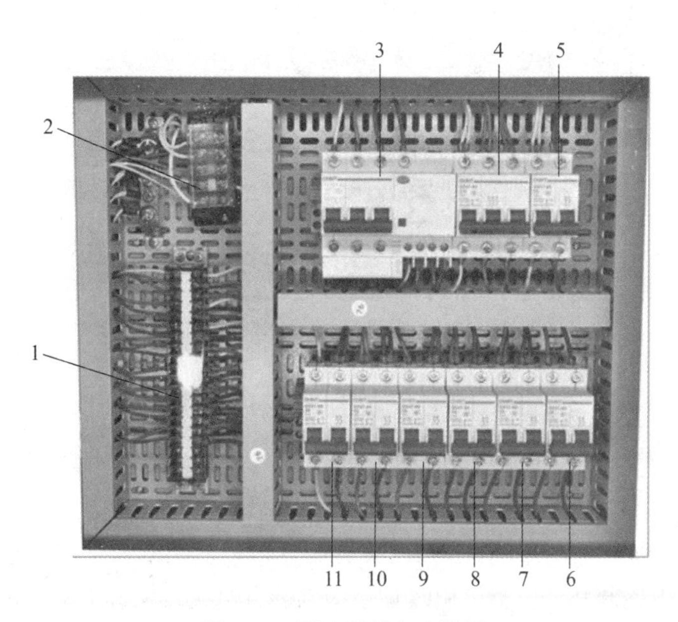

图 2－4 配电箱设备安装图

1—工作单元电源端子；2—三相电源进线端子；3—总电源控制断路器；4—变频器电源控制断路器；
5—伺服电源控制断路器；6—分拣单元电源控制断路器；7—装配单元电源控制断路器；
8—供料单元、加工单元直流电源控制断路器；9—加工单元交流电源控制断路器；
10—供料单元交流电源控制断路器；11—输送单元电源控制断路器

表 2－1 YL－335B 型自动化生产线各工作单元 PLC 的配置

工作单元	PLC 型号	扩展设备
供料单元	CPU SR40 AC/DC/RLY	
加工单元	CPU SR40 AC/DC/RLY	
装配单元	CPU SR40 AC/DC/RLY	
分拣单元	CPU SR40 AC/DC/RLY	SMART EM AM06
输送单元	CPU SR40 DC/DC/DC	

交流与思考

PLC 扩展模块的作用有哪些?

3. 单元控制模块

YL－335B 型自动化生产线各工作单元都是由一台 PLC 单独控制的独立系统。各单元独立工作时，其运行的主令信号及运行过程中的状态显示信号均来源于该工作单元按键/指示灯模块，模块上指示灯和按钮的引出线全部连到接线端子排上，按钮/指示灯模块如图 2－5 所示。

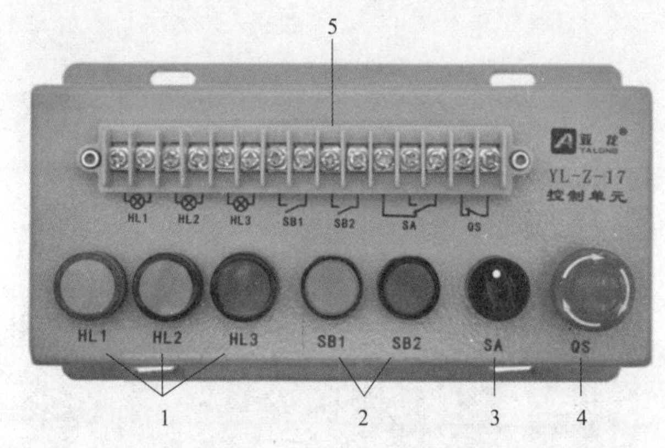

图 2－5　按键/指示灯模块

1—指示灯（HL1，HL2，HL3）；2—自动复位按键（SB1，SB2）；3—选择开关（SA）；4—急停开关（QS）；5—接线端子

4. 接线端子排

YL－335B 型自动化生产线工作单元机械装置与 PLC 之间的信息交换通过接线端子排实现。机械装置上各电磁阀和传感器的引线均连接到装置侧接线端口上，PLC 的 I/O 引出线则连接到 PLC 侧接线端口上，两个接线端口之间通过两根多芯信号电缆互连，其中 25 针接头电缆连接 PLC 的输入信号，15 针接头电缆连接 PLC 的输出信号，如图 2－6 所示。

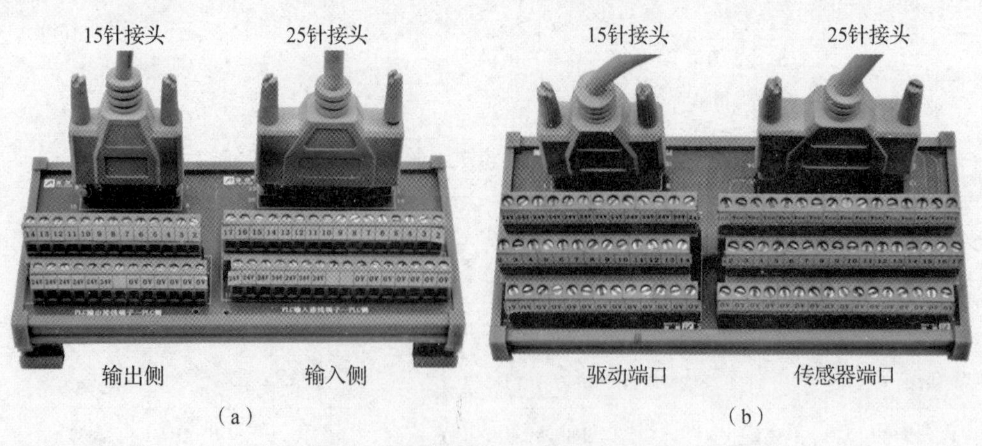

图 2－6　PLC 侧与装置侧接线端口

(a) PLC 侧接线端口；(b) 装置侧接线端口

图2－6（a）所示为PLC侧接线端口，接线端子为两层结构，上层端子用于连接各信号线，其端子号与装置侧接线端口的接线端子相对应；底层端子用于连接DC 24 V电源的+24 V端和0 V端。

图2－6（b）所示为装置侧接线端口，主要包含两部分，分别为传感器端口（输入信号端）和驱动端口（输出信号端），接线端子都采用三层结构。两种类型端口的上层端子都用于连接DC 24 V电源的+24 V端，底层端子用于连接DC 24 V电源的0 V端，中间层端子用于连接各信号线。为了防止在接线过程中误将传感器信号线接到+24 V端而损坏传感器，传感器端口各上层端子均在接线端口内部用510 Ω限流电阻连接到+24 V电源端，这样就使传感器端口各上层端子Vcc端提供给传感器的电源是有内阻的非稳压电源，在进行电气接线时必须注意。

5. 触摸屏及嵌入式组态软件

YL－335B型自动化生产线运行时发出的复位、起动、停止等主令信号一般是通过触摸屏人机界面给出的。同时，触摸屏界面上也时刻显示系统运行的各种状态信息。

YL－335B型自动化生产线采用昆仑通态TPC7062Ti触摸屏作为人机界面。TPC7062Ti触摸屏是一套以先进的Cortex－A8处理器为核心（主频率为600 MHz）的高性能嵌入式一体化触摸屏。该产品设计采用了7 in（1 in＝25.4 mm）高亮度薄膜晶体管（Thin Film Transistor，TFT）液晶显示屏（分辨率为800像素×480像素）和四线电阻式触摸屏（分辨率为4 096像素×4 096像素），同时还预装了MCGS嵌入式组态软件（运行版），具备强大的图像显示和数据处理功能。

运行在TPC7062Ti触摸屏上的各种控制界面，需要在个人计算机（PC）Windows操作系统下的组态软件MCGS中制作工程文件，并通过PC和触摸屏的USB接口或者网口把组建好的工程文件下载到人机界面中运行，人机界面与生产设备的控制器（PLC等）不断交换信息，实现监控功能。

MCGS嵌入式组态软件的体系结构分为组态环境、模拟运行环境和运行环境三部分。组态环境和运行环境是分开的，在组态环境下构建好的工程文件要下载到嵌入式系统中运行。

MCGS嵌入式组态软件须安装到计算机上才能使用，具体安装步骤请参阅相关MCGS嵌入式组态软件说明书。安装完成后Windows操作系统桌面上会添加两个图2－7所示的MCGS快捷方式图标，分别用于启动MCGS嵌入式组态环境和模拟运行环境。

（a）

（b）

图2－7　MCGS快捷方式图标

（a）MCGS嵌入式模拟运行环境；（b）MCGS嵌入式组态环境

6. 网络结构

当前，PLC的应用已从独立单机控制向数台联机的网络控制发展，可以把PLC和计算机及其他智能装置通过传输介质连接起来，实现迅速、准确、及时的数据通信，构建功能更强大、性能更好的自动控制系统。

YL－335B型自动化生产线各工作单元在联机运行时，可通过网络互联构成一个分布式的控制系统。对于采用SMART系列PLC的YL－335B型自动化生产线，其标准配置采用了工业以太网，如图2－8所示。

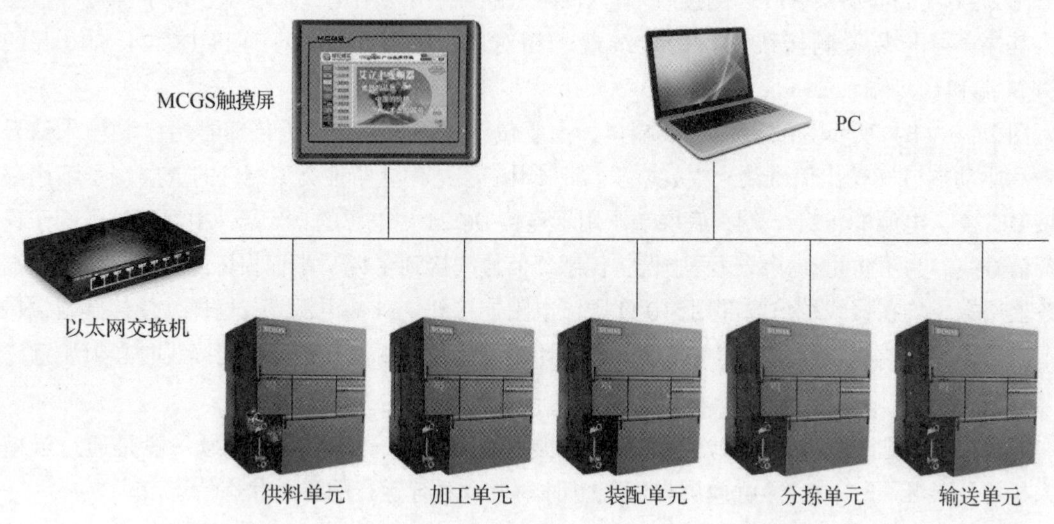

图 2-8　YL-335B 型自动化生产线的以太网网络结构

学习拓展

组态王

组态王是一款由亚控科技独立开发、功能强大、易于使用的工业自动化监控软件。作为国内通用组态软件的领军品牌，组态王一直致力于提供高效、可靠的解决方案。

组态王的主要特点包括以下几个方面。

（1）丰富的功能和模块。组态王提供了全面的功能模块和开发工具，使工程师能够快速构建各种工业自动化监控系统。无论是数据采集、监控、控制，还是数据分析，组态王都能满足需求。

（2）稳定的运行环境。组态王的运行环境经过精心设计，能够长时间稳定可靠地在工业现场运行。组态王支持 7×24 h 不间断运行，确保系统参数正常，操作简单易懂。此外，组态王具有实时、历史报警自动展示等功能，帮助用户及时发现和处理问题。

（3）强大的通信能力。组态王具备出色的通信功能，能够与各种外部设备进行高效的数据交换。用户可以通过设备配置向导轻松连接下位机，并根据实际情况进行配置。通信程序与组态王构成一个完整的系统，既保证了运行效率，也支持大规模的系统扩展。

（4）灵活的定制和扩展。组态王提供了丰富的应用程序接口（Application Program Interface，API）和二次开发工具，方便用户根据实际需求定制和扩展功能。无论是开发插件、定制报表还是开发新功能，组态王都提供了强大的技术支持，帮助用户实现更高级的自动化需求。

（5）广泛的应用领域。组态王适用于各种工业领域，如能源、化工、制药、食品等。无论用户需要的是自动化生产线上的监控系统，还是企业级的能源管理系统，组态王都能提供高效、可靠的解决方案。

小资料

实干、创新、担当！奏响民族品牌最强音

从模仿到创新，从制造到创造，从跟跑到领跑，中国品牌日新月异，不断树立新口碑、新形象。做强做优中国品牌，不断满足消费升级需要，是企业应对时代变局、赢得美好未来的“必修课”，也是企业管理者需要肩负的重要责任。

创新引领，提升中国品牌核心竞争力。从中国制造到中国创造，近年来，中国品牌的空间广度不断拓展。从创意设计、技术工艺、企业管理到营销服务、商业模式，中国企业、中国品牌坚持不懈推进创新，在市场竞争中赢得了先机，掌握了主动权，提升了核心竞争力。

以质取胜，铸就中国品牌强大实力。品质是品牌的基石，品牌是品质的外在表现，品质决定了品牌的深度和厚度，文化决定了品牌的高度和温度，要在产品打造的核心环节中实施“匠心精神工程”。

来源：《人民网》（有改动）

任务实施

填写表2－2。

表2－2　各工作单元的基本操作流程任务表

任务名称	各工作单元的基本操作流程
任务目标	能够了解自动化生产线实训装置各工作单元的功能及组成，完成基本操作
设备调试步骤	（1）接通供料单元电源，指出单元功能，观察指示灯及工作流程。 （2）接通装配单元电源，指出单元功能，观察指示灯及工作流程。 （3）接通加工单元电源，指出单元功能，观察指示灯及工作流程。 （4）接通输送单元电源，指出单元功能，观察指示灯及工作流程。 （5）接通分拣单元电源，指出单元功能，观察指示灯及工作流程
设备调试过程记录	

续表

所遇问题及解决方法			
教师签字		得分	

习　题

一、多选题

YL－335B型自动化生产线是一种典型的自动化生产线，它由（　　）和输送单元等多个工作单元组成。

A. 供料单元　　B. 加工单元

C. 装配单元　　D. 分拣单元

二、单选题

1. 装置侧接线端口主要包含（　　）和（　　）。

A. 传感器端口　驱动端口　　B. 传感器端口　网络端口

C. 网络端口　驱动端口　　D. 网络端口　USB端口

2. 总电源开关选用DZ47LE－32/C32型三相四线制剩余电流断路器，接线形式为（　　）。

A. 3P＋N　　B. 2P　　C. 3P　　D. 4P

任务2　S7－200 SMART PLC的编程及调试步骤

知识目标

1. 完成S7－200 SMART PLC的选型与接线。
2. 编写满足生产工艺流程的程序，实现逻辑控制。
3. 进行系统调试，确保设备的正常运行。

技能目标

1. 掌握编程软件的使用，能够进行程序编写、调试和监控。
2. 掌握S7－200 SMART PLC的通信协议，能够实现与其他设备的通信。
3. 掌握PLC常见故障的诊断和排除方法，能够快速定位和解决问题。

素养目标

1. 具备严谨的工作态度，对工艺流程和控制要求有深入的理解。

2. 具备良好的沟通能力和团队合作精神，能够与团队成员有效协作。

3. 具备创新能力，能够对现有工艺和控制方案提出改进意见。

4. 具备自主学习能力，能够不断更新知识和技能，适应技术发展。

任务导入

如何根据任务要求实现 PLC 选型、外围接线、程序编写、程序调试?

知识储备

一、S7－200 SMART CPU 模块及其接线

S7－200 SMART CPU 是西门子公司针对小型自动化市场客户需求设计研发的一款高性价比小型 PLC 模块。该模块将微处理器、集成电源、输入电路和输出电路组合到一个结构紧凑的外壳中，形成功能强大的小型 PLC。

1. S7－200 SMART CPU 硬件结构

S7－200 SMART CPU 硬件结构包含电源接线端子、DC 24V 电源输出端子、数字量输入接线端子、数字量输出接线端子、运行状态指示灯、I/O 状态指示灯、存储卡插槽、以太网接口、RS－485 接口等，如图 2－9 所示。

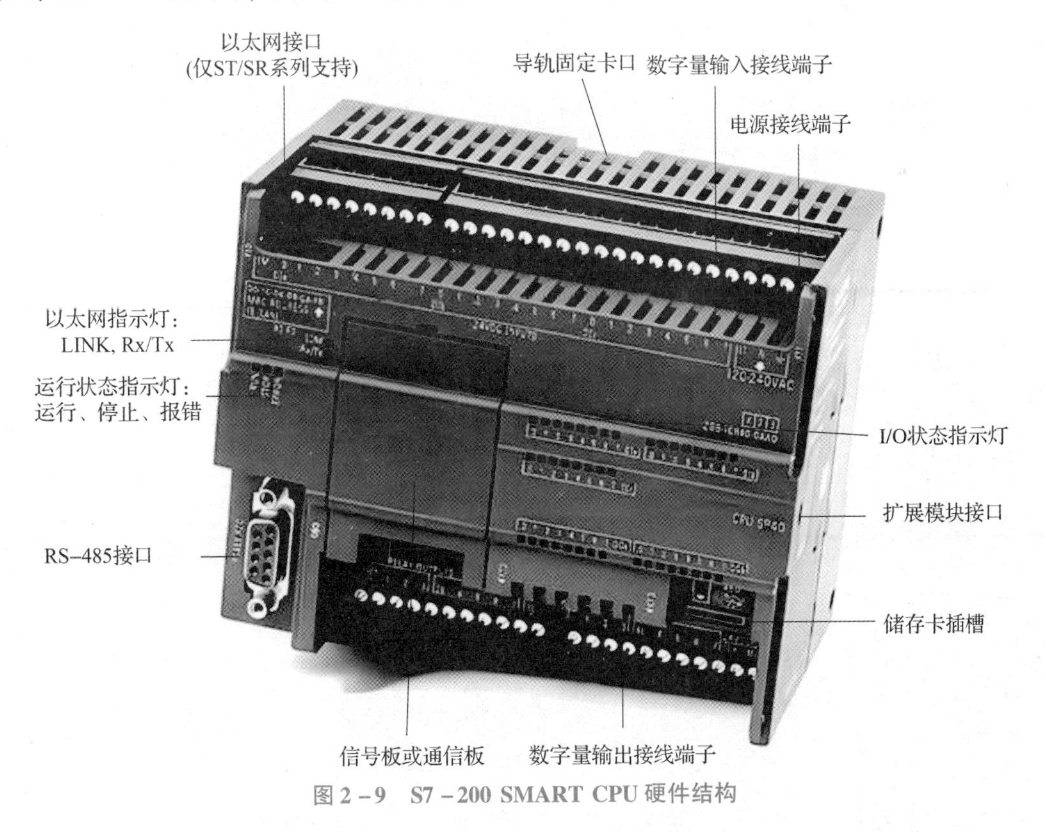

图 2－9　S7－200 SMART CPU 硬件结构

2. S7－200 SMART CPU 型号及特性

S7－200 SMART CPU 有标准型和经济型两种，经济型 CPU 直接通过单机本体满足相对

简单的控制需要，无扩展功能；而标准型 CPU 根据需要，最多可配置 6 个扩展模块。S7－200 SMART CPU 按照数字量输出类型分为晶体管输出和继电器输出两种，表 2－3 列出了 S7－200 SMART CPU 的型号和尺寸信息。型号中 C 表示紧凑经济型（compact），S 表示标准型（standard），T 表示晶体管输出（transistor），R 表示继电器输出（relay）。表 2－4 列出了标准型 S7－200 SMART CPU 简要技术规范。

表 2－3　S7－200 SMART CPU 型号及尺寸信息

<table>
<tr><th colspan="2">本体集成 I/O 点数型号</th><th>供电/输入/输出</th><th>数字量
输入点
DI</th><th>数字量
输出点
DO</th><th>外形尺寸
W × H × D
（mm × mm × mm）</th></tr>
<tr><td rowspan="2">20I/O</td><td>CPU SR20</td><td>AC/DC/RLY</td><td rowspan="2">12</td><td rowspan="2">8</td><td rowspan="2">90 × 100 × 81</td></tr>
<tr><td>CPU ST20</td><td>DC/DC/DC</td></tr>
<tr><td rowspan="2">30I/O</td><td>CPU SR30</td><td>AC/DC/RLY</td><td rowspan="2">18</td><td rowspan="2">12</td><td rowspan="2">110 × 100 × 81</td></tr>
<tr><td>CPU ST30</td><td>DC/DC/DC</td></tr>
<tr><td rowspan="2">40I/O</td><td>CPU SR40</td><td>AC/DC/RLY</td><td rowspan="2">24</td><td rowspan="2">16</td><td rowspan="2">125 × 100 × 81</td></tr>
<tr><td>CPU ST40</td><td>DC/DC/DC</td></tr>
<tr><td rowspan="3">60I/O</td><td>CPU SR60</td><td>AC/DC/RLY</td><td rowspan="3">36</td><td rowspan="3">24</td><td rowspan="3">175 × 100 × 81</td></tr>
<tr><td>CPU ST60</td><td>DC/DC/DC</td></tr>
<tr><td>CPU CR60</td><td>AC/DC/RLY</td></tr>
</table>

表 2－4　标准型 S7－200 SMART CPU 简要技术规范

<table>
<tr><th>集成用户存储器</th><th>CPU SR20/ST20</th><th>CPU SR30/ST30</th><th>CPU SR40/ST40</th><th>CPU SR60/ST60</th><th>CPU CRxOS</th></tr>
<tr><td>程序存储器①</td><td>12 KB</td><td>18 KB</td><td>24 KB</td><td>30 KB</td><td>12 KB</td></tr>
<tr><td>数据存储器②（V）</td><td>8 KB</td><td>12 KB</td><td>16 KB</td><td>20 KB</td><td>8 KB</td></tr>
<tr><td>保持性存储器③</td><td colspan="4">10 KB</td><td>2 KB</td></tr>
<tr><td>位存储器（M）</td><td colspan="5">256 位（MB0 ~ MB31）</td></tr>
<tr><td>顺序控制继电器存储区④（S）</td><td colspan="5">256 位</td></tr>
<tr><td>临时（局部存储器）</td><td colspan="5">主程序中 64 B，每个子例程和中断例程中 64 B（采用 LAD/FBD 编程时为 60 B）</td></tr>
<tr><td>程序块（POU）</td><td colspan="5">程序块数量：主程序 1 个；子程序 128 个；中断例程 128 个。
嵌套深度：主从 8 个；中断 4 个</td></tr>
<tr><td>定时器（T）</td><td colspan="5">非保持性（TON⑤，TOF⑥）：192 个；保持性（TONR⑦）：64 个</td></tr>
<tr><td>计数器⑧（C）</td><td colspan="5">256 个</td></tr>
</table>

续表

上升沿/下降沿检测	1 024 个			
CPU 性能[9]	CPU SR20/ST20	CPU SR30/ST30	CPU SR40/ST40	CPU SR60/ST60
布尔运算	0.15 μs/指令			
移动字运算	1.2 μs/指令			
实数数学运算	3.6 μs/指令			
①程序存储器：装载用户程序； ②数据存储器：V 区的容量，例如，CPU ST20 为 VB0～VB8191； ③保持性存储器：永久保持（需要在系统块内做断电保持设置）； ④顺序控制继电器存储区：S0.0～S255.0； ⑤TON：延时接通； ⑥TOF：延时断开； ⑦TONR：带断电保持功能的延时接通计时器； ⑧计数器：三种类型，即加计数、减计数、加减计数； ⑨CPU 性能：CPU 对布尔量/移动字/实数数学的运算能力。				

3. YL－335B 型自动化生产线上选用的 S7－200 SMART CPU 及其 I/O 接线

在 YL－335B 型自动化生产线上，输送单元及装配单元采用 ST40 DC/DC/DC 型，其余工作单元均采用 SR40 AC/DC/RLY 型。这两种型号的 CPU 典型接线见表 2－5。

表 2－5　SR40 AC/DC/RLY 与 ST40 DC/DC/DC 的 CPU 典型接线

CPU 类型	接线图
SR40 AC/DC/RLY	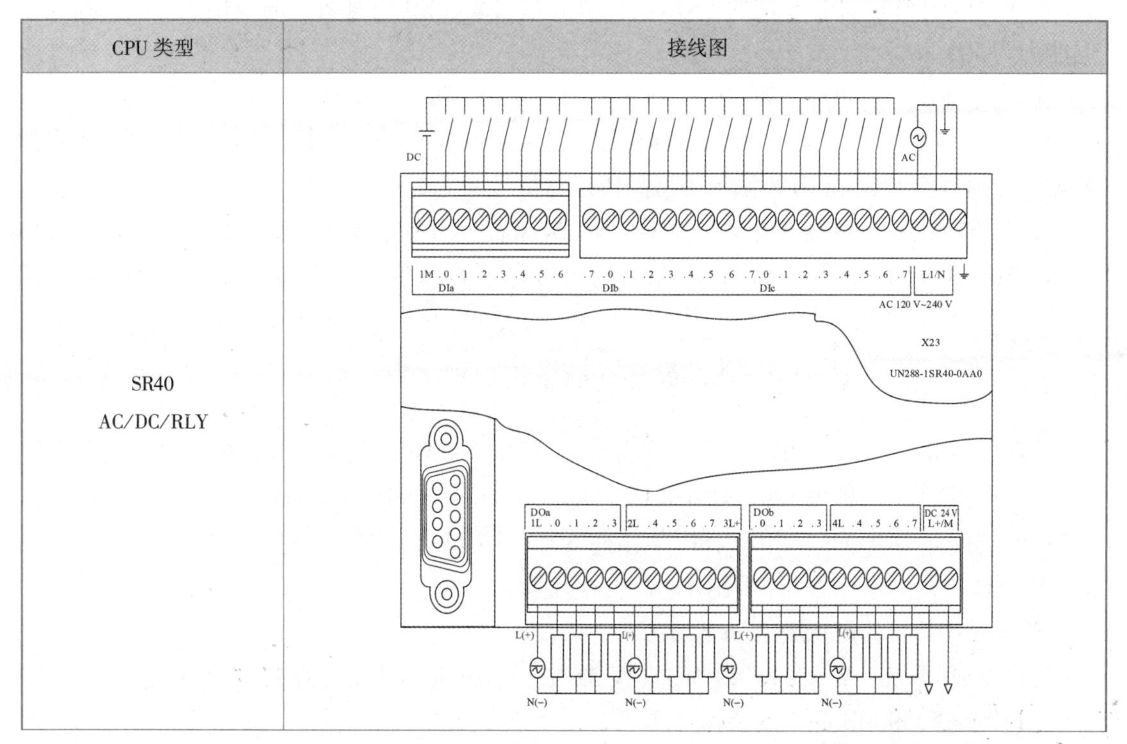

续表

CPU 类型	接线图
ST40 DC/DC/DC	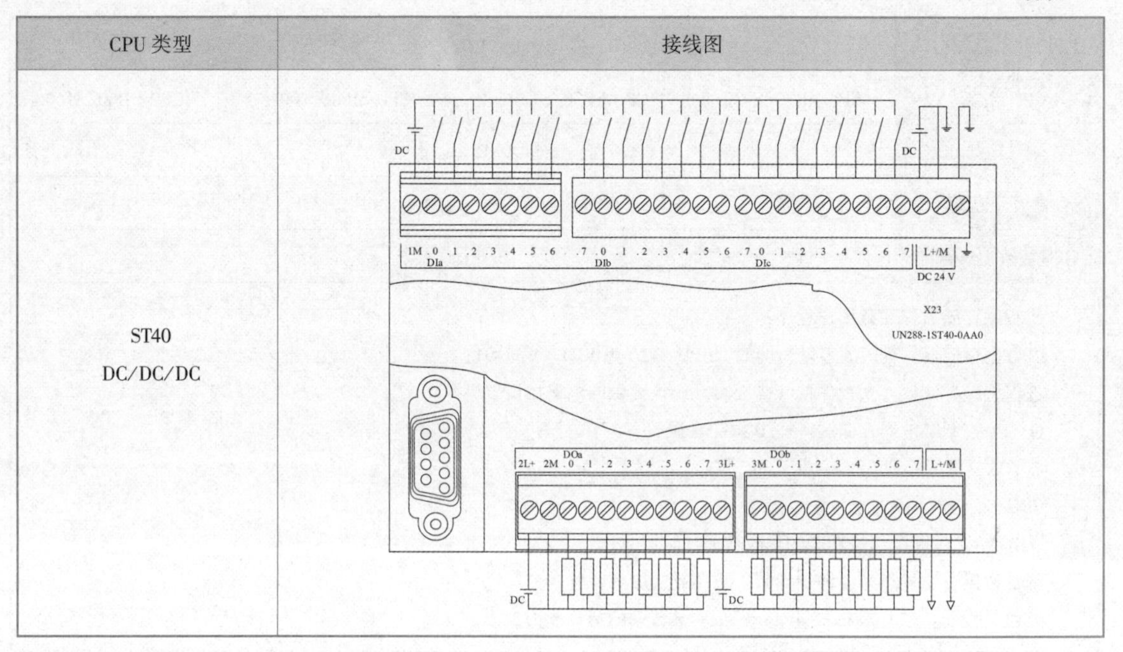

以 CPU Sx40 为例，其供电方式有两种，分别为 DC 24 V 和 AC 120 V/240 V。其中，DC/DC/DC 类型的 CPU 供电电源是 DC 24 V，而 AC/DC/RLY 类型的 CPU 供电电源是 AC 220 V。表 2-5 中 SR40 右上角标记为 L1/N 的接线端子为交流电源输入端，ST40 右上角标记为 L+/M 的接线端子为直流电源输入端，两者右下角标记为 L+/M 的接线端子对外输出 DC 24 V，可用来给 CPU 本体的 I/O 点、EM 扩展模块、SB 信号板上的 I/O 点供电，最大供电能力为 300 mA。

CPU 本体的数字量输入都是 DC 24 V，如图 2-10 所示，支持漏型输入（回路电流从外接设备流向 CPU DI 点）和源型输入（回路电流从 CPU DI 点流向外接设备）。漏型输入和源型输入分别对应 PNP 和 NPN 输出类型的传感器信号。

CPU 本体的数字量输出有两种类型：DC 24 V 晶体管和继电器，如图 2-10 所示，晶体管输出的 CPU 只支持源型输出，继电器输出可以接直流信号也可以接 120 V/240 V 交流信号。

二、STEP7-Micro/WIN SMART 编程软件简介

STEP7-Micro/WIN SMART 是一款用于 S7-200 SMART 系列 PLC 程序编辑、监控与调试的软件。它支持三种模式：梯形图（Ladderlogic Programming Language，LAD）、功能块图（Function Block Diagram，FBD）和语句表（Statement List，STL）。

1. STEP 7-Micro/WIN SMART 软件的安装

软件对计算机的最低要求如下。

（1）操作系统：Windows XP SP3（仅 32 位）、Windows 7（支持 32 位和 64 位）。

（2）至少 350 MB 的空闲硬盘空间。

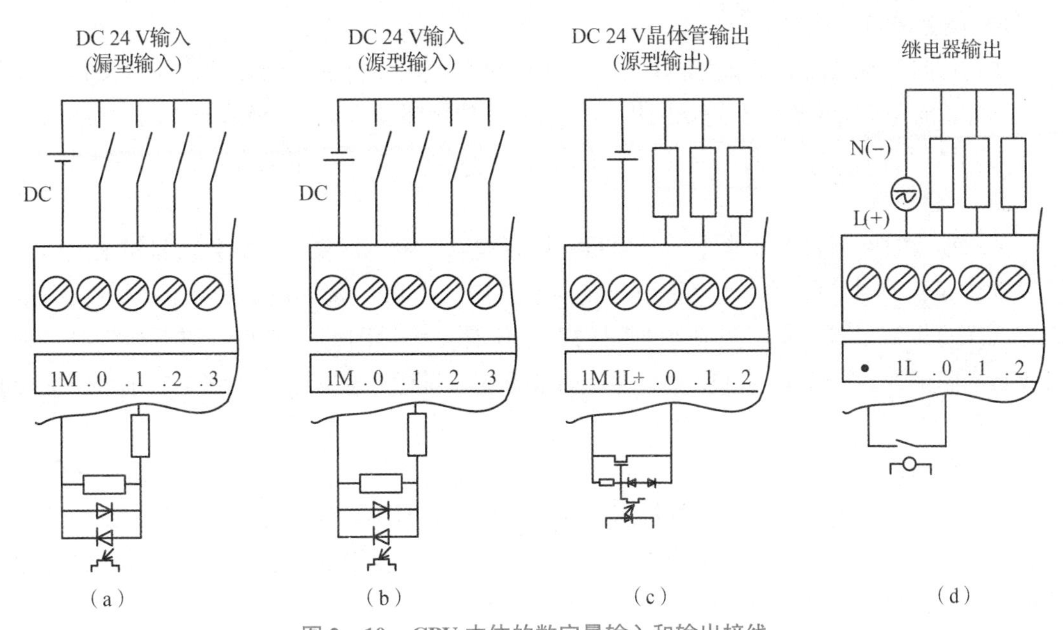

图2－10　CPU 本体的数字量输入和输出接线

(a)，(b) 数字量输入接线；(c)，(d) 数字量输出接线

软件可在西门子（中国）有限公司自动化与驱动集团的网站上申请下载，下载的安装包可用虚拟光驱加载并打开，打开安装包后，双击可执行文件 Setup. exe，按照常规选项选择即可完成安装。

2. STEP 7－Micro/WIN SMART 软件窗口

软件安装完毕后，直接双击桌面上的快捷图标，即可打开 STEP 7－Micro/WIN SMART 软件，其主窗口如图2－11 所示。

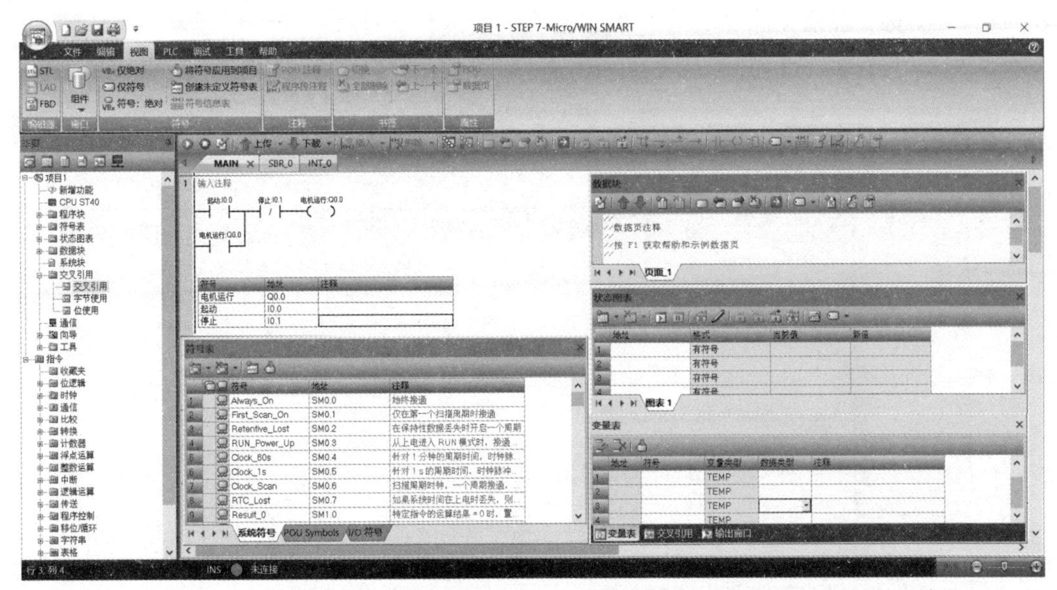

图2－11　STEP 7－Micro/WIN SMART 主窗口

1）快速访问工具栏

快速访问工具栏位于菜单栏正上方，通过该工具栏按钮可简单快速地访问“文件”菜单的大部分功能及最近文档。快速访问工具栏上的其他按钮从左到右分别对应文件功能的“新建”“打开”“保存”和“打印”选项。右击菜单功能区，可以自定义快速访问工具栏。

2）项目树

编辑项目时，项目树非常重要。项目树可以显示，也可以隐藏。如果项目树未显示，可按以下步骤显示项目树：打开“视图”选项卡，在“窗口”选项组的“组件”下拉列表中选择“项目树”选项。另外，在项目树的右上角有个小钉图标，若小钉图标为横放，则项目树自动隐藏，这样编辑区域就会变大。如果希望项目树一直显示，只须单击小钉图标使其竖放即可。

3）导航栏

导航栏位于在项目树上方，可快速访问项目树上的对象。导航栏各按钮从左到右分别为符号表、状态图表、数据块、系统块、交叉引用和通信。如要打开通信，单击导航栏上的通信按钮即可，与选择项目树上的“通信”选项效果等同。

4）菜单栏

菜单栏包括“文件”“编辑”“视图”“PLC”“调试”“工具”及“帮助”7个菜单项。用户可以定制“工具”菜单，在该菜单中增加自己的工具。

5）程序编辑器窗口

程序编辑器是编辑程序的区域，打开程序编辑器窗口有以下两种方法。

方法1：选择菜单栏中的“文件”|“新建”（或“打开”）选项，便可打开程序编辑器。

方法2：在项目树中打开“程序块”文件夹。操作过程是单击分支展开图标或双击“程序块”文件夹图标，然后双击主程序、子程序或中断例程，打开程序编辑器窗口，如图2－12所示。

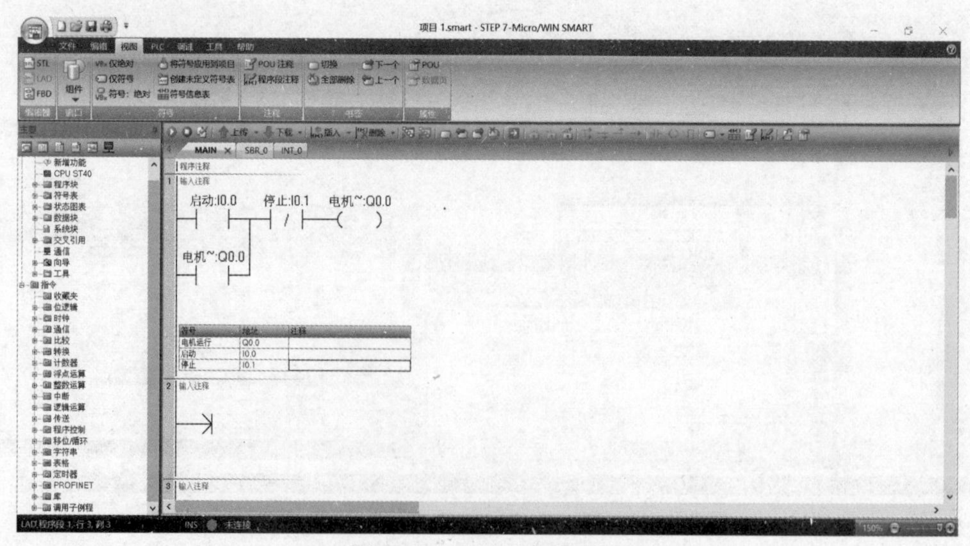

图2－12　程序编辑器窗口

（1）工具栏：主要有常用操作按钮，以及可放置到程序段中的通用程序元素，见表2－6。

表2－6　工具栏

序号	图标	含义
1		将CPU工作模式更改为RUN或STOP；编译程序
2	上传 下载	上传和下载传送
3	插入 删除	针对当前所选对象的插入和删除功能
4		调试操作以启动程序监视和暂停程序监视
5		书签功能：放置书签；转到下一书签；转到上一书签；移除所有书签
6		导航功能：转到特定程序段、行或线； 强制功能：强制、取消强制和全部取消强制
7		可拖动到程序段的通用程序元素
8		地址和注释显示功能：显示符号；显示绝对地址；显示符号和绝对地址；切换符号信息表显示；显示POU注释以及显示程序段注释
9		设置POU保护和常规属性

（2）POU选择器：能够实现在主程序（MAIN）、子程序（SBR_0）或中断例程（INT_0）之间进行切换。单击POU选择器中选项卡上的“×”图标可将其关闭。

（3）POU注释：显示在POU中第一个程序段上方，提供详细的多行POU注释功能，每条POU注释最多可以有4 096个字符。可在“视图”选项卡的“注释”选项组中单击“POU注释”按钮显示或隐藏POU注释。

（4）程序段注释：显示在程序段旁边，为每个程序段提供详细的多行注释功能，每条程序段注释最多可有4 096个字符。可在“视图”选项卡的“注释”选项组中单击“程序段注释”按钮显示或隐藏程序段注释。

（5）程序段编号：每个程序段的数字标识符编号会自动生成，取值范围为1～655 366，位于程序编辑器窗口左侧的灰色区域，在该区域内单击可选择单个程序段，也可通过拖动来选择多个程序段。STEP 7－Micro/WIN SMART软件中还在此显示各种符号，如书签和POU密码保护锁等。

6）符号信息表

符号信息表位于在程序中每个程序段的下方。该表列出该程序段中所有符号的信息，如符号名、绝对地址、值、数据类型和注释等，还包括未定义的符号名。不包含全局符号的程序段不显示符号信息表。符号信息表不可编辑且所有重复条目均会被删除。在程序编辑器窗口中查看或隐藏符号信息表的方法如下。

方法1：在“视图”选项卡的“符号”选项组单击“符号信息表”按钮。

方法2：按 Ctrl + T 组合键。

方法3：在“视图”选项卡的“符号”选项组单击“将符号应用到项目”按钮，选择“应用所有符号”选项，使用所有新、旧和修改的符号名更新项目。

7）符号表

符号是为存储器地址或常量指定的符号名称。例如，可为存储器类型创建符号名 I，Q，M，SM，AI，AQ，V，S，C，T，HC 等。符号表是符号和地址对应关系的列表。打开符号表有以下两种方法。

方法1：单击导航栏中的符号表按钮。

方法2：在“视图”选项卡的“窗口”选项组中，从“组件”下拉列表中选择“符号表”选项。

8）状态栏

位于主窗口底部的状态栏用于提供在 STEP 7 - Micro/WIN SMART 软件中所执行操作的相关信息。

当在编辑模式下工作时，状态栏显示编辑器信息，包括简要状态说明、当前程序段编号、当前编辑器的光标位置、当前编辑模式（插入或覆盖）。

此外，状态栏还显示在线状态信息，包括指示通信状态的图标、本地站（如果存在）的通信地址和站名称、存在致命或非致命错误的状况（如果有）。

9）输出窗口

输出窗口列出了最近编译的 POU 和在编译期间发生的所有错误。如果已打开程序编辑器窗口和输出窗口，可在输出窗口中双击错误信息使程序自动定位到错误所在的程序段。纠正错误后，需要重新编译程序以更新输出窗口和删除已纠正程序段的错误参考。要清除输出窗口的内容，可右击显示区域，然后从弹出的快捷菜单中选择“清除”选项。如果从快捷菜单中选择“复制”选项，还可将内容复制到剪贴板。在“工具”选项卡的“设置”区域单击“选项”按钮，还可组态输出窗口的显示选项。

10）状态图表

下载程序至 PLC 后，可以打开状态图表监控和调试程序操作。在控制程序执行的过程中，可用两种不同方式查看状态图表数据的动态改变，见表 2 - 7。

表 2 - 7　查看状态图表数据动态改变的两种方式

图表状态	在表格中显示状态数据：每行指定一个要监视的 PLC 数据值，可指定存储器地址、格式、当前值和新值（如果使用强制命令）
趋势显示	通过随时间变化的 PLC 数据绘图跟踪状态数据：可以在表格视图和趋势视图之间切换现有状态图表，也可在趋势视图中直接分配新的趋势数据

11）变量表

变量表应用较少，以下列举一项例子说明变量表的使用。

例 1－1

用于表达算式 $Y=(A+B)\times C$。

（1）在子程序窗口中，打开“视图”选项卡，在“窗口”选项组的“组件”下拉列表中选择“变量表”选项。

（2）在弹出的“变量表”对话框中，输入图 2－13 所示参数。

变量表

	地址	符号	变量类型	数据类型	注释
1		EN	IN	BOOL	
2	LW0	LA	IN	INT	
3	LW2	LB	IN	INT	
4	LW4	LC	IN	INT	
5			IN_OUT		
6	LD6	LY	OUT	DINT	
7			OUT		
8			TEMP		

图 2－13　变量表参数

（3）在子程序窗口中输入图 2－14 所示程序。

（4）在主程序中调用子程序，并将运算结果存入 MD0 中，如图 2－15 所示。MD0 中的运算结果可在状态图表中打开监控观察。

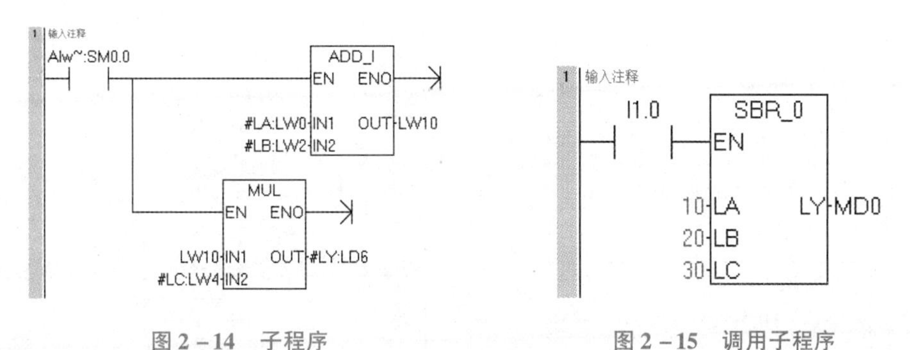

图 2－14　子程序　　　　图 2－15　调用子程序

12）数据块

数据块包含可向 V 存储器地址分配数据值的数据页。单击导航栏上数据块按钮，或在“视图”选项卡的“窗口”选项组，从“组件”下拉列表中选择“数据块”选项，可访问数据块，如图 2－16 所示，将 12 赋值给 VB0。

13）交叉引用

调试程序时，可能需要增加、删除或编辑参数，使用“交叉引用”窗口可查看程序中参数的当前赋值情况，防止无意间重复赋值。通过以下方法可访问交叉引用表。

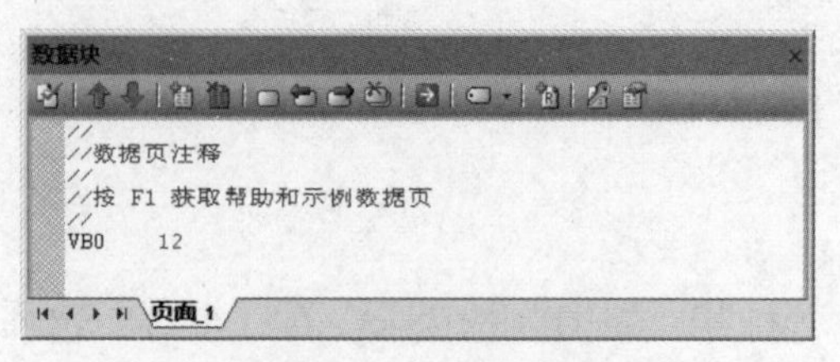

图 2－16　数据块

方法 1：在项目树中打开“交叉引用”文件夹，然后双击“交叉引用”“字节使用”或“位使用”节点。

方法 2：单击导航栏中的交叉引用按钮。

方法 3：在“视图”选项卡的“窗口”选项组，从“组件”下拉列表中选择“交叉引用”选项。

三、用 STEP 7－Micro/WIN SMART 软件建立一个完整的项目

任务要求：采用 S7－200 SMART PLC 实现单按钮启停控制。具体要求：按下按键 SB1，指示灯 HL1 点亮；按下按键 SB2，指示灯 HL1 熄灭。要求完成硬件接线及 PLC 程序的编写、编译下载及调试。

1. 硬件接线

根据任务要求，硬件接线如图 2－17 所示。图 2－17 中输入采用源型接法，24 V 电源正极连接公共端 1 M。

2. 程序编写与调试

程序编写与调试如图 2－18 所示。

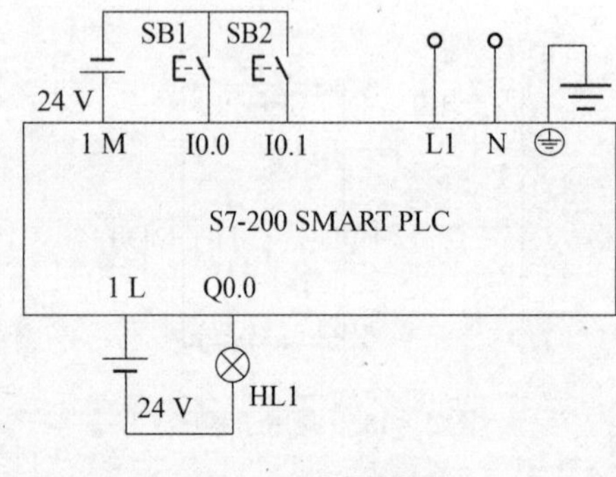

图 2－17　硬件接线

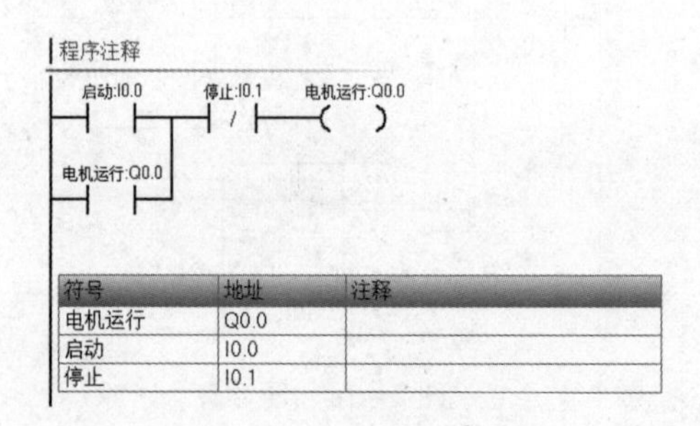

图 2－18　程序编写与调试

1）启动软件

双击桌面上的 STEP 7－Micro/WIN SMART 快捷图标，打开编程软件后，系统自动创建一个名为“项目 1”的空项目。

2）硬件配置

双击项目树中的 CPU ST40 图标，弹出“系统块”对话框，选择实际使用的 CPU 类型（CPU SR40），然后单击“确定”按钮返回，如图 2－19 所示。

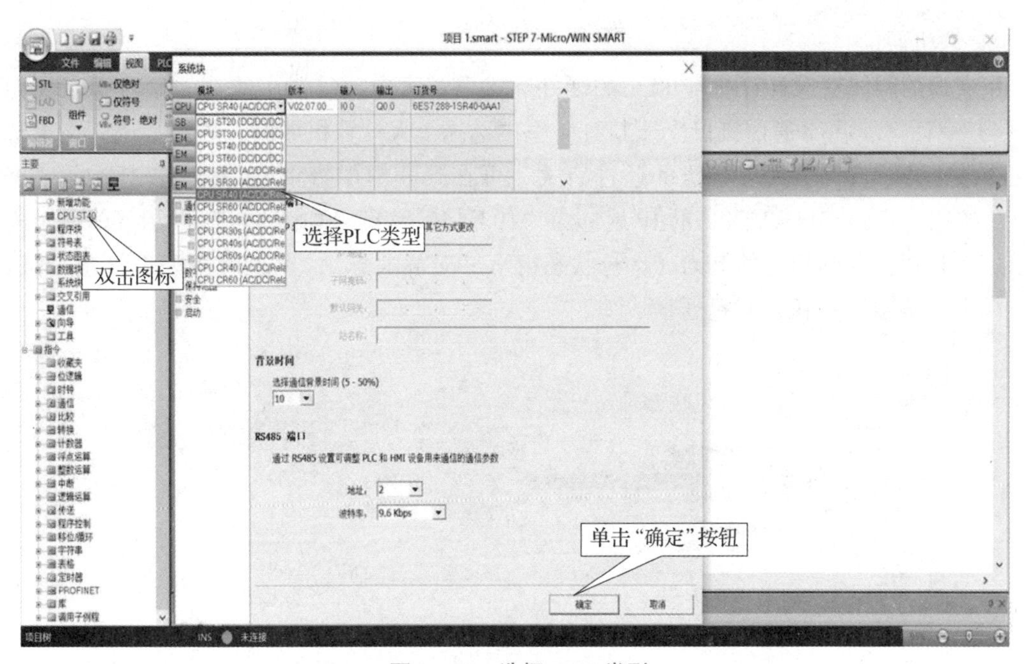

图2－19　选择PLC类型

3）程序编辑与编译

如图2－20所示，单击程序编辑器窗口上方工具栏中的插入触点、插入线圈等快捷按钮，在程序编辑器窗口编辑程序，编辑完毕后保存程序。然后单击工具栏中的编译按钮进行编译，编译结果在输出窗口中显示。若程序有错误，则输出窗口会显示错误信息，这时可双击输出窗口中错误处，光标即跳转到程序中该错误所在处，然后进行修改、重新编译。

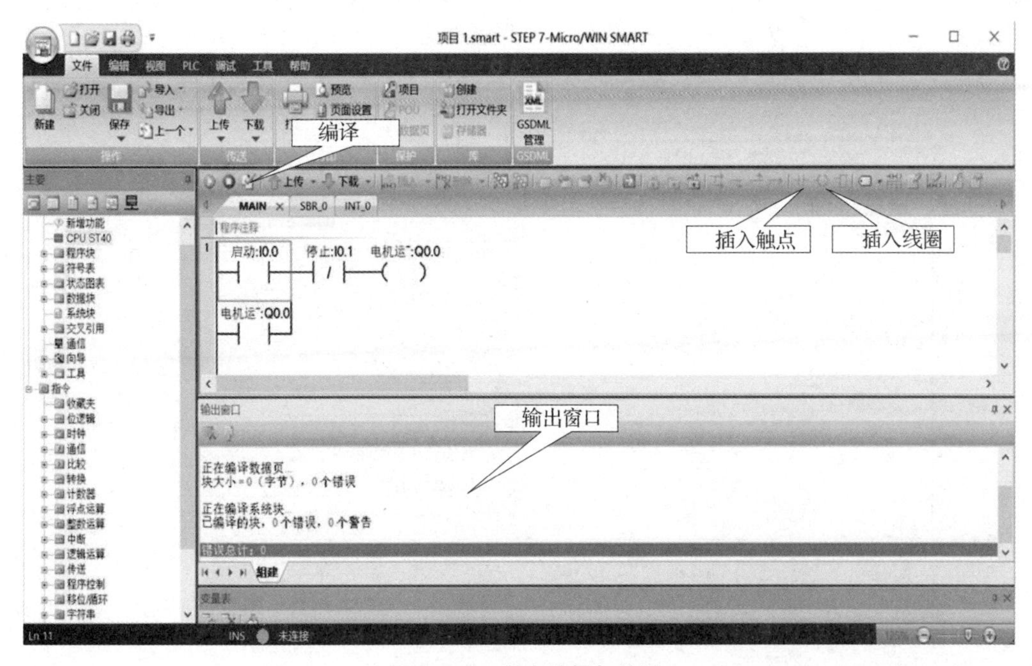

图2－20　程序编辑与编译

4）联机通信

用普通的网线完成计算机与PLC的硬件连接后，双击项目树中的“通信”节点，弹出“通信”对话框，在“通信接口”下拉列表框中选择个人计算机的网卡项，本例的网卡选项如图2-21所示（与个人计算机的硬件有关，可在列表框中查询），然后单击下方“查找CPU”按钮，找到SMART CPU的IP地址为“192.168.0.5”，如图2-22所示。单击“闪烁指示灯”按钮，找到相连的PLC（运行状态指示灯交替闪烁），再单击“闪烁停止”按钮，最后单击“确定”按钮，联机通信成功。

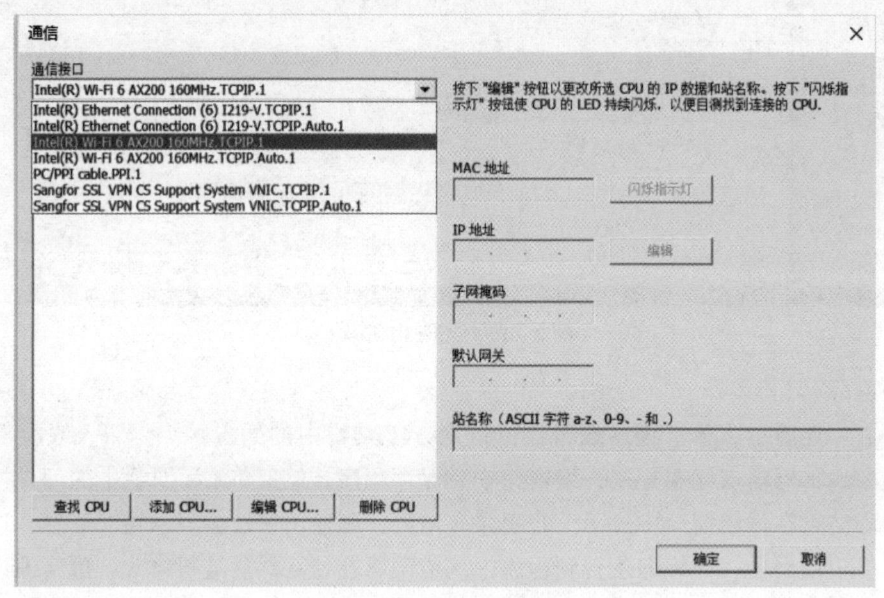

图2-21　网卡选项

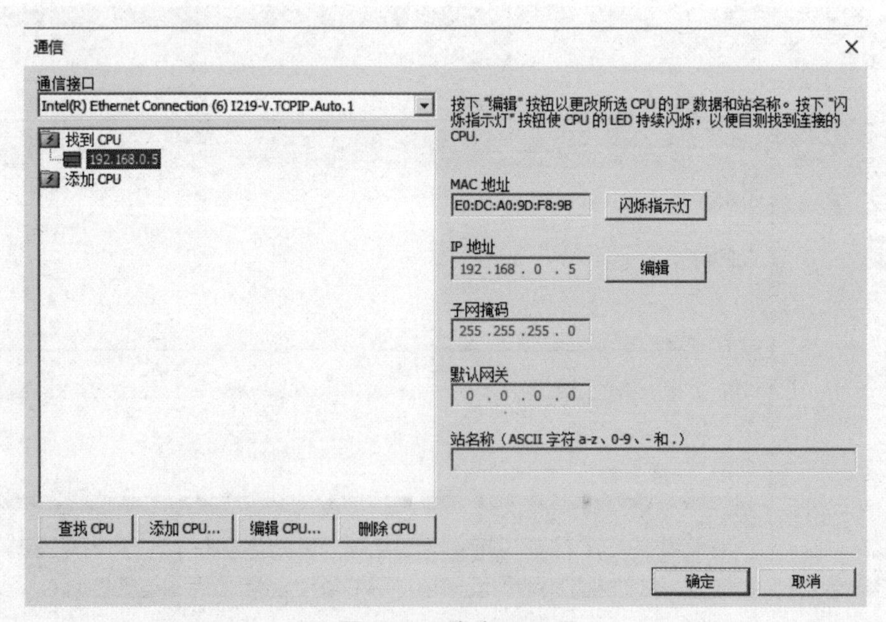

图2-22　查找CPU

5）设置个人计算机 IP 地址

设置个人计算机的 IP 地址，使其与 SMART CPU 的 IP 地址位于同一网段（末尾数字不同，其他相同），如“192.168.2.5”，如图 2-23 所示，然后单击“确定”按钮返回。所有 S7-200 SMART CPU 出厂时都有默认 IP 地址：192.168.2.1。

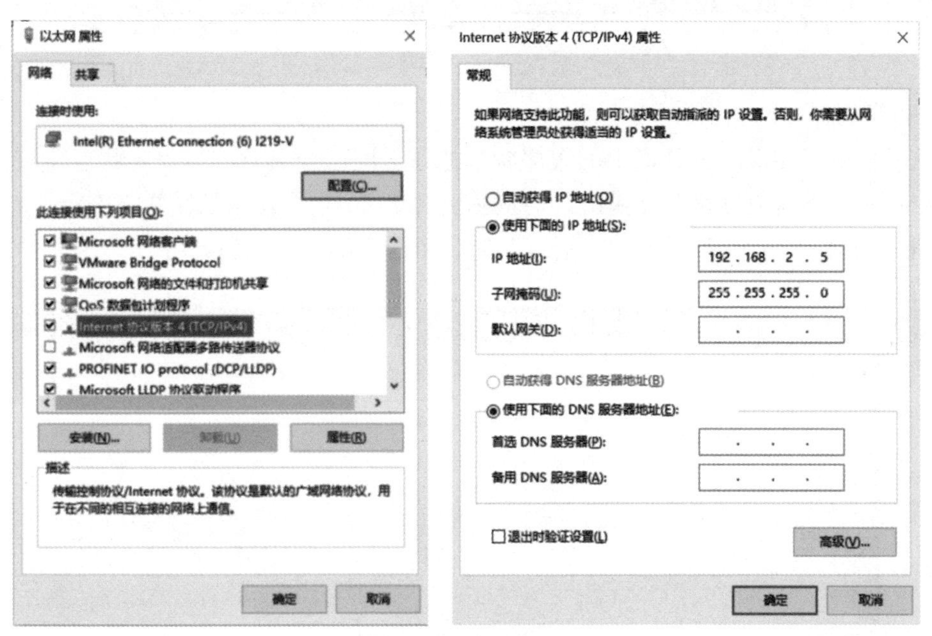

图 2-23　编辑个人计算机 IP 地址

6）下载程序

单击程序编辑器窗口工具栏中的“下载”按钮，弹出图 2-24 所示对话框，勾选“程序块”“数据块”“系统块”“从 RUN 切换到 STOP 时提示”“从 STOP 切换到 RUN 时提示”复选框后，单击“下载”按钮，下载成功界面如图 2-25 所示。

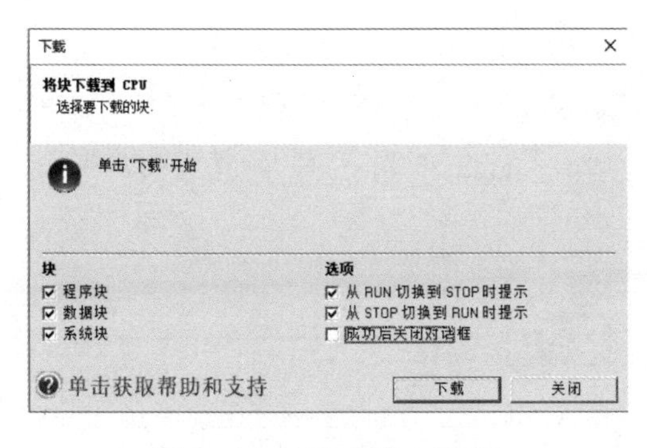

图 2-24　“下载”对话框

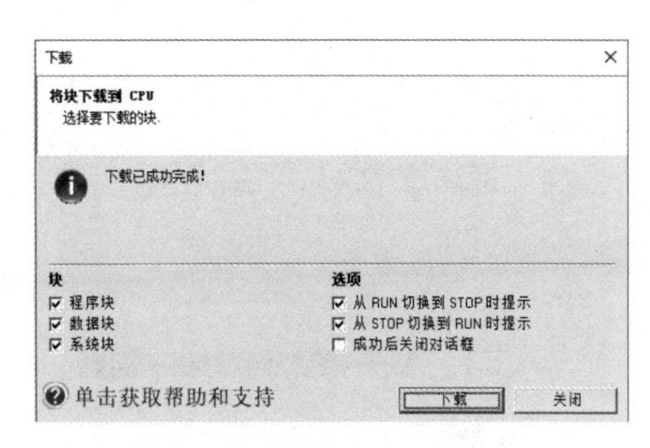

图 2-25　下载成功界面

7）运行和停止模式切换

要运行下载到 PLC 中的程序，只要单击程序编辑器窗口工具栏中的 RUN 按钮，在弹出的 RUN 对话框中单击“是”按钮即可；同理，要停止运行程序，只要单击程序编辑器窗口工具栏中的 STOP 按钮，在弹出的 STOP 对话框中单击“是”按钮即可，如图 2-26 所示。

图 2－26　运行程序

8）程序状态监控

单击程序编辑器窗口工具栏中的程序状态按钮，即可开启监控，程序状态监控窗口如图 2－27 所示。但监控过程中会弹出“时间戳不匹配”对话框（见图 2－28），单击“比较”按钮，出现图 2－29 所示的“已通过”时，单击“继续”按钮即可。

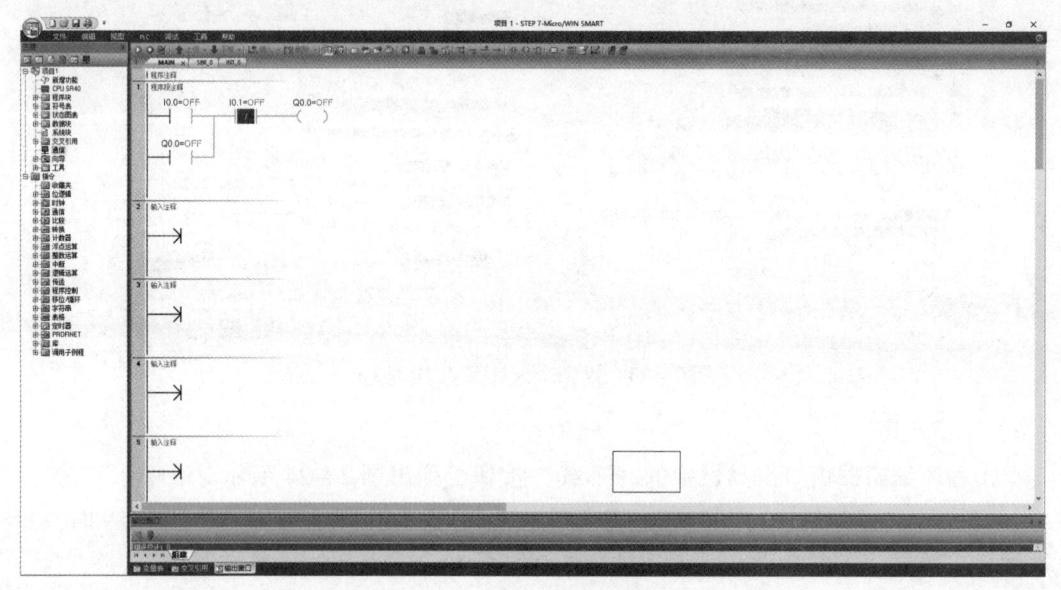

图 2－27　程序状态监控窗口

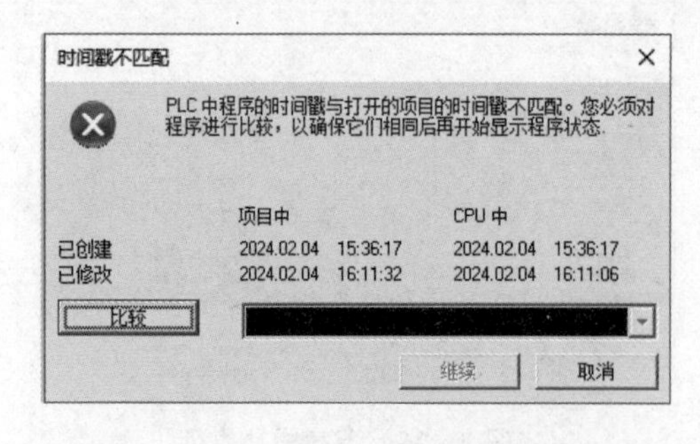

图 2－28　“时间戳不匹配”对话框

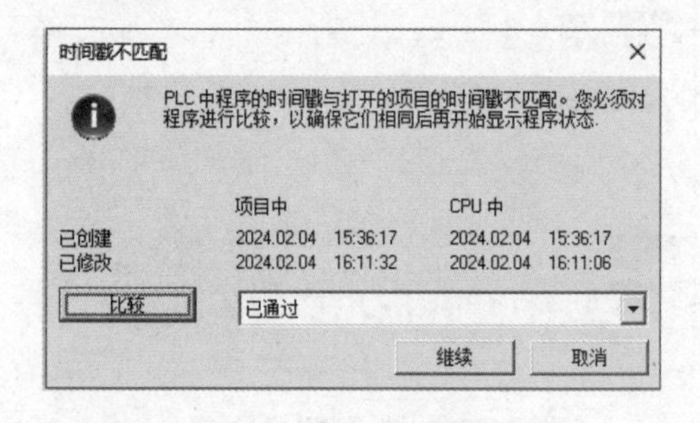

图 2－29　比较通过

学习拓展

下面介绍利用智能路由器实现 PLC 程序远程下载。

随着信息化的发展，越来越多的企业开始使用 PLC 云网关来实现 PLC 远程调试。PLC

云网关是一种新型网络技术，可以实现PLC设备和云网络之间的远程连接，从而实现PLC远程调试。

PLC云网关的安装和配置步骤如下。

（1）现场需要安装PLC云网关，将现场PLC连接到PLC云网关，并完成网络设置。

（2）将PLC云网关通过5G/4G/WiFi/以太网等方式连接到互联网云平台，如果使用5G/4G网络，可以直接插入5G/4G网卡。

（3）在工程师计算机上安装远程调试软件，并配置用户名和密码。

（4）配置完成后，可以使用远程调试软件连接PLC，实现远程调试功能。

安装完成后就可以通过PLC云网关进行远程调试了。此时，PLC设备将会发送数据到云平台中，通过PLC云网关实现工程师计算机和现场PLC设备连接，从而实现PLC远程调试。

任务实施

填写表2－8。

表2－8 基础程序编写与调试任务表

任务名称	基础程序编写与调试
任务目标	能够完成基础程序编写、下载与调试任务
设备调试步骤	（1）PLC类型的选用。 （2）软件的参数配置。 （3）基础程序的编写。 （4）基础程序的下载。 （5）基础程序的调试
设备调试过程记录	

续表

所遇问题及解决方法			
教师签字		得分	

小资料

青年在选择职业时的考虑

在选择职业时，青年应该遵守的主旨是人类的幸福和自身的完美，不应认为这两种利益会彼此敌对、互相冲突，一种利益必定消灭另一种利益。相反，人的本性是这样的：人只有为同时代人的完美、幸福而工作，才能达到自我完美。

如果一个人只为自己劳动，他也许能够成为著名的学者、伟大的哲人、卓越的诗人，然而他永远不能成为完美的、真正伟大的人物。

历史把那些为共同目标奋斗并使自己变得高尚的人称为最伟大的人物；经验赞美那些为大多数人带来幸福的人；宗教本身也教诲我们，人人敬仰的典范就曾为人类而牺牲自己，有谁能否定这类教诲呢？

如果我们选择了最利于人类发展的职业，那么，重担就不能把我们压倒，因为这是为大家作出的牺牲。那时我们所享受的就不是可怜的、有限的、自私的乐趣，而是同属于千百万人的幸福。虽然我们的事业只能悄然无声地存在，但是它会永远发挥作用，而面对我们的骨灰，高尚的人们将洒下热泪。

习　题

单选题

1. S7－200 SMART CPU 硬件结构不包含（　　）。

A. 数字量输入/输出接线端子　　B. 以太网接口

C. I/O 状态指示灯　　D. 寄存器

2. S7－200 SMART CPU 内部存储区包含（　　）。

A. I　　B. Q　　C. M　　D. P

3. S7－200 SMART CPU 数字量输出类型有（　　）。

A. 晶体管和继电器　　B. 晶体管和二极管

C. 继电器和二极管　　D. 三极管和二极管

第二篇

自动化生产线基础模块

项目3

自动化生产线中传感器的应用

项目概述

自动化生产线上经常使用接近传感器，它利用传感器对所接近物体具有的敏感特性来识别物体的接近，并输出相应开关信号，因此，接近传感器又称接近开关。由此可见，接近传感器是一种采用非接触式检测、输出开关量的开关量传感器。它有多种检测方式，包括利用电磁感应引起检测对象金属体中产生涡电流的方式、利用捕捉检测对象接近引起电气信号容量变化的方式、利用磁性开关的方式、利用光敏效应和光电转换器件作为检测元件的方式等。常用的接近传感器有磁感应式接近开关（或称磁性开关）、光电开关、光纤传感器和电感式接近开关等，见表3-1。

表3-1 常用的接近传感器

传感器名称	传感器实物图	图形符号	在YL-335B型自动化生产线中的用途
磁性开关			用于直线磁性开关气缸
			用于机械手爪、旋转气缸、薄型气缸等安装空间有限的气缸
光电开关			用于分拣单元的工件检测
			用于供料单元、加工单元、装配单元的工件检测
光纤传感器			在装配单元中用于安装空间有限的工件检测； 用于分拣单元工件颜色的检测

续表

传感器名称	传感器实物图	图形符号	在 YL－335B 型自动化生产线中的用途
电感式接近开关			用于分拣单元金属工件的检测； 输送单元的原点开关
光电编码器			用于分拣单元传动带的位置控制及转速测量

任务1 磁性开关

知识目标

1. 认识各种磁性开关。
2. 掌握磁性开关的工作原理。

技能目标

1. 能够完成磁性开关的接线。
2. 能够完成磁性开关的安装。
3. 能够检查磁性开关的好坏。

素养目标

1. 培养学生的标准意识、规范意识。
2. 培养学生沟通能力和团结协作意识。

任务导入

传感器如何检测气缸活塞杆已经伸出到位或者缩回到位？

知识储备

一、磁性开关简介

YL－335B 型自动化生产线所使用的气缸都是带磁性开关的气缸，主要有两种，一种是安装空间不受限的直线气缸，另一种是安装空间受限的机械手爪、旋转气缸、薄型气等。图 3－1 所示分别为安装在直线气缸和气动手爪上的磁性开关。

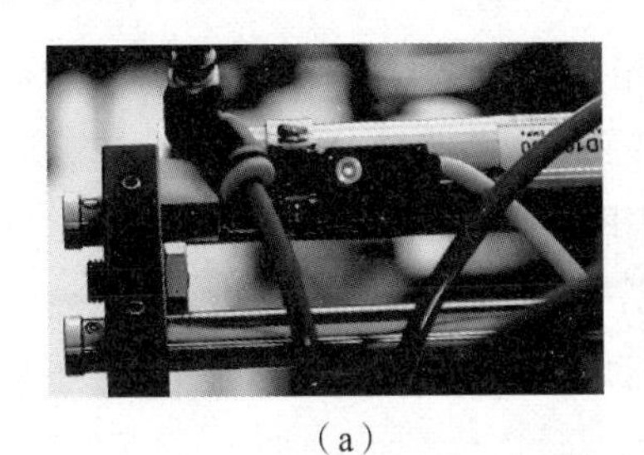

(a)

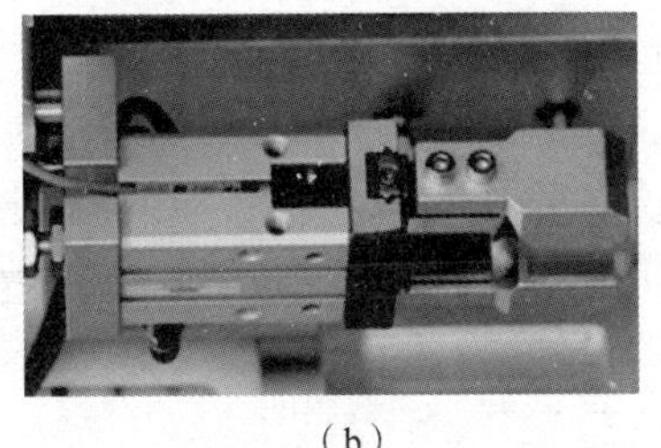

(b)

图3-1　磁性开关的应用实例

(a) 直线气缸上的磁性开关；(b) 气动手爪上的磁性开关

小资料

科学与唯物主义

古代人把磁石的吸铁特性比作母子，认为“石，铁之母也。以有慈石，故能引其子；石之不慈者，亦不能引也”。因此，汉代初期都是把“磁石”写成“慈石”。明代末期地理学家刘献廷在他的《广阳杂记》一书中提到，磁石吸铁是由于它们之间具有“隔碍潜通”的特性。这种力求用自然界本身来解释自然现象的观点是唯物主义的表现。

二、磁性开关的工作原理

磁性开关是一种非接触式的位置检测开关，具有检测时不会磨损和损伤检测对象、响应速度快的优点，常用于检测磁场或磁性物质的存在。

YL-335B型自动化生产线上使用的气缸都是带有磁性开关的气缸，其检测原理如图3-2所示。在气缸的活塞（非磁性材质）上安装一个永久磁铁的磁环，即提供了一个反映气缸活塞位置的磁场。在气缸外侧某一位置安装磁性开关，当气缸中随活塞移动的磁环靠近开关时，磁性开关的两个簧片因被磁化而相互吸引，触点闭合；当磁环远离开关后，簧片失磁，触点断开。触点闭合或断开时会发出电信号，传送到PLC中，此时就可以利用该信号判断气缸活塞的运动状态和所处位置。

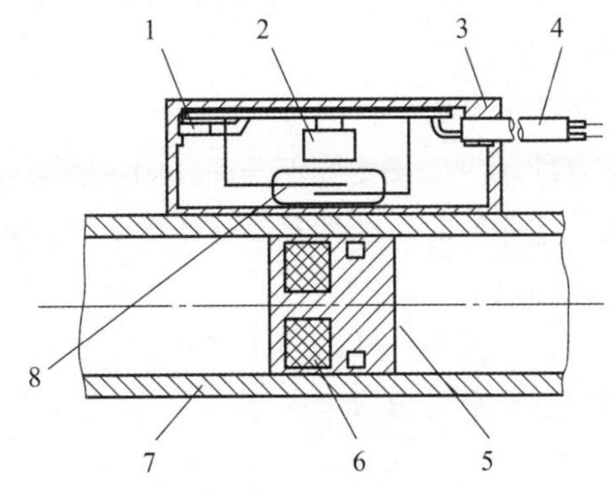

图3-2　带磁性开关的气缸检测原理

1—动作指示灯；2—保护电路；3—开关外壳；4—导线；5—活塞；6—磁环（永久磁铁）；7—缸筒；8—磁性开关

磁性开关的内部电路如图 3－3 所示。电路中的动作指示灯，即发光二极管（Light Emitting Diode，LED）用于显示传感器的信号状态，供调试与运行监视时观察。磁性开关的安装方式有导线引出型、接插件式、接插件中继型，同时根据安装场所环境的要求，磁性开关可选择屏蔽式和非屏蔽式，其实物图及电气符号图如图 3－4 所示。

图 3－3　磁性开关的内部电路图

图 3－4　磁性开关实物图及图形符号

(a) 实物图；(b) 图形符号

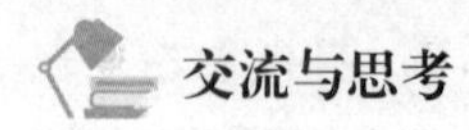

交流与思考

由于 LED 的单向导电性能，磁性开关使用棕色和蓝色引出线以区分极性，磁性开关如何实现与 PLC 的接线？

三、磁性开关的安装与调试

微课：磁性开关动画

在自动化生产线的控制中，可以利用电信号判断气缸活塞的运动状态和所处位置，以确定工件是否被推出或气缸是否返回。

1. 电气接线与检查

首先要考虑传感器的尺寸、位置、安装方式、布线工艺、电缆长度及周围工作环境等因素对其工作的影响，然后将磁性开关与 PLC 的输入端口连接。

磁性开关上设置有 LED，用于显示传感器的信号状态，供调试与运行监视时观察使用。当气缸活塞靠近，磁性开关输出动作，信号为 1，LED 亮；当没有气缸活塞靠近，磁性开关输出不动作，信号为 0，LED 不亮。

2. 磁性开关在气缸上的安装与调整

通常磁性开关与气缸配合使用，如果安装不合理，则可能使气缸的动作不正确。当气缸活塞移向磁性开关，并达到一定距离时，磁性开关开始感应并动作，通常把这个距离称为检出距离。

在气缸上安装磁性开关时，先把磁性开关装在气缸上，然后根据控制对象的要求调整其安装位置。调整方法是让磁性开关到达指定位置后，用螺丝刀旋紧固定螺钉（或螺帽）即可。

任务实施

填写表 3－2。

表3-2　磁性开关的调试任务表

任务名称	磁性开关的调试		
任务目标	能够完成磁性开关的接线并将其安装到合适的位置		
设备调试步骤	(1) 完成磁性开关的接线。 (2) 接通电源，检查工作指示灯是否点亮。 (3) 把气缸活塞拉到指定位置。 (4) 移动磁性开关，直至动作指示灯点亮。 (5) 用螺丝刀紧定螺钉（或螺帽），将磁性开关固定好		
设备调试过程记录			
所遇问题及解决方法			
教师签字		得分	

习　题

单选题

1. YL-335B型自动化生产线中气缸上的磁性开关是一种（　　）的位置检测开关。

A. 非接触式　　B. 接触式

2. 磁性开关不能检测（　　）的存在。

A. 磁场　　B. 磁性物质　　C. 塑料制品

3. 对于源型输入的PLC，磁性开关的棕色引出线应连接到（　　），蓝色引出线应连接到（　　）。

A. DC 24 V电源正极　PLC输入端　　B. DC 24 V电源负极　PLC输入端

C. PLC输入端　DC 24 V电源正极　　D. PLC输入端　DC 24 V电源负极

任务2 光电开关

知识目标

1. 掌握光电开关的分类。
2. 掌握各类光电开关的工作原理。

技能目标

1. 能够根据实际要求对光电开关进行选型。
2. 能够正确选择光电开关的工作模式。
3. 能够对光电开关的检测距离进行调整。

素养目标

1. 培养学生坚持不懈、刻苦钻研的职业作风。
2. 培养学生追求卓越、勇于拼搏的奋斗精神。

任务导入

在自动化生产线上，控制器是如何“看到”设备上元件的？

知识储备

一、光电开关的简介

光电传感器是利用光的各种性质，检测物体有无和表面状态变化等的传感器。其中，输出形式为开关量的光电传感器称为光电式接近开关，简称光电开关。它具有检测距离长、对检测物体限制小、响应速度快、分辨率高、便于调整、非接触等优点，但其要求工作环境条件较好、无粉尘污染，故在非电量检测中应用较广。由于光电开关工作时对被测对象几乎无任何影响，因此在生产线上广泛使用。YL－335B 型自动化生产线使用了以下两种外观的光电开关，如图 3－5 所示。

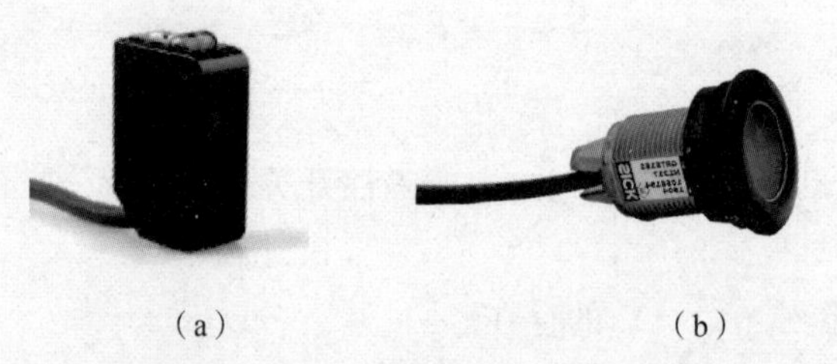

（a）　　（b）

图 3－5　光电开关在 YL－335B 型自动化生产线中的应用

（a）供料单元中的应用；（b）分拣单元中的应用

二、光电开关的分类及工作原理

光电开关是利用光电效应制成的开关量传感器，主要由投光器和受光器组成。投光器和受光器分为一体式和分体式两种。投光器用于发射红外光或可见光，受光器用于接收投光器发射的光，将光信号转换成电信号并以开关量的形式输出。

光电开关分为两类：对射型和反射型，如图3－6所示。图3－6（a）所示为对射型光电开关，光发射器和光接收器相对安放（为分体式），轴线严格对准。当有物体在两者中间通过时，红外光束被遮断，接收器接收不到红外线而产生一个负脉冲信号。对射型光电开关的检测距离一般可达十几米。

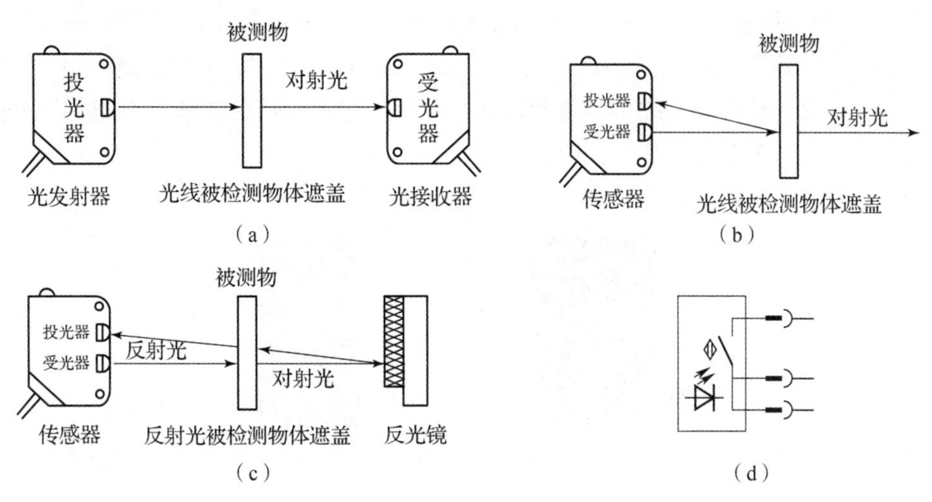

图3－6　光电开关的类型及图形符号

（a）对射型光电开关；（b）散射型光电开关；

（c）反射镜反射型光电开关；（d）光电开关的图形符号

小资料

光速是基本的物理常数之一，它的测定是好几代物理学家经过努力、不断改进实验方法才得出的，而且测试结果也越来越精确。由此可见，科学发展的道路曲折而艰辛，人类认识和探索自然的过程具有反复性和无限性，因此，要树立正确的世界观和科学本质观，并采取科学的思维方法。

反射型光电开关分为两种情况：被测物漫反射型（也称散射型）和反射镜反射型，分别如图3－6（b）、图3－6（c）所示，可根据实际需要决定所采用的光电开关的类型。散射型光电开关安装最为方便，只要不是全黑的物体均能产生漫反射，其检测距离与被测物的黑度有关，一般只有几百毫米。散射型光电开关常用于检测不透明物体，如生产流水线上统计产量、检测装配件到位与否及装配质量好坏，并且可以根据被测物的特定标记给出自动控制信号。散射型光电开关已广泛应用于自动包装机、自动灌装机、装配流水线等自动化机械装置中。

反射镜反射型光电开关需要调整反射镜的角度以取得最佳的反射效果，它的检测距离小于对射型光电开关。反射镜一般不用平面镜，而使用偏光三角棱镜，它对安装角度的变化不太敏感，能将光源发出的光转变成偏振光（波动方向严格一致的光）反射回去。光敏元件表面覆盖一层偏光透镜，只能接收反射镜反射回来的偏振光，而不响应表面光泽度高的物体反射回来的各种非偏振光。这种设计使反射镜反射型光电开关也能用于检测如玻璃瓶等具有反光面的物体而不受干扰。反射镜反射型光电开关的检测距离一般可达几米。

三、YL－335B 型自动化生产线中散射型光电开关的安装与调试

1. E3Z－LS63 型光电开关

YL－335B 型自动化生产线用于检测工件不足或工件有无的传感器选用了欧姆龙有限公司生产的 E3Z－LS63 型光电开关。该光电开关是一种小型、可调节检测距离、放大器内置的散射型光电开关，具有光束细小、可检测同等距离的黑色和白色物体、检测距离可精确设定等特点。E3Z－LS63 型光电开关如图 3－7 所示。

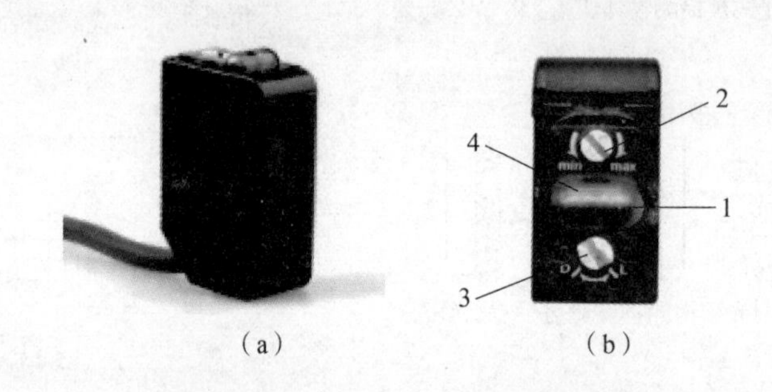

图 3－7　E3Z－LS63 型光电开关

(a) 外观；(b) 顶端面上的调节旋钮及显示灯

1—动作指示灯（橙色）；2—灵敏度旋钮；3—动作转换开关；4—稳定指示灯（绿色）

各器件功能说明如下。

(1) 检测距离可调整。光电开关可检测设定距离范围内的物料，而设定距离以外的物料则不能被检测，从而实现检测料仓内工件的目的。设定距离可通过灵敏度旋钮设定，在料仓中放进工件，将灵敏度旋钮沿逆时针方向旋到最小检测距离 min（约 20 mm），然后按顺时针方向逐步旋转旋钮，直到橙色动作指示灯稳定点亮（L 模式）。灵敏度旋钮只能旋转 5 圈，超过就会空转，因此调整距离时需逐步轻微旋转。

(2) 动作输出模式分两种，一种是当受光元件接收到反射光时输出为 ON（橙色灯亮），称为 L（LIGHT ON）模式或受光模式；另一种是在未能接收到反射光时输出为 ON（橙色灯亮），称为 D（DARK ON）模式或遮光模式。选择哪一种检测模式，取决于编程思路。

(3) 状态指示灯中还有一个稳定指示灯（绿色 LED），用于对设置后的环境变化（温度、电压、灰尘等）裕度进行自我诊断。如果裕度足够，则指示灯点亮；反之，该指示灯熄灭，说明现场环境不合适，应从环境方面排除故障，如温度过高、电压过低、光线不足等。在光电开关的布线过程中要注意电磁干扰，不要被阳光或者其他光源直接照射，不要在产生腐蚀性气体、接触到有机溶剂、灰尘较大等场所使用。

E3Z－LS63 型光电开关由于实现了可视光的小光点，可以用肉眼确认检测点的位置，检测距离调试方便，并且在设定距离以内被检测物的颜色（黑白）对动作灵敏度的影响不大，

因此该光电开关也用于 YL－335B 型自动化生产线的其他检测，如装配单元料仓的满缺料检测、回转台上左右料盘芯件的有无检测和加工单元加工台物料的有无检测等。光电开关安装过程中，其到被检测物体的距离必须在检出距离范围内，同时需要考虑被检测物体的形状、大小、表面粗糙度及移动速度等因素。

（4）光电开关的接线方法。三线制光电开关输出 3 根引线，分别是棕色、蓝色与黑色。棕色引线接 DC 24 V 电源正极，蓝色引线接 DC 24 V 电源负极，黑色引线是信号输出线，接 PLC 输入端子（棕正—蓝负—黑信号）。若电接近开关是 NPN 型，则 PLC 输入接口公共端接 DC 24 V 电源正极；若是 PNP 型，则 PLC 输入接口公共端接 DC 24 V 电源负极。E3Z－LS63 型光电开关电路原理图如图 3－8 所示。

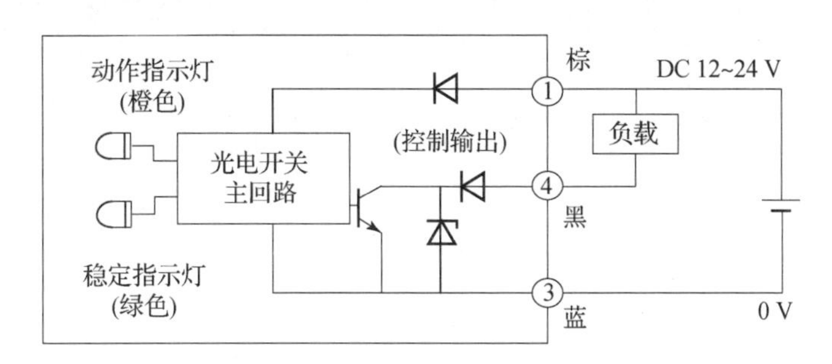

图 3－8　E3Z－LS63 型光电开关电路原理图

2. 圆柱形散射型光电开关

YL－335B 自动化生产线用于检测物料台上有无物料的光电开关是一个圆柱形散射型光电开关。工作时，该光电开关向上发出光线，透过出料台小孔检测是否有工件存在。该光电开关选用了 SICKAG 公司的产品，其外观和接线如图 3－9 所示。

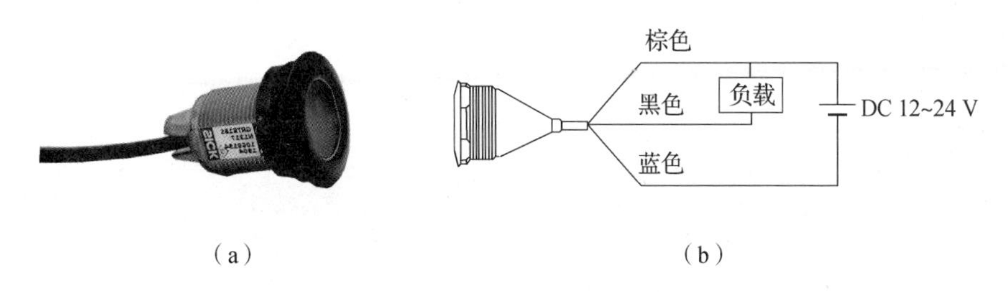

（a）　　　　（b）

图 3－9　圆柱形漫射式光电开关

（a）外观；（b）接线

交流与思考

现有外观相同的反射式和漫射式光电开关，如何区分它们？

任务实施

填写表 3－3。

表 3 – 3　E3Z – LS63 型光电开关的调试任务表

任务名称	E3Z – LS63 型光电开关的调试		
任务目标	能够完成光电开关的接线，并调整检测距离		
设备调试步骤	（1）完成光电开关的接线。 （2）接通电源，检查状态指示灯是否点亮。 （3）选择合适的检测模式 D/L。 （4）将被测物体放到指定位置。 （5）将灵敏度旋钮沿逆时针方向旋到最小检测距离。 （6）然后按顺时针方向逐步旋转旋钮，直到橙色动作指示灯稳定点亮（L 模式）。 （7）换一种颜色的被测物体放到指定位置，橙色动作指示灯不亮，顺时针方向逐步旋转旋钮，直到橙色动作指示灯稳定点亮。 （8）重复步骤（7）直到能够检测到所有被测物体		
设备调试过程记录			
所遇问题及解决方法			
教师签字		得分	

习　题

单选题

1. 以下哪种光电开关的检测距离最短（　　）。

A. 对射型　　B. 反射镜反射型

C. 散射型

2. 光电开关当受光元件接收到反射光时输出为 ON，则称为（　　）模式或（　　）模式。

A. L 受光　　B. D 遮光

C. D 受光　　D. L 遮光

3. 欧姆龙有限公司的 E3Z－LS63 型光电开关的引出线中棕色引线、蓝色引线、棕色引线分别连接到（　　）。

A. DC 24 V 电源正极、PLC 输入端、DC 24 V 电源负极

B. DC 24 V 电源正极、DC 24 V 电源负极、PLC 输入端

C. DC 24 V 电源负极、DC 24 V 电源正极、PLC 输入端

D. PLC 输入端、DC 24 V 电源负极、DC 24 V 电源正极

任务3　光纤传感器

知识目标

1. 了解光纤传感器的结构。
2. 掌握光纤传感器的工作原理。

技能目标

1. 能够正确安装光纤传感器。
2. 能够完成光纤传感器的接线。
3. 掌握光纤传感器放大器的使用方法。

素养目标

1. 培养学生的创新理念和创新意识。
2. 培养学生勤学苦练、爱岗敬业的职业精神。

任务导入

当光电传感器的精度、传输距离、抗干扰能力等不能满足设备要求时，应该如何做呢？

知识储备

一、光纤传感器简介

光纤传感器也是光电传感器的一种，其基本工作原理是将来自光源的光经过光纤送入调制器，使待测参数与进入调制器的光相互作用，导致光的光学性质（如发光强度、波长、频率、相位、偏振态等）发生变化，变化后的光称为被调制的信号光，再利用被测量对光的传输特性施加的影响，完成测量。

光纤传感器由光纤检测头和放大器两个分离的部分组成，光纤检测头的尾端部分分成两条光纤，使用时分别插入放大器的两个光纤孔。投光器和受光器均在放大器内，投光器发出的光线通过一条光纤内部从端面（光纤头）以约 60°的角度扩放，照射到被检测物体上。同样，反射回来的光线通过另一条光纤内部回送到受光器。其实物图及工作原理示意如图 3－10 所示。

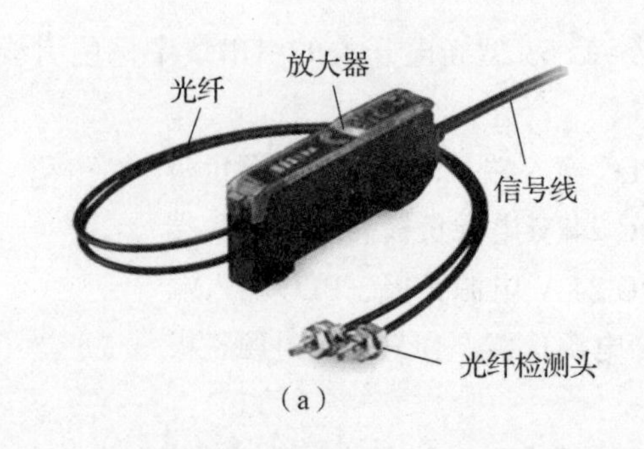

（a）

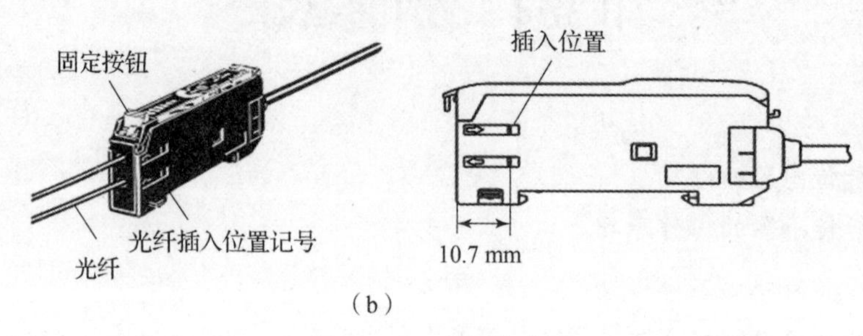

（b）

图 3－10　光纤传感器

（a）实物图；（b）工作原理示意图

光纤传感器具有抗电磁干扰、可工作于恶劣环境、传输距离远、使用寿命长的优点。此外，由于光纤头具有较小的体积，所以可以安装在空间很小的地方。当然，光纤传感器也有缺点，如光纤质地较脆、机械强度低，要求比较好的切断、连接技术，分路、耦合比较麻烦等。

小资料

光纤“百折不回，勇往直前”的全反射属性带来的启示是，作为青年学生，正处于学习知识、增长才干的美好年华，奋斗的青春，是“长风破浪会有时，直挂云帆济沧海”的豪情壮志，是“千磨万击还坚劲，任尔东西南北风”的坚韧顽强。

二、光纤传感器的安装与调试

1. 光纤传感器的安装

光纤传感器是一种精密器件，使用时务必注意它的安装和拆卸方法。下面以 YL－335B 型自动化生产线上使用的 E3X－NA11 型光纤传感器的安装和拆卸过程为例进行说明。

图 3－11 所示为放大器的安装过程。拆卸过程与此相反。

光纤的安装与拆卸过程如下，在安装与拆卸时，一定要切断电源。

（1）安装光纤：抬起保护罩，提起固定按键，将光纤顺着放大器侧面的插入位置记号插入，然后放下固定按键。

（2）拆卸光纤：抬起保护罩，提起固定按钮便可以将光纤取下来。

2. 光纤传感器的调节

光纤传感器的放大器灵敏度调节范围较大。当光纤传感器灵敏度调得较低时，对于反射性较差的黑色物体，光纤头无法接收到反射信号；而对于反射性较好的白色物体，光纤头就

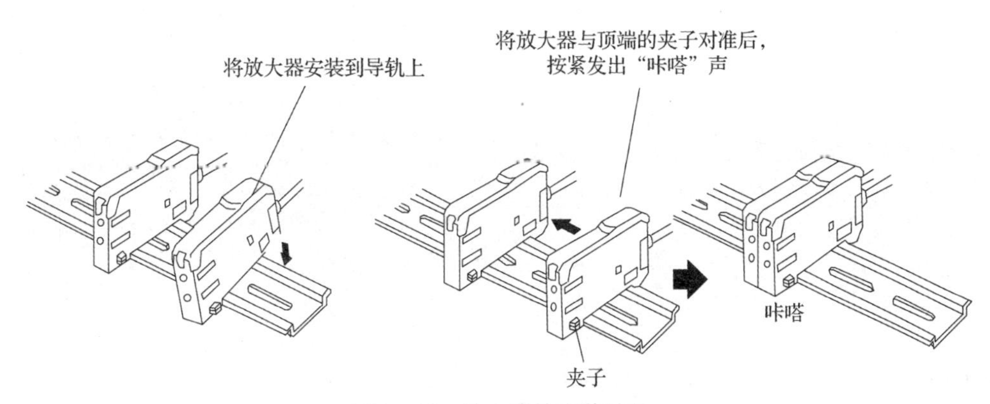

图 3-11　放大器的安装过程

注：在连接好光纤的状态下，请不要从 DIN 导轨上拆卸放大器。

可以接收到反射信号。反之，当光纤传感器灵敏度调得较高时，即使对于反射性较差的黑色物体，光纤头也可以接收到反射信号。

图 3-12 所示为光纤传感器放大器单元的俯视图，调节 8 挡灵敏度旋钮可对放大器进行灵敏度调节（顺时针旋转灵敏度增高）。调节时，会看到入光量显示灯发光的变化。当光纤头检测到物料时，动作指示灯点亮，提示检测到物料。

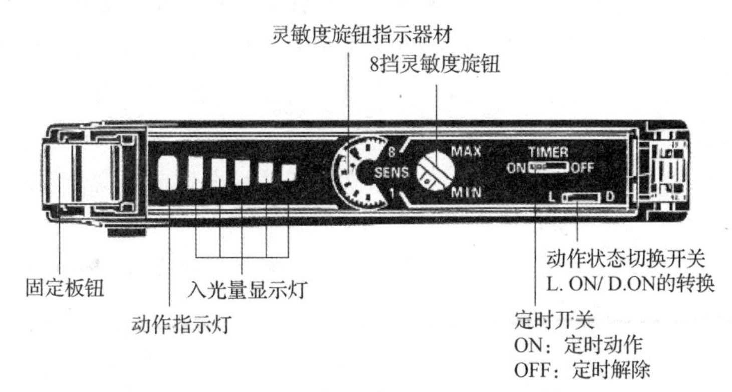

图 3-12　光纤传感器放大器单元的俯视图

E3Z-NA11 型光纤传感器采用 NPN 型晶体管输出，其电路原理图如图 3-13 所示，接线时请注意根据导线颜色判断电源极性和信号输出线，切勿把信号输出线直接连接到电源 +24 V 端。

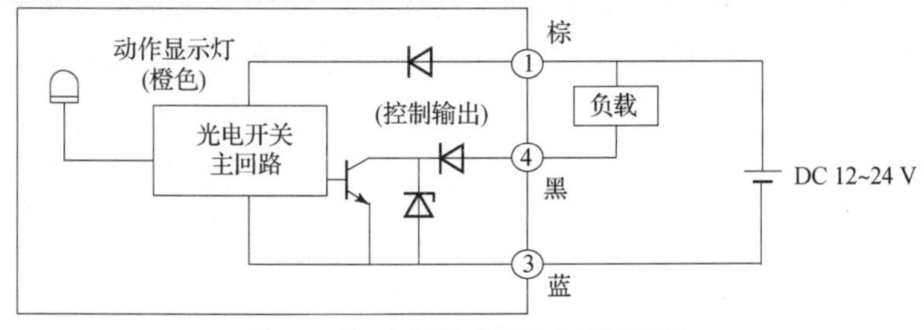

图 3-13　光纤传感器的电路原理图

交流与思考

光电开关的光源采用绿光或蓝光，根据物体表面颜色反射率特性的不同进行颜色判别，从而实现产品的分拣。为了减小衰减，保证光的传输效率，在分拣单元中先采用光纤传感器判别黑白两种工件的颜色，那么应如何使用光纤传感器将其区分开呢？

拓展学习

植入光纤传感器为电池做“体检”

手机、笔记本计算机、电动自行车、电动汽车中都有一个关键部件——锂离子电池。随着全球范围内能源危机的出现、“双碳”目标的驱动，锂离子电池产业迅速发展。

然而，锂离子电池常常会发生爆炸，也就是热失控，这是威胁电池安全的“癌症”，是制约电动汽车与新型储能规模化发展的重要因素。

从外部来看，电池在使用过程中容易出现各种外部滥用，包括电滥用，如过充、过放等；热滥用，如高温、局部发热等；机械滥用，如撞击、挤压等。这些外部滥用会造成电池内部材料发生一系列连锁化学反应，电池内部温度快速提升，最高可达800 ℃，导致电池起火或爆炸。

因光纤传感器具备体积小、质量小、耐受高温高压、耐受电解液腐蚀等优势，故电池研发人员将其植入电池，但它们主要用于测量电池循环过程中的内部参数，而从未涉足电池热失控监测领域。

于是，王青松等人想将光纤植入电池内部，以监测电池热失控过程，并探索电池内部参数能否为电池热失控预警提供新思路。

研究的关键是开发一款“健壮”的光纤传感器。王青松团队与郭团团队联合攻关，多次改进光纤结构，开展热失控实验，反复修改和验证，最终通过对光纤进行套管保护，在保证内部信号传输的同时解决了光纤容易断的难题。

相比现有的外部监测技术，内部光纤传感技术具有更好的及时性、灵活性。

值得一提的是，该研究通过解析压力和温度变化速率，首次发现温度和压力变化速率的转变点可作为电池热失控早期预警区间。该发现适用于不同电量的电池，能够在电池内部发生“不可逆反应”之前发出预警信号，保证了电池后续的安全使用，并且适合大规模推行量产。

来源：学习强国（有改动）

任务实施

填写表3－4。

表3-4　光纤传感器的调试任务表

任务名称	光纤传感器的调试		
任务目标	能够完成光纤传感器的接线，并调整检测距离		
设备调试步骤	（1）完成光纤传感器的接线。 （2）接通电源，检查状态指示灯是否点亮。 （3）选择合适的检测模式D/L。 （4）将被测物体放到指定位置。 （5）将灵敏度旋钮沿逆时针方向旋到最小检测距离。 （6）然后按顺时针方向逐步旋转旋钮，直到橙色动作指示灯稳定点亮（L模式）。 （7）换一种颜色的被测物体放到指定位置，橙色动作指示灯不亮，顺时针方向逐步旋转旋钮，直到橙色动作指示灯稳定点亮。 （8）重复步骤（7）直到能够检测到所有的被测物体		
设备调试过程记录			
所遇问题及解决方法			
教师签字		得分	

习　题

判断题

1. 光纤传感器也是光电传感器的一种。（　　）
2. 光纤传感器由光纤检测头和放大器两部分组成，投光器和受光器在光纤检测头内。（　　）
3. 光纤传感器的光纤是可以随意切断与连接的。（　　）

任务4 电感式接近开关

知识目标

掌握电感式接近开关的工作原理。

技能目标

1. 掌握电感式接近开关的接线。
2. 能够完成电感式接近开关的安装。

素养目标

1. 培养学生的爱国主义精神。
2. 培养学生百折不挠、勇于拼搏的奋斗精神。

任务导入

自动化生产线在工作中常常需要检测工件的材质，那么应如何检测金属材质的元件？

知识储备

一、电感式接近开关简介

电感式接近开关主要用于检测金属物体，常见的有自感式传感器、互感式传感器和电涡流式传感器3种。电涡流式传感器是20世纪70年代以来迅速发展的一种传感器。它是利用电涡流效应进行工作的，结构简单、灵敏度高、频率响应范围宽、不受油污等介质的影响，所以能进行非接触测量且应用范围广，问世以来就受到重视。目前，电涡流式传感器已广泛应用于位移、振动、厚度、转速、温度、硬度等非接触测量及无损探伤等领域。

小资料

法拉第历时10年，经过无数次实验，才发现了电磁感应现象。他的奋斗历程带来启示：科学的大道不是一帆风顺，只有培养坚忍不拔、不折不挠的科学家品质，才能取得成功。

YL－335B型自动化生产线中用到的电感式接近开关为电涡流式传感器，是利用涡流效应制造的传感器。涡流效应是指当金属物体处于一个交变磁场中时，在金属内部会产生交变的电涡流，该电涡流又会反作用于交变磁场的一种物理效应。如果这个交变磁场是由一个电感线圈产生的，那么这个电感线圈中的电流就会发生变化，以平衡涡流产生的磁场。

电感式接近开关主要由LC振荡器和调整电路组成，其工作原理如图3－14所示。电感式接近开关是以高频振荡器（LC振荡器）中的电感线圈作为检测元件，当被测金属物体接近电感线圈时便产生涡流效应，引起振荡器振幅或频率的变化，并由调整电路（包括检波、放大、整形，输出等电路）将该变化转换成开关量输出，从而达到检测的目的。

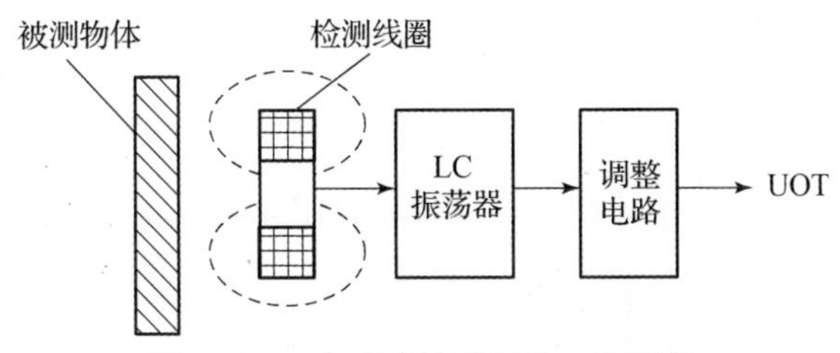

图3－14　电感式接近开关工作原理

二、电感式接近开关的安装与调试

常见电感式接近开关的外形有圆柱形、螺纹形、长方体形和U形等几种。在自动化生产线中，为了检测待加工工件是否为金属材料，在分拣单元传送带物料入口处安装了一个圆柱形电感式接近开关，如图3－15（a）所示。输送单元的原点开关则采用长方体形电感式接近开关，如图3－15（b）所示。

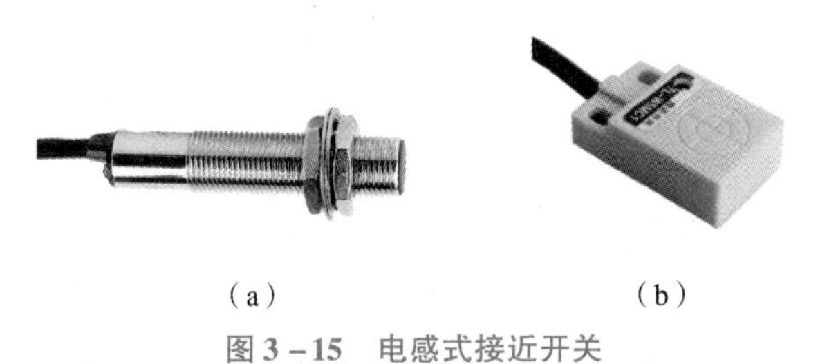

（a）　　（b）

图3－15　电感式接近开关

（a）分拣单元的电感式接近开关；（b）输送单元的原点开关

电感式接近开关的选用和安装，必须认真考虑检测距离和设定距离，保证生产线上的接近开关动作可靠。安装距离注意事项说明如图3－16所示。

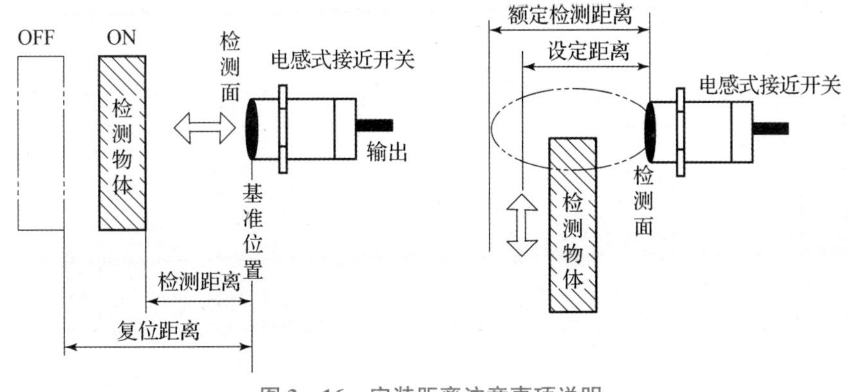

图3－16　安装距离注意事项说明

交流与思考

电磁炉是我们日常生活中必备的家用电器之一，电涡流式传感器是其核心部件，那么电磁炉是如何将铁锅内食物加热的？

任务实施

填写表3－5。

表3－5 电感式接近开关的调试任务表

任务名称	电感式接近开关的调试		
任务目标	能够完成电感式接近开关的接线，并调整检测距离		
设备调试步骤	（1）固定好电感式接近开关，并完成接线。 （2）接通电源，检查状态指示灯是否点亮。 （3）测量出最大检测距离。 （4）检测距离的中间位置就是最佳检测距离，若最佳检测距离不是被检测物体的安放位置，则调整电感式接近开关的位置		
设备调试过程记录			
所遇问题及解决方法			
教师签字		得分	

习　题

单选题

1. 在YL－335B型自动化生产线设备中用（　　）来检测金属工件。

A. 磁性开关　　B. 光电开关

C. 光纤传感器　　D. 电感式接近开关

2. 输送单元的原点开关属于（　　）。

A. 磁性开关　　B. 光电开关

C. 光纤传感器　　D. 电感式接近开关

任务5　光电编码器

知识目标

1. 掌握光电编码器的分类。
2. 熟悉光电编码器的工作原理。

技能目标

1. 能够正确安装光电编码器。
2. 能够完成光电编码器的接线。

素养目标

1. 培养学生的民族品牌意识。
2. 培养学生科学严谨、追求卓越的工匠精神。

任务导入

如何根据任务要求实现PLC选型、外围接线、程序编写、程序调试？

知识储备

一、光电旋转编码器的简介

位置测量主要是指直线位移和角位移的精密测量。机械、设备的工作过程多与长度和角度有关，存在着位置或位移测量问题。科学技术和生产方式的不断发展，对位置检测提出了高准确度、大量程、数字化和高可靠性等一系列要求，数字式位置传感器正好能满足这种要求。目前得到广泛应用的有角编码器、光栅、磁栅和容栅等测量技术。

位置传感器有直线式和旋转式两大类。若位置传感器测量的对象就是被测量对象本身，即直线式位置传感器测直线位移，旋转式位置传感器测角位移，则该测量方式称为直接测量。若旋转式位置传感器测量的回转运动只是中间值，由它再推算出与之关联的移动部件的直线位移，则该测量方式称为间接测量。

角编码器又称码盘，是一种旋转式位置传感器，它的转轴通常与被测轴连接，随被测轴一起转动，并能将被测轴的角位移转换成二进制编码或一串脉冲。角编码器有绝对式编码器和增量式编码器两种基本类型。

绝对式编码器是按照角度直接进行编码的传感器，可直接把被测转角用数字代码表示出来。绝对式编码器根据内部结构和检测方式有接触式、光电式等。增量式编码器通常是光电式。

光电旋转编码器广泛应用于测量转轴的转速、角位移，丝杠的线位移等方面，具有测量精度高、分辨率高、稳定性好、抗干扰能力强、便于与计算机接口通信、适宜远距离传输等特点。

光电旋转编码器也是一种光电传感器，只是它将光源、透镜、随轴旋转的码盘、窄缝和光电元件组合在一起。当码盘转动时，光电元件会接收到一串亮暗相间的光线，并由后续电路转换为一串脉冲。它将转速信号直接转换为脉冲输出，因此它又是一种数字式传感器。YL－335B 型自动化生产线上使用了增量式旋转编码器。

二、增量式旋转编码器的结构与工作原理

1. 增量式旋转编码器的结构和组成

增量式旋转编码器的结构如图 3－17 所示，由光源、光栅板、码盘和光电元件组成。光栅板外圈有 A，B 两个狭缝，里圈有一个 C 狭缝。

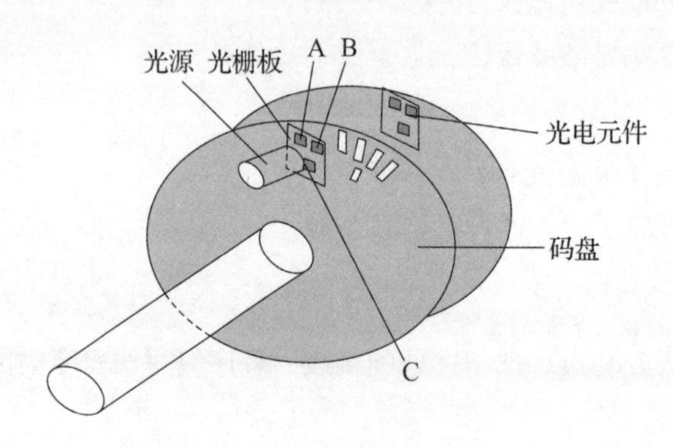

图 3－17　增量式旋转编码器的结构

2. 增量式旋转编码器的工作原理

增量式旋转编码器的光栅板外圈上 A，B 两个狭缝的间距是码盘上两个狭缝距离的（$m+1/4$）倍，m 为正整数，由于彼此错开 1/4 节距，因此两组狭缝相对应的光电元件所产生的信号 A，B 相位相差 90°。当码盘随轴正转时，A 信号超前 B 信号 90°；当码盘随轴反转时，B 信号超前 A 信号 90°，这样可以判断码盘旋转的方向。

码盘里圈的狭缝 C，每转仅产生一个脉冲，该脉冲信号又称“一转信号”或零标志脉冲，作为测量的起始基准。

三、增量式旋转编码器的辨向方式

具体使用时，可以根据图 3－18 所示的增量式旋转编码器输出的三组方波脉冲原理图来辨别码盘旋转方向。增量式编码盘两个码盘产生的光电脉冲被两个光电元件接收，产生 A，B 两个输出信号，这两个输出信号经过放大整形后，产生 P_1 和 P_2 脉冲，将它们分别接到 D 触发器的 D 端和 CP 端。D 触发器在 CP 脉冲（P_2）的上升沿触发。当正转时，P_1 脉冲超前 P_2 脉冲 90°，触发器的 $Q=1$；当反转时，P_2 超前 P_1 脉冲 90°，触发器的 $Q=0$，$\overline{Q}=1$。分别用 $Q=1$ 和 $\overline{Q}=1$ 控制可逆计数器是正向还是反向计数，即可将光电脉冲变成编码输出。

将零位产生的脉冲信号接至计数器的复位端，实现每转动一圈计数器复位一次的目的，无论正转还是反转，计数器每次反映的都是相对于上次角度的增量，故这种测量方法称为增量法。

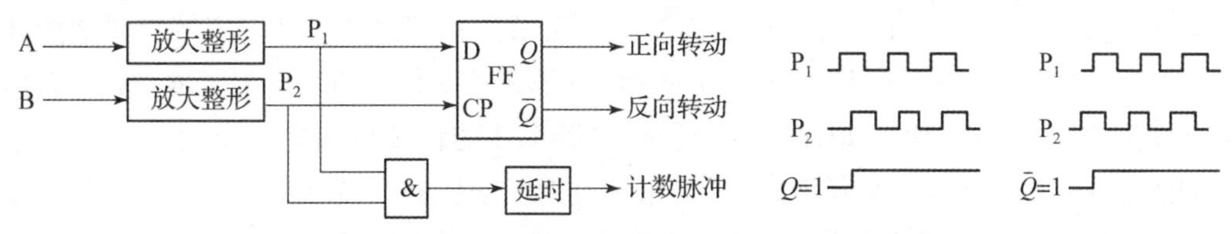

图3－18　增量式旋转编码器输出的三组方波脉冲原理图

综上所述，可知以下几个方面。

（1）当轴旋转时，增量式旋转编码器有相应的脉冲输出，其旋转方向的判别和脉冲数量的增减需通过外部的判向电路和计数器来实现。

（2）增量式旋转编码器的计数起点可任意设定，并可实现多圈的无限累加和测量，还可以把每转发出一个脉冲的C信号作为参考机械零位。

（3）增量式旋转编码器的转轴转一圈输出固定的脉冲，输出的脉冲数与码盘的刻度线相同。

（4）增量式旋转编码器的输出信号为一串脉冲，每个脉冲对应一个分辨角 α，对脉冲进行计数 N，就是对 α 的累加，即，角位移 $\theta=\alpha N$。

例如：分辨角 $\alpha=0.352°$，脉冲数 $N=1\ 000$，则角位移 $\theta=0.352°\times1\ 000=352°$。

四、增量式旋转编码器在YL－335B型自动化生产线上的应用

YL－335B型自动化生产线分拣单元选用了具有A，B两相，相位差为90°的增量式旋转编码器计算工件在传送带上的位移。增量式旋转编码器外观如图3－19所示。

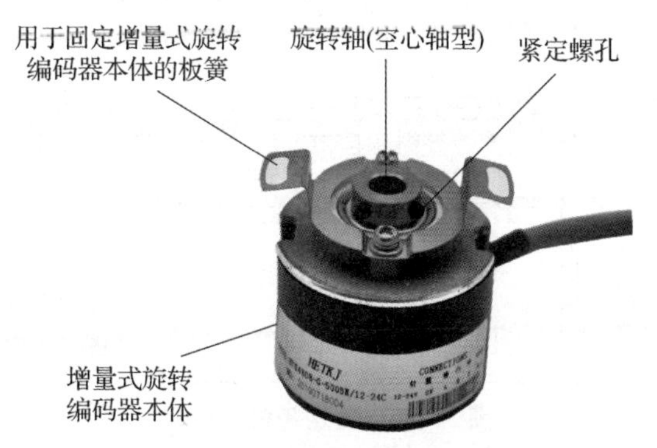

图3－19　增量式旋转编码器外观

1. 增量式旋转编码器的接线

增量式旋转编码器的工作电源为DC 12～24 V，工作电流为110 mA，分辨率为500线（即每旋转一周产生500个脉冲），A，B两相及Z相均采用NPN型集电极开路输出。信号输出线分别由绿色、白色和黄色三根引线引出，其中黄色引线为Z相输出线。增量式旋转编码器在出厂时，规定从轴侧看顺时针方向旋转为正向，这时绿色引线输出信号将超前白色引线

输出信号 90°，因此规定绿色引线为 A 相线，白色引线为 B 相线。

2. 增量式旋转编码器的安装

YL－335B 型自动化生产线选用的增量式旋转编码器，其旋转轴为中空轴形状（空心轴型），将传送带主动轴直接插入中空孔进行连接，可节省轴方向的空间。安装增量式旋转编码器时，首先把增量式旋转编码器旋转轴的中空孔插入传送带主动轴，上紧增量式旋转编码器轴端的紧定螺栓。然后将固定增量式旋转编码器本体的板簧用螺栓连接到进料口 U 形板的两个螺孔上（注意不要完全紧定），接着用手拨动电动机轴，使增量式旋转编码器轴随之旋转，调整板簧位置，直至增量式旋转编码器无跳动，再紧定两个螺栓。

3. 工件在传送带上的位移计算

分拣单元的减速电动机驱动传送带旋转时，与减速电动机同轴连接的增量式旋转编码器即向 PLC 输出表征电动机轴角位移的脉冲信号，再由 PLC 的高速计数器实现角位移的计数。如果传送带没有打滑现象，则工件在传送带上的位移量与脉冲数就具有一一对应的关系，因此传送带上任一点对进料口中心点（原点）的坐标值可直接用脉冲数表达。PLC 程序则根据坐标值的变化计算工件的位移量。

脉冲数与位移量的对应关系是，分拣单元主动轴的直径 d 约为 43 mm，减速电动机每旋转一周，传送带上工件移动的距离 $L=\pi d=3.14\times 43\ \text{mm}=135.02\ \text{mm}$。这样，每两个脉冲之间的距离，即脉冲当量 $u=L/500\approx 0.27\ \text{mm}$，根据 u 值就可以计算任意脉冲数与位移量的对应关系。例如，按图 3－20 所示的传送带位置计算，当工件从进料口中心点（原点）移至第一个推料气缸中心点时，增量式旋转编码器约发出 622 个脉冲；移至第二个推料气缸中心点时，约发出 962 个脉冲；移至第三个推料气缸中心点时，约发出 1 303 个脉冲。

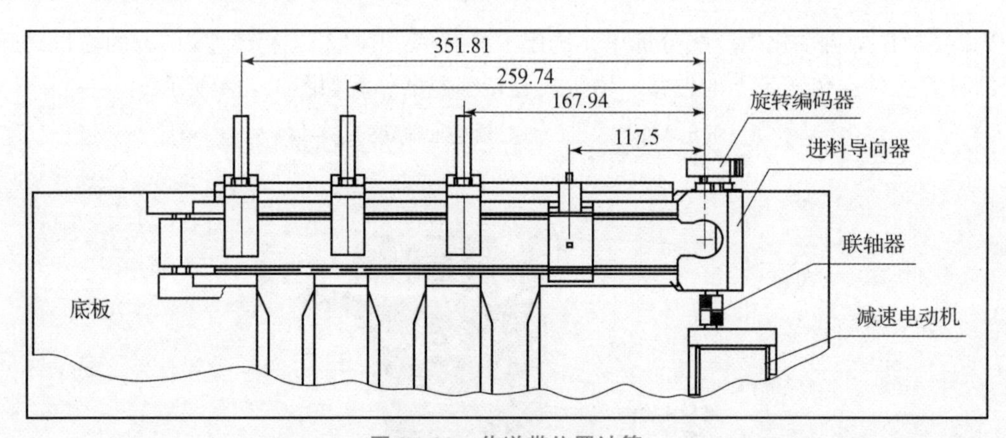

图 3－20　传送带位置计算

应该指出，脉冲当量的计算只是理论上的。实际上各种误差因素不可避免，例如，传送带主轴直径（包括传送带厚度）的测量误差，传送带的安装偏差、张紧度，都将影响理论计算值，经此计算得出的各特定位置（各推料气缸中心、检测区出口、各传感器中心相对进料口中心位置坐标）的脉冲数同样存在误差，因而只是估算值。实际调试时，应以这些估算值为基础，通过简单的现场测试，综合考虑高速计数器倍频选择，以获得的准确数据作为控制程序编写的依据。

交流与思考

由于增量式旋转编码器的工作电流达 110 mA，进行电气接线需特别注意，其正极电源引线（红色）需连接到装置侧接线端子排的 +24 V 稳压电源端子上。为什么不能连接到传感器电源端子 VCC 上？如果连接到传感器电源端子 VCC 上可能会产生什么现象？

任务实施

填写表 3－6。

表 3－6　旋转编码器的调试任务表

任务名称	增量式旋转编码器的调试		
任务目标	能够完成增量式旋转编码器安装和接线		
设备调试步骤	（1）首先把增量式旋转编码器旋转轴的中空孔插入传送带主动轴，上紧增量式旋转编码器轴端的紧定螺栓。 （2）然后将固定增量式旋转编码器本体的板簧用螺栓连接到进料口 U 形板的两个螺孔上（注意不要完全紧定）。 （3）接着用手拨动电动机轴，使增量式旋转编码器轴随之旋转，调整板簧位置，至增量式旋转编码器无跳动，再紧定两个螺栓。 （4）完成编码器的接线。 （5）启动电机，查看传送带是否有打滑，并查看 PLC 内高速计数器的计数是否正确		
设备调试过程记录			
所遇问题及解决方法			
教师签字		得分	

习　　题

单选题

1. YL－335B 型自动化生产线上的分拣单元中使用的光电编码器为（　　）。

A. 增量式编码器　　B. 绝对式编码器

C. 混合式编码器

2. 编码器信号的三根引出线中（　　）引线为 A 相线，（　　）引线为 B 相线。

A. 白色　黄色　　B. 绿色　黄色

C. 绿色　白色

3. 用光电旋转编码器测量工件的运动距离，属于（　　）测量。

A. 直接　　B. 间接

C. 哪种都不是

项目 4

自动化生产线中气动技术的应用

项目概述

气压传动系统（简称气动系统）是指以压缩空气为工作介质，实现动力传递和工程控制的系统。20 世纪 80 年代以来，随着与电子技术的结合，气动技术的应用领域得到迅速拓宽，尤其是在各种自动化生产线上得到广泛应用。

纵观世界气动行业的发展趋势，气动元件的发展有以下特点：电气一体化、小型化和轻量化、复合集成化、无油化、低功耗、高精度、高质量、高速度、高输出力。

气压传动与其他传动方式的比较见表 4－1。

表 4－1　气压传动与其他传动方式的比较

项目	机械传动	电气传动	电子传动	液压传动	气压传动
输出力	中等	中等	小	很大（10t 以上）	大（3t 以下）
动作速度	低	高	高	低	高
信号响应	中	很快	很快	快	稍快
位置控制	很好	很好	很好	好	不太好
遥控	难	很好	很好	较良好	良好
安装限制	很大	小	小	小	小
速度控制	稍困难	容易	容易	容易	稍困难
无级变速	稍困难	稍困难	良好	良好	稍良好
元件结构	普通	稍复杂	复杂	稍复杂	简单
动力源中断时	不动作	不动作	不动作	有蓄能器，可短时动作	可动作
管线	简单	较简单	复杂	复杂	稍复杂
维护	无特别问题	有技术要求	技术要求高	简单	稍复杂
危险性	普通	注意漏电	无特别问题	注意防火	几乎没有问题
体积	普通	中	小	小	小

续表

项目	机械传动	电气传动	电子传动	液压传动	气压传动
温度影响	普通	大	大	普通（70 ℃以下）	普通（100 ℃以下）
防潮性	普通	差	差	普通	注意排放冷凝水
防腐蚀性	普通	差	差	普通	普通
防振性	普通	差	特差	不必担心	不必担心
构造	普通	稍复杂	复杂	稍复杂	简单
价格	普通	稍高	高	稍高	普通

一个完整的气动系统主要由气源装置、气动执行元件、气动控制元件、辅助元件组成。

一、气源装置

气源装置主要由空气压缩机和气源处理装置组成。空气压缩机将原动机供给的机械能转换成气体的压力能，作为传动和控制的动力源。气源处理装置用于冷却、储存压缩空气，清除压缩空气中的水分、灰尘和油污，以输出干燥洁净的空气供后续元件使用。该处理装置包括后冷却器、储气罐、油水分离器、过滤器、干燥器和自动排水器等。

二、气动执行元件

气动执行元件把气体的压力能转换为机械能，以驱动执行机构作往复或旋转运动，包括气缸、摆动气缸、气马达、气爪和复合气缸等。

三、气动控制元件

气动控制元件可以控制和调节压缩空气的压力、流速和流动方向，以保证执行元件按预定的程序正常工作，包括压力阀、流量阀、方向阀和比例阀等。

四、辅助元件

辅助元件是指解决元件内部润滑、排气噪声、元件间连接问题，以及实现信号转换、显示、放大、检测等功能所需要的各种气动元件，包括油雾器、消声器、压力开关、管接头及连接管、气液转换器、气动显示器、气动传感器、液压缓冲器等。

任务1 气源装置及辅助元件

知识目标

1. 熟悉气源装置在气动系统中所处的位置和作用。
2. 理解消声器在气动系统中所处的位置和作用。
3. 熟悉气动二联件、三联件的作用。

技能目标

1. 会调整压力控制阀的压力。
2. 会安装消声器。

素养目标

1. 培养学生攻坚克难的劳模精神。
2. 培养学生严谨认真的工作态度。

任务导入

气动系统中的气体是由哪个装置提供的？

知识储备

气源装置是气动系统的动力部分，这部分元件性能的好坏直接关系到气动系统是否能正常工作，气压辅助元件更是气动系统正常工作必不可少的组成部分。

一、气源装置

气源装置是用来产生具有足够压力和流量的压缩空气，并将其净化、处理及存储的一套装置，自动化生产线使用气泵作为气源装置。YL－335B 型自动化生产线配置的是小型气泵，其主要部分如图 4－1 所示。空气压缩机把电能转换为气压能，所产生的压缩空气用储气罐先储存起来，再通过气源开关控制输出，这样可减少输出气流的压力脉动，使输出气流具有流量连续性和气压稳定性。储气罐内的压力用压力表显示，压力控制则由压力开关实现，即达到设定的最高压力时压缩机停止工作，达到设定的最低压力时重新激活压缩机。当压力超过允许限度时，则用过载安全保护器将压缩空气排出。输出压缩空气的净化由主管道过滤器实现，其功能是清除主管道内的灰尘、水分和油分。

图 4－1　小型气泵主要部分

二、辅助元件

1. 空气处理组件

空气压缩机输出的压缩空气中仍然含有大量的水分、油分和粉尘等污染物。压缩空气质量不良是气动系统出现故障的最主要因素，它会使气动系统的可靠性和使用寿命大大降低。因此，压缩空气进入气动系统前应进行二次过滤，以滤除压缩空气中的水分、油分及杂质，从而达到启动系统所要求的净化程度。为确保气动系统压力的稳定性，减少因气源气压突变对阀门或执行器等硬件的损伤，空气过滤后，应调节或控制气压的变化，并保持降压后的压力值固定在需要的数值上，其实现方法将过滤器和减压阀组合成过滤减压阀进行调定。

将过滤减压阀和油雾器连成一个组件，称为空气处理二联件或气动二联件。有些品牌的电磁阀和气缸能够实现无油润滑（靠润滑脂实现润滑功能），不需要使用油雾器，仅需要将过滤器和减压阀组合在一起，如图4-2（a）所示。

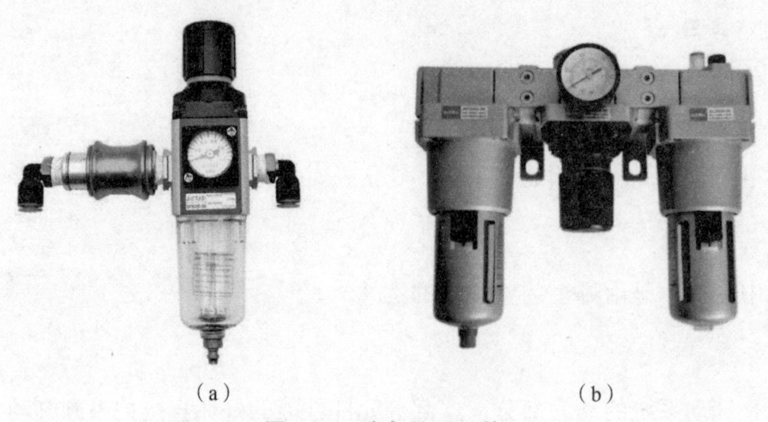

（a）　　　　　　　　　　　　（b）

图4-2　空气处理组件

（a）气动二联件；（b）气动三联件

将过滤器、减压阀和油雾器连成一个组件，称为空气处理三联件或气动三联件。工业上的气动系统常常使用气动三联件作为气源处理装置。气动三联件各元件之间采用模块式组合的方式连接，如图4-2（b）所示。这种连接方式安装简单，密封性好，易于实现标准化、系列化，可缩小外形尺寸、节省空间，便于维修配管，也便于集中管理。

气动系统的机体运动部件需要进行润滑。若部件不方便加润滑油，则可以采用油雾器。它是气动系统中一种特殊的注油装置，其作用是把润滑油雾化后，经压缩空气携带进入系统需要润滑的部位，达到润滑的目的。

空气处理组件的输入气源来自空气压缩机，组件的气路入口处安装有一个快速气路开关，用于启/闭气源。当把快速气路开关向左拔出时气路接通气源；反之，把快速气路开关向右推入时气路关闭，组件的输出压力可调。

输出的压缩空气通过快速三通接头和气管输送到各工作单元。进行压力调节时，转动旋钮前应先拉起，压下旋钮为定位。旋钮向右旋转为调高出口压力，向左旋转为调低出口压力。调节压力时应逐步均匀地调至所需压力值，不应一步调节到位。

组件的空气过滤器采用手动排水方式。手动排水时，应注意经常检查过滤器中凝结水的水位，在超过最高标线以前必须排放，以免凝结水被重新吸入。

问题与交流

当供电中止，气泵尚未升至最高压力而停机时，应在恢复供电后先关掉压力开关，通过安全阀排出气缸内的气体（持续时间>5 s），再重新打开压力开关，在气缸压力降至最低压力时才能重新开机。

2. 消声器

气动执行元件完成动作后，压缩空气便经换向阀的排气口排入大气。由于压力较高，一般排气速度接近声速，空气急剧膨胀，引起气体振动，便产生了强烈的排气噪声。噪声的强弱与排气速度、排气量和排气通道的形状有关。排气噪声一般可达80~100 dB，这种噪声使工作环境恶化，人体健康受到损害，工作效率降低。所以，一般车间内噪声高于75 dB时，都应采取消声措施。

常用的消声器有以下几种。

（1）压缩机吸入端消声器。对于小型压缩机，可以将其装入能换气的防声箱内，有明显的降低噪声作用。

（2）压缩机输出端消声器。压缩机输出的压缩空气未经处理前有大量的水分、油雾、灰尘等，若直接将消声器安装在压缩机的输出口，对消声器的工作是不利的。因此，消声器的安装位置应在气罐之前，即按照压缩机、后冷却器、冷凝水分离器、消声器、气罐的次序安装。此外，采用隔声材料将气罐的噪声遮蔽起来也是一项经济有效的举措。

（3）阀用消声器。气动系统中，压缩空气经换向阀向气缸等执行元件供气，动作完成后，又经换向阀向大气排气。由于阀内的气路复杂且狭窄，压缩空气以近声速的流速从排气口排出，空气急剧膨胀和压力变化产生高频噪声，声音十分刺耳。排气噪声与压力、流量和有效面积等因素有关，阀的排气压力为0.5 MPa时排气噪声可达100 dB以上。而且气动执行元件速度越高，流量越大，噪声也越大。此时就需要用阀用消声器来降低排气噪声，阀用消声器如图4-3所示。

图4-3 阀用消声器

小资料

英国工业革命时期没有任何环境保护的措施，煤在燃烧时释放出含有二氧化硫等有害物质的浓烟。在伦敦，烟与雾相互混杂，形成浓浓的黄色烟雾，长年萦绕在城市上空。环境问题是全球性事件，以史为鉴，中国在治理环境问题上反应迅速。国家倡导企业节能减排，推崇由“高碳”经济向“低碳”经济转型的政策，并逐步取代大量消耗石油能源的传统发展模式，为整治全球环境危机、构建人类命运共同体作出了不可磨灭的贡献。在全球生态危机日益恶化的大背景下，要提高环保意识、改变生活方式，增强环境保护的责任感。

任务实施

填写表4-2。

表4-2 认识气源装置及辅助元件任务表

任务名称	认识气源装置及辅助元件
任务目标	从设备的气动系统中找出气源装置、空气处理器、消声器
设备调试步骤	（1）找出空气压缩机，并说明各部分的作用。 （2）找出空气处理器，并简述其作用。 （3）找出消声器，并简述其作用。

续表

设备调试过程记录			
所遇问题及解决方法			
教师签字		得分	

习　题

一、填空题

1. 气动系统主要由气源装置、________、________、________等组成。

2. 气动是以________为介质进行能量传递的传动系统。

二、单选题

1. 气压传动的优点是（　　）。

A. 工作介质取之不尽，用之不竭，但易污染

B. 气动装置噪声大

C. 执行元件的速度、转矩、功率均可做无级调节

D. 无法保证严格的传动比

任务2　气动执行元件

知识目标

1. 熟悉普通气缸的分类和结构特点。

2. 熟悉常用磁性开关气缸、薄型气缸、摆动气缸、气动手指气缸等特殊气缸的结构及工作原理。

技能目标

掌握典型气缸的主要功能及特点。

素养目标

1. 培养学生的社会责任感。
2. 培养学生精益求精、兢兢业业的工匠精神。

任务导入

气动系统是如何完成直线运动或者旋转运动的？

知识储备

气动执行元件可分为气缸和气动马达两大类。气缸用于实现直线运动或往复摆动，气动马达用于实现回转运动。气缸是气动系统中使用最广泛的一种气动执行元件，根据使用条件、场合的不同，其结构形状和功能也不一样，种类很多。气缸可根据作用在活塞上力的方向、结构特征、功能及安装方式来分类。

按功能不同，气缸可分为普通气缸和特殊气缸。

一、普通气缸

在各类气缸中使用最多的是活塞式单活塞杆型气缸，称为普通气缸。普通气缸可分为双向作用活塞式气缸和单向作用活塞式气缸两种。

1. 双向作用活塞式气缸

图4－4（a）所示为双向作用活塞式气缸的结构简图。它由缸筒、前后缸盖、活塞、活塞杆紧固件和密封件等零件组成。

当A孔进气，B孔排气，压缩空气作用在活塞左侧面积上的作用力大于摩擦力和作用在活塞右侧面积上的作用力等反向作用力时，压缩空气推动活塞向右移动，使活塞杆伸出。反之，当B孔进气、A孔排气，压缩空气推动活塞向左移动，使活塞和活塞杆缩回到初始位置。

微课：气缸工作原理动画

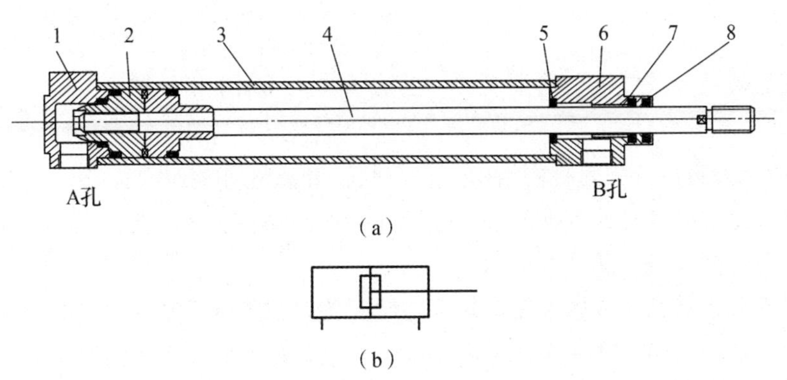

图4－4　双向作用活塞式气缸

（a）双向作用活塞式气缸的结构简图；（b）双向作用活塞式气缸的图形符号

1—后缸盖；2—活塞；3—缸筒；4—活塞杆；5—缓冲密封垫；6—前缸盖；7—导向套；8—防尘垫

由于该气缸缸盖上设有缓冲装置，因此又称缓冲气缸，图4－4（b）所示为这种气缸的图形符号。

2. 单向作用活塞式气缸

图4－5（a）所示为单向作用活塞式气缸的结构简图，图4－5（b）所示为这种气缸的图形符号。压缩空气只从气缸一侧进入，推动活塞输出驱动，另一侧靠弹簧弹力推动活塞返回。部分单向作用活塞式气缸靠活塞和运动部件的自重或外力返回。

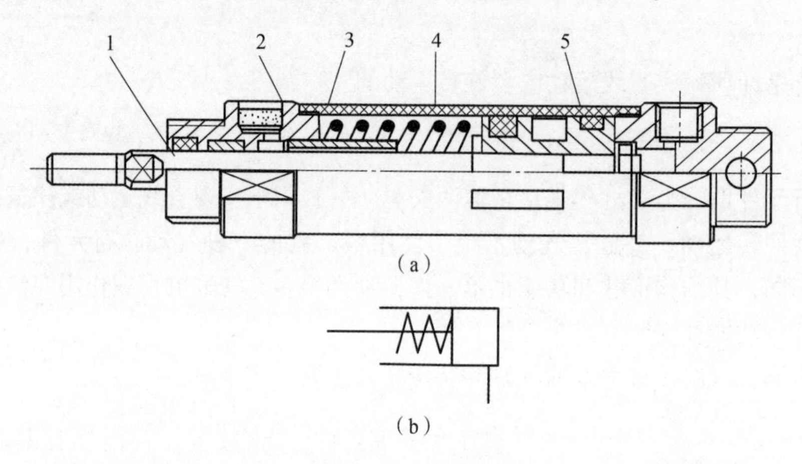

图4－5　单向作用活塞式气缸

（a）单向作用活塞式气缸的结构简图；（b）单向作用活塞式气缸的图形符号

1—活塞杆；2—过滤片；3—止动套；4—弹簧；5—活塞

单向作用活塞式气缸的特点如下。

（1）结构简单。由于只需向一侧供气，耗气量小。

（2）复位弹簧的反作用力随压缩行程的增大而增大，因此活塞的输出驱动随活塞运动行程的增大而减小。

（3）缸体内安装弹簧，增加了缸筒长度，缩短了活塞的有效行程。

这种气缸一般多用于行程短、对输出力和运动速度要求不高的场合。

二、特殊气缸

特殊气缸有磁性开关气缸、薄型气缸、摆动气缸、气动手指气缸。

1. 磁性开关气缸

图4－6所示为磁性开关气缸的结构。它由气缸和磁性开关组合而成。气缸可以是无缓冲气缸，也可以是缓冲气缸或其他气缸。磁性开关直接安装在气缸上，同时，在气缸活塞上安装一个永久磁性橡胶环，随活塞运动。

磁性开关又称舌簧开关或磁性发信器。磁性开关内部装有舌簧片式的开关、保护电路和动作指示灯等，均用树脂封在一个盒子内。当装有永久磁性橡胶环的活塞运动到磁性开关附近时，两个簧片被吸引使开关接通。当永久磁性橡胶环随活塞离开时，磁力减弱，两个簧片弹开使开关断开。

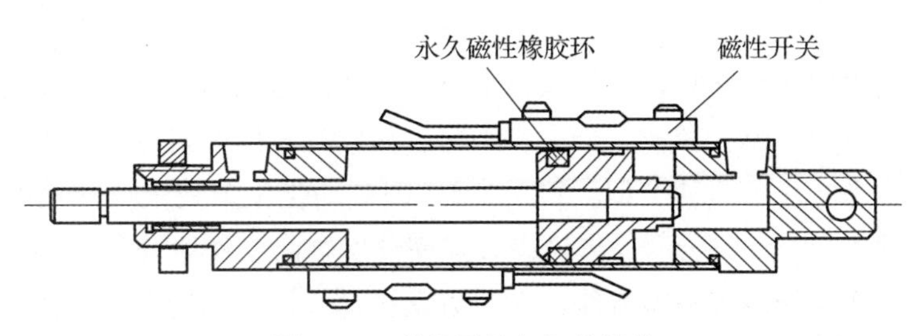

图 4 – 6　磁性开关气缸的结构

磁性开关可安装在气缸拉杆（紧固件）上，且可左右移动至气缸任何一个行程位置上。若装在行程末端，即可在行程末端发信；若装在行程中间，即可在行程中途发信。磁性开关气缸用法灵活、结构紧凑、安装和使用方便，因此，发展前景广阔。

磁性开关气缸的缺点是缸筒不能用价格低廉的普通钢材、铸铁等导磁性强的材料，而要用导磁性弱、隔磁性强的材料，如黄铜、硬铝、不锈钢等。

2. 薄型气缸

薄型气缸结构紧凑，轴向尺寸较普通气缸短，其实物图和结构图如图 4 – 7 所示。活塞上采用 O 形圈密封，缸盖上没有空气缓冲机构，缸盖与缸筒之间采用弹簧卡环固定。薄型气缸行程较短，在 50 mm 以下，常用缸径为 10 ~ 100 mm。

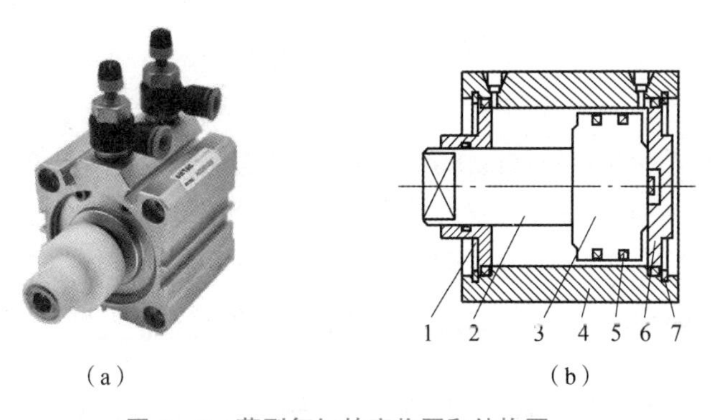

图 4 – 7　薄型气缸的实物图和结构图

(a) 实物图；(b) 结构图

1—前缸盖；2—活塞杆；3—活塞；4—缸筒；5—磁环；6—后缸盖；7—弹簧卡环

薄型气缸有供油润滑薄型气缸和不供油（无给油）润滑薄型气缸两种，除采用的密封圈不同外，其结构基本相同。不供油润滑薄型气缸的特点如下。

(1) 结构简单、紧凑，质量小，美观。

(2) 轴向尺寸在各类气缸中最短，占用空间小，特别适用于短行程场合。

(3) 可以在不供油条件下工作，节省油雾器，并且减少了对周围环境的油雾污染。

不供油润滑薄型气缸适用于对气缸动态性能要求不高而空间要求紧凑的轻工、电子机械等行业。该气缸中采用了一种特殊的密封圈，在此密封圈内预先填充了 3 号主轴润滑脂或其他油脂，在运动中靠此油脂来润滑，而不需用油雾器供油润滑（若系统中装有油雾器，也可使用），润滑脂一般每半年到一年换、加一次。

3. 摆动气缸

摆动气缸是利用压缩空气驱动，使输出轴在一定角度范围内做往复回转运动的气动执行元件，主要用于物体的转位、翻转、分类、夹紧，阀门的开闭及机器人的手臂动作等。摆动气缸有齿轮齿条式和叶片式两种类型，YL-335B 型自动化生产线上所使用的都是齿轮齿条式，其实物图如图 4-8（a）所示。齿轮齿条式摆动气缸的工作原理示意如图 4-8（b）所示。空气压力推动活塞带动齿条做直线运动，齿条推动齿轮做回转运动，由齿轮轴输出转矩并带动负载摆动。摆动平台是在转轴上安装的一个平台，该平台可在一定角度范围内回转。齿轮齿条式摆动气缸的图形符号如图 4-8（c）所示。

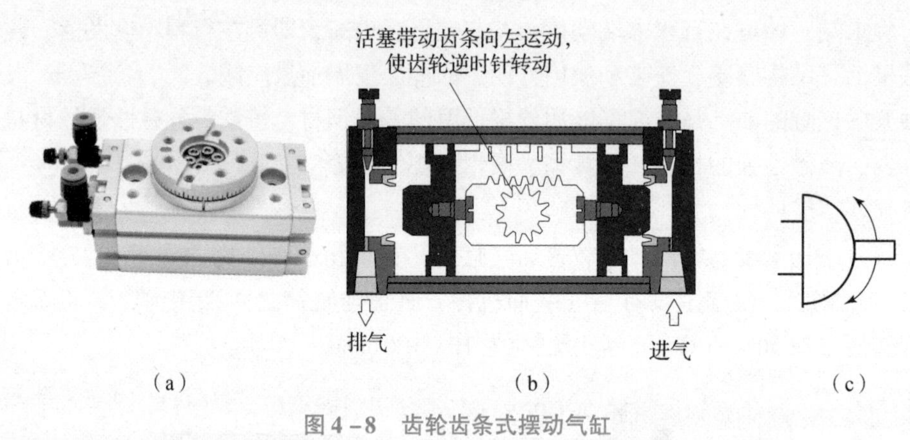

图 4-8　齿轮齿条式摆动气缸

（a）实物图；（b）工作原理示意图；（c）图形符号

YL-335B 型自动化生产线装配单元摆动气缸的摆动回转角度能在 0°~180°内任意调整。当需要调节回转角度或调整摆动位置的精度时，应首先松开调节螺杆上的反扣螺母，通过旋入和旋出调节螺杆改变摆动平台的回转角度，两个调节螺杆分别用于左旋和右旋角度的调整。当调整好回转角度后，应将反扣螺母与基体反扣锁紧，以防调节螺杆松动，造成回转精度降低。

回转到位信号的发出是通过调整摆动气缸滑轨内两个磁性开关的位置实现的，磁性开关安装在气缸滑轨内，松开磁性开关的紧定螺钉，磁性开关即可沿着滑轨左右移动。确定磁性开关位置后，旋紧紧定螺钉，即完成磁性开关位置的调整。

4. 气动手指气缸

气动手指又称气动夹爪或气爪，气动手指气缸是一种变形气缸，它利用压缩空气作为动力，代替人手夹取或抓取物体，实现机械手各种动作。

气动手指气缸按结构形式，分为平行夹爪气缸、摆动夹爪气缸、旋转夹爪气缸和三点夹爪气缸。

1）平行夹爪气缸

如图 4-9 所示，平行夹爪气缸的手指是通过两个活塞完成动作的。每个活塞由一个滚轮和一个双曲柄与气动手指相连，形成一个特殊的驱动单元。这样，气动手指总是轴向对心移动，不能单独移

图 4-9　平行夹爪气缸

动。如果手指反向移动，则先前受压的活塞处于排气状态，而另一个活塞处于受压状态。

2）摆动夹爪气缸

摆动夹爪气缸的活塞上有一个环形槽，由于手指耳轴与环形槽相连，因此手指可同时移动且自动对中，并确保抓取力矩始终恒定。

3）旋转夹爪气缸

旋转夹爪气缸的动作是按照齿条的啮合原理工作的。活塞与一根可上下移动的轴固定在一起，轴的末端有三个环形槽，这些槽与两个驱动轮啮合，因而气动手指可同时移动并自动对中。齿轮齿条啮合原理确保了抓取力矩始终恒定。

4）三点夹爪气缸

三点夹爪气缸的活塞上有一个环形槽，每个曲柄与一个气动手指相连，活塞运动能驱动三个曲柄动作，因而可控制三个手指同时打开和合拢。

5. 导向气缸

导向气缸是指具有导向功能的气缸，一般用于要求抗扭转力矩、承载能力强、工作平稳的场合，其结构如图4－10所示。

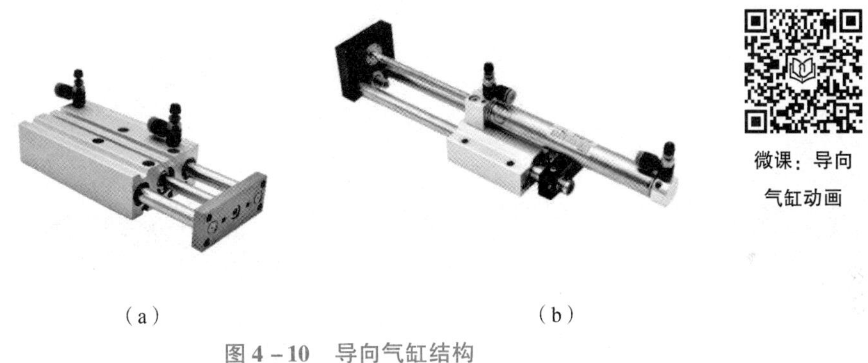

（a）　　　　（b）

图4－10　导向气缸结构

（a）一体化的带导杆气缸；（b）用标准气缸和导向装置构成的导向气缸

（1）带导杆气缸将与活塞杆平行的两根导杆与气缸组成一体，具有结构紧凑、导向精度高的特点。YL－335B型自动化生产线输送单元中的手臂伸缩气缸就是这种结构。

（2）导向气缸为标准气缸和导向装置的集合体。YL－335B型自动化生产线装配单元用于驱动装配机械手水平方向移动和竖直方向移动的气缸就采用了这种结构。其结构说明如下。

①安装支座用于导杆导向件的安装和导向气缸整体的固定。连接件安装板用于固定其他需要连接到导向气缸上的部件，以及两导杆和直线气缸活塞杆的相对位置。当直线气缸的一端接通压缩空气后，活塞被驱动做直线运动，活塞杆也一起移动，被连接件安装板固定到一起的两导杆也随着活塞杆伸出或缩回，从而实现导向气缸的整体功能。

②安装在导杆末端的行程调整板用于调整导杆的伸出行程。具体调整方法是，松开行程调整板上的锁定螺母，然后旋动行程调节螺栓，让行程调整板在导杆上移动。

任务实施

填写表4－3。

表 4-3 气缸的调试任务表

任务名称	气缸的调试		
任务目标	认识各种气缸，并能够完成气缸的连接		
设备调试步骤	（1）找出设备中的气缸。 （2）完成各种气缸气管的连接		
设备调试过程记录			
所遇问题及解决方法			
教师签字		得分	

习 题

判断题

1. 气缸只能用于实现直线运动。 （ ）
2. 任何气缸只要安装上磁性开关，就是磁性开关气缸。 （ ）
3. 摆动气缸的回转角度是可以调节的。 （ ）

任务 3 气动控制元件

知识目标

1. 熟悉方向控制阀的工作原理及控制方式。
2. 熟悉压力控制阀的工作原理及控制方式。
3. 熟悉流量控制阀的工作原理及控制方式。

技能目标

1. 能够调整压力控制阀的压力。

2. 能够正确使用方向控制阀。

3. 能够正确进行气路连接。

4. 能够调节流量控制阀。

素养目标

1. 培养学生崇高的职业精神和职业认同感。

2. 使学生树立技能成才、技能报国的人生理想。

任务导入

气动系统的动作方向是如何控制的？

知识储备

控制阀主要包括方向控制阀、压力控制阀和流量控制阀。

一、方向控制阀

方向控制阀是改变气体流动方向或通断的控制阀。方向控制阀按气流在阀内的流动方向，可分为单向型控制阀和换向型控制阀。

单向型控制阀是指只允许气流沿一个方向流动的控制阀，如单向阀、或门型梭阀、与门型梭阀和快速排气阀等。

换向型控制阀（简称换向阀）是指可以改变气流流动方向的控制阀。换向阀按控制方式可分为气压控制、电磁控制、人力控制和机械控制；按阀芯结构可分为截止式、滑阀式和膜片式等。以电磁控制换向阀（简称电磁换向阀）为例，讲解其工作原理。

电磁控制换向阀是指由电磁铁通电对衔铁产生吸力，利用这个电磁力实现阀的切换以改变气流方向的阀。利用这种阀易于实现电、气联合控制，能实现远距离操作，故得到广泛应用。

1. 直动式电磁换向阀

由电磁铁的衔铁直接推动阀芯换向的气动换向阀称为直动式电磁换向阀，它有单电控和双电控两种。

图4－11所示为单电控直动式电磁换向阀，它是二位三通阀。图4－11（a）所示为电磁铁断电时的状态，阀芯靠弹簧弹力复位，使P，A断开，A，O接通，阀处于排气状态。图4－11（b）所示为电磁铁通电时的状态，电磁铁推动阀芯向下移动，使P，A接通，阀处于进气状态。图4－11（c）所示为该阀的图形符号。

图4－12所示为双电控直动式电磁换向阀，它是二位五通阀。图4－12（a）所示为电磁铁1通电，电磁铁2断电时，阀芯被推到右位，A口有输出，B口排气，阀芯位置不变，即具有记忆能力。图4－12（b）所示为电磁铁2通电，电磁铁1断电时，阀芯被推到左位，B口有输出，A口排气；若电磁铁2断电，空气通路仍不变。图4－12（c）所示为该阀的图形符号。这种阀的两个电磁铁只能交替通电工作，不能同时通电，否则会产生误动作。

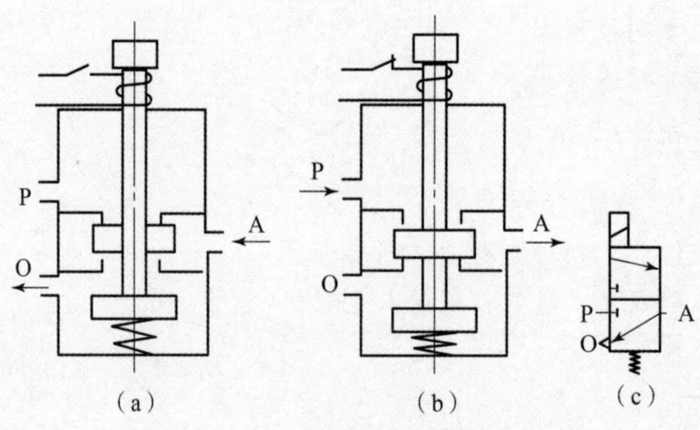

（a）（b）（c）

图 4－11　单电控直动式电磁换向阀

（a）断电；（b）通电；（c）图形符号

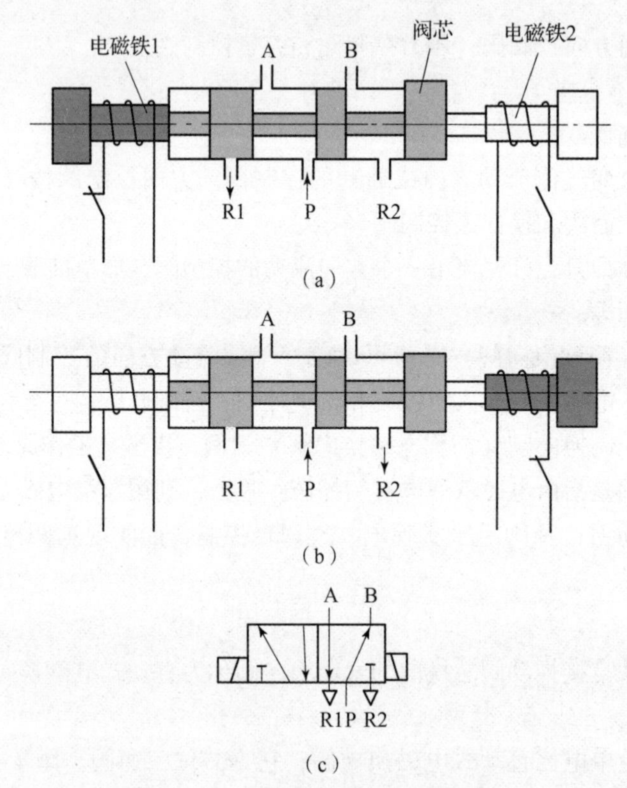

（a）
（b）
（c）

图 4－12　双电控直动式电磁换向阀

（a）电磁铁 1 通电状态；（b）电磁铁 2 通电状态；（c）图形符号

换向阀的图形符号表示方式见表 4－4。

表 4－4　换向阀的图形符号表示方式

名称	图形符号	含义
位		方块的数目表示阀门可切换的位置数目，也就是“位”。“位”是指为了改变气流流动方向，阀芯相对于阀体所具有的不同的工作位置，有几个方格就有几位

续表

名称	图形符号	含义
通		方块内直线表示压缩空气的流通路径，箭头不代表方向。“通”是指换向阀与系统相连的通口，有几个通口即为几通
切断		方块内“⊥”和“⊤”符号表示各接口不通
接口和初始位置	A B P R	方块外面所绘短线表示阀门的接口（供气口 P、排气口 R、工作口 A 和工作口 B），绘有接口的方块表示阀门的初始位置，一般为弹簧复位的位置

图 4－13 所示分别为单电控电磁换向阀二位三通、二位四通和二位五通的图形符号。以图 4－13（b）为例，该阀只有两个工作位置，因有供气口 P、排气口 R、工作口 A 和工作口 B，故为二位四通阀。

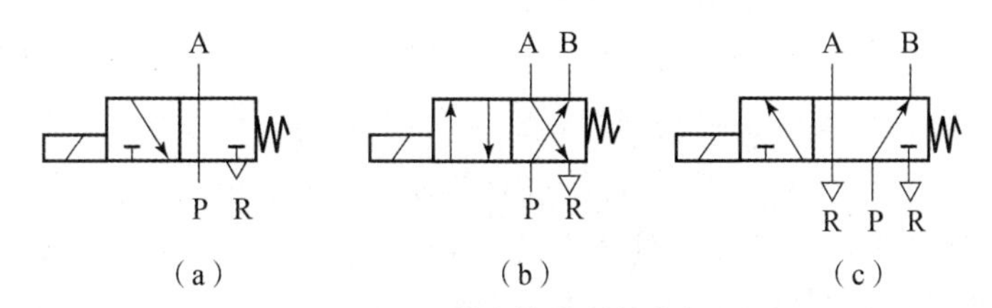

图 4－13　单电控电磁换向阀

（a）二位三通；（b）二位四通；（c）二位五通

YL－335B 型自动化生产线中所有工作单元的执行气缸均为双作用气缸，因此控制气缸工作的电磁换向阀需要有两个工作口、两个排气口、一个供气口，故使用二位五通电磁换向阀。

点拨

电磁换向阀带有手动换向和加锁旋钮，有 LOCK（锁定）和 PUSH（开启）两个位置。当用螺钉旋具把加锁旋钮旋到 LOCK 位置时，手控开关向下凹，此时无法进行手控操作，信号为 0；当用螺钉旋具把加锁旋钮旋到 PUSH 位置时，可用螺钉旋具向下按加锁旋钮，信号为 1，等同于该侧的电磁信号为 1。在进行设备调试时，可以使用手控开关对电磁换向阀进行控制，从而实现对相应气路的控制，最终改变对执行机构的控制，达到调试的目的。

如图 4－14 所示，数个电磁换向阀集中安装在汇流板上，而每个电磁换向阀的功能彼此独立。汇流板两个排气口末端均连接了消声器，消声器的作用是减少压缩空气向大气排放时的噪声。这种将数个电磁换向阀与消声器、汇流板等集中在一起构成的一组控制阀的集成称为电磁阀组。

2. 先导式电磁换向阀

先导式电磁换向阀由电磁先导阀和主阀两部分组成，电磁先导阀输出先导压力，此先导压力再推动主阀阀芯，使阀换向。当阀的通径较大时，若采用直动式，则所需电磁铁体积要大且电耗大，为克服这些缺点，宜采用先导式电磁换向阀。

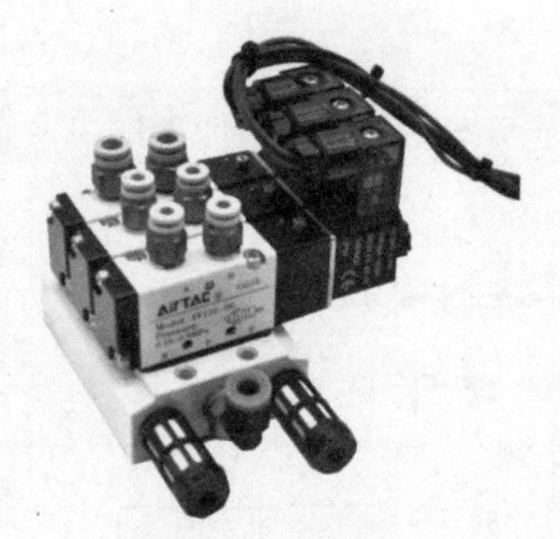

图 4-14 电磁阀组

先导式电磁换向阀按控制方式，可分为单电控和双电控两种形式；按先导压力来源，可分为内部先导式和外部先导式。

二、压力控制阀

压力控制阀是调节和控制压力大小的控制阀，它包括减压阀、安全阀、顺序阀。

1. 减压阀

在气动系统中，空气一般是由空气压缩机压缩并储存在储气罐内，然后经管道输送给各气动装置使用。储气罐的空气压力往往比各台设备实际所需要的压力高，同时，其压力值波动也较大。因此，需要用减压阀将其压力减到各台设备所需要的压力，并使减压后的压力稳定在所需值。如图 4-15 所示，当顺时针方向调整减压阀的手柄 1 时，调压弹簧 2 推动下弹簧座 3、膜片 4 和阀芯 5 向下移动，使阀口 8 开启，气流经阀口 8 节流减压后从右端输出。与此同时，有一部分气流由阻尼孔 7 进入膜片室，在膜片 4 下产生一个向上的推力以平衡弹簧弹力。此时，减压阀便有了稳定的压力输出。

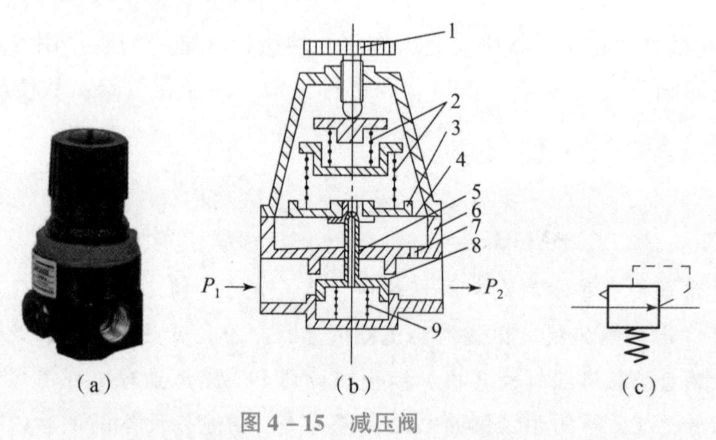

图 4-15 减压阀

(a) 实物图；(b) 结构图；(c) 图形符号

1—手柄；2—调压弹簧；3—下弹簧座；4—膜片；5—阀芯；6—阀套；7—阻尼孔；8—阀口；9—复位弹簧

点拨

减压阀又称调压阀，它可以将较高的空气压力降低且调节到符合使用要求的压力值，并保持调后的压力稳定。其他减压装置（如节流阀）虽能降压，但无稳压能力。

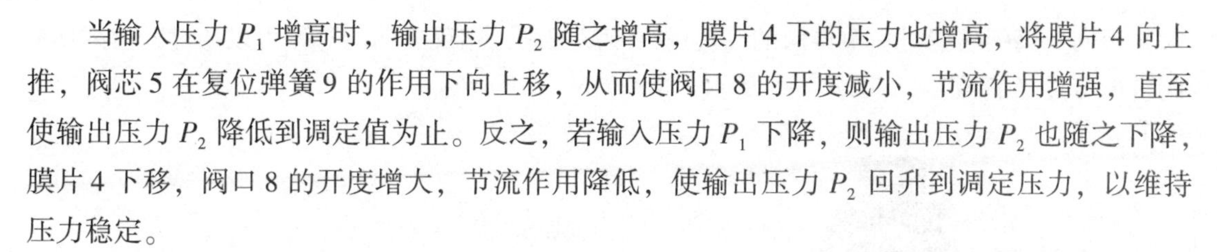

当输入压力 P_1 增高时，输出压力 P_2 随之增高，膜片 4 下的压力也增高，将膜片 4 向上推，阀芯 5 在复位弹簧 9 的作用下向上移，从而使阀口 8 的开度减小，节流作用增强，直至使输出压力 P_2 降低到调定值为止。反之，若输入压力 P_1 下降，则输出压力 P_2 也随之下降，膜片 4 下移，阀口 8 的开度增大，节流作用降低，使输出压力 P_2 回升到调定压力，以维持压力稳定。

2. 安全阀

为了安全起见，当压力超过允许压力值时，所有的气动回路或储气罐需要能自动向外排气，能够实现这种压力控制的阀门称为安全阀。当系统中气体压力在调定范围内时，作用在活塞上的压力小于弹簧的调定弹力，活塞处于关闭状态。当系统压力升高时，作用在活塞上的压力大于弹簧的调定弹力，活塞向上移动，阀门开启排气。当系统压力降到调定范围以下时，活塞又重新关闭。安全阀开启压力的大小与弹簧的调定弹力有关。

点拨

安全阀有时也称溢流阀，这是因为它们在结构和功能方面是相似的。若非要加以区别，那么可以理解为，溢流阀是一种保持回路工作压力恒定的压力控制阀，而安全阀是一种防止系统过载、保证安全的压力控制阀。

三、流量控制阀

流量控制阀是通过改变阀的通流截面积来实现流量控制的元件。在气动系统中，控制气缸运动速度、信号延迟时间、油雾器滴油量、缓冲气缸缓冲能力等都是依靠控制流量来实现的。流量控制阀包括节流阀、单向节流阀、排气节流阀、柔性节流阀等。

1. 节流阀

常用节流阀的节流口形式有针阀式、三角槽式、圆柱斜切式。对节流阀调节特性的要求是流量调节范围要大、阀芯的位移量与通过的流量呈线性关系。节流阀节流口的形状对调节特性影响较大。针阀式节流口，当阀开度较小时，调节比较灵敏，当超过一定开度时，调节流量的灵敏度就差了。三角槽式节流口，通流截面积与阀芯位移量呈线性关系。圆柱斜切式节流口，通流截面积与阀芯位移量呈指数（指数大于1）关系，能进行小流量精密调节。

微课：节流阀工作原理动画

2. 单向节流阀

单向节流阀是由单向阀和节流阀并联而成的组合式流量控制阀。该阀常用于控制气缸的运动速度，故也称速度控制阀。节流阀通过缩小空气的流通面积来增加气体的流通阻力，从而降低气体的压力和流量。节流阀的阀体上有一个调节螺钉，可以调节节流阀的开口度（无级调节），并保持其开口度不变。单向阀是指气流只能沿供气口流动，排气口处气流却无法回流的方向阀。

单向节流阀仅能对一个方向的气流进行节流控制，相反方向的气流可以通过开启的单向阀自由流过（满流），如图4－16所示。

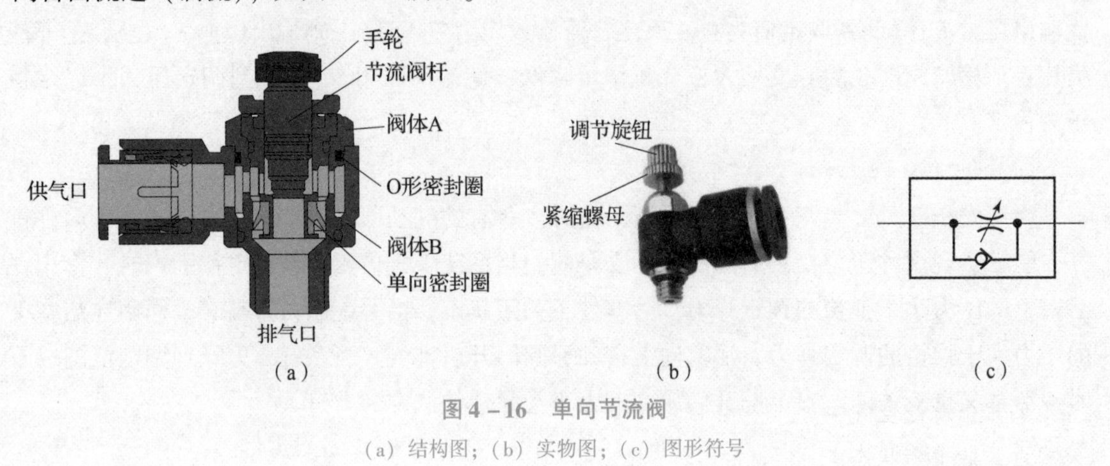

图4－16　单向节流阀

（a）结构图；（b）实物图；（c）图形符号

点拨

若用单向节流阀控制气缸的运动速度，安装时该阀应尽量靠近气缸。在回路中安装单向节流阀时不要将方向装反。为了提高气缸的运动稳定性，应该按出口节流方式安装单向节流阀。

3. 排气节流阀

排气节流阀安装在气动装置的排气口上，以控制排出的气体流量，从而改变执行机构的运动速度。排气节流阀常带有消声器以降低排气噪声并防止不清洁的气体通过排气孔污染气路中的元件。

排气节流阀宜用于换向阀与气缸之间不能安装单向节流阀的场合。应注意，排气节流阀对换向阀会产生一定背压，对于有些结构形式的换向阀而言，此背压对换向阀的动作灵敏性可能有些影响。

4. 柔性节流阀

柔性节流阀依靠阀杆夹紧柔韧的橡胶管而产生节流作用，也可以用气体压力来代替阀杆压缩橡胶管。柔性节流阀结构简单、压力小、动作可靠、对污染不敏感。通常其工作压力范围为0.03～0.3 MPa。

5. 使用流量控制阀的注意事项

用流量控制阀控制气缸的运动速度，应注意以下几点。

（1）防止管道中的漏损。若管道有漏损就不能期望有正确的速度控制，低速时更应注意防止管道漏损。

（2）要特别注意气缸内表面加工精度和表面粗糙度。尽量减小内表面的摩擦力，这是速度控制不可缺少的条件。在低速场合，往往使用聚四氟乙烯等材料制作密封圈。

（3）要使气缸内表面保持一定的润滑状态。润滑状态一改变，滑动阻力也就改变，速

度控制就不可能稳定。

(4) 加在气缸活塞杆上的载荷必须稳定。若加在气缸活塞杆上的载荷在行程中途有变化，则速度控制就会相当困难，甚至无法控制。在不能消除载荷变化的情况下，必须借助于液压阻尼力，有时也使用平衡锤或连杆等。

(5) 必须注意单向节流阀的位置。原则上流量控制阀应设在气缸管接口附近。使用控制台时常将单向节流阀装在控制台上，远距离控制气缸的速度，但这种方法很难实现完善的速度控制。

点拨

气动马达和有同样作用的电动机相比，其特点是外壳体质量小、输送方便，又因为其工作介质是空气，所以不必担心引起火灾。气动马达过载时能自动停转，而且与供给压力保持平衡状态。因此，气动马达广泛应用于矿山机械、气动工具等场合。

小资料

3D打印人造气动肌肉问世

据《科学·机器人》杂志报道，一种由3D打印结构组成的人造气动肌肉可根据需要伸展和收缩。这是一种在单次打印过程中制造的，由18种不同GRACE（能够收缩和拉长的执行器）组成的气动手。

人造肌肉的创造是机器人领域追求的目标之一。在自然界，肌肉组织具有复杂的特征，从快速而有力的收缩，到微小而精确的形状变化都可灵活控制，还能进行高度灵活的运动。单个肌肉纤维只能实现收缩，但它们在复杂肌肉结构中的特定排列可以实现弯曲、扭转和对抗运动等关节变形。

气动手中每个执行器都可通过其几何形状简单地扩展、延伸和收缩，类似于带有褶皱的主轴，包括一个可使用不同材料和不同尺寸进行3D打印和制造的独立单元。

全新的设计使气动手可支撑超过其自身1 000倍的质量，这具体取决于制作材料。事实上，可通过使用不同刚度的材料，在保持相同的收缩和伸展性能的同时，改变执行器的膜厚，从而改变气动手的负载能力。

来源：学习强国（有删减）

任务实施

填写表4－5。

表4－5　电磁阀和节流阀的调试任务表

任务名称	电磁换向阀和节流阀的调试
任务目标	能够对电磁换向阀进行接线和调试。 完成节流阀的调试

续表

设备调试步骤	（1）找出单电控电磁换向阀和双电控电磁换向阀，完成接线。 （2）完成电磁换向阀的气管连接，并且进行调试。 （3）完成节流阀的调试		
设备调试过程记录			
所遇问题及解决方法			
教师签字		得分	

习　题

一、单选题

1. 自动化生产线设备中经常使用气动系统，在气动系统中属于气动控制元件的是（　　）。

A. 传感器　　B. 电磁阀　　C. 节流阀　　D. 气缸

2. YL－335B 型自动化生产线供料单元使用了二位五通的单电控电磁阀，那么对应的执行气缸应选择（　　）气缸。

A. 双作用　　B. 单作用　　C. 无杆　　D. 回转

二、判断题

1. 三位五通阀有 3 个工作位置，5 个通路。（　　）

2. 一个单向节流阀能对两个方向的气流进行节流控制，也就是一个双作用气缸只需要一个单向节流阀即可。（　　）

项目5

自动化生产线中PLC的应用

项目概述

自动化生产线中，某些输入量（如压力、温度、流量、转速等）是PLC输入模拟量，某些执行机构（如电动调节阀和变频器等）是PLC输出模拟量，而PLC的CPU只能处理数字量，因此模拟量首先被传感器和变送器转换为标准量程的电流或电压，如4～20 mA，1～5 V，0～10 V，然后再将其输入模块的A/D转换器转换成数字量。

在自动化生产线中很多场合输入的是高速脉冲，如编码器信号，这时PLC可以使用高速计数器对这些特定的脉冲进行加/减计数，来获取所需要的工艺数据（如转速、角度、位移等）。PLC普通计数器的计数过程与扫描工作方式有关，CPU通过每个扫描周期读取一次被测信号的方法来捕捉被测信号的上升沿。而当被测信号的频率较高时，将会丢失计数脉冲，这是因为普通计数器的工作频率很低，一般仅有几十赫。高速计数器可以对普通计数器无法计数的高速脉冲进行计数。

任务1 模拟量的编程及应用

知识目标

1. 熟悉S7－200 SMART PLC的模拟量模块及其配置方式。
2. 掌握电压、电流的控制方法。

技能目标

1. 能够在编程环境下进行数据块操作、修正。
2. 能够进行整数、浮点数等的编程。
3. 能够进行模拟量模块的安装、接线与调试。

素养目标

1. 培养学生热爱本职工作、脚踏实地、勤勤恳恳的敬业精神。
2. 培养学生的职业核心能力和职业道德意识。

任务导入

如何把模拟量输入 AIW20 的输入数据转换为 -10 ~ +10 V 范围的电压值并输出到 AQW16?

知识储备

模拟量是区别于数字量的一个连续变化的电压或电流信号。模拟量可作为 PLC 的输入或输出，通过传感器或控制设备对控制系统的温度、压力、流量等模拟量进行检测或控制。通过变送器可将传感器提供的电量或非电量转换为标准的直流电流（4 ~ 20 mA，±20 mA 等）或直流电压信号（0 ~ 5 V，0 ~ 10 V，5 V，10 V 等）。

一、系统设置

STEP 7 - Micro/WIN SMART 软件“系统块”选项提供 S7 - 200 SMART CPU、信号板和扩展模块的组态。使用以下方法可以查看和编辑“系统块”对话框及设置 CPU 选项。

方法 1：在导航栏上单击系统块按钮。

方法 2：在“视图”选项卡的“窗口”选项组，从“组件”下拉列表中选择“系统块”选项。

方法 3：在项目树中选择“系统块”节点，然后按 Enter 键，或在项目树中双击“系统块”节点。

使用以上方法系统弹出“系统块”对话框，并显示适用于 CPU 类型的组态选项。“系统块”对话框如图 5 - 1 所示。

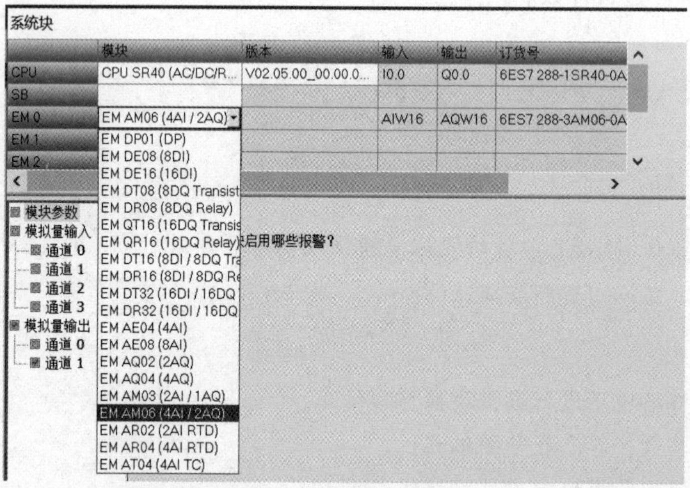

图 5 - 1 “系统块”对话框

“系统块”对话框的顶部显示已经组态的模块，并允许添加或删除模块，在其中可以更改、添加或删除 CPU 型号、信号板和扩展模块。添加模块时，输入列和输出列显示已分配的输入地址和输出地址（地址自动分配），如图 5 - 2 所示。下载项目时，最好选择系统块中的 CPU 型号作为真正要使用的 CPU 型号。

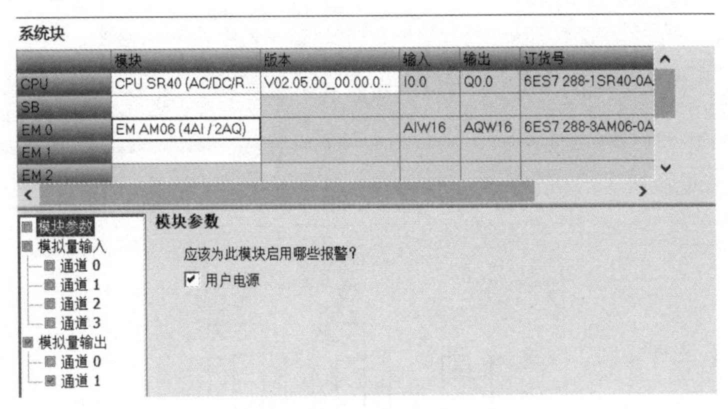

图 5-2　硬件配置

点拨

如果项目中的 CPU 型号与连接的 CPU 型号不匹配，STEP 7-Micro/WIN SMART 软件将发出警告消息，但仍可继续下载。如果连接的 CPU 型号不支持项目需要的资源和功能，将发生下载错误，“系统块”对话框底部将显示顶部选择的模块选项。单击组态选项树中的任意节点均可修改所选模块的项目组态。

二、模拟量扩展模块规范与接线

模拟量扩展模块（EM）分输入模块、输出模块和输入/输出模块，这里以 AM06（6ES7 288-3AM06-0AA0）模拟量输入/输出模块为例介绍，该模块包含 4 点模拟量输入和 2 点模拟量输出，其引脚说明见表 5-1，起始 I/O 地址见表 5-2，接线图如图 5-3 所示。

表 5-1　AM06 模拟量输入/输出模块引脚说明

引脚	X10	X11	X12
1	L+/DC 24 V	无连接	无连接
2	M/DC 24 V	无连接	无连接
3	功能性接地 AI0+	无连接	无连接
4	AI0+	AI2+	AQ0M
5	AI0-	AI2-	AQ0
6	AI1+	AI3+	AQM
7	AI1-	AI3-	AQ1

表 5-2　AM06 模拟量输入/输出模块的起始 I/O 地址

信号板	信号模块 0	信号模块 1	信号模块 2	信号模块 3	信号模块 4	信号模块 5
无 AI 信号板 AQW12	AIW16 AQW16	AIW32 AQW32	AIW48 AQW48	AIW64 AQW64	AIW80 AQW80	AIW96 AQW96

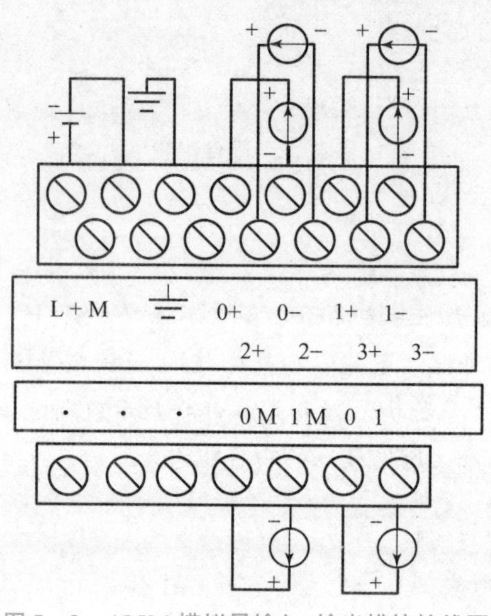

图 5-3　AM06 模拟量输入/输出模块接线图

点拨

若模拟量输入/输出模块 AM06 插入信号模块 3 槽位上，前面无任何模拟量扩展模块，则输入/输出的地址分别为 AIW64，AIW66，AIW68，AIW70 和 AQW64，AO66，即同样模块插入的物理槽位不同，其起址也不同，并且地址是固定的。

三、组态模拟量输入/输出

1. 组态模拟量输入

单击“系统块”对话框的“模拟量输入”节点，为在顶部选择的模拟量输入模块组态选项，如图 5-4 所示。

对于每条模拟量输入通道，都可将类型组态为电压或电流。偶数通道选择的类型也适用于奇数通道，即通道 0 选择的类型也适用于通道 1，通道 2 选择的类型也适用于通道 3，也就是说，通道 0 和通道 1 类型一致，通道 2 和通道 3 类型一致。

然后组态通道的电压范围或电流范围，可选择以下取值范围之一：+/-2.5 V，+/-5 V，+/-10 V，0~20 mA。

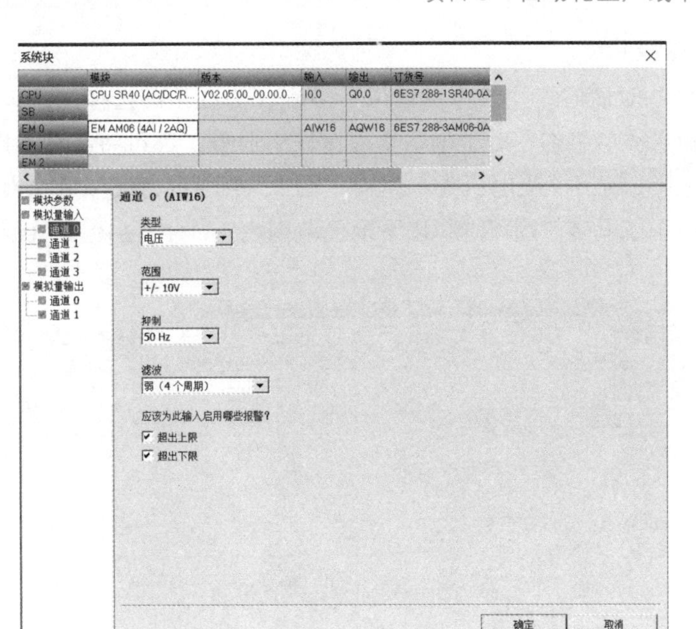

图 5－4　模拟量输入模块组态选项

传感器的响应时间或传送模拟量信号至模块信号线的长度和状况，会引起模拟量输入值的波动。在这种情况下，波动值可能变化太快，导致程序逻辑无法有效响应。此时可组态模块对信号进行抑制，在 10 Hz，50 Hz，60 Hz，400 Hz 频率点消除或最小化噪声。

“滤波”（Smoothing）选项可组态模块在组态周期数内平滑模拟量的输入信号，从而将一个平均值传送给程序逻辑。有 4 种平滑算法可供选择：无（无平滑）、弱、中、强。

报警组态可为所选模块的所选通道选择是启用还是禁用以下报警：“超出上限”“超出下限”“用户电源”（在“系统块”对话框的“模块参数”节点组态设置），如图 5－5 所示。

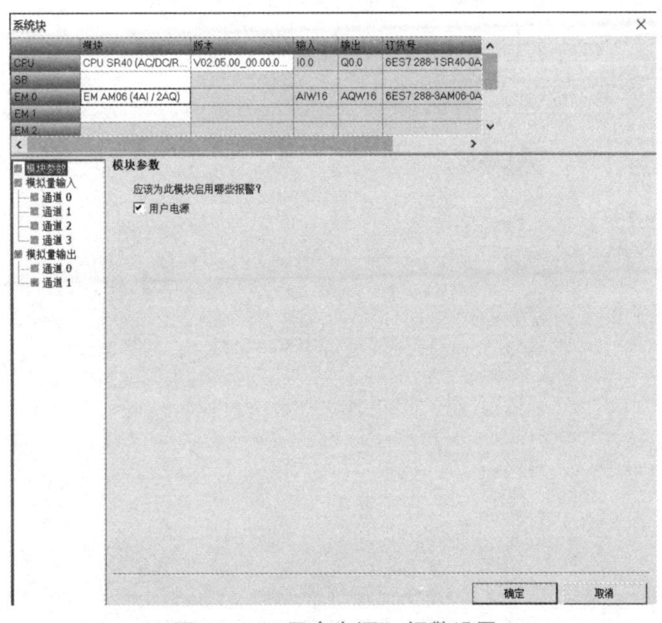

图 5－5　“用户电源”报警设置

2. 组态模拟量输出

单击“系统块”对话框的“模拟量输出”节点，为在顶部选择的模拟量输出模块组态选项，并进行模拟量类型组态，对于每条模拟量输出通道，都可将类型组态为电压或电流。图5－6所示为模拟量输出模块电压类型组态，图5－7所示为模拟量输出模块电流类型组态。组态通道的电压或电流范围可选择以下取值范围之一：+/－10 V，0～20 mA。

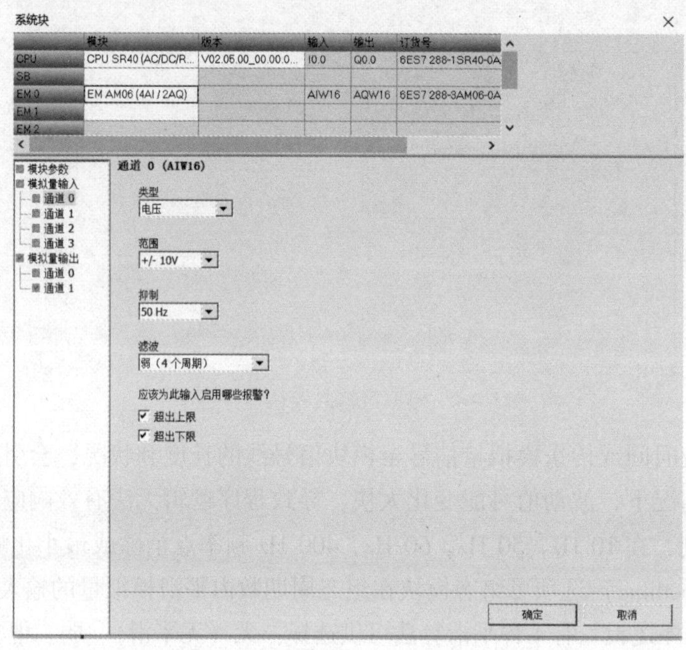

图5－6 模拟量输出模块电压类型组态

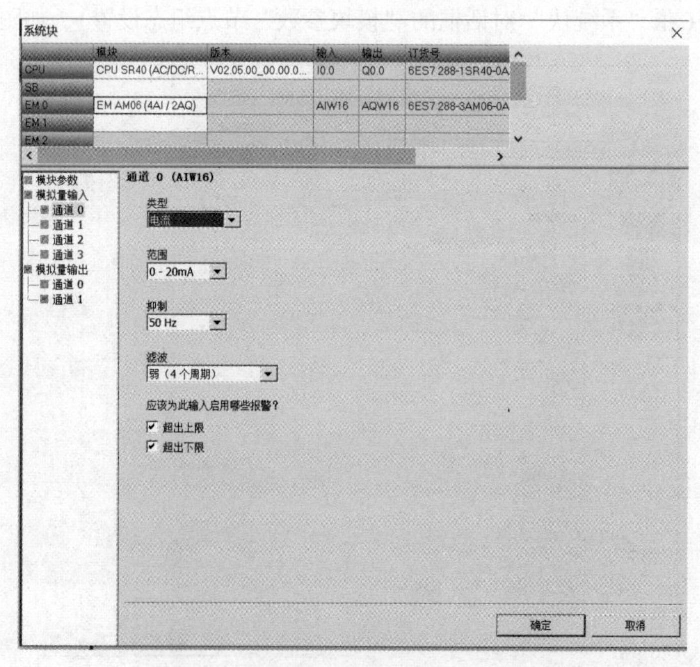

图5－7 模拟量输出模块电流类型组态

STOP模式下的输出行为是，当CPU处于STOP模式时，可将模拟量输出点设置为特定值，或者保持在切换到STOP模式之前存在的输出状态。

在STOP模式下，有两种方法可设置模拟量输出行为。

(1)“将输出冻结在最后一个状态”：勾选此复选框，就可在PLC进行RUN到STOP转换时将所有模拟量输出冻结在其最后值。

(2)“替换值”：如果未勾选“将输出冻结在最后一个状态”复选框，则只要CPU处于STOP模式，即可输入应用于输出的值（-32 512~32 511）。默认替换值为0。

报警组态可为所选模块的所选通道选择是启用还是禁用以下报警：“超出上限”、“超出下限”、“断线”（仅限电流通道）、“短路”（仅限电压通道）、“用户电源”。

四、编程举例

PLC的模拟量模块采集到的数据为-27 648~27 648的整数，需要将其处理转换为实际的电压、电流、压力、温度等数据。一般采用两步法：首先将采集的数据进行归一化处理，转换到0.0~1.0的范围内；然后将归一化后的数据进行比例缩放，使其显示值为实际的电压值。

1. 归一化处理

如图5-8所示，归一化通过参数MIN和MAX指定值范围内的参数VALUE实现，即

$$OUT=(VALUE-MIN)/(MAX-MIN)\quad(0.0\leq OUT\leq 1.0)$$

当VALUE=MIN时，OUT=0.0；当VALUE=MAX时，OUT=1.0。归一化处理程序如图5-9所示，归一化处理参数、值及地址对应表见表5-3。

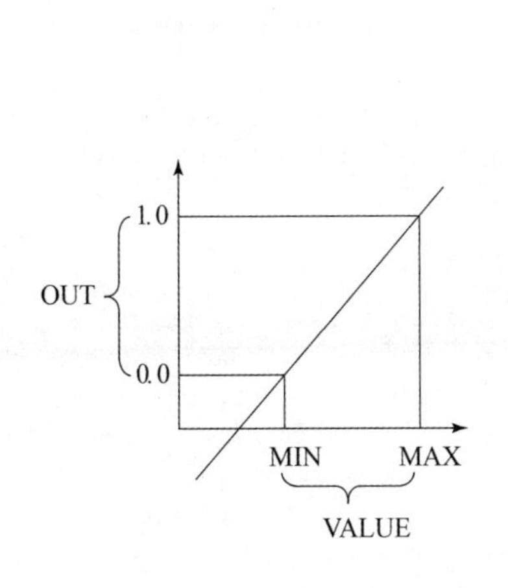

图5-8 归一化曲线

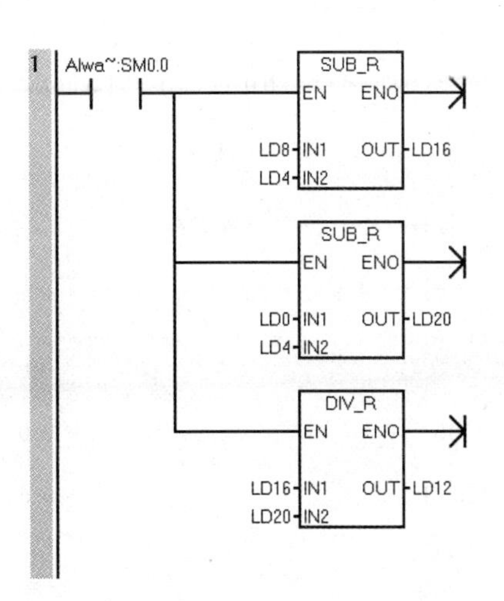

图5-9 归一化处理程序

表 5 - 3　归一化处理参数、值及地址对应表

参数	值	地址
MIN	0	LD4
VALUE	13 824	LD8
MAX	27 648	LD0
OUT	0. 5	LD12

2. 量程缩放处理

如图 5 - 10 所示，按参数 MIN 和 MAX 所指定的数据类型和数值范围对标准化的实际参数 VALUE（0. 0≤VALUE≤1. 0）进行标定，即

$$OUT = VALUE(MAX - MIN) + MIN$$

当 VALUE =0. 0 时，OUT = MIN；当 VALUE = 1. 0 时，OUT = (MAX - MIN) + MIN。量程缩放处理子程序如图 5 - 11 所示，量程缩放参数、值及地址对应表见表 5 - 4。

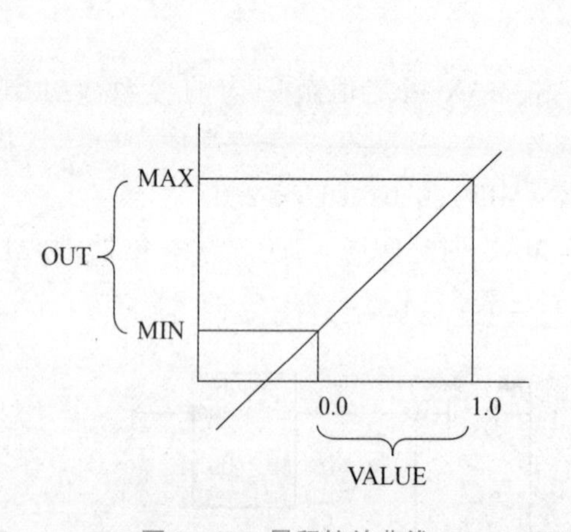

图 5 - 10　量程缩放曲线

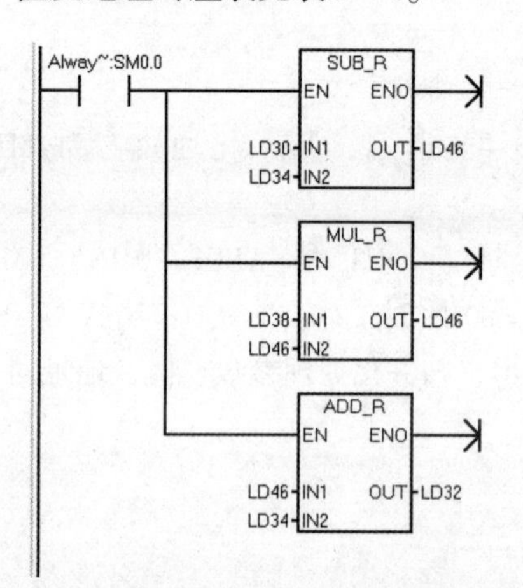

图 5 - 11　量程缩放处理子程序

表 5 - 4　量程缩放参数、值及地址对应表

参数	值	地址
MIN	0. 0	LD36
VALUE	0. 5	LD40
MAX	10	LD32
OUT	5	

任务实施

填写表 5 - 5。

表 5-5　模拟量转换为电压任务表

任务名称	模拟量的编程及应用		
任务目标	如何把模拟量输入 AIW20 的输入数据转换为 -10 ~ +10 V 范围的电压值输出到 AQW16?		
设备调试步骤	(1) 完成系统设置。 (2) 完成模拟量扩展模块的接线。 (3) 组态模拟量输入/输出。 (4) 首先将采集的数据进行归一化处理转换到 0.0 ~ 1.0 内；再将归一化的 0.0 ~ 1.0 的数据进行比例缩放，使其显示值为实际的电压值		
设备调试过程记录			
所遇问题及解决方法			
教师签字		得分	

习　　题

简答题

为什么在模拟信号远传时使用电流信号而不是电压信号？

任务 2　高速计数器的编程及应用

知识目标

1. 熟悉高速计数器的工作模式。
2. 熟悉高速计数器指令。

技能目标

能够使用向导完成高速计数器的初始化。

素养目标

1. 培养学生精益求精的工匠精神。

2. 培养学生的文化自信和民族自豪感。

任务导入

PLC 是如何接收和处理编码器信号的？

知识储备

一、高速计数器简介

高速计数器在现代自动控制的精确控制领域有很高的应用价值，它用来累计比 PLC 扫描频率高得多的脉冲输入，利用产生的中断事件来完成预定操作。

1. 组态数字量输入的滤波时间

S7－200 SMART CPU 中所有高速计数器输入均连接至内部输入滤波电路，其默认输入滤波设置为 6.4 ms，即最大计数速率限定为 78 Hz。如需以更高频率计数，必须更改滤波器设置。

首先打开“系统块”对话框，选中上面的 CPU 模块、有数字量输入的模块或信号板，如图 5－12 所示，单击对话框左边窗口某个数字量输入字节节点，即可在右边窗口设置该字节输入点的属性。

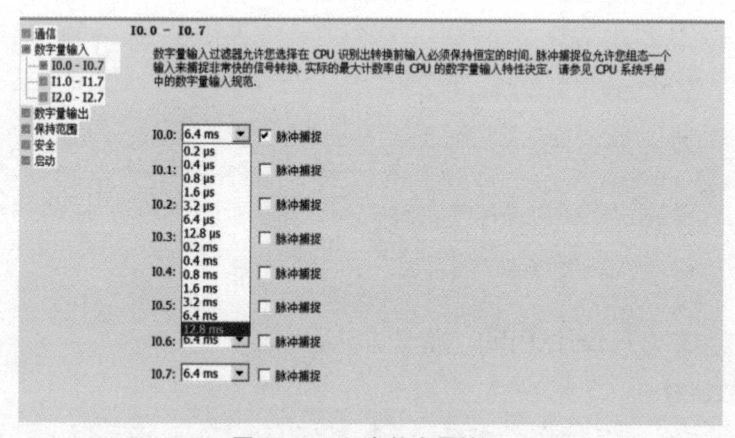

图 5－12　组态数字量输入

输入滤波时间用于滤除输入线路上的干扰噪声，如触点闭合或断开时产生的抖动。输入状态改变时，输入必须在设置的输入滤波时间内保持新的状态，才能认为有效。可以选择的时间值如图 5－12 中的下拉列表所示。默认的输入滤波时间为 6.4 ms，为了消除抖动的影响，应选择 12.8 ms 选项。

为了防止高速计数器的高速输入脉冲被滤掉，应按脉冲的频率和高速计数器指令的在线帮助（高速输入降噪）中的表格设置输入滤波时间（检测到最大脉冲频率为 200 kHz 时，输入滤波时间可设置为0.2～1.6 μs）。

图5－12 中“脉冲捕捉”选项是用来捕捉持续时间很短的高电平脉冲或低电平脉冲。因为每个扫描周期开始时读取数字量输入，CPU 可能发现不了宽度小于一个扫描周期的脉冲。若某个输入点启用了“脉冲捕捉”功能，则输入状态的变化被锁存并保存到下一次输入更新。可以用“脉冲捕捉”复选框逐点设置 CPU 的前 14 个数字量输入点，以及信号板 SB DT04 的数字量输入点是否有脉冲捕捉功能。默认的设置是禁止所有的输入点捕捉脉冲。

点拨

分拣单元三相异步电动机同步转速为 1 500 r/min，即 25 r/s，考虑减速比为 1:10，可知分拣单元主动轴转速理论最大值为2.5 r/s，增量式旋转编码器为500 线（500 脉冲数/r），所以 PLC 脉冲输入的最大频率为 2.5×500＝1 250 脉冲数/s，即 1.25 kHz，实际运行达不到此速度，故可选 0.4 ms。

2. 数量及编号

高速计数器在程序中使用时，地址编号用 HSC*n*（或 HC*n*）来表示，HSC 表示高速计数器，*n* 表示编号。

HSC*n* 除了表示高速计数器的编号之外还代表两方面的含义，即高速计数器位和高速计数器当前值。编程时，从所用的指令中可以看出是位还是当前值。

S7－200 SMART PLC 提供4 个高速计数器（HSC0～HSC3）。S 型号的 CPU 最高计数频率为 200 kHz，C 型号的 CPU 最高计数频率为 100 kHz。

3. 中断事件号

高速计数器的计数和动作可采用中断方式进行控制，与 CPU 的扫描周期关系不大。各种型号 PLC 可用的计数器中断事件大致分为三类：当前值等于预设值中断、输入方向改变中断和外部信号复位中断。所有高速计数器都支持当前值等于预设值中断，每种中断都有其相应的中断事件号。

4. 高速计数器输入端子的连接

各高速计数器对应的输入端子见表5－6。

表5－6　各高速计数器对应的输入端子

高速计数器	使用的输入端子	高速计数器	使用的输入端子
HSC0	I0.0，I0.1，I0.4	HSC2	I0.2，I0.3，I0.5
HSC1	I0.1	HSC3	I0.3

在表 5－6 中用到的输入点，如果不使用高速计数器，可作为一般的数字量输入点，或作为输入/输出中断的输入点。只有在使用高速计数器时，才分配给相应的高速计数器，实现中断。在 PLC 实际应用中，每个输入点的作用是唯一的，不能对某个输入点分配多个用途，因此要合理分配每个输入点的用途。

二、高速计数器的工作模式

1. 高速计数器的计数方式

内部方向控制功能的单相时钟计数器，只有一个脉冲输入端，可通过高速计数器的控制字节的第 3 位来控制加/减计数。该位为 1 时，加计数；该位为 0 时，减计数。如图 5－13 所示。该计数方式可调用当前值等于预设值中断，即当高速计数器的计数当前值与预设值相等时，调用中断程序。

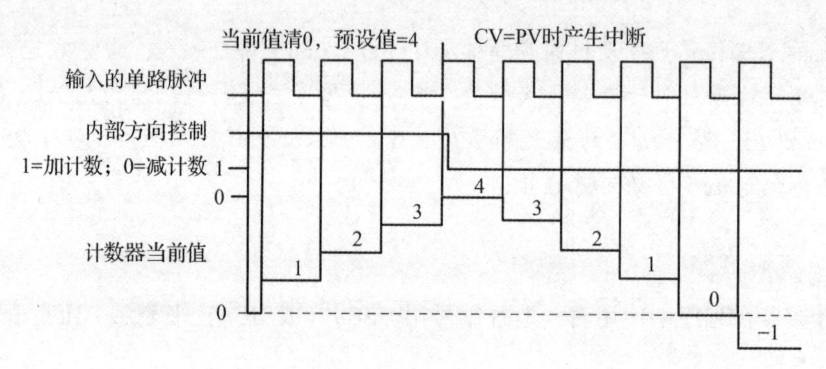

图 5－13 内部方向控制的单路加/减计数

外部方向控制功能的单相时钟计数器，只有一个脉冲输入端，一个方向控制端。方向输入信号等于 1 时，加计数；方向输入信号等于 0 时，减计数，如图 5－14 所示。该计数方式可调用当前值等于预设值中断和外部输入方向改变的中断。

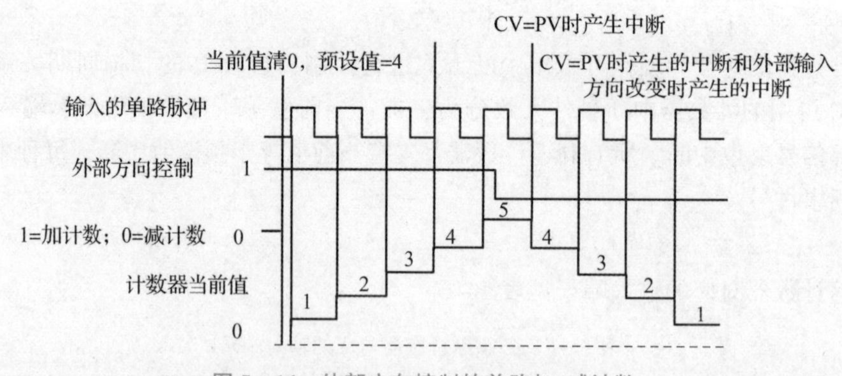

图 5－14 外部方向控制的单路加/减计数

加、减时钟输入的双相时钟计数器，有两个脉冲输入端，一个是加计数脉冲，一个是减计数脉冲，计数值为两个输入端脉冲的代数和，如图 5－15 所示。该计数方式可调用当前值等于预设值中断和外部输入方向改变的中断。

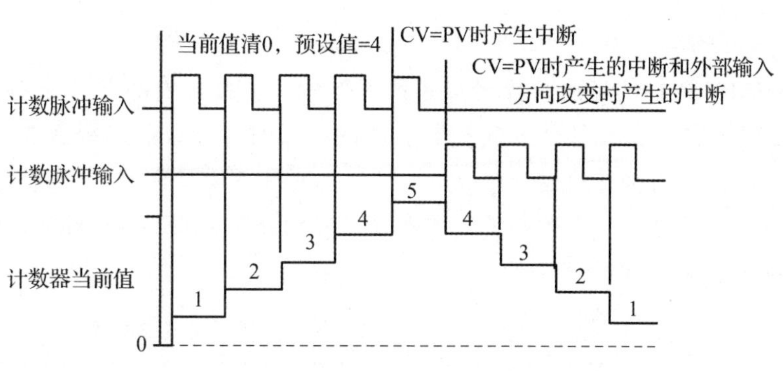

图5－15　双路脉冲输入的单相加/减计数

A/B相正交计数器，有两个脉冲输入端，输入的两路脉冲A，B相，相位差为90°（正交）。A相超前B相90°时，加计数；A相滞后B相90°时，减计数。在这种计数方式下，可选择1×模式（单倍频，一个时钟脉冲计一个数）和4×模式（4倍频，一个时钟脉冲计4个数），如图5－16和图5－17所示。

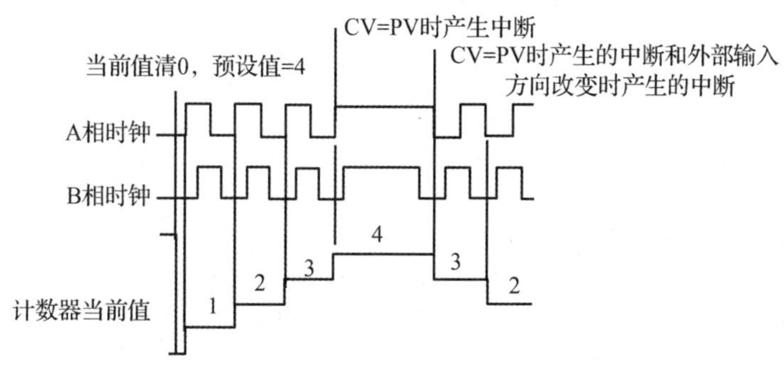

图5－16　双相正交计数1×模式

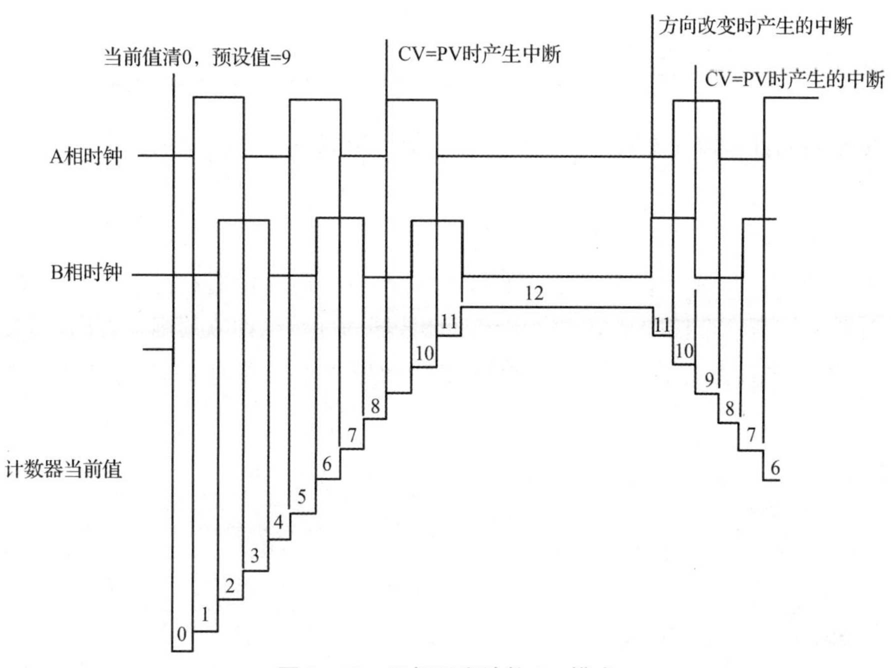

图5－17　双相正交计数4×模式

2. 高速计数器的工作模式

S7－200 SMART PLC 的高速计数器有 8 种工作模式：具有内部方向控制功能的单相时钟计数器（模式 0，1）；具有外部方向控制功能的单相时钟计数器（模式 3，4）；具有加、减时钟脉冲输入的双相时钟计数器（模式 6，7）；A/B 相正交计数器（模式 9，10）。

根据有无外部复位输入，上述 4 类工作模式又分别分为 2 种。每种计数器的工作模式和其占用的输入端子的数目有关，见表 5－7。

表 5－7　高速计数器的工作模式和输入端子的关系及说明

<table>
<tr><td rowspan="5">HSC 编号及其对应的输入端子 / HSC 工作模式</td><td>功能及说明</td><td colspan="3">占用的输入端子及其功能</td></tr>
<tr><td>HSC0</td><td>I0.0</td><td>I0.1</td><td>I0.4</td></tr>
<tr><td>HSC1</td><td>I0.1</td><td></td><td></td></tr>
<tr><td>HSC2</td><td>I0.2</td><td>I0.3</td><td>I0.4</td></tr>
<tr><td>HSC3</td><td>I0.3</td><td>×</td><td>×</td></tr>
<tr><td>0</td><td rowspan="2">单路脉冲输入的内部方向控制加/减计数。控制字 SM37.3＝0，减计数；SM37.3＝1，加计数</td><td rowspan="2">脉冲输入端</td><td>×</td><td>×</td></tr>
<tr><td>1</td><td>×</td><td>复位端</td></tr>
<tr><td>3</td><td rowspan="2">单路脉冲输入的外部方向控制加/减计数。方向控制端＝0，减计数；方向控制端＝1，加计数</td><td rowspan="2">脉冲输入端</td><td rowspan="2">方向控制端</td><td>×</td></tr>
<tr><td>4</td><td>复位端</td></tr>
<tr><td>6</td><td rowspan="2">两路脉冲输入的双相正交计数。加计数端有脉冲输入，加计数；减计数端有脉冲输入，减计数</td><td rowspan="2">加计数脉冲输入端</td><td rowspan="2">减计数脉冲输入端</td><td>×</td></tr>
<tr><td>7</td><td>复位端</td></tr>
<tr><td>9</td><td rowspan="2">两路脉冲输入的双相正交计数。A 相脉冲超前 B 相脉冲，加计数；A 相脉冲滞后 B 相脉冲，减计数</td><td rowspan="2">A 相脉冲输入端</td><td rowspan="2">B 相脉冲输入端</td><td>×</td></tr>
<tr><td>10</td><td>复位端</td></tr>
</table>

选用某个高速计数器在某种工作方式下工作时，其输入不是任意的，必须按指定的输入点输入信号。

3. 高速计数器的控制字节和状态字节

（1）控制字节。定义了高速计数器的工作模式后，还要设置高速计数器的控制字节。每个高速计数器均有一个控制字节，它决定了计数器的计数允许或禁用、方向控制或对所有其他模式的初始化计数方向、装入初始值和预设值等。高速计数器控制字节的控制位见表 5－8。

表 5－8　高速计数器控制字节的控制位

HSC0	HSC1	HSC2	HSC3	说明
SM37.0	不支持	SM57.0	不支持	复位有效电平控制：0＝高电平有效；1＝低电平有效
SM37.1	SM47.1	SM57.1	SM157.1	保留

续表

HSC0	HSC1	HSC2	HSC3	说明
SM37.2	不支持	SM57.2	不支持	正交计数器计数倍率选择： 0 =4×计数倍率；1 =1×计数倍率
SM37.3	SM47.3	SM57.3	SM157.3	计数方向控制位：0 = 减计数；1 = 加计数
SM37.4	SM47.4	SM57.4	SM157.4	向 HSC 写入计数方向：0 = 无更新；1 = 更新计数方向
SM37.5	SM47.5	SM57.5	SM157.5	向 HSC 写入预设值：0 = 无更新；1 = 更新预设值
SM37.6	SM47.6	SM57.6	SM157.6	向 HSC 写入初始值：0 = 无更新；1 = 更新初始值
SM37.7	SM47.7	SM57.7	SM157.7	HSC 指令执行允许控制：0 = 禁用 HSC；1 = 启用 HSC

（2）状态字节。每个高速计数器都有一个状态字节，状态位表示当前计数方向及当前值是否大于或等于预设值。每个高速计数器状态字节的状态位见表5－9，状态字节的0～4位不用。监控高速计数器状态的目的是使外部事件产生中断，以完成重要的操作。

表5－9　高速计数器状态字节的状态位

HSC0	HSC1	HSC2	HSC3	说明
SM36.5	SM46.5	SM56.5	SM136.5	当前计数方向状态位：0 = 减计数；1 = 加计数
SM36.6	SM46.6	SM56.6	SM136.6	当前值等于预设值状态位：0 = 不相等；1 = 相等
SM36.7	SM46.7	SM56.7	SM136.7	当前值大于预设值状态位：0 = 小于或等于；1 = 大于

三、高速计数器的编程

有两种方式可以对高速计数器进行编程组态：向导或者直接设置控制字。

（1）使用向导方式对高速计数器进行编程组态的具体步骤如下。

①在 STEP7－Micro/WIN SMART 软件“工具”选项卡的“向导”选项组中单击“高速计数器”按钮。

②在 STEP7－Micro/WIN SMART 软件项目树的“向导”文件夹中双击“高速计数器”节点。

（2）使用直接设置控制字方式对高速计数器进行编程组态的具体步骤如下。

①在 SM 存储器中设置控制字节。

②在 SM 存储器中设置当前值（起始值）。

③在 SM 存储器中设置预设值（目标值）。

④分配并启用相应的中断例程。

⑤定义计数器和模式（对每个计数器只执行一次 HDEF 指令）。

⑥激活高速计数器（执行 HSC 指令）。

两种方式均可使用，但更推荐使用向导生成程序。向导组态编程相对于设置控制字组态编程，可以更加直观地定义功能并最大限度地减小出错概率。但无论选择哪种方式，都必须先进入“系统块”对话框对选定的高速计数器输入点进行输入滤波时间设置。

向导组态编程可以快速地根据工艺配置高速计数器。向导组态完成后，可直接在程序中调用向导生成的子程序，也可将生成的子程序根据具体要求进行修改，从而编程方式更加灵活。向导组态编程的步骤如下。

（1）在弹出的“高速计数器向导”对话框中选择需要组态的高速计数器。本任务选择HSC0，如图5－18所示。

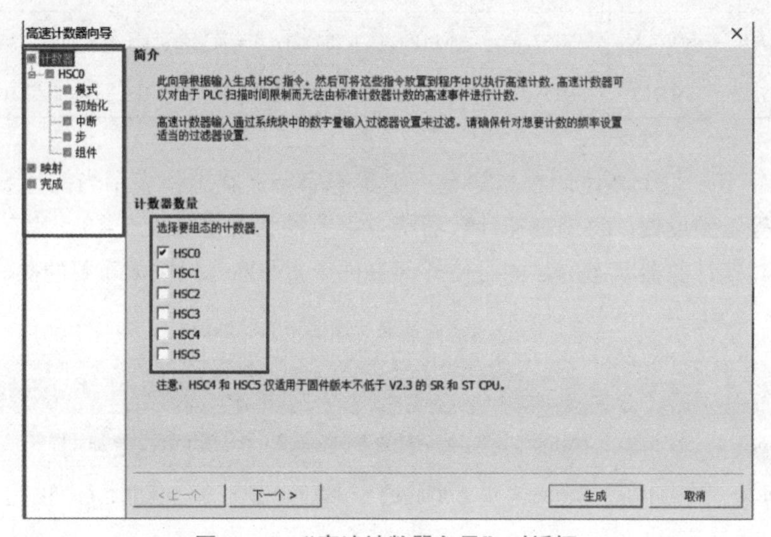

图5－18 “高速计数器向导”对话框

（2）高速计数器的模式选择。如图5－19所示，在“模式”下拉列表框中可选择模式0，1，3，4，6，7，9，10。本任务选择模式9。

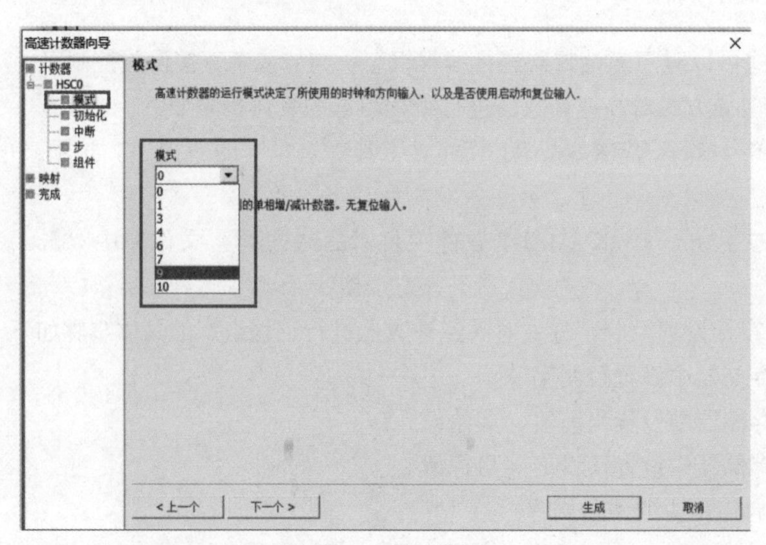

图5－19 模式选择

（3）高速计数器初始化组态设置如图5－20所示。各选项具体含义如下。

①高速计数器初始化设置。

②初始化子程序名。

③“预设值（PV）”：用于产生预设值（CV＝PV）中断。

④“当前值（CV）”：设置当前计数器的初始值，可用于初始化或复位高速计数器。

⑤“输入初始计数方向”：对于没有外部方向控制的计数器，需要在此定义计数器的计数方向。

⑥复位信号电平选择：若有外部复位信号，则需要选择复位的有效电平，上限为高电平有效，下限为低电平有效。

⑦A/B相计数时的倍速选择：可选1倍速（1×）与4倍速（4×）。1倍速时，输入相位相差90°的两个脉冲后，计数器值加1；4倍速时，输入相位相差90°的两个脉冲输入后，计数器值加4。由于A/B相正交计数器对两个脉冲的上升沿和下降沿分别进行计数，所以可提升增量式旋转编码器的分辨率。

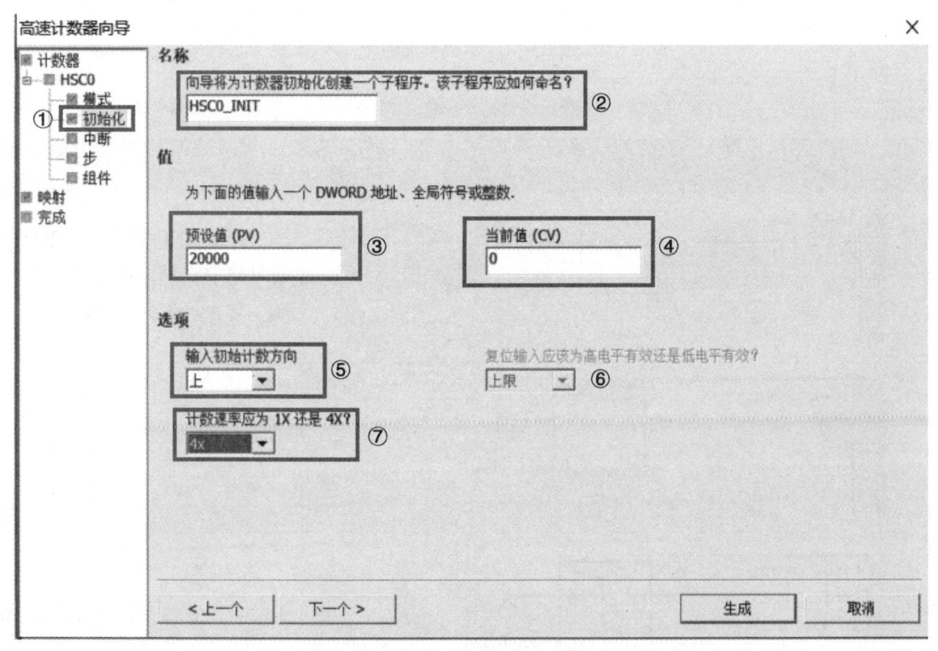

图5－20　高速计数器初始化组态设置

（4）I/O映射表如图5－21所示。I/O映射表中显示了所使用的HSC资源及其占用的输入点，同时显示了根据滤波器的设置当前计数器所能达到的最大计数频率。由于CPU的HSC输入需要经过滤波器，所以在使用HSC之前一定要注意所使用输入点的输入滤波时间。

（5）生成代码。在图5－21所示对话框，单击下方“生成”按钮，项目中便生成了高速计数器的初始化子程序HSC0_INIT。右击项目树中“程序块”下的HSCO_INIT子程序，在弹出的快捷菜单中选择“打开”选项即可在程序编辑器窗口中打开对应的子程序，见表5－10。

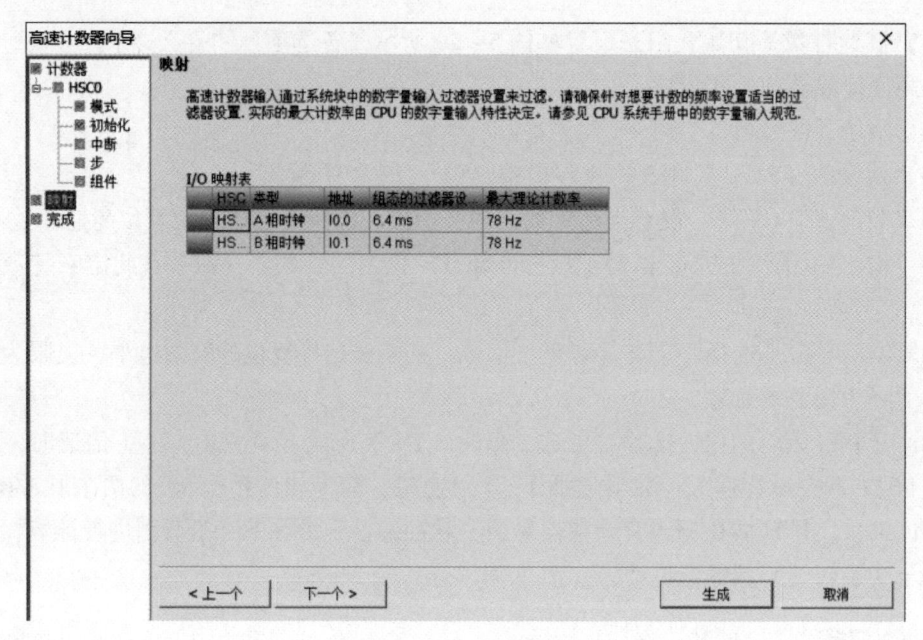

图 5－21　I/O 映射表

表 5－10　初始化程序

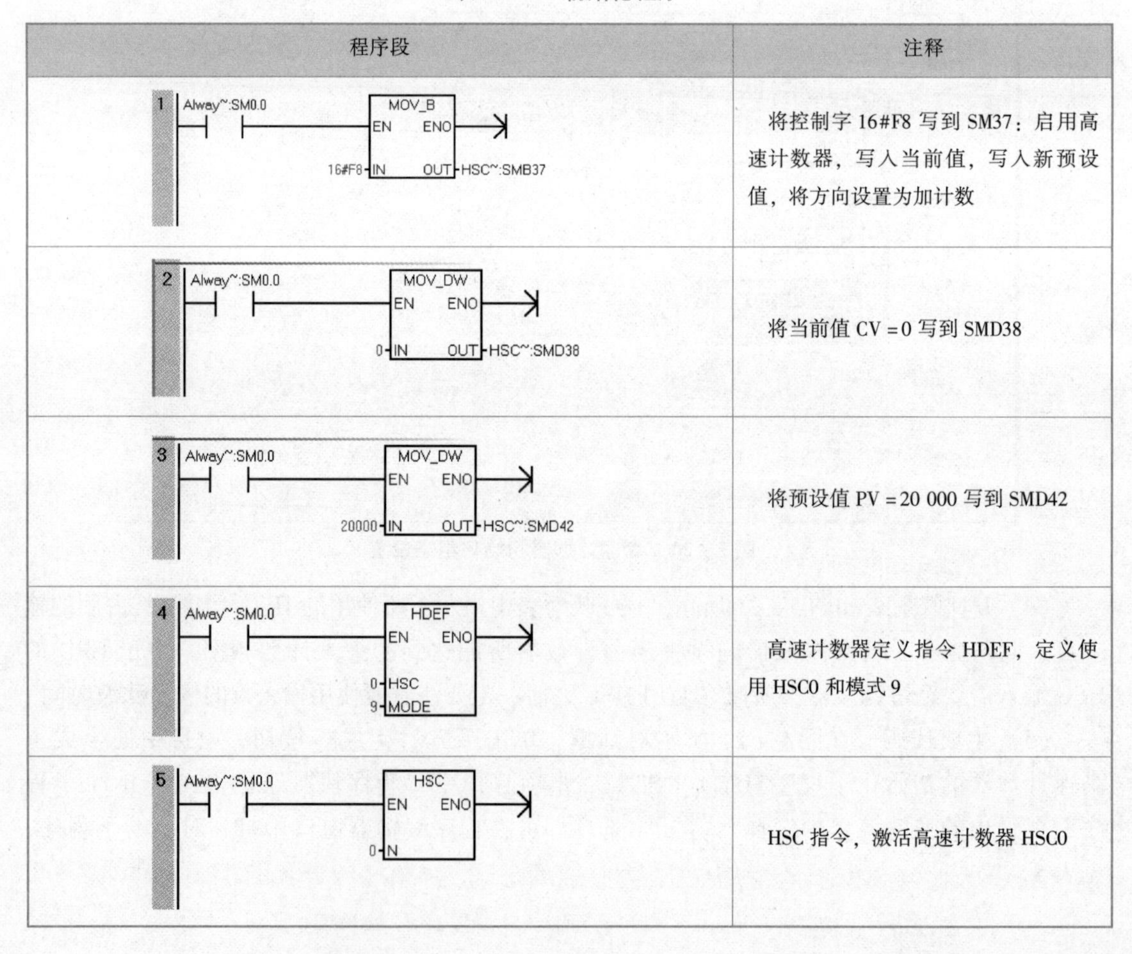

程序段	注释
1 Alway~:SM0.0 MOV_B EN ENO 16#F8 IN OUT HSC~:SMB37	将控制字 16#F8 写到 SM37：启用高速计数器，写入当前值，写入新预设值，将方向设置为加计数
2 Alway~:SM0.0 MOV_DW EN ENO 0 IN OUT HSC~:SMD38	将当前值 CV＝0 写到 SMD38
3 Alway~:SM0.0 MOV_DW EN ENO 20000 IN OUT HSC~:SMD42	将预设值 PV＝20 000 写到 SMD42
4 Alway~:SM0.0 HDEF EN ENO 0 HSC 9 MODE	高速计数器定义指令 HDEF，定义使用 HSC0 和模式 9
5 Alway~:SM0.0 HSC EN ENO 0 N	HSC 指令，激活高速计数器 HSC0

小资料

厚积薄发，国产PLC光分路器芯片占全球市场50%份额

我国光电子芯片已取得突破。其中的PLC光分路器芯片早在2012年就实现国产化，迫使国外芯片在中国市场的价格从每晶圆最高时2400多美元降到100多美元，目前已占全球市场50%以上份额。

阵列波导光栅（Arrayed Waveguide Grating，AWG）芯片，在骨干网、高速数据中心及5G基站前传等领域获重大突破。其中，骨干网AWG芯片进入相关领域知名国际设备商供应链，高速数据中心及5G应用技术有望在国际竞争中领跑。

中国芯片虽然已经在个别领域赶上了国外先进水平，甚至超越了国外技术，但整体而言，要全面追赶上还需要20年。所以，必须瞄准主要芯片，全面实现国产化！而这是下一步要攻克的目标。

来源：科技日报（有改动）

任务实施

填写表5－11。

表5－11 高速计数器的编程及应用任务表

<table>
<tr><td>任务名称</td><td colspan="3">高速计数器的设置及编程</td></tr>
<tr><td>任务目标</td><td colspan="3">完成高速计数器的初始化</td></tr>
<tr><td>设备调试步骤</td><td colspan="3">（1）根据所选用的高速计数器组态数字量输入的滤波时间
（2）使用向导对高速计数器进行编程组态</td></tr>
<tr><td>设备调试过程记录</td><td colspan="3"></td></tr>
<tr><td>所遇问题及解决方法</td><td colspan="3"></td></tr>
<tr><td>教师签字</td><td></td><td>得分</td><td></td></tr>
</table>

习　题

一、单选题

1. S7－200 SMART SR40 集成了（　　）点高速计数器，可以配置为（　　）种模式。

A. 310　　B. 49　　C. 39　　D. 410

2. S7－200 SMART SR40 集成了 4 点高速计数器，可以配置为 9 种模式，其中模式 9 为（　　）。

A. A/B 相正交计数器，无启动输入，无复位输入

B. 带有增计数和减计数时钟脉冲输入双相计数器，无启动输入，使用复位输入

C. A/B 相正交计数器，无启动输入，使用复位输入

D. A/B 相正交计数器，使用启动输入和复位输入

二、简答题

S7－200 SMART PLC 中有哪几种计数器？分别举例说明使用方法和原则。

项目 6 自动化生产线中变频器的应用

项目概述

在自动化生产线中，变频器主要应用于传送、定位、速度控制等环节。在传送过程中，变频器可以通过改变电机的转速来控制传送带的速度，从而实现物料或产品的精确传送。在定位环节，变频器可以通过对电机进行精确控制，实现生产线上各种设备的精确定位。在速度控制环节，变频器可以通过对电机进行调速控制，实现生产线上各种设备的速度同步，保证生产线的稳定运行。

任务 1 认识 G120C 变频器

知识目标

1. 了解 G120C 变频器的功能与特性。
2. 掌握 G120C 变频器的基本操作和设置。

技能目标

1. 能够熟练配置 G120C 变频器的参数。
2. 能够根据自动化生产线的实际需求进行系统设计和集成。
3. 能够对 G120C 变频器进行日常维护和保养。

素养目标

1. 培养学员严谨、细致的工作态度，确保操作规范、安全。
2. 培养学员的创新意识，鼓励学员积极探索新技术、新方法在自动化生产中的应用。

任务导入

如何操作变频器？变频器参数如何设置？

知识储备

一、G120 系列变频器介绍

SINAMICS G120 系列变频器的设计目标是为交流电机提供经济、高精度的速度/转矩控制。按照尺寸的不同，其功率范围覆盖 0.37～250 kW，广泛适用于变频驱动的应用场合。该系列变频器采用高性能的绝缘栅双极型晶体管（Insulate - Gate Bipolar Transistor，IGBT）及电机电压脉宽调制技术和可选择的脉宽调制频率，使电机运行极为灵活。多方面的保护功能可以为电机提供更高一级的保护。

小资料

变频技术与节能减排

我国正处于工业化、城市化加速发展阶段，不断提高我国节能环保技术装备和服务水平，改变发展模式，调整经济结构，为大规模节能减排提供坚实的产业支撑，大力发展循环经济是我国的必然选择。变频器产品属节能型电力电子设备，是国家重点支持发展的高新技术产品。我国变频电源市场正处于快速增长时期，变频电源已广泛应用于钢铁、冶金等行业。在碳达峰碳中和、进口替代等国家政策支持下，变频器行业未来将继续开发布局新行业领域，也将以智能制造和工业制造数字化转型为目标，加大绿色制造技术改造投资，“电机能效提升计划”的提出，也使变频器市场迎来新的增长空间。

G120 系列变频器控制单元型号的含义如图 6－1 所示。

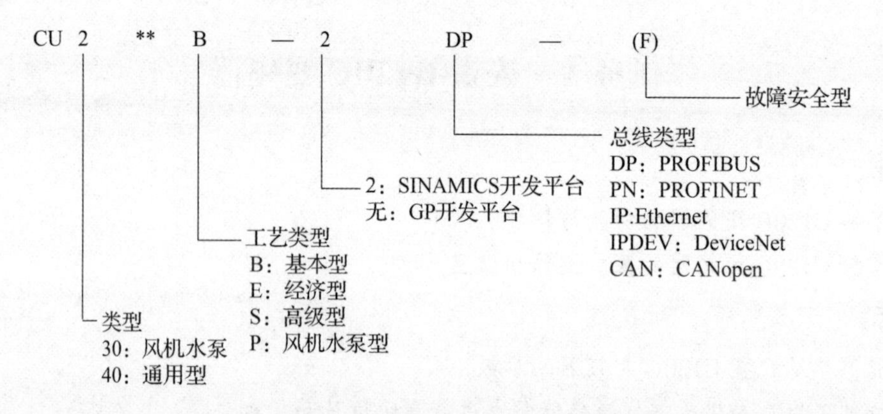

图 6－1　G120 系列变频器控制单元型号含义

二、G120C 变频器

1. 控制单元的接口

G120C 变频器控制单元（以 CU240E－2 为例）的端子接口如图 6－2 所示。

现场总线接口端子定义见表 6－1。

2. 控制电路接口及接线

G120C 变频器的控制电路一般包括输入信号（开关量或模拟量信号）、输出状态信息（正常时的开关量或模拟量输出、异常输出等）、通信接口、外接键盘接口等。G120C 变频器控制电路接线端子如图 6－3 所示。

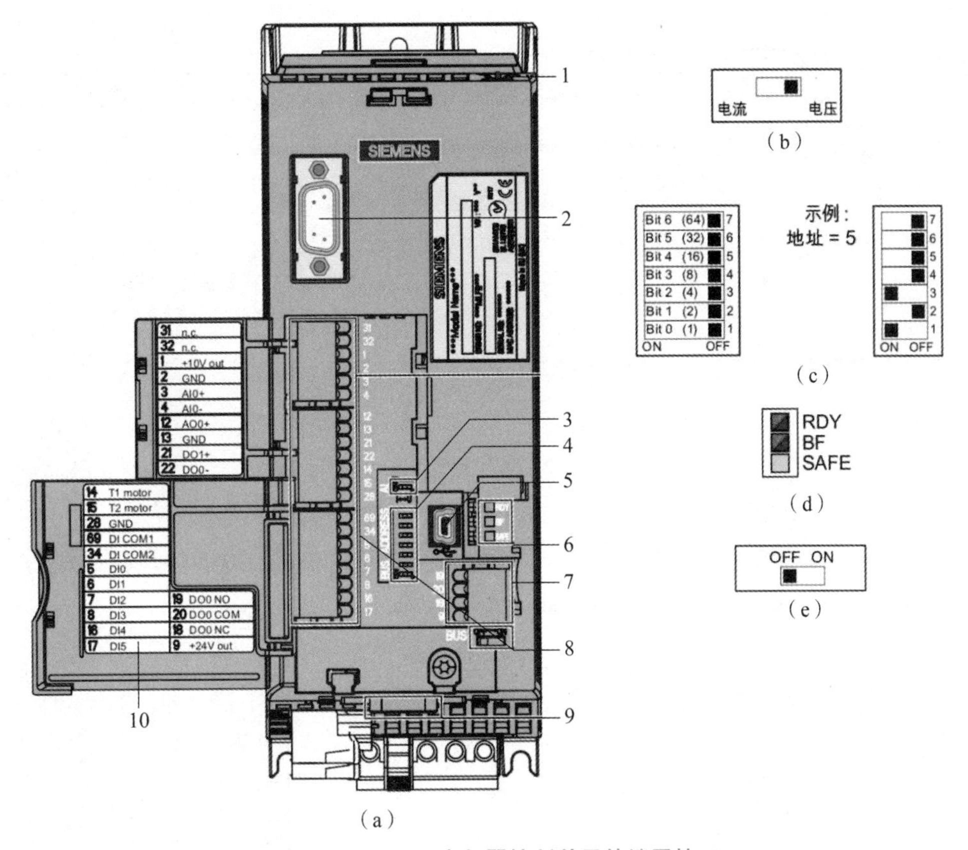

图6-2　G120C变频器控制单元的端子接口

(a) 控制单元端子接口；(b) 模拟量输入的DIP开关；(c) 总线地址的DIP开关；

(d) 状态LED；(e) 取决于现场总线

1—存储卡（MMC卡或SD卡）插槽；2—操作面板（BOP-2或IOP）接口；3—模拟量输入的DIP开关；

4—总线地址的DIP开关；5—STARTER用USB接口；6—状态LED；7—端子台；

8—取决于现场总线；9—现场总线接口；10—端子标识

表6-1　现场总线接口端子定义

总线接口	CANopen	USS或者Modbus RTU	PROFIBUS
图例	1 5 6 9	1 5	5 1 9 6
定义	1. 未使用	1. 0 V，接地端子	1. 屏蔽，接地端子
	2. CAN_L：CAN信号（低电平）	2. RS485P：接收和发送（+）	2. 未使用
	3. CAN_GND：CAN参考电位	3. RS485N：接收和发送（-）	3. RxD/TxD-P：接收/发送数据P（B/B′）
	4. 未使用	4. 屏蔽	4. CNTR-P：控制信号
	5.（CAN_SHLD）：可选电缆屏蔽	5. 未使用	5. DGND：数据参考电位（C/C′）

续表

总线接口	CANopen	USS 或者 Modbus RTU	PROFIBUS
定义	6.（GND）：可选 CAN 参考电位		6. VP：电源 +
	7. CAN_H：CAN 信号（高电平）		7. 未使用
	8. 未使用		8. RxD/TxD - N：接收/发送数据 N（A/A′）
	9. 未使用		9. 未使用

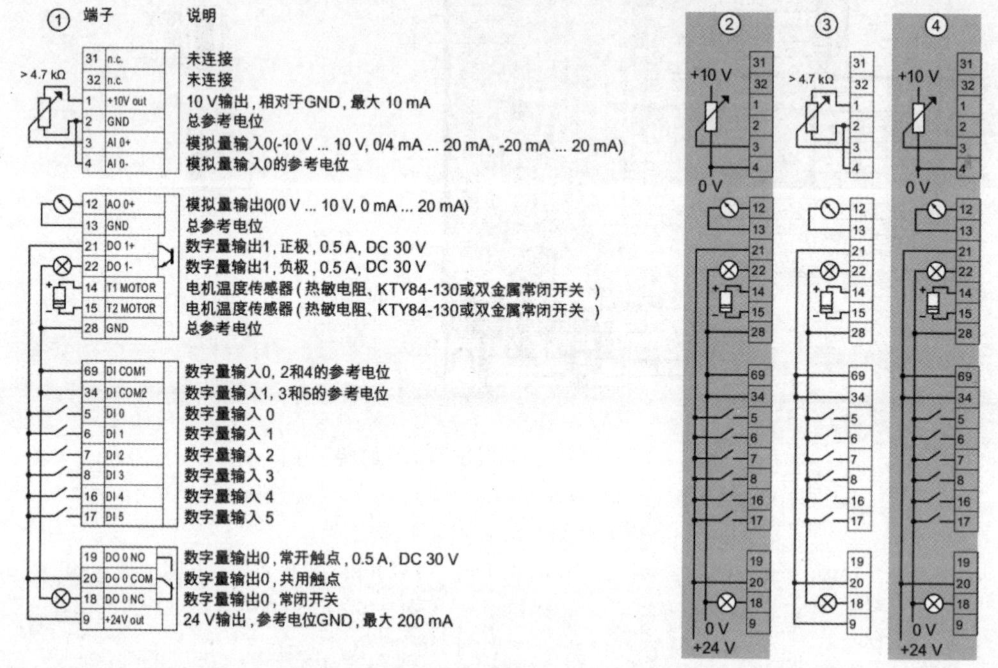

图 6-3　G120C 变频器控制电路接线端子

G120C 变频器控制电路的接线方式如下。

（1）通过内部电源的接线，开关闭合后，数字量输入变为高电平。

（2）通过外部电源的接线，开关闭合后，数字量输入变为高电平。

（3）通过内部电源的接线，开关闭合后，数字量输入变为低电平。

（4）通过外部电源的接线，开关闭合后，数字量输入变为低电平。

三、基本操作面板

通用变频器操作面板的结构一般包括键盘操作单元（又称控制单元）和显示屏两部分。键盘的主要功能是向变频器的主控板发出各种指令或信号，而显示屏的主要功能则是接收并显示主控板提供的各种数据，两者总是组合在一起的。G120C 变频器的操作面板包括基本操作面板（Basic Operate Panel，BOP）BOP - 2 和智能操作面板 IOP，这里以 BOP - 2 为例介绍。

1. BOP－2 的按键

G120C 变频器的基本操作面板 BOP－2 如图 6－4 所示。利用 BOP 可以改变变频器的各个参数。

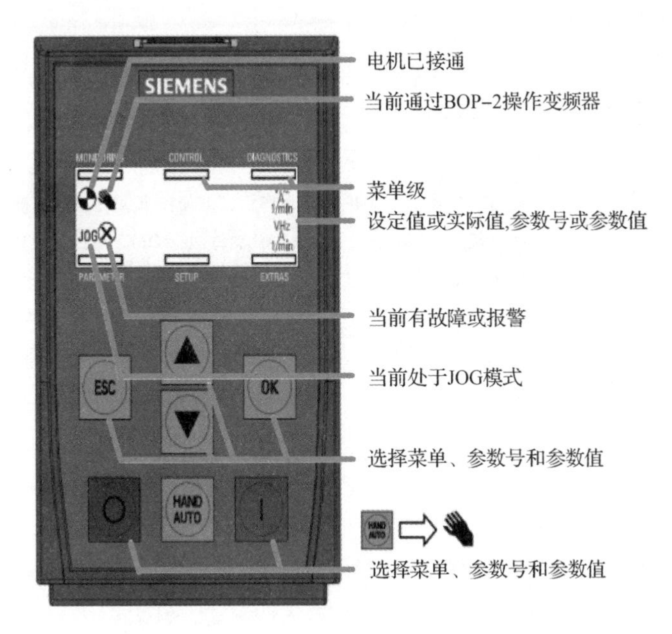

图 6－4　G120C 变频器的基本操作面板 BOP－2

BOP－2 按键的功能见表 6－2。

表 6－2　BOP－2 按键的功能

按键	名称	功能
OK	确认键	浏览菜单时，按确认键确定选择一个菜单项。 进行参数操作时，按确认键允许修改参数；再次按确认键，确认输入的值并返回上一页。 在故障屏幕，确认键用于清除故障
▲	向上键	浏览菜单时，按向上键向上移动选择。 编辑参数值时增加显示值。 如果激活手动模式和点动，同时长按向上键和向下键有以下作用： 当反向功能开启时，关闭反向功能；当反向功能关闭时，开启反向功能
▼	向下键	浏览菜单时，按向下键向下移动选择。 编辑参数值时减小显示值
ESC	退出键	如果按下时间不超过 2 s，则 BOP－2 返回到上一页，此时如果正在编辑数值，则新数值不会被保存。 如果按下时间超过 3 s，则 BOP－2 返回到状态界面。 在参数编辑模式下使用退出键时，除非先按确认键，否则数据不被保存

续表

按键	名称	功能
I	开机键	在自动模式下，开机键未被激活，即使按下开机键也会被忽略。 在手动模式下，按下开机键，变频器启动，显示驱动器运行图标
O	关机键	在自动模式下，关机键不起作用，即使按下关机键也会被忽略。 如果按下时间超过 2 s，则变频器将执行 OFF2 命令，电机将关闭停机。 如果按下时间不超过 3 s，则变频器将执行以下操作： 如果两次按关机键不超过 2 s，则执行 OFF2 命令；如果在手动模式下，则变频器将执行 OFF1 命令，电机将在参数 P1121 中设置的减速时间内停机
HAND AUTO	手动/自动键	切换 BOP（手动）和现场总线（自动）之间的命令源。 在手动模式下，按手动/自动键将变频器切换到自动模式，并禁用开机键和关机键。 在自动模式下，按手动/自动键将变频器切换到手动模式，并启用开机键和关机键。在电机运行时也可切换手动模式和自动模式

2. BOP－2 的面板图标

BOP－2 在显示屏的左侧显示很多表示变频器当前状态的图标，BOP－2 的面板图标说明见表 6－3。

表 6－3　BOP－2 的面板图标说明

图标	功能	状态	描述
	命令源	手动	当手动模式启用时，该图标显示；当自动模式启用时，无图标显示
	变频器状态	变频器和电机运行	这是一个静态图标，不旋转
JOG	点动	点动功能激活	变频器和电动机处于点动模式
	故障/报警	故障或报警等待 闪烁的符号＝故障 稳定的符号＝报警	如果检测到故障，则变频器将停止，必须采取必要的纠正措施，以清除故障。报警是一种状态（如过热），它并不会停止变频器运行

3. BOP－2 的菜单结构

BOP－2 是一个菜单驱动设备，BOP－2 菜单结构如图 6－5 所示，具体功能描述见

表6-4。BOP-2的6个顶层菜单为监视菜单（MONITOR）、控制菜单（CONTROL）、诊断菜单（DIAGNOS）、参数菜单（PARAMS）、设置菜单（SETUP）和附加菜单（EXTRAS）。接通电源时，BOP-2操作面板显示为设定值和实际转速，按ESC键返回顶层菜单MONITOR，然后可通过向上键或向下键在各顶层菜单之间切换。

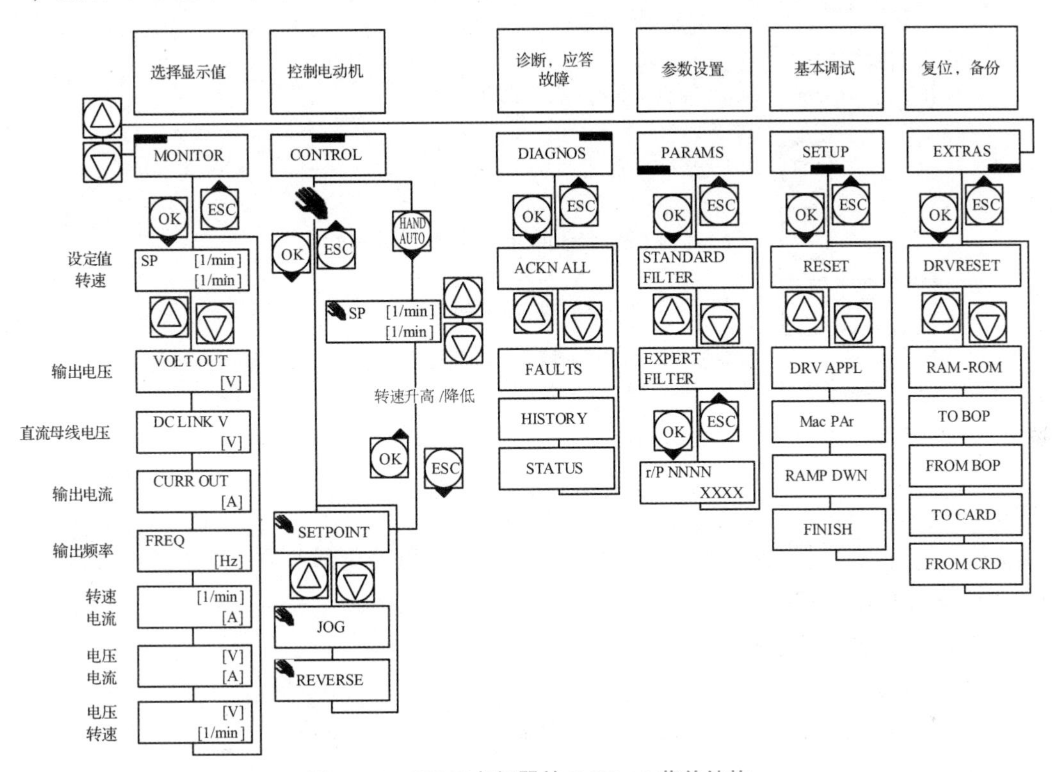

图6-5　G12C变频器的BOP-2菜单结构

表6-4　BOP-2菜单功能描述

菜单	说明	功能描述
MONITOR	监视菜单	显示变频器/电动机系统的实际状态，如运行速度、电压和电流值等
CONTROL	控制菜单	使用BOP-2控制变频器激活设定值、点动和反向模式
DIAGNOS	诊断菜单	故障报警和控制字、状态字的显示
PARAMS	参数菜单	查看并修改参数
SETUP	设置菜单	调试向导，可以对变频器执行快速调试
EXTRAS	附加菜单	执行附加功能，如设备的工厂复位和数据备份

四、用BOP-2对G120C变频器进行基本调试

1. 恢复出厂设置

初次使用G120C变频器、在调试过程中出现异常或已经使用过的变频器需要重新调试

时，都需要将变频器恢复为出厂设置。BOP－2 恢复出厂设置有两种方式：一种是通过 EXTRAS 菜单项的 DRVRESET 选项实现，另一种是通过 SETUP 菜单项中集成的 RESET 选项实现，如图 6－6 所示。

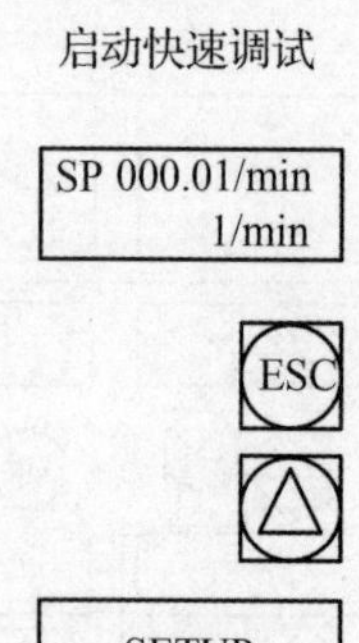

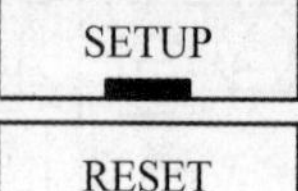

图 6－6　恢复出厂设置

此外，也可以通过设置参数 P0010 和 P0970 实现变频器全部参数的复位，步骤如下。

（1）设定 P0010＝30。

（2）设定 P0970＝1。

2. 快速调试步骤

切换顶层菜单至 SETUP 菜单项，按 OK 键进入，执行完恢复出厂设置后，启动快速调试。快速调试按固定顺序进行，从而允许用户执行变频器的标准调试、基本调试。标准调试过程中要求输入与变频器相连的电动机的具体数据，可从电动机的铭牌上获取。快速调试步骤如图 6－7 所示。

3. 预设置接口宏

G120C 变频器为满足不同的接口定义，提供了 18 种预设置接口宏，即预设置 1，2，3，4，5，7，8，9，12，13，14，15，17，18，19，20，21，22。利用预设置接口宏可以方便地设置变频器命令源和设定值源。可以通过参数 P0015 修改宏。

注意：修改参数 P0015 之前，必须将参数 P0010 修改为 1，具体操作步骤：（1）P0010＝1；（2）P0015＝12；（3）P0010＝1。

在选用宏功能时需注意，如果其中一种宏定义的接口方式完全符合现场应用，那么按照该宏的接线方式设计原理图，并在调试时选择相应的宏功能，即可方便地实现控制要求。如果所有宏定义的接口方式都不完全符合现场应用，那么需要选择与实际布线比较接近的接口宏，然后根据需要调整输入/输出的配置，G120C 变频器宏配置见表 6－5。

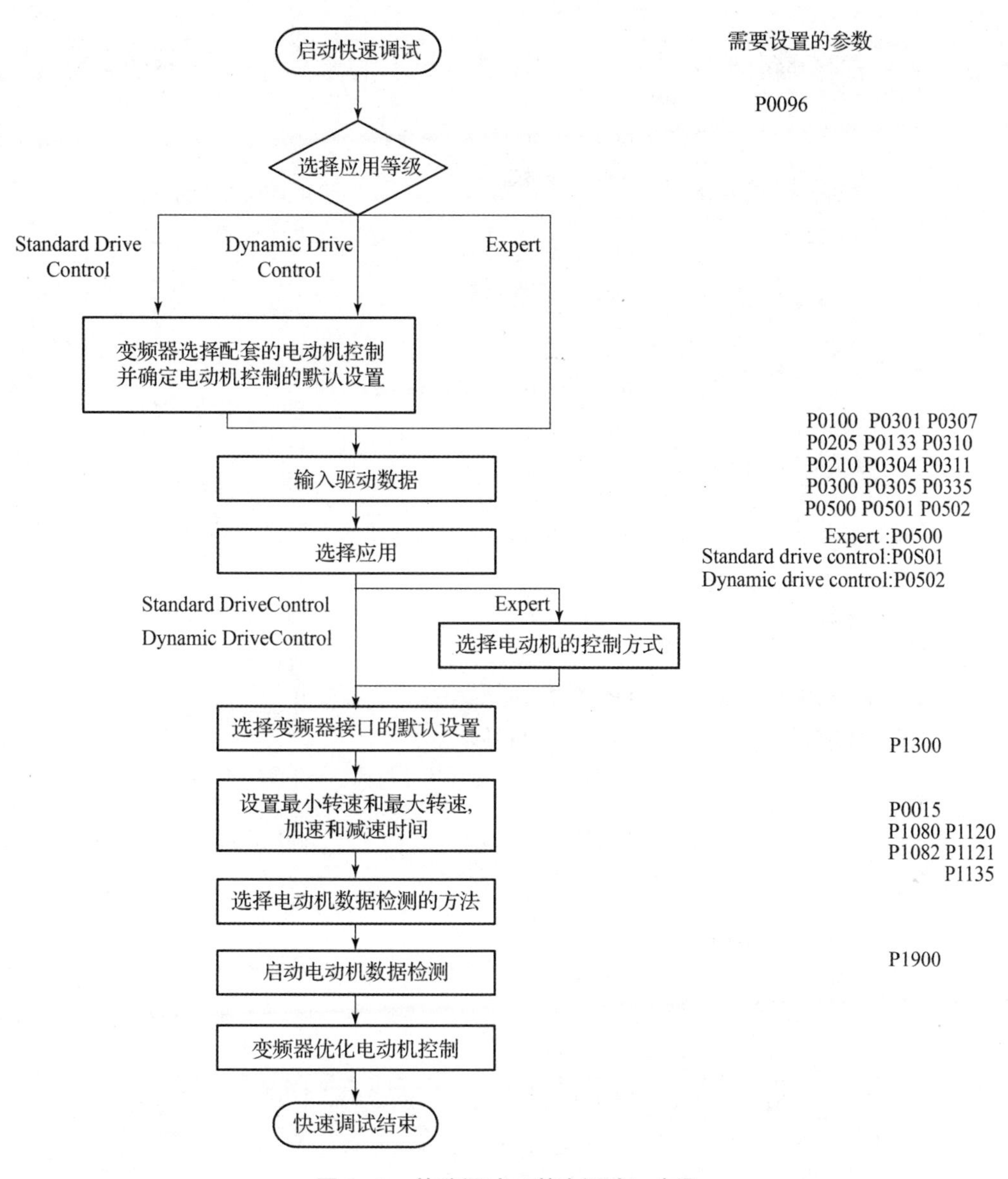

图6－7　快速调试（基本调试）步骤

表6－5　G120C变频器宏配置

宏编号	宏功能描述	主要端子定义	主要参数设置值
1	两线制控制，2个固定转速	DI0：ON/OFF1 正转； DI1：ON/OFF1 反转； DI2：应答； DI4：固定转速3； DI5：固定转速4	P1003：固定转速3，如150； P1004：固定转速4，如300

续表

宏编号	宏功能描述	主要端子定义	主要参数设置值
2	单方向2个固定转速，带安全功能	DI0：ON/OFF1+固定转速1； DI1：固定转速2； DI2：应答； DI4：预留安全功能； DI5：预留安全功能	P1001：固定转速1； P1002：固定转速2
3	单方向4个固定转速	DI0：ON/OFF1+固定转速1； DI1：固定转速2； DI2：应答； DI4：固定转速3； DI5：固定转速4	P1001：固定转速1； P1002：固定转速2； P1003：固定转速3； P1004：固定转速4
4	现场总线 PROFINET	—	P0922：352（352 报文）
5	现场总线 PROFINET，带安全功能	DI4：预留安全功能； DI5：预留安全功能	P0922：352（352 报文）
7	现场总线 PROFINET 和点动之间的切换	现场总线模式时： DI2：应答； DI3：低电平。 点动模式时： DI0：JOG1； DI1：JOG2； DI2：应答； DI3：高电平	P0922：1（1 报文）
8	电动电位器（Motor Potentiometer，MOP），带安全功能	DI0：ON/OFF1； DI1：MOP 升高； DI2：MOP 降低； DI3：应答； DI4：预留安全功能； DI5：预留安全功能	—
9	电动电位器	DI0：ON/OFF1； DI1：MOP 升高； DI2：MOP 降低； DI3：应答	—

续表

宏编号	宏功能描述	主要端子定义	主要参数设置值
12	两线制控制 1，模拟量调速	DI0：ON/OFF1 正转； DI1：反转； DI2：应答； AI0 + 和 AI0 -：转速设定	—
13	端子启动，模拟量给定，带安全功能	DI0：ON/OFF1 正转； DI1：反转； DI2：应答； AI0 + 和 AI0 -：转速设定； DI4：预留安全功能； DI5：预留安全功能	—
14	现场总线 PROFINET 和电动电位器切换	现场总线模式时： DI1：外部故障； DI2：应答。 电动电位器模式时： DI0：ON/OFF1； DI1：外部故障； DI2：应答； DI4：MOP 升高； DI5：MOP 降低	P0922：20（20 报文） PROFINET 控制字 1 的第 15 位为 0 时处于 PROFINET 通信模式； PROFINET 控制字 1 的第 15 位为 0 时处于电动电位器模式
15	模拟量设定和电动电位器切换	模拟量设定模式： DI0：ON/OFF1； DI1：外部故障； DI2：应答； DI3：低电平； AI0 + 和 AI0 -：转速设定。 电动电位器模式时： DI0：ON/OFF1； DI1：外部故障； DI2：应答； DI3：高电平； DI4：MOP 升高； DI5：MOP 降低	—
17	两线制控制 2，模拟量调速	DI0：ON/OFF1 正转； DI1：ON/OFF1 反转； DI2：应答； AI0 + 和 AI0 -：转速设定	—

续表

宏编号	宏功能描述	主要端子定义	主要参数设置值
18	两线制控制 3，模拟量调速	DI0：ON/OFF1 正转； DI1：ON/OFF1 反转； DI2：应答； AI0 + 和 AI0 -：转速设定	—
19	三线制控制 1，模拟量调速	DI0：Enable/OFF1； DI1：脉冲正转启动； DI2：脉冲反转启动； DI4：应答； AI0 + 和 AI0 -：转速设定	—
20	三线制控制 2，模拟量调速	DI0：Enable/OFF1； DI1：脉冲正转启动； DI2：反转； DI4：应答； AI0 + 和 AI0 -：转速设定	—
21	现场总线 USS	DI2：应答	P2020：波特率，如 6； P2021：USS 站地址； P2022：PZD 数量； P2023：PKW 数量
22	现场总线 CAN	DI2：应答	—

学习拓展

使用变频器的 8 项注意事项

（1）变频器不要装在有振动的设备上，否则容易使变频器主回路连接螺栓松动，有不少变频器就因为这个原因而损坏。

（2）接线应注意的问题：变频器输入端最好接一个空气开关使电流值不会太大，以防发生短路时烧毁严重；一定不能将 N 端接地；控制线尽量不要太长，因为控制线太长会使控制板容易受电磁波干扰而产生误动作，也会导致控制板损坏，超过 2 m 的控制线最好用屏蔽线；变频器旁边不要装有大电流且经常动作的接触器，因为它对变频器干扰非常大，会使变频器误动作（显示各种故障）。

（3）经常要急停车的变频器最好不要依靠变频器本身刹车，而是另加制动单元或采用机械刹车，否则变频器经常受电机反电动势冲击，故障率会大大提高。

（4）如果变频器经常在 15 Hz 以下低速运行，则电机要另加散热风扇。

（5）灰尘与潮湿是变频器最致命的问题。最好能将变频器安装在空调房里，或装在有滤尘网的电柜里，要定时清扫电路板及散热器上的灰尘。停机一段时间的变频器在通电前最好用电吹风吹一下电路板。

（6）当变频器散热风扇损坏后，会发出过热保护，因此风扇有响声时应该更换。

（7）有的工厂是发电机供电，电压不稳定，变频器经常损坏，所以发电机加装稳压或过压保护装置，会有很好的效果。

（8）防雷也很重要。虽然很少发生，但当变频器遭遇雷击，将损坏惨重。恒压供水的变频器最容易遭遇雷击，因为它有一条伸向天空的引雷水管。

任务实施

填写表 6－6。

表 6－6 变频器参数设置任务表

任务名称	变频器参数设置
任务目标	能够完成变频器的接线及相关参数设置
设备调试步骤	（1）完成变频器的接线。 （2）接通电源，检查相关指示灯是否正常。 （3）变频器参数恢复出厂设置。 （4）根据电机参数设置变频器基本参数。 （5）观察手动、自动模式下能否正常工作
设备调试过程记录	

续表

所遇问题及解决方法			
教师签字		得分	

习 题

一、单选题

1. G120C 变频器的主要作用是（　　）。

A. 降低电机噪声　　B. 调节电机转速

C. 提高电机效率　　D. 改变电机方向

2. G120C 变频器主要通过（　　）来实现电机转速的调节。

A. 改变电源频率　　B. 改变电源电压

C. 改变电机极数　　D. 改变电机电流

二、多选题

1. G120C 变频器的运行模式包括（　　）。

A. 手动模式　　B. 自动模式

C. 点动模式　　D. 外部控制模式

任务 2 二段速运行控制

知识目标

1. 实现 S7-200 SMART PLC 与 G120C 变频器的电气接线。
2. 通过 PLC 编程实现两种速度的自动切换。

技能目标

1. 熟悉 G120C 变频器的参数设置和功能配置。
2. 掌握 PLC 编程语言，能够进行逻辑控制编程。
3. 掌握一定的系统调试和故障排查能力。

素养目标

1. 具备团队协作精神，能够与团队成员有效沟通。
2. 具备自主学习和解决问题的能力，能够不断更新知识和技能。

任务导入

如何实现对电机速度的精确控制，以满足生产工艺的需求？

知识储备

一、控制要求

通过 S7－200 SMART PLC 控制 G120C 变频器实现电动机的二段速运行控制。按下按键 SB1，电动机启动信号发出；按下按键 SB2，电动机以 180 r/min 的角速度正转运行；按下按键 SB3，电动机以 600 r/min 的角速度反转运行；按下按键 SB4，电动机停止运行。

小资料

欲速则不达

“欲速则不达”出自《左传》中的《襄公四年》。原文是：“欲速则不达，见小利则大事不成。”它的意思是，在追求目标时，若急于求成或追求小利，反而可能影响大事的实现。

二、I/O 分配表

I/O 分配表见表 6－7。

表 6－7　I/O 分配表

输入			输出		
元件	输入端	功能	元件	输出端	功能
按键 SB1	I0.0	电机启动	变频器 DI0	Q0.0	控制电机正转
按键 SB2	I0.1	电机正转	变频器 DI1	Q0.1	控制电机反转
按键 SB3	I0.2	电机反转	变频器 DI4	Q0.2	固定值 3
按键 SB4	I0.3	电机停止	变频器 DI5	Q0.3	固定值 4
热继电器 FR	I0.4	过载保护			

三、PLC 与变频器电气接线

二段速运行控制接线图如图 6－8 所示。

四、变频器参数设置

按图 6－8 所示接线，切换到设置菜单 SETUP，按 OK 键，显示 RESET，按 YES 后，显示 DRV APPL P96，然后依次按表 6－8 设置参数，当设置完最后一个参数 P1900 时，出现 FINISH，按 OK 键，然后按“向下”键，选择 YES 后，再次按 OK 键退出。

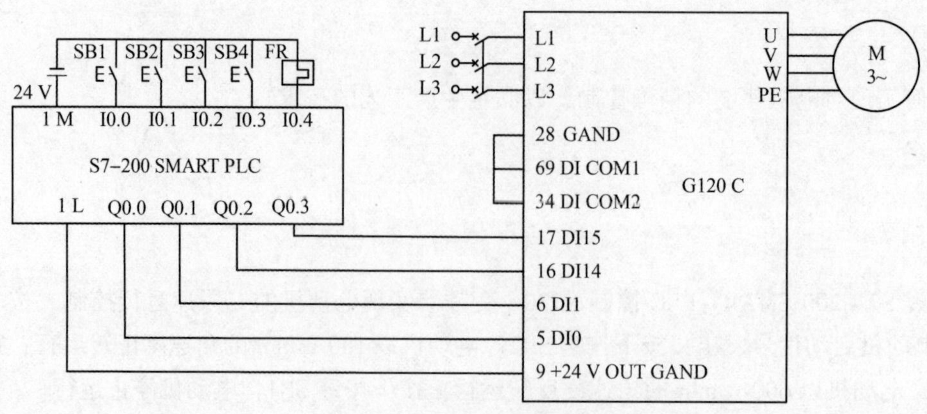

图 6-8　二段速运行控制接线图

表 6-8　电动机二段速运行控制的参数设置

序号	参数	默认值	设定值	备注说明
1	P0096	0	1	选择应用等级——标准驱动控制 SDC（变频器选择配套的电动机控制）
2	P0100	0	0	电动机标准（选择 IEC 电动机，50 Hz，英制单位）
3	P0210	400	380	变频器输入电压，单位为 V
4	P0300	1	1	选择电动机类型（异步电动机）
5	87 Hz	No	No	电机以 87 Hz 运行。只有选择了 IEC 作为电动机标准，BOP-2 才会显示该步骤
6	P0304	400	380	电动机额定电压，单位为 V
7	P0305	1.70	0.63	电动机额定电流，单位为 A
8	P0307	0.55	0.18	电动机额定功率，单位为 kW
9	P0310	50	50	电动机额定频率，单位为 Hz
10	P0311	1 395	1 400	电动机额定转速，单位为 r/min
11	P0335	0	0	SELF 自冷方式
12	P0501	0	0	工艺应用：恒定负载
13	P0015	7	1	宏程序选择
14	P1080	0	0	最小转速，单位为 r/min
15	P1082	1 500	1 500	最大转速，单位为 r/min
16	P1120	10	1.0	上升时间，单位为 s
17	P1121	10	1.0	下降时间，单位为 s
18	P1135	0	0	符合 OFF3 指令的斜降时间
19	P1900	0	0	OFF 无电动机数据监测
20	FINISH			
21	P1003	0	180	固定速度 3
22	P1004	0	600	固定速度 4

交流与思考

四段速参数如何设置？

五、软件编程

PLC 二段速运行控制程序如图 6－9 所示。

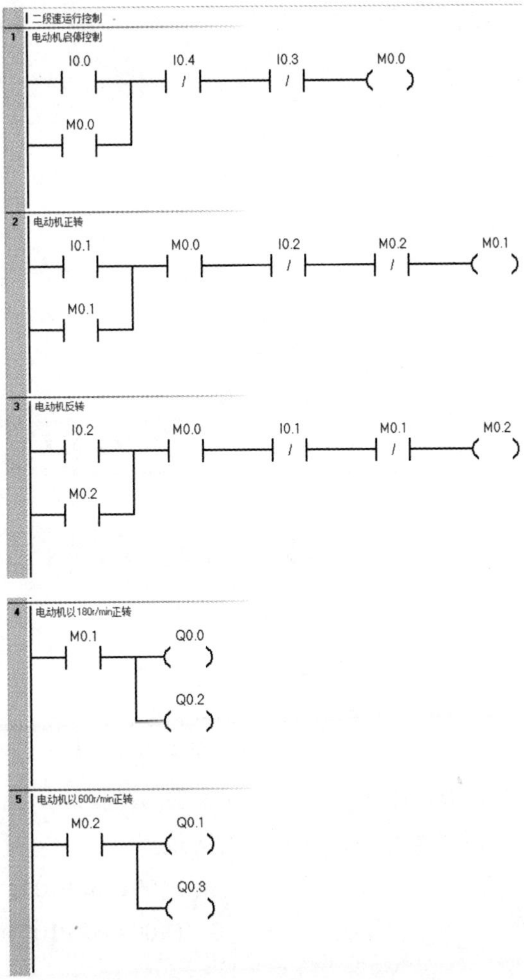

二段速运行控制

1 电动机启停控制
I0.0 M0.0 I0.4 I0.3 M0.0

2 电动机正转
I0.1 M0.1 M0.0 I0.2 M0.2 M0.1

3 电动机反转
I0.2 M0.2 M0.0 I0.1 M0.1 M0.2

4 电动机以180r/min正转
M0.1 Q0.0 Q0.2

5 电动机以600r/min正转
M0.2 Q0.1 Q0.3

图 6－9　PLC 二段速运行控制程序

任务实施

填写表 6－9。

表 6－9　二段速运行控制任务表

任务名称	二段速运行控制
任务目标	能够利用 PLC 实现对电机二段速运行控制

续表

设备调试步骤	（1）完成 PLC、变频器的接线； （2）设置变频器的参数； （3）根据任务要求编写 PLC 程序； （4）调试程序，实现任务要求		
设备调试过程记录			
所遇问题及解决方法			
教师签字		得分	

习　　题

单选题

1. G120C 变频器实现二段速运行控制宏应设置（　　）。

A. P0015 = 1　　B. P0015 = 2　　C. P0015 = 3　　D. P0015 = 4

2. G120C 变频器中参数（　　）用于设置电机的额定功率。

A. P0300　　B. P0301　　C. P0307　　D. P0304

3. G120C 变频器实现二段速运行控制固定速度应设置（　　）。

A. P1003 和 P1004　　B. P1002 和 P1003

C. P1005 和 P1006　　D. P1004 和 P1005

任务 3　电位器调速电动机实时监测

知识目标

1. 完成电位器与 G120C 变频器之间的电气接线。
2. 完成 EM AM06 模拟量模块与 G120C 变频器之间的电气接线。

技能目标

1. 能够完成对 G120C 变频器的宏参数设置。

2. 能够利用PLC编程语言实现对电机实时监测。

3. 能够完成系统调试和故障排查。

素养目标

1. 具备团队协作精神，能够与团队成员有效沟通。

2. 具备创新思维和解决问题的能力，能够提出有效的解决方案。

任务导入

如何利用PLC实现对电机速度的实时监测？

知识储备

一、控制要求

通过G120C变频器运行时输出的模拟量实现对电动机运行速度的实时监测，要求电动机运行速度小于200 r/min时，低速指示灯HL1亮；速度为200~500 r/min时，中速指示灯HL2亮；速度大于500 r/min时，高速指示灯HL3亮。电动机额定转速为600 r/min。

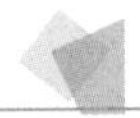

小资料

工匠精神

精益求精的工匠精神，是追求卓越的象征，它要求人们在工作中不断钻研、完善，力求达到最佳状态。这种精神体现在对细节的极致追求，对品质的严格把控，以及对创新的持续探索上。拥有工匠精神的人，不满足于现状，他们勇于挑战自我，不断超越，为追求更高的目标而努力。在现代社会，这种精神尤为可贵，它是推动社会进步的重要力量。无论在哪个行业，只有秉持精益求精的工匠精神，才能不断提升自我，创造出更多的精品，为社会的发展做出更大的贡献。因此，青年应该大力弘扬工匠精神，让更多的人了解并践行这种精神，共同推动社会的进步。

二、I/O分配表

电动机模拟量控制I/O分配表见表6-10。

表6-10　电动机模拟量控制I/O分配表

输入			输出		
元件	输入继电器	作用	元件	输出继电器	作用
按钮SB1	I0.0	电动机启动	中间继电器KA	Q0.0	变频器启停
按钮SB2	I0.1	电动机停止	指示灯HL1	Q0.1	低速指示
			指示灯HL2	Q0.2	中速指示
			指示灯HL3	Q0.3	高速指示

三、PLC 与变频器电气接线

PLC 与变频器电气接线如图 6－10 所示。

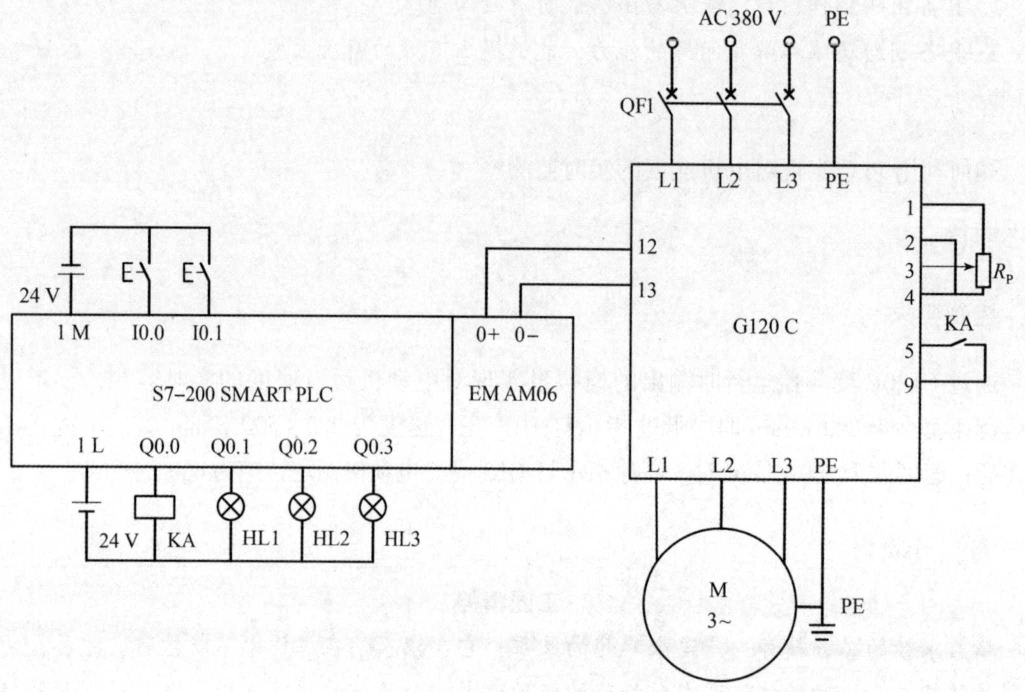

图 6－10　PLC 与变频器电气接线

四、变频器参数设置

本任务中使用模拟量输入实现电动机速度的调节，使用模拟量输出实现电动机速度的监测，变频器参数设置见表 6－11，预定义宏参数 P0015 无论设置为何值，均有模拟量输出。

表 6－11　变频器参数设置

参数	参数值	说明
P0015	13	预定义宏参数，选择端子启动模拟量给定设定值
P0756	0	单极性电压输入 0～10 V
P0757	0	0 V 对应频率为 0 Hz，即 0 r/min
P0758	0	
P0759	10	10 V 对应频率为 50 Hz，即 1 440 r/min
P0760	100	
P0771	21	根据电动机转速输出模拟信号

续表

参数	参数值	说明
P0776	1	电压输出 0 ~ 10 V
P0777	0	0% 对应输出电压 0 V
P0778	0	
P0779	100	100% 对应输出电压 10 V
P0780	10	

交流与思考

若模拟量输入为电流型，那么变频器参数应如何设置？

五、软件编程

1. 软件设置

PLC 软件的模拟量模块设置如图 6 – 11 所示。

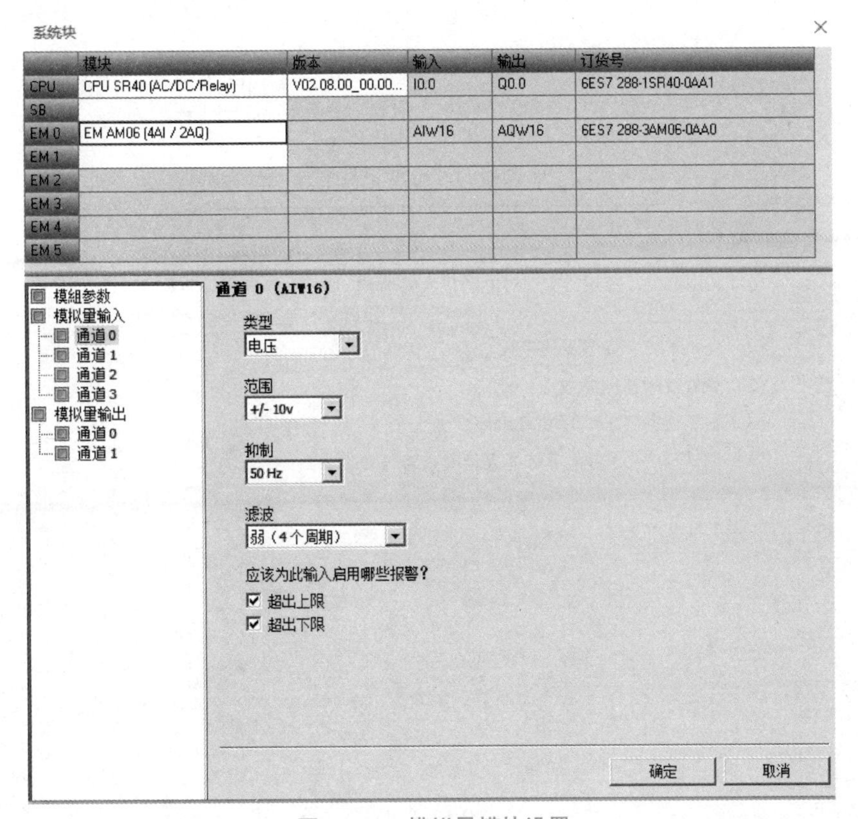

图 6 – 11　模拟量模块设置

2. 程序编写

电位器调速电动机实时监测程序如图 6-12 所示。

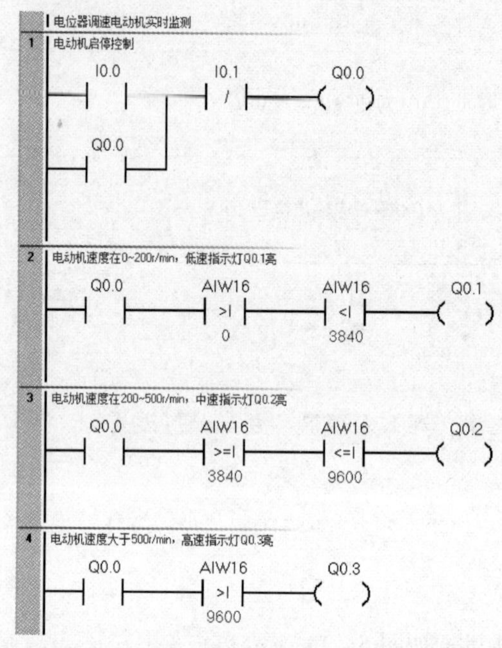

图 6-12 电位器调速电动机实时监测程序

任务实施

填写表 6-12。

表 6-12 电位器调速电动机实时监测任务表

任务名称	电位器调速电动机实时监测
任务目标	能够利用 PLC、变频器实现对电动机实时监测
设备调试步骤	(1) 完成 PLC、变频器的接线。 (2) 设置变频器的参数。 (3) 根据任务要求编写 PLC 程序。 (4) 调试程序，3 盏指示灯亮灭情况是否与要求一致
设备调试过程记录	

续表

所遇问题及解决方法			
教师签字		得分	

习　　题

单选题

1. 电位器调速电动机实时监测系统中，用于连续调整电动机转速的部件是（　　）。

A. 电容器　　B. 电阻器　　C. 电感器　　D. 电位器

2. 电位器调速电动机实时监测系统中，为了保障操作人员的安全，必须（　　）。

A. 穿戴绝缘手套　　B. 使用金属工具接触电动机

C. 在潮湿环境中操作　　D. 无须采取任何措施

3. 电位器调速电动机实时监测系统中，若电位器旋钮位置变化但电动机转速无明显改变，可能的原因是（　　）。

A. 电位器损坏　　B. 电动机启动电容器故障

C. 电源线接触不良　　D. 电动机轴承磨损严重

项目 7

步进电动机及步进驱动器的应用

项目概述

步进电动机在自动控制装置中作为执行元件，其电动机转子按照一定的步长进行旋转控制，具有定位准确、稳定性好、转矩大、结构简单、使用维修方便、制造成本低等特点，广泛应用于机器人、数控机床、医疗仪器、生产流水线等自动控制场合。本项目介绍了步进电动机的结构和工作原理，旨在帮助学生掌握步进电动机与步进驱动器的接线及控制方式，并根据控制要求完成步进电动机的接线和步进驱动器的设置。

任务 1 认识步进电动机及步进驱动器

知识目标

1. 掌握步进电动机的工作原理。
2. 熟悉步进驱动器的工作原理。

技能目标

能够计算步进电动机的步距角。

素质目标

1. 培养严谨细致的工作态度。
2. 增强安全意识，遵守安全规定，注重职业素养。

任务导入

步进电动机和步进驱动器的工作原理是什么？

知识储备

一、步进电动机的工作原理

步进电动机是一种将电脉冲信号转换成相应角位移或线位移的控制电机。每输入一个脉冲，步进电动机就转动一个角度或前进一步，其输出的角位移或线位移与输入脉冲数成正比，转速与脉冲频率成正比，因此，步进电动机又称脉冲电动机。步进电动机种类繁多，按运行方式可分为旋转型和直线型，通常使用的多为旋转型。旋转型步进电动机又有反应式（磁阻式）、永磁式和感应式三种，其中反应式步进电动机是我国目前使用最广的一种，具有惯性小、反应快和速度高等特点。步进电动机按相数又有单相、两相、三相和多相等形式，对于反应式步进电动机，没有单相和两相的形式。下面以三相反应式步进电动机为例介绍步进电动机的结构和工作原理。

三相反应式步进电动机结构示意，如图7-1所示。其定、转子铁芯均由硅钢片叠制而成，定子上有均匀分布的6个磁极，磁极上绕有控制（励磁）绕组，2个相对磁极组成一相，三相绕组接成星形连接。转子铁芯上没有绕组，只有均匀分布的4个齿，且转子齿宽等于定子磁极宽。

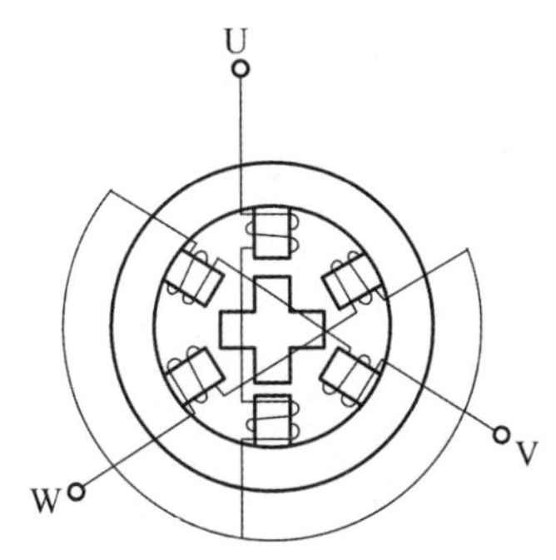

图7-1　三相反应式步进电动机结构示意图

三相单三拍控制方式下步进电动机工作原理如图7-2所示。

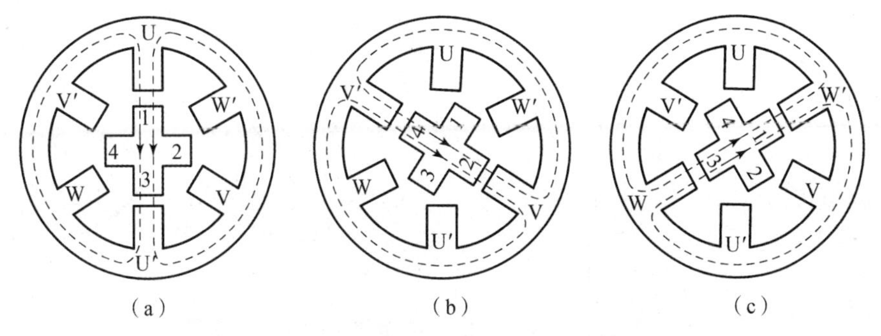

图7-2　三相单三拍控制方式下步进电动机工作原理

(a) U相通电；(b) V相通电；(c) W相通电

当U相控制绕组通入电脉冲时，U，U′分别成为电磁铁的N，S极。由于磁路磁通量会沿磁阻最小的路径闭合，因此转子齿1，3和定子磁极U，U′对齐，即形成UU′轴线方向的磁通量$\boldsymbol{\Phi}_{U}$，如图7-2（a）所示。

U相脉冲结束，接着V相控制绕组通入电脉冲，使转子齿2，4与定子磁极V，V′对齐，如图7-2（b）所示，转子顺时针方向转过30°。V相脉冲结束，随后W相控制绕组通入电脉冲，使转子齿3，1和定子磁极W，W′对齐，转子又在空间顺时针方向转过30°，如图7-2（c）所示。

由上述分析可知，如果按照 U→V→W→U 的顺序通入电脉冲，转子将按顺时针方向一步一步转动，每步转过 30°，该角度就是步距角。电动机的转速取决于电脉冲的频率，频率越高，转速越大。若按 U→W→V→U 的顺序通入电脉冲，则电动机反向转动。三相控制绕组的通电顺序及频率大小，通常由电子逻辑电路来实现。

上述通电方式称为三相单三拍。“三相”是指三相步进电动机；“单”是指每次只有一相控制绕组通电；控制绕组每改变一次通电状态称为一拍，“三拍”是指改变三次通电状态为一个循环。每拍转子转过的角度称为步距角。步距角的公式为

$$\theta = \frac{360°}{Zm} \tag{7-1}$$

式中，θ 为步距角；Z 为转子上的齿数；m 为步进电动机运行的拍数。

由式（7-1）可知，三相单三拍运行时，步距角为 30°。显然，这个角度太大，不能付诸实际。

同一台步进电动机，因通电方式不同，运行时的步距角也不同。若三相控制绕组通电顺序按 U→U，V→V→V，W→W→W，U→U 进行，即先 U 相控制绕组通电，而后 U，V 两相控制绕组同时通电，然后断开 U 相控制绕组，由 V 相控制绕组单独通电，再使 V，W 两相控制绕组同时通电，依次进行下去（见图 7-3），则每转换一次，步进电动机顺时针方向旋转 15°，即步距角为 15°。若改变通电顺序（即反过来），步进电动机将逆时针方向旋转。在该控制方式下，定子三相控制绕组经 6 次换接完成一个循环，故称为六拍控制。此种控制方式因转换时始终有一相控制绕组通电，故工作比较稳定。

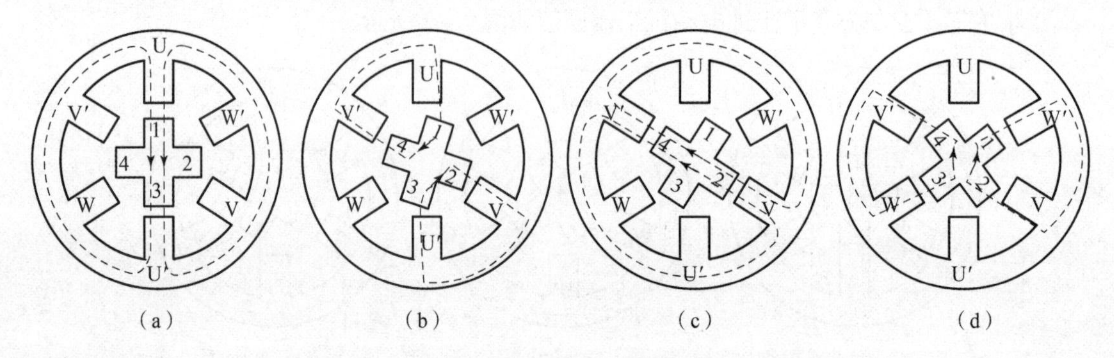

图 7-3　三相六拍控制方式下步进电动机工作原理

（a）U 相通电；（b）U，V 相通电；（c）V 相通电；（d）V，W 相通电

进一步减小步距角的措施是采用带有小齿的定子磁极，转子齿数很多的结构。分析表明，这样结构的步进电动机，其步距角可以做得很小。一般来说，实际的步进电动机产品，都采用这种方法实现步距角的细分。例如，YL-335B 型自动化生产线选用的 Kinco 3S57Q-04056 型三相步进电动机的步距角是在整步方式下为 1.8°，半步方式下为 0.9°。

除了步距角外，步进电动机还有保持转矩、阻尼转矩等技术参数，这些参数的物理意义请参阅有关步进电动机的专门资料。3S57Q-04056 型三相步进电动机的部分技术参数见表 7-1。

表7-1　3S57Q-04056型三相步进电动机的部分技术参数

参数名称	步距角	相电流	保持扭矩	阻尼扭矩	电机惯量
参数值	1.8°	5.8 A	1.0 N·m	0.04 N·m	0.3 kg·cm^2

二、步进电动机的选用

1. 类型的选择

步进电动机分为3类：永磁式、感应式及混合式。感应式步进电动机一般为两相，转矩和体积较小，步距角一般为7.5°或1.5°；永磁式步进电动机一般为三相，可实现大转矩输出，步距角一般为1.5°，但噪声和振动都很大；混合式步进电动机综合了永磁式和感应式步进电动机的优点，分为两相、三相和五相，两相步距角一般为1.8°，而五相步距角一般为0.72°。混合式步进电动机随着通电绕组数的增加，步距角减小、精度提高，应用最为广泛。在目前的工业条件下，一般可以选用混合式步进电动机。某些特殊场合，如空间很小、输出扭矩不大的情况下可采用感应式步进电动机。

2. 保持扭矩的选取

保持扭矩是指当步进电动机停在某个位置时，能迫使电机轴转动的扭矩。它是衡量步进电动机定位的关键性参数，在步进电动机的铭牌上均有规定标注。一般情况下，保持扭矩大的电机的结构尺寸也比较大，需要考虑安装空间是否能够达到要求。常用步进电动机的最大保持扭矩不超过45 N·m。

3. 转速的选取

转速指标在选取步进电动机时至关重要，步进电动机的特性是随着电机转速的升高扭矩下降，其下降的快慢与步进驱动器的驱动电压、电机的相电流、电机的相电感、电机大小等有关，一般电机的驱动电压越高，相电流越大，扭矩下降就越慢。在设计方案时，应使电机的转速控制在1 500 r/min或1 000 r/min。

根据上述条件可以基本确定步进电动机的型号，同时需要考虑留有一定的扭矩余量和转速余量，以保证负荷变化时的正常运行。

三、细分的概念

步进电动机的步距角一般较大，为了能获得更精细的步距角，需要加入电动机的步进驱动器。由步进电动机的工作原理可知，通电方式改变，定子磁场会发生变化，从而可以达到细分步距角的目的。例如，三相三拍步进电动机的通电方式为A→C→B→A，改变通电方式，即为A→AB→B→BC→C→CA→A，这样的磁场顺序能够使转子停留6个位置，这种控制方式就是磁场的矢量控制。

如果沿着以上思路更进一步，改变通电电流的高低，如1/2AB代表A线圈通电电流为满载的1/2，这样，可以得到位置状态AB→1/2AB→B→B1/2C→BC→1/2BC→C→C1/2A→CA→1/2CA→A→A1/2B→AB，共计12种状态。可以看出，进行电子细分的基本原理就是利用改变电流的方法得到磁场平衡位置不同的特性，即矢量控制。

如果没有细分，那么步进电动机每接收一个脉冲，就会转动一个步距角。有了步进驱动器的细分后，则每接收一个脉冲，电机旋转的角度 = 步距角/细分数。通常，细分数会在步进电动机的步进驱动器上明确标注。需要注意的是，如果细分过多，磁场力的平衡位置受到外界干扰，有可能产生不稳定现象。在选用时，要根据实际需求选择合适的步距角和转速。

四、步进驱动装置

按一定次序给定子绕组通入电脉冲信号，步进电动机的转子就会转过与脉冲数相对应的角度。当然实际中脉冲信号不是手动开关控制，而是需要专门的驱动装置（步进驱动器）供电。步进驱动器和步进电动机是一个有机的整体，步进电动机的运行性能是电动机及其步进驱动器配合所反映的综合效果。

一般来说，每台步进电动机都有其对应的步进驱动器，例如，与 Kinco 3S57Q－04056 型三相步进电动机配套的步进驱动器是 Kinco 3M458 三相步进电动机步进驱动器，如图 7－4 所示。

图 7－4　Kinco 3M458 三相步进电动机步进驱动器

步进电动机步进驱动器的组成包括脉冲分配器和脉冲放大器两部分，主要解决向步进电动机的各相绕组分配输出脉冲和功率放大两个问题。

脉冲分配器是一个数字逻辑单元，它接收来自控制器的脉冲信号和转向信号，再把脉冲信号按一定的逻辑关系分配到每一相脉冲放大器上，使步进电动机按选定的运行方式工作。步进电动机各相绕组是按一定的通电顺序并不断循环来实现步进功能的，因此，脉冲分配器也称环形分配器。实现这种分配功能的方法有多种，包括可由双稳态触发器和门电路组成，也可由可编程逻辑器件组成。

脉冲放大器适用于脉冲功率放大。因为脉冲分配器能够输出的电流很小（毫安级），而步进电动机工作时需要的电流较大，所以需要进行功率放大。此外，输出的脉冲波形、幅度、波形前沿陡度等因素对步进电动机运行性能也有重要的影响。

任务实施

填写表 7－2。

表 7－2　步进电动机的认识任务表

任务名称	步进电动机的认识		
任务目标	步进电动机的选取		
任务实施步骤	(1) 阐述步进电动机的工作原理。 (2) 能够根据控制要求选取合适的步进电动机		
任务实施过程记录			
所遇问题及解决方法			
教师签字		得分	

习　　题

填空题

1. 步进电动机是将________转换为________的一种特殊执行电动机。

2. 某台步进电动机有 8 个齿，在三相单三拍的控制方式下，步距角为________。

3. 步进电动机步进驱动器的组成包括________和________两部分。

4. 步进电动机可分为________、________和________。

5. 步进电动机步距角为 10°，步进驱动器细分设置为 10 000 步/r，则每发出一个脉冲，电动机旋转的角度为________。

任务 2　步进电动机及驱动器的硬件接线和设置

知识目标

1. 掌握步进电动机及驱动器的硬件接线。

2. 掌握步进驱动器的设置方法。

技能目标

1. 能够完成步进电动机与步进驱动器的硬件接线。
2. 能够对步进驱动器进行设置。

素质目标

1. 在实践中树立劳动精神和团队合作精神。
2. 在操作过程中培养精益求精的工作态度。

任务导入

步进电动机和步进驱动器是如何连接并实现工作的?

知识储备

一、步进电动机接线

使用步进电动机时，一是要安装正确，二是要接线正确。

安装步进电动机时，必须严格按照产品说明的要求进行。步进电动机是一种精密装置，安装时注意不要敲打它的轴端，更不要拆卸电机。

不同步进电动机的接线有所不同，3S57Q－04056 型三相步进电动机的接线颜色划分如图 7－5 所示。三个相绕组的6 根引出线，必须按头尾相连的原则连接成三角形。改变绕组的通电顺序就能改变步进电动机的转动方向。

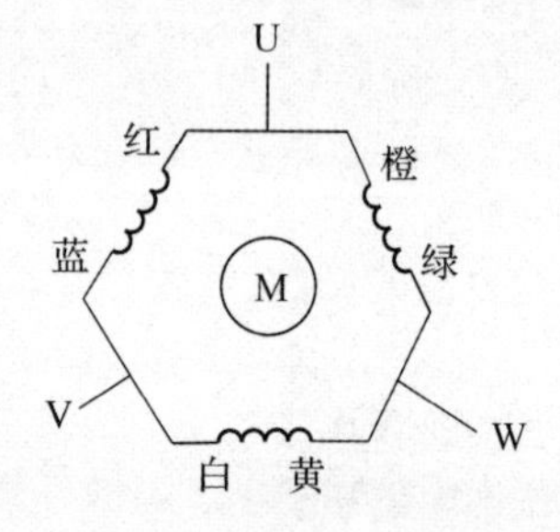

图 7－5　3S57Q－04056 型三相步进电动机的接线颜色划分

二、步进驱动器接线与设置

1. 步进驱动器接线

步进驱动器的功能是接收来自控制器一定数量的脉冲信号及电动机旋转方向的信号，并给步进电动机输送三相功率脉冲信号。

步进驱动器 Kinco 3M458 的典型接线如图 7－6 所示。其中，驱动器可采用 DC 24～40 V 电源供电。输出电流和输入信号规格如下。

（1）输出相电流为 3.0～5.8 A，其大小通过拨动开关设定。步进驱动器采用自然风冷的冷却方式。

（2）控制信号输入电流为 6～20 mA，控制信号的输入电路采用光耦隔离。输送单元 PLC 输出公共端 VCC 使用的是 DC 24 V 电压，使用的限流电阻 R_1 阻值为 2 kΩ。

控制信号说明如下。

（1）步进驱动器 Kinco 3M458 只能工作在脉冲和方向控制方式下。当输入脉冲信号时，电机会按照初始方向旋转（初始方向和电机的接线有关，互换两相可以改变电机初始运行方向），当改变方向信号的电平时，电机就会按初始方向的反方向旋转。

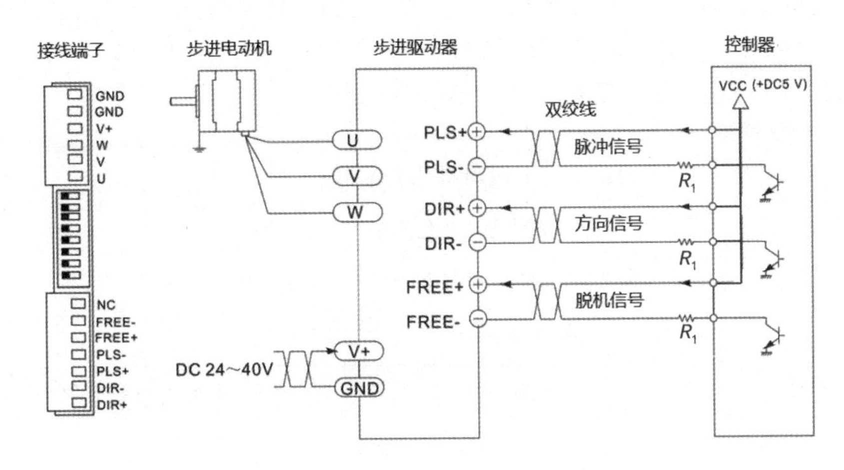

图7-6　步进驱动器 Kinco 3M458 的典型接线

(2) 当步进驱动器工作在脉冲和方向控制方式下时，DIR 控制信号输入端口是方向信号的输入端口，外加电平变化可以控制电机运转方向。为保证可靠的响应，方向信号应至少先于脉冲信号 10 μs 建立。

(3) 当步进驱动器工作在脱机状态时，FREE 控制信号输入端口是脱机信号的输入端口。外加电平变为 0 V 时，步进驱动器工作于非脱机状态。为保证可靠的响应，脉冲信号至少要等 1 ms 后建立。

(4) 步进驱动器的脉冲信号门限电压是 2.9 V，方向信号门限电压是 2.8 V，脱机信号门限电压是 1.3 V。输入信号要高于门限电压。

步进驱动器 Kinco 3M458 采取如下措施，能大幅改善步进电动机运行性能。

(1) 内部驱动直流电压达 40 V，能提供更好的高速性能。

(2) 电机静态锁紧状态下的自动半流功能，可大幅缓解电机的发热状况。而为调试方便，步进驱动器的脱机信号 FREE 为 ON 时，步进驱动器将断开输入到步进电动机的电源回路。如果不使用这一信号，则可以在步进电动机上电后，即使静止时也保持自动半流的锁紧状态。

步进驱动器 Kinco 3M458 采用交流伺服驱动原理，把直流电压通过脉宽调制技术变为三路阶梯式正弦波形电流。

阶梯式正弦波形电流按固定时序分别流过三路绕组，其每个阶梯对应电机转动一步。可通过改变步进驱动器输出正弦电流的频率来改变电机转速，而输出的阶梯数确定了每步转过的角度。角度越小，阶梯数就越多，即细分就越大，从理论上说，此角度可以设得足够小，所以细分数可以很大。步进驱动器 Kinco 3M458 具有最高可达 10 000 步/r 的驱动细分功能，细分大小可以通过拨动开关设定。

细分驱动方式不仅可以减小步进电动机的步距角，提高分辨率，而且可以减少甚至消除低频振动，使电机运行更加平稳均匀。

2. 步进驱动器设置

在步进驱动器 Kinco 3M458 的侧面连接端子中间有一个红色的八位 DIP 功能设定开关，

可以用来设定步进驱动器的工作方式和工作参数，包括细分设置、静态电流设置和运行电流设置。Kinco 3M458 DIP 开关的正视图如图 7－7 所示，表 7－3 为 DIP 开关功能划分表，表 7－4 和表 7－5 分别为细分设置表和输出电流设置表。

图 7－7 Kinco 3M458 DIP 开关的正视图

表 7－3 DIP 开关功能划分表

开关序号	ON 功能	OFF 功能
DIP1 ~ DIP3	细分设置	细分设置
DIP4	静态电流全流	静态电流半流
DIP5 ~ DIP8	电流设置	电流设置

表 7－4 细分设置表

DIP1	DIP2	DIP3	细分
ON	ON	ON	400 步/r
ON	ON	OFF	500 步/r
ON	OFF	ON	600 步/r
ON	OFF	OFF	1 000 步/r
OFF	ON	ON	2 000 步/r
OFF	ON	OFF	4 000 步/r
OFF	OFF	ON	5 000 步/r
OFF	OFF	OFF	10 000 步/r

表 7－5 输出电流设置表

DIP5	DIP6	DIP7	DIP8	输出电流
OFF	OFF	OFF	OFF	3.0 A
OFF	OFF	OFF	ON	4.0 A
OFF	OFF	ON	ON	4.6 A
OFF	ON	ON	ON	5.2 A
ON	ON	ON	ON	5.8 A

步进电动机传动组件的基本技术数据如下。

3S57Q－04056 型三相步进电动机步距角为 1.8°，即在无细分的条件下 200 个脉冲电机

转一圈（通过步进驱动器设置细分精度最高可以达到 10 000 个脉冲电机转一圈）。

对于采用步进电动机作动力源的 YL－335B 型自动化生产线，出厂时步进驱动器细分设置为 10 000 步/r。直线运动组件的同步轮齿距为 5 mm，共 12 个齿，旋转一周搬运机械手位移 60 mm，即每步机械手位移 0.006 mm。电机驱动电流设为 5.2 A。静态锁定方式为静态半流。

三、使用步进电动机应注意的问题

控制步进电动机运行时，应注意步进电动机在运行中失步的问题。

步进电动机失步包括丢步和越步。丢步时，转子前进的步数小于脉冲数；越步时，转子前进的步数大于脉冲数。丢步严重时，将使转子停留在一个位置或围绕一个位置振动；越步严重时，设备将发生过冲。

由于电机绕组本身是感性负载，输入频率越高，励磁电流就越小。频率高，磁通量变化加剧，涡流损失加大。因此，输入频率增高，输出力矩降低。最高工作频率的输出力矩只能达到低频转矩的 40%~50%。进行高速定位控制时，如果指定频率过高，会出现丢步现象。

使机械手返回原点的操作，常常会出现越步情况。当机械手装置回到原点时，原点开关动作，使指令输入 OFF。但如果到达原点前速度过高，惯性转矩将大于步进电动机的保持转矩而使步进电动机越步。因此，回原点的操作应确保足够低速。此外当步进电动机驱动机械手装配高速运行时紧急停止，会不可避免地出现越步情况。因此，急停复位后应采取先低速返回原点重新校准，再恢复原有操作的方法。

注意：保持转矩是指电机各相绕组通入额定电流，且处于静态锁定状态时，电机所能输出的最大转矩，它是步进电动机最主要参数之一。

此外，如果机械部件调整不当，会使机械负载增大。而步进电动机不能过载运行，哪怕是瞬间，都会造成失步，严重时会造成停转或不规则原地反复振动。

交流与思考

步进电动机与步进驱动器接线完成后，测试转向错误，应如何更正？

任务实施

填写表 7－6。

表 7－6　步进电动机与步进驱动器接线及参数设置任务表

任务名称	步进电动机与步进驱动器接线及参数设置
任务目标	能够完成步进电动机与步进驱动器的接线，并根据要求进行参数设置
任务实施步骤	（1）完成 PLC 与步进驱动器、步进电动机与步进驱动器的接线。 （2）根据步进电动机的基本技术参数和实际运行条件，设置步进驱动器的 DIP 开关。 （3）检查接线是否正确，并通电测试

续表

设备调试过程记录			
所遇到的问题及解决办法			
教师签字		得分	

习　题

单选题

1. 步进系统的基本要求不包括（　　）。

A. 稳定性好　　B. 快速响应无超调

C. 精度高　　D. 高速、转矩小

2. 步进电动机在转速突变时，若没有加速或减速，会导致电机（　　）。

A. 发热　　B. 失控　　C. 丢步　　D. 爆炸

3. 步进驱动器的控制元件输入端使用的是（　　）电压。

A. DC 12 V　　B. DC 6 V　　C. DC 24 V　　D. DC 48 V

项目8 伺服电动机及伺服驱动器的应用

项目概述

伺服电动机在伺服系统中作为执行元件，其任务是将所接收的电信号转换成电动机轴上的角位移或角速度输出。伺服电动机可以控制速度，位置精度非常准确，且具有机电时间常数小、线性度高等特性。它分为直流和交流伺服电动机两大类，其主要特点是，当信号电压为零时无自转现象，转速随着转矩的增加而匀速下降。本项目的主要任务是掌握伺服电动机的结构和工作原理，能够对伺服电动机与伺服驱动器进行接线与参数设置，并能够根据控制要求完成 S7－200smart PLC 运动控制设置。

任务1 认识伺服电动机及伺服驱动器

知识目标

1. 熟悉伺服电动机及伺服驱动器的工作原理。
2. 掌握伺服电动机及驱动器的硬件接线和设置。

技能目标

1. 能够完成伺服电动机与伺服驱动器的硬件接线。
2. 能够对伺服驱动器进行参数设置。

素养目标

1. 在实践中树立劳动精神和团队合作精神。
2. 在操作过程中培养精益求精的工作态度。

任务导入

伺服电动机和伺服驱动器是如何连接并实现工作的？

知识储备

一、伺服电动机

伺服电动机又称执行电动机，在数控系统及自动控制系统中作为执行元件使用。它的作用是将输入的电压信号转换成轴上的速度及转向输出，以驱动控制对象。伺服电动机可以非常精确地控制速度和位置，按使用电源的不同可分为交流伺服电动机和直流伺服电动机两大类。

直流伺服电动机分为有刷电动机和无刷电动机。有刷电动机成本低、结构简单、启动转矩大、调速范围宽、控制容易、维护方便（换碳刷）、电磁干扰大、对环境有要求，因此，可以用于对成本敏感的普通工业和民用场合。无刷电动机体积小、质量小、出力大、响应快、速度高、惯量小、转动平滑、力矩稳定。无刷电动机控制复杂，容易实现智能化，其电子换相方式灵活，可以方波换相或正弦波换相，而且免维护、效率很高、运行温度低、电磁辐射很小、寿命长，可用于各种环境。

交流伺服电动机也是无刷电动机，分为同步型交流伺服电动机和异步型交流伺服电动机。

微课：伺服电动机与伺服系统介绍

异步型交流伺服电动机指的是交流感应电动机，它有三相和单相之分，也有笼型和线绕式之分，通常多用笼型三相感应电动机。这种电动机结构简单，与同容量的直流电动机相比，质量小 1/2，价格仅为直流电动机的 1/3；缺点是不能经济地实现大范围平滑调速，必须从电网吸收滞后的励磁电流，因而会降低电网的功率因数。

同步型交流伺服电动机虽比交流感应电动机复杂，但比直流电动机简单。它与交流感应电动机一样，都在定子上装有对称三相绕组，但两者的转子不同。同步型交流伺服电动机按不同的转子结构又分为电磁式和非电磁式两大类，非电磁式又分为磁滞式、永磁式和反应式等多种类型。其中，磁滞式和反应式同步型交流伺服电动机存在效率低、功率因数较差、制造容量较小等缺点。数控机床中多用永磁式同步型交流伺服电动机。与电磁式同步型交流伺服电动机相比，永磁式同步型交流伺服电动机的优点是结构简单、运行可靠、效率较高；缺点是体积大、启动特性欠佳。但永磁式同步型交流伺服电动机在采用高剩磁感应，高矫顽力的稀土类磁铁后，可比直流伺服电动机外形尺寸约小 1/2，质量减小 60%，转子惯量减小到直流伺服电动机的 1/5。同时，它与交流感应电动机相比，由于采用了永磁铁励磁，消除了励磁损耗及有关的杂散损耗，因此效率高；又因为没有电磁式同步型交流伺服电动机所需的集电环和电刷等，所以其机械可靠性和交流感应电动机相同。同时，永磁式同步型交流伺服电动机的功率因数大于交流感应电动机，因此在低速输出同样的有功功率时，它的视在功率要大得多，而视在功率又是决定电动机尺寸的主要依据，所以永磁式同步型交流伺服电动机的体积比交流感应电动机要小。

当前，高性能的伺服系统大多采用永磁式同步型交流伺服电动机，典型的生产厂家有西门子、三菱、松下、安川和科尔摩根等。

二、交流伺服电动机的基本结构及工作原理

交流伺服电动机主要由定子、转子和编码器组成，其外形与结构如图 8 - 1 所示。定子铁芯用硅钢片叠压而成，表面的槽内嵌有空间互差 90°的两个绕组：励磁绕组和控制绕组，于是在空间产生一个两相旋转磁场。在旋转磁场的作用下，笼型转子的导条中或杯形转子的杯形筒壁中产生感应电动势与感应电流，该转子电流与旋转磁场相互作用产生电磁转矩，从而使转子转动。为了检测转子磁极的位置，在电动机非负载端的端盖外面安装了光电编码器。

图8-1 交流伺服电动机的外形与结构

(a) 外形；(b) 结构

1—定子；2—编码；3—转子

三、交流伺服系统

1. 交流伺服系统的组成

伺服控制系统是一种能够根据输入的指令信号进行动作，从而获得精准的位置、速度及动力输出的自动控制系统。

交流伺服系统如图8-2所示，通常由位置控制器，速度控制器，功率控制器，电流传感器及速度，位置传感器等组成。

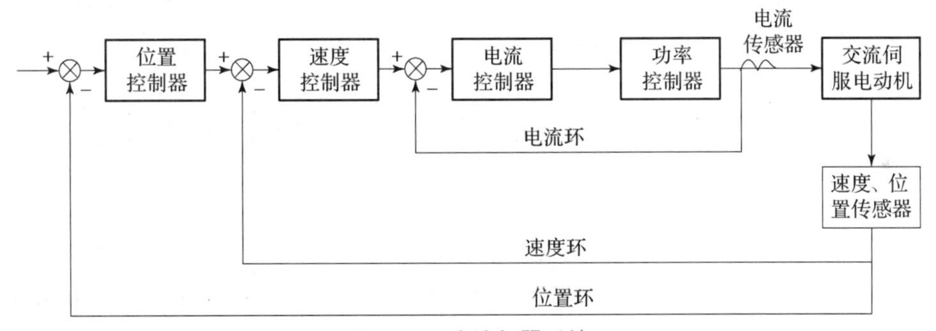

图8-2 交流伺服系统

交流伺服系统具有电流反馈、速度反馈和位置反馈三闭环结构形式，其中，电流和速度反馈为内环，位置反馈为外环。电流环的作用是使电动机绕组电流实时、准确地跟踪电流指令信号，使电枢电流在动态过程中不超过最大值，使系统具有足够大的加速转矩，提高系统的快速性。速度环的作用是增强系统抗负载扰动的能力，抑制速度波动，实现稳态无静差。位置环的作用是保证系统静态精度和动态跟踪的性能，这直接关系到交流伺服系统的稳定性和运行性能，是设计的关键所在。

1）功率控制器

功率控制器的主要功能是根据控制电路的指令，将电源单元提供的电能转换为伺服电动机电枢绕组中的三相交流电流，以产生所需要的电磁转矩。功率控制器主要包括功率变换电路、控制电路和驱动电路等。

功率变换电路主要由整流电路、滤波电路和逆变电路三部分组成。为了保证逆变电路的功率开关器件能够安全、可靠地工作，对于高压、大功率的交流伺服系统，有时需要有抑制电压、电流尖峰的缓冲电路。另外，对于频繁运行于快速正反转状态的交流伺服系统，还需要有消耗多余再生能量的制动电路。

控制电路主要由运算电路、脉冲宽度调制（Pulse Width Modulation，PWM）生成电路、检测信号处理电路、输入/输出电路和保护电路等构成，其主要作用是控制功率变换主电路和实现各种保护功能等。

驱动电路的主要作用是根据控制信号对功率半导体开关器件进行驱动，并为交流伺服电动机及其控制器件提供保护，主要包括开关器件的前级驱动电路和辅助开关电源电路等。

2）传感器

在交流伺服系统中，需要采用电流环、速度环和位置环结构对交流伺服电动机的绕组电流及转子速度、位置进行检测，因此需要相应的传感器及其信号变换电路。

电流检测通常采用电阻隔离检测或霍尔电流传感器。直流伺服电动机只需一个电流环，而交流伺服电动机则需要两个或三个电流环。其构成方法也有两种：一种是交流电流直接闭环；另一种是把三相交流电流转换为旋转正交双轴上的矢量之后再闭环。这就需要一个能把电流传感器的输出信号进行坐标变换的接口电路。

速度检测可采用无刷测速发电机、增量式光电编码器、磁编码器或无刷旋转变压器。

位置检测通常采用绝对式光电编码器或无刷旋转变压器，也可采用增量式光电编码器。由于无刷旋转变压器既能进行速度检测又能进行绝对位置检测，且抗机械冲击性能好，可在恶劣环境下工作，因此在交流伺服系统中的应用日趋广泛。

3）控制器

在交流伺服系统中，控制器的设计直接影响着交流伺服电动机的运行状态，从而在很大程度上决定了整个系统的性能。

交流伺服系统通常有两类：一类是速度伺服系统；另一类是位置伺服系统。前者的伺服控制器主要包括电流控制器和速度控制器，后者还要增加位置控制器。其中，电流控制器是最关键的环节，因为无论是速度控制还是位置控制，最终都将转换为对电动机的电流控制。电流环的响应速度要远远大于速度环和位置环，为了保证电动机定子电流响应的快速性，电流控制器的实现不应太复杂，这就要求其设计方案必须恰当，使其能有效发挥作用。对于速度和位置控制，由于时间常数较大，因此，可借助计算机技术实现许多较复杂的、基于现代控制理论的控制策略，从而提高交流伺服系统的性能。

电流环由电流控制器和逆变器组成，其作用是使电动机绕组电流实时、准确地跟踪电流指令信号。为了能够快速、精确地控制交流伺服电动机的电磁转矩，在交流伺服系统中，需要分别对永磁同步型交流伺服电动机的 d 轴和 q 轴电流进行控制。q 轴电流指令来自速度环的输出；d 轴电流指令直接给定，或者由磁链控制器给出。

将电动机的三相反馈电流进行旋转变换，可得到 d 轴、q 轴的反馈电流。d 轴、q 轴给定电流和反馈电流的差值通过电流控制器，得到给定电压，再根据 PWM 算法产生 PWM 信号。

速度环的作用是保证电动机的转速与速度指令值一致，消除负载转矩扰动等因素对电动机转速的影响。速度指令值与反馈的电动机实际转速相比较，其差值通过速度控制器直接产生 q 轴指令电流，并进一步与 d 轴电流指令共同作用，控制电动机加速、减速或匀速旋转，使电动机的实际转速与指令值保持一致。速度控制器通常采用比例积分（Proportional Integral，PI）控制方式，对于动态响应、速度恢复能力要求特别高的系统，可以考虑采用变结构（滑模）控制方式或自适应控制方式等。

位置环的作用是产生电动机的速度指令并使电动机准确定位和跟踪。通过比较设定的目标位置与电动机实际位置的偏差，可使位置控制器产生电动机的速度指令。电动机启动后，在大偏差区域，产生最大速度指令，使电动机加速运行后以最大速度恒速运行；在小偏差区域，产生逐次递减的速度指令，使电动机减速运行直至最终定位。为避免超调，位置环的控制器通常设计为单纯的比例（P）调节器。为了交流伺服系统能实现准确的等速跟踪，位置环还应设置前馈环节。

2. 伺服系统的分类

伺服控制系统必须具备可控性良好、稳定性高和响应快的基本性能。其中，可控性好是指信号消失以后，能立即自行停止；稳定性高是指转速随转矩的增加而匀速下降；响应快是指反应快、灵敏度高、响态品质好。

伺服控制系统的分类方法很多，常见的分类方法如下。

（1）按被控量参数特性分类。按被控量不同，伺服控制系统可分为位移、速度、力矩等各种伺服系统。

（2）按驱动元件类型分类。根据电动机类型的不同，伺服控制系统可分为直流伺服系统、交流伺服系统和步进电动机控制伺服系统。

（3）按控制原理分类。按自动控制原理，伺服控制系统可分为开环控制伺服系统、闭环控制伺服系统和半闭环控制伺服系统。

四、交流伺服系统的位置控制模式

交流伺服系统在位置控制模式下，即使输入的是脉冲信号，伺服驱动器输出到伺服电动机的三相电压波形基本是正弦波（高次谐波被绕组电感滤除），而不是像步进电动机那样是三相脉冲序列。

交流伺服系统用作定位控制时，位置指令输入到位置控制器，速度控制器输入端前面的电子开关切换到位置控制器输出端。同时，电流控制器输入端前面的电子开关切换到速度控制器输出端。因此，位置控制模式下的伺服系统是一个三闭环控制系统，两个内环分别是电流环和速度环。

由自动控制理论可知，这样的结构提高了系统的快速性、稳定性和抗干扰能力。在足够高的开环增益下，系统的稳态误差接近于零。这就是说，在稳态时，伺服电动机以指令脉冲和反馈脉冲近似相等时的速度运行。反之，在达到稳态前，系统将在偏差信号作用下驱动电机加速或减速。若指令脉冲突然消失（如紧急停车时，PLC立即停止向伺服驱动器发出驱动脉冲），伺服电动机仍会运行到反馈脉冲数等于指令脉冲消失前的脉冲数为止。

五、伺服驱动器的接线

在YL－335B型自动化生产线的输送单元中，采用了松下MHMF022L1U2M永磁式同步型交流伺服电动机，以及 MADLN15SG 全数字交流永磁式同步型伺服驱动装置作为运输机械手的运动控制装置。

MHMF022L1U2M 的含义为，MHM 表示电机类型为高惯量，F 表示 A6 系列，02 表示电机的额定功率为 200 W，2 表示电压规格为 200 V，L 表示编码器为绝对式编码器，脉冲数为 23 位，分辨率为 8 388 608，输出信号线为 7 根。松下 A6 系列伺服驱动器和伺服电动机的外形结构如图 8－3 所示。

图 8－3　松下 A6 系列伺服驱动器和伺服电动机的外形结构

MADLN15SG 的含义为，MADL 表示松下 A6 系列 A 型伺服驱动器，N 表示无安全功能，1 表示伺服驱动器最大输出电流为 8 A，5 表示电源电压规格为单相/三相 200 V，S 表示接口规格为 Analog/Pulse，G 表示通用通信型。伺服驱动器的外观和面板如图 8－4 所示。

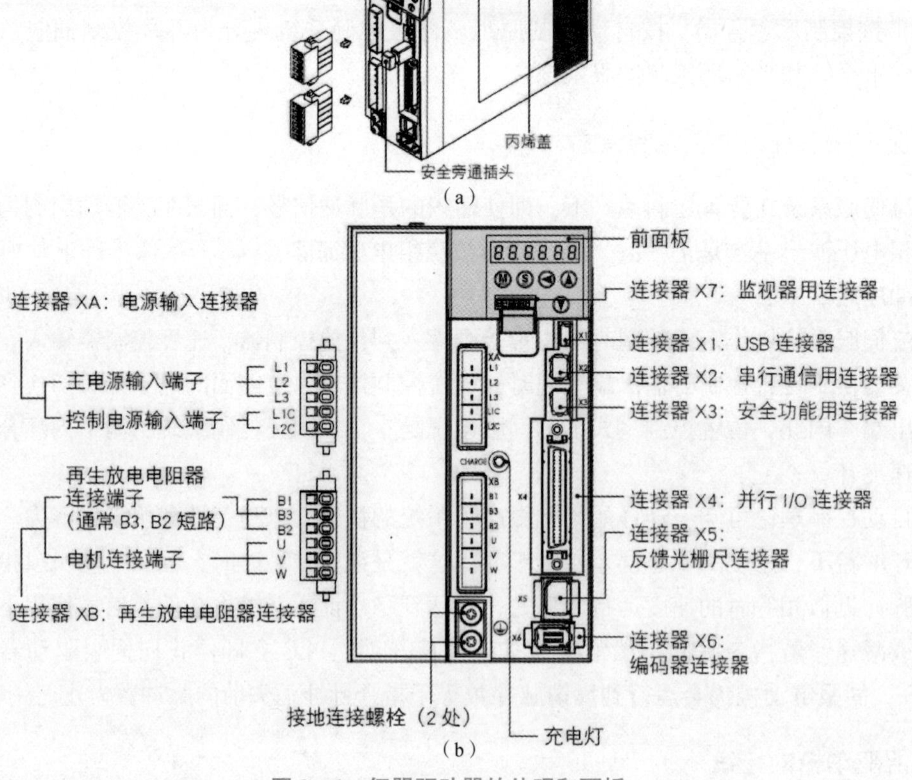

图 8－4　伺服驱动器的外观和面板

（a）外观；（b）面板

微课：伺服驱动器接线与参数设置

MADHT1507E 伺服驱动器面板上有多个接线端子，各接线端子说明如下。

（1）XA：电源输入接口。AC 220 V 电源连接到 L1，L3 主电源端子，同时连接到控制电源端子 L1C，L2C 上。

（2）XB：电机接口和外置再生放电电阻器接口。U，V，W 端子用于连接电机。必须注意，电源电压务必按照伺服驱动器铭牌上的指示，电机接线端子（U，V，W）不可以接地或短路。交流伺服电动机的旋转方向不像交流感应电动机可以通过交换三相相序来改变，必须保证伺服驱动器上的 U，V，W，E 接线端子与电机主回路接线端子按规定的次序一一对应，否则可能造成伺服驱动器的损坏。电机的接线端子和伺服驱动器的接地端子，以及滤波器的接地端子必须保证可靠地连接到同一个接地点上。机身也必须接地。B1，B3，B2 端子外接放电电阻，由于 YL－335B 型自动化生产线的电动机功率小，没有使用外接放电电阻，因此将 B2，B3 短接，即使用内部电阻。

（3）X6：连接到电机编码器信号接口，连接电缆应选用带有屏蔽层的双绞电缆，屏蔽层应接到电机侧的接地端子上，并且应确保将编码器电缆屏蔽层连接到插头的外壳（FG）上。

（4）X4：I/O 控制信号端子，其部分引脚信号定义与选择的控制模式有关，不同模式下的接线请参考《松下 A6 系列伺服电动机手册》。

YL－335B 型自动化生产线的 4 个工作单元位置固定不变，根据工艺流程要求，输送单元上的机械手将工件在 4 个工作单元上传送，因此，伺服电动机只需要高精度的定位控制即可，所以选用位置控制模式。位置控制模式主要涉及接线和参数设置两个方面，伺服驱动器所采用的是简化接线方式，如图 8－5 所示。

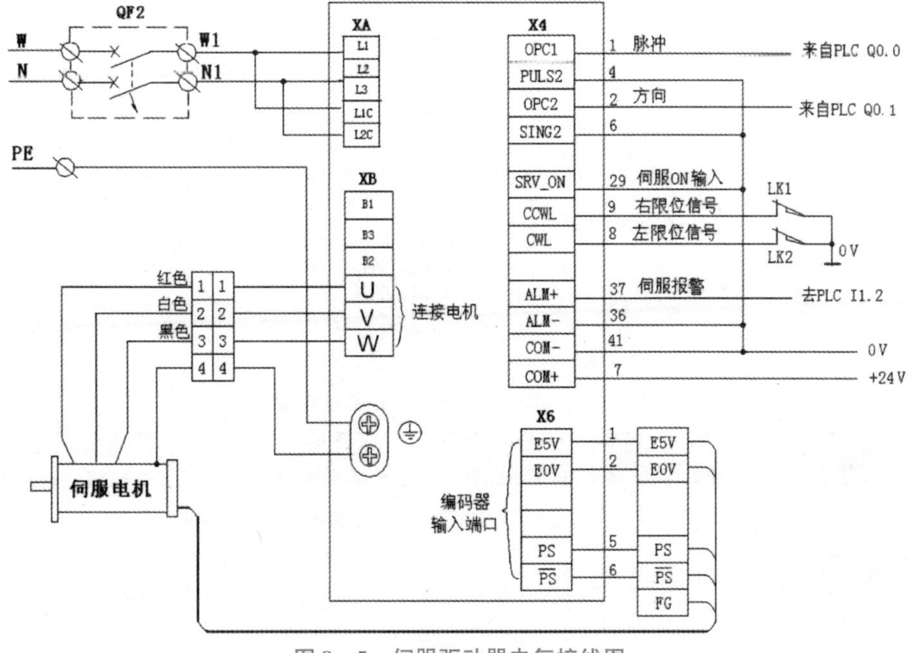

图 8－5　伺服驱动器电气接线图

六、伺服驱动器的参数设置与调整

松下的伺服驱动器有 7 种控制运行方式，即位置控制、速度控制、转矩控制、位置/速度控制、位置/转矩控制、速度/转矩控制、全闭环控制。位置控制方式就是输入脉冲串来使电机定位运行，电机转速与脉冲串频率相关，电机转动的角度与脉冲个数相关；速度控制方式有两种，一是通过输入 DC -10~10 V 指令电压调速，二是选用伺服驱动器设置的内部速度来调速；转矩控制方式是通过输入 DC -10~10 V 指令电压调节电机的输出转矩，这种方式下运行必须要进行速度限制。而速度限制有两种方法：（1）设置伺服驱动器内的参数来限制；（2）输入模拟量电压限速。

1. 参数设置方式操作说明

MADLN15SG 伺服驱动器的参数共有 218 个，Pr0.00~Pr6.39，可以通过与 PC 连接后在专门的调试软件上进行设置，也可以在伺服驱动器的面板上进行设置。YL-335B 型自动化生产线设备上的伺服驱动器需要修改的参数不多，可直接用伺服驱动器的操作面板来完成。伺服驱动器参数设置面板如图 8-6 所示，伺服驱动器面板按键的说明见表 8-1。

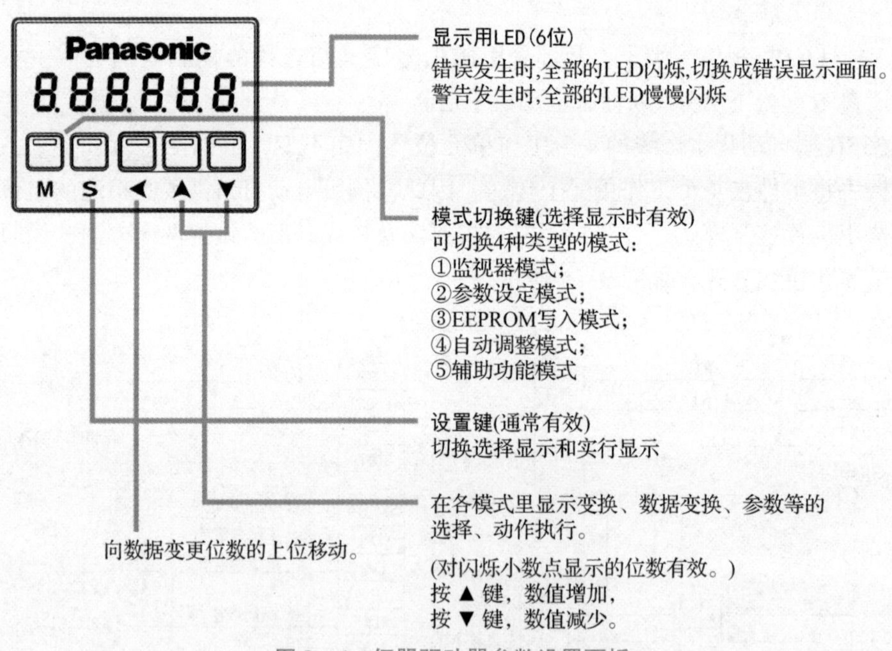

图 8-6 伺服驱动器参数设置面板

表 8-1 伺服驱动器面板按键的说明

按键说明	激活条件	功能
MODE	在模式显示时有效	在以下 5 种模式之间切换： （1）监视器模式；（2）参数设置模式；（3）EEPROM 写入模式；（4）自动调整模式；（5）辅助功能模式

续表

按键说明	激活条件	功能
SET	一直有效	用来在模式显示和执行显示之间切换
▲ ▼	仅对小数点闪烁的那一位数据位有效	改变各模式里的显示内容、更改参数、选择参数或执行选中的操作
◀		把移动的小数点移动到更高位数

2. 面板操作说明

(1) 参数设置。伺服驱动器上电后，先按 S 键，进入监视器模式，再按 M 键选择参数设置模式，选择到 Pr0.00 后，按向上、向下或向左的方向键选择所需设定的参数编号，按 S 键进入。然后再按向上、向下或向左的方向键调整参数，调整完后，长按 S 键返回。选择其他项继续调整。

微课：伺服驱动器接线与参数设置实操

(2) 参数保存。按 M 键选择到 EEPROM 写入模式，选择显示为EE_SEt 后按 S 键确认，出现 EEP －，然后按向上键 3 s，出现 StArt 表示写入开始，再出现 FiniSh 或 rESEt 表示写入结束，然后重新上电即保存。参数保存操作流程如图 8－7 所示。

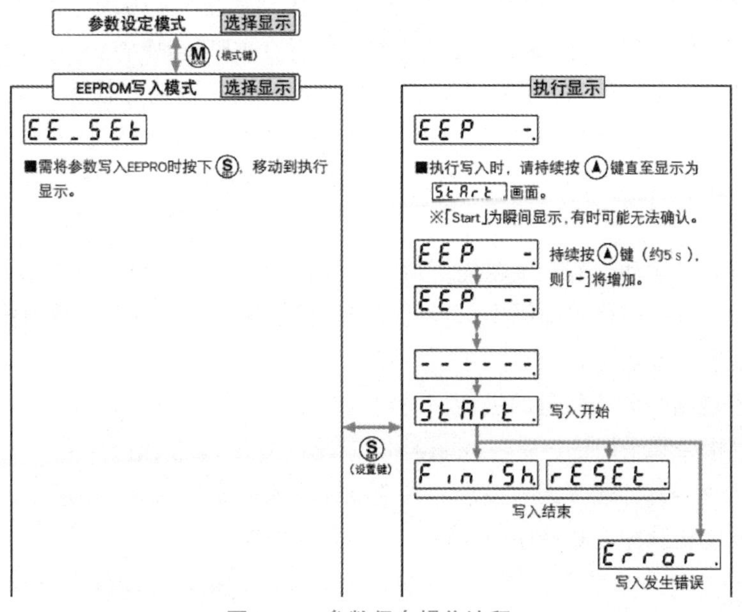

图 8－7　参数保存操作流程

(3) 手动 JOG 运行。按 M 键选择到辅助功能模式，即 AF－ACL，然后按向上、向下键选择到 AF－JOG 按 S 键一次，显示 JOG －，然后按向上键 3 s 显示 rEADY，再按向左键 3 s 出现 SRV－ON 锁紧轴，按向上、向下键可以观察伺服电动机正反转情况。注意先将 SRV－ON 断开。

(4) 参数初始化。此操作应属于辅助功能模式。按 M 键选择到 AF－ACL，然后按向上、向下键，当出现 AF－ini 时，按 S 键，即进入参数初始功能，显示 ini。此时持续按向上键约 3 s，直至显示 StArt，表示参数初始化开始，再显示 FiniSh 时，表示参数初始化结束。

(5) 部分参数说明。

在 YL－335B 型自动化生产线上，伺服驱动装置工作于位置控制模式，PLC 的高速脉冲输出端输出脉冲作为伺服驱动器的位置指令，脉冲的数量决定伺服电动机的旋转位移，即机械手的直线位移，脉冲的频率决定了伺服电动机的旋转速度，即机械手的运动速度，PLC 的另一高速输出脉冲作为伺服驱动器的方向指令。对于控制要求较为简单的场合，伺服驱动器可采用自动增益调整模式。根据上述要求，伺服驱动器需要设置的部分参数说明如下。

①Pr0. 00 为伺服电动机旋转方向设定。若设定值为 0，则代表正向指令时，电机旋转方向为 CW 方向（从轴侧看电机为顺时针方向）；若设定值为 1，则代表正向指令时，电机旋转方向为 CCW 方向（从轴侧看电机为逆时针方向）。

②Pr0. 01 为伺服电动机控制模式设定。设定范围为 0～6，设定值为 0 代表位置控制模式，设定值为 1 代表速度控制模式，设定值为 2 代表转矩控制模式。设定值为 3，4，5 代表复合控制模式，设定值为 6 代表全闭环控制模式。默认为位置控制模式。

③Pr0. 02 为设置实时自动调整。设定范围为 0～6，一般选择设定值为 1，标准模式。

④Pr0. 03 为设置实时自动增益调整有效时的机械刚性设定。设定范围为 0～31，若设定值变高，则速度应答性变高，伺服刚性也提高，但变得容易产生振动。

⑤Pr0. 04 为惯量比设定。Pr0. 04 =（负载惯量/转动惯量）×100%。实时自动增益调整有效时，实时推断惯量比，每 30 min 保存一次，保存在 EEPROM 中。

⑥Pr5. 04 为驱动禁止输入设定。设定范围为 0～2。设定值为 0 代表发生正方向（POT）或负方向（NOT）越程故障时，驱动禁止，但不发生报警。设定值为 1 代表 POT，NOT 驱动禁止无效（默认值）。设定值为 2 代表 POT，NOT 任一方向输入将发生 Er38. 0（驱动禁止输入保护）出错报警。

抓取机械手装置运动时若发生越程，则可能导致设备损坏事故，故该参数设定为 2，此时发生越程，伺服电动机将立即停止。当且仅当越程信号复位，且伺服驱动器断电后再重新上电时，报警装置才能复位。

⑦Pr0. 06 设定指令脉冲信号的极性，设定为 0 时代表正逻辑，设定为 1 时代表负逻辑。PLC 的定位控制指令都采用正逻辑，故 Pr0. 06 应设定为 0（默认值）。

⑧Pr0. 07 为指令脉冲输入模式设定。指令脉冲输入形式可用 A，B 两相正交脉冲、正向旋转脉冲＋反向旋转脉冲、脉冲序列＋符号三种方式来表征。

Pr0. 06 和 Pr0. 07 两个参数共同决定了伺服驱动器接收指令脉冲输入信号的形态。

⑨Pr0. 08 为电机每旋转一次的指令脉冲数。

七、位置控制模式下电子齿轮的概念

位置控制模式下，等效单闭环位置控制系统框图如图 8－8 所示。

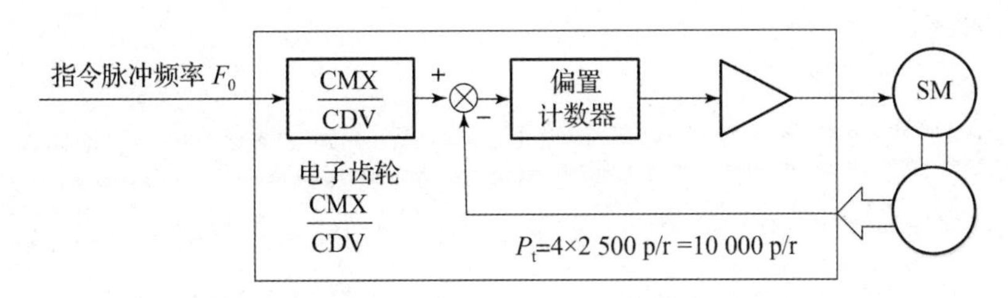

图 8－8　等效单闭环位置控制系统框图

图 8－8 中，指令脉冲信号和电机编码器反馈脉冲信号进入伺服驱动器后，均通过电子齿轮变换进行偏差计算。电子齿轮实际是一个分（倍）频器，合理搭配它们的分（倍）频值，可以灵活设置指令脉冲的行程。

例如，YL－335B 型自动化生产线所使用的松下 MINAS A6 系列交流伺服驱动器，电机编码器反馈脉冲为 2 500 p/r。默认情况下，伺服驱动器反馈脉冲电子齿轮的分（倍）频值为 4 倍频。如果希望指令脉冲为 6 000 p/r，那么就应把指令脉冲电子齿轮的分（倍）频值设置为 10 000/6 000，从而实现 PLC 每输出 6 000 个脉冲，伺服电动机旋转一周，驱动机械手恰好移动 60 mm 的整数倍关系。故应将 Pr0. 08 设置为 6 000。伺服驱动器参数设置说明见表 8－2。

表 8－2　伺服驱动器参数设置说明

序号	参数		设置数值	功能和含义
	参数编号	参数名称		
1	Pr5. 28	LED 初始状态	1	显示电机转速
2	Pr0. 01	控制模式	0	位置控制（相关代码 P）
3	Pr5. 04	驱动禁止输入设定	2	当左或右（POT 或 NOT）限位动作，则会发生 Err38 行程限位禁止输入信号出错报警。设置此参数值必须在控制电源断电重启之后才能修改、写入成功
4	Pr0. 04	惯量比	250	
5	Pr0. 02	实时自动增益设置	1	实时自动调整为标准模式，运行时负载惯量的变化情况很小
6	Pr0. 03	实时自动增益的机械刚性选择	13	此参数值设得越大，响应越快
7	Pr0. 06	指令脉冲旋转方向设置	0	
8	Pr0. 07	指令脉冲输入方式	3	
9	Pr0. 08	电机每旋转一周的脉冲数	6 000	

交流与思考

为什么伺服电动机和伺服驱动器上的 U，V，W，E 接线端子与电动机主电路接线端子的次序要对应，如果不对应可能产生什么结果？

任务实施

填写表 8－3。

表 8－3　伺服电动机与伺服驱动器接线及参数设置任务表

任务名称	伺服电动机与伺服驱动器接线及参数设置		
任务目标	能够完成伺服电动机与伺服驱动器的接线，并根据要求进行参数设置		
任务实施步骤	（1）完成 PLC 与伺服驱动器，伺服电动机与伺服驱动器的接线。 （2）根据需求进行伺服电动机的参数设置。 （3）检查接线是否正确，并通电测试		
设备调试过程记录			
所遇到的问题及解决办法			
教师签字		得分	

习　题

一、填空题

1. 交流伺服系统具有________、________和________三闭环结构形式。
2. 交流伺服电动机的主要结构由________、________和________组成。

二、判断题

1. 交流伺服电动机的旋转方向跟感应电动机一样，可以通过改变三相相序来实现。（　　）

2. 交流伺服驱动器的输入电源指的是主回路电源，不包括控制回路的电源。（　　）

三、单选题

1. YL-335B 型自动化生产线所使用的松下 MINAS A6 系列交流伺服驱动器，电机编码器反馈脉冲为 2 500 p/r。在默认情况下，驱动器反馈脉冲电子齿轮分（倍）频值为 4 倍频。如果希望指令脉冲为 6 000 p/r，那么就应把指令脉冲电子齿轮的分（倍）频值设置为（　　），从而实现 PLC 每输出 6 000 个脉冲，伺服电机旋转一周，驱动机械手恰好移动 60 mm 的整数倍关系。

A. 10 000　　B. 2 500

C. 6 000　　D. 10 000/6 000

2. 松下 A6 系列伺服驱动器，如果想设置成位置控制模式，则 PR0.01 参数应设置为（　　）。

A. 1　　B. 2

C. 3　　D. 0

任务 2　S7-200 SMART PLC 的运动控制

知识目标

1. 掌握轴运动控制的设置方法。
2. 熟悉轴运动控制指令。

技能目标

能够在 SMART PLC 上完成轴运动控制设置。

素质目标

1. 培养严谨细致的工作态度。
2. 增强安全意识，遵守安全规定，注重职业素养。

任务导入

S7-200 SMART PLC 如何进行轴运动控制设置？

知识储备

一、定位控制的基本要求

S7-200 SMART PLC 最多可内置 3 个高速脉冲串输出（Pulse Train Output，PTO）/PWM 发生器，用以建立 PTO 或 PWM 信号波形，该信号用于步进电动机或伺服电动机的控制。

当组态一个输出为 PTO 的操作时，会生成一个 50% 占空比脉冲串用于步进电动机或伺服电动机的速度和位置的开环控制。内置 PTO 功能提供了脉冲串输出，脉冲周期和数量可由用户控制，但应用程序必须通过 PLC 内置 I/O 提供方向和限位控制。

为了简化应用程序中位控功能的使用，STEP 7 - Micro/WIN SMART 软件提供的位控向导可以在很短的时间内全部完成 PWM，PTO 或位控模块的组态，同时可以生成位置指令，用户可以在应用程序中用这些指令对速度和位置进行动态控制。

1. 原点位置的确定

在直线运动机构中实现定位控制时，需在其上设置一个参考点（原点），并指定运动的正方向。YL - 335B 型自动化生产线输送单元为直线运动机构，原点位于接近开关的中心位，机械手从原点向分拣单元运动的方向为正方向，可通过设定伺服驱动器的 Pr0.00 参数确定。

PLC 在进行定位控制前，需对原点位置进行搜索，从而建立运动控制的坐标系。定位控制从原点开始，时刻记录着控制对象的当前位置，并根据目标位置的要求驱动控制对象运动。

2. 目标位置的确定

进行定位控制时，目标位置的定位有两种方式：一种是通过相对位移定位，即指定当前位置到目标位置的坐标值；另一种是通过绝对位移定位，即指定目标位置对于原点的坐标值。PLC 根据当前位置信息自动计算目标位置的位移量，实现定位控制。前者为相对驱动方式，后者为绝对驱动方式。

YL - 335B 型自动化生产线输送单元抓取机械手的定位控制，主要使用绝对位移控制指令。这是因为若使用相对位移控制指令，那么在紧急停车后再启动等特殊情况下，计算当前位置到目标位置的位移量时会比较烦琐。

二、S7 - 200 SMART PLC 定位控制的实现

微课：运动控制向导与运动控制指令

STEP 7 - Micro/WIN SMART 软件的运动向导能自动处理 PTO 的单段管线和多段管线、PWM、SM 位置配置等。

1. 运动控制向导组态

在 STEP 7 - Micro/WIN SMART 软件菜单栏中，单击“工具”标签进入图 8 - 9 所示的“工具”选项卡，在“向导”选项组单击“运动”按钮，弹出“运动控制向导”对话框，即开始引导位置控制配置。

图 8 - 9 “工具”选项卡

（1）组态轴的选择。“运动控制向导”对话框组态轴选择界面如图 8 - 10 所示，S7 - 200 SMART CPU 提供 3 个轴用于运动控制，即“轴 0”“轴 1”和“轴 2”，本项目选择默认的“轴 0”。在“运动控制向导”对话框左侧的项目树中双击“轴 0”节点即可对“轴 0”进行重命名。每次操作完成后单击“下一个”按钮。

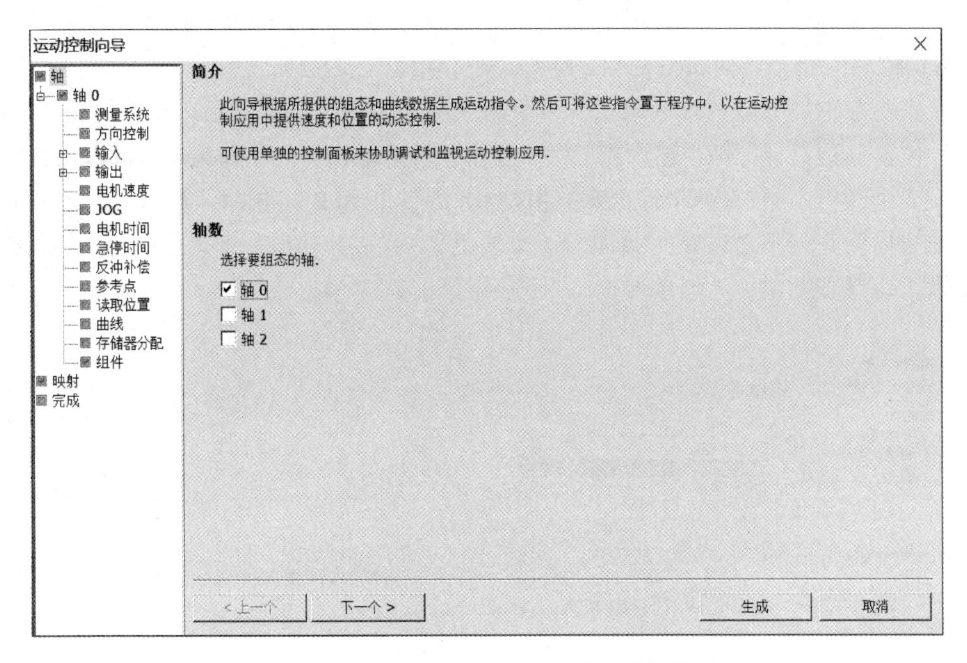

图8-10　“运动控制向导”组态轴选择界面

（2）测量系统组态。在“运动控制向导”对话框左侧的项目树中双击“测量系统”节点，“测量系统”组态界面如图8-11所示。在“选择测量系统”下拉列表中可选择“工程单位”或“相对脉冲”选项，选择“工程单位”选项后，需要设置“电动机一次旋转所需脉冲数”“测量的基本单位”和“电动机一次旋转产生多少‘cm’的运动?”选项。图8-11默认设置代表电机旋转1周实际走1 cm，对应产生5 000个脉冲。

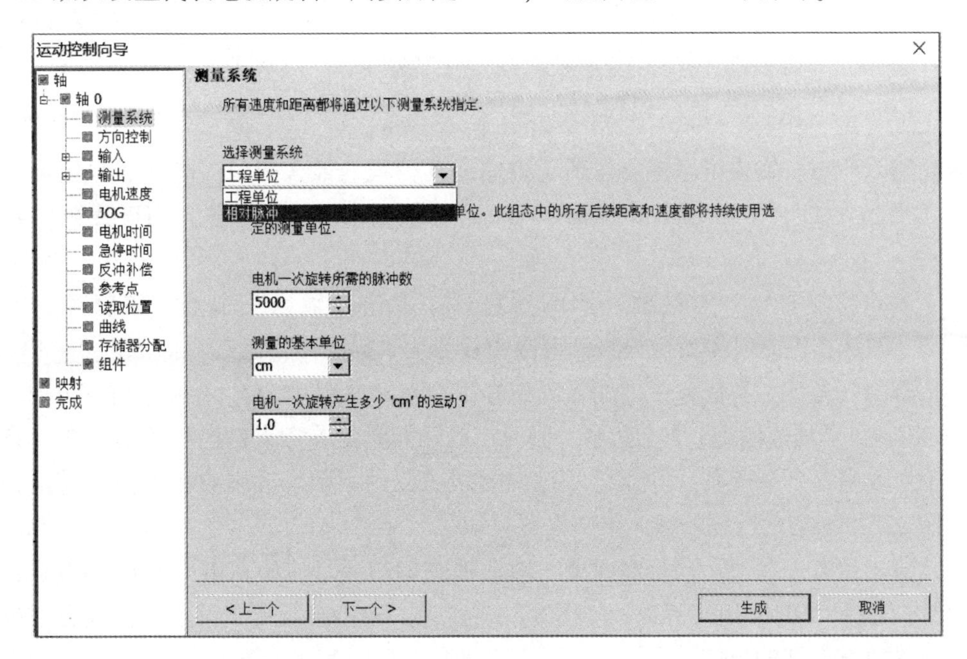

图8-11　“测量系统”组态界面

（3）方向控制组态。在“运动控制向导”对话框左侧的项目树中双击“方向控制”节点，“方向控制”组态界面如图8－12所示。在“相位”下拉列表中有4个选项：“单相（2输出）”代表为PLC分配两个输出点，一个用于脉冲输出，一个指示运动方向；“双相（2输出）”代表为PLC分配两个输出点，一个作为正脉冲输出，一个作为负脉冲输出；“AB正交相位（2个输出）”代表两个输出发出相差90°的A相和B相脉冲，若相位上A相超前于B相，则方向为正，反之为负；“单相（1个输出）”代表只输出一个正方向的脉冲，极性的选取根据实际情况而定，一般选择正。

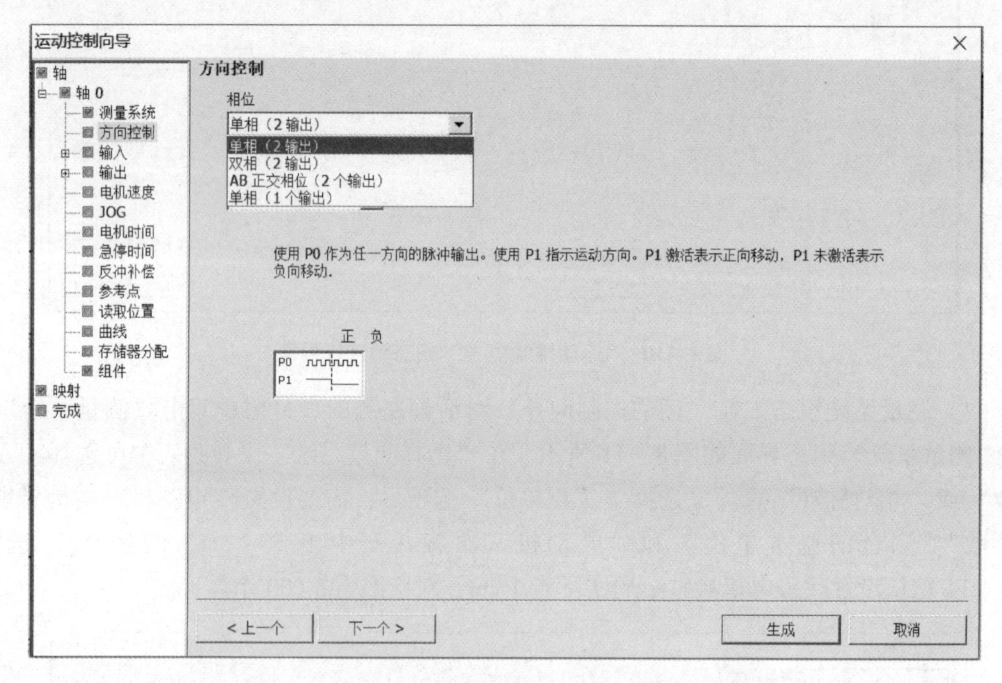

图8－12 “方向控制”组态界面

（4）输入组态。输入组态主要包括正方向运动行程的最大限值LMT＋、负方向运动行程的最大限值LMT－、参考点开关输入RPS、零脉冲输入ZP、停止STP及触发器输入TRIG。

在“运动控制向导”对话框左侧的项目树中双击“输入”节点，在该节点下选择“LMT＋”，即选择正方向运动行程的最大限值设置。“LMT＋”组态界面如图8－13所示，勾选“已启用”选项，本任务中“输入”选择I0.1（最大到I1.3），“响应”下拉列表中有“立即停止”和“减速停止”2个选项。同时，需选择激活参考点的电平状态，在“有效电平”下拉列表中有2个选项：“上限”为高电平有效；“下限”为低电平有效。其他输入信号的设置与正方向运动行程的最大限值设置类似。

（5）输出组态。在“运动控制向导”对话框左侧的项目树中双击“输出”节点，在弹开的节点中选择“DIS”组态界面，如图8－14所示。输出组态用于设置禁用或启用电机驱动器/放大器DIS，即输出使能，该项一般不设置，在伺服系统内部已短接。

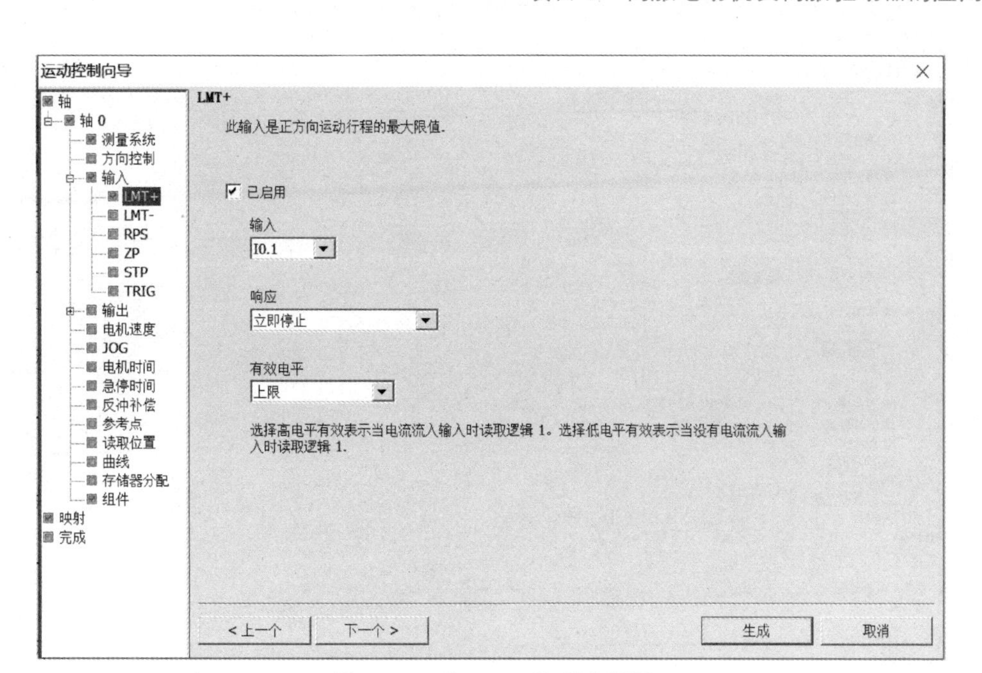

图 8－13　“LMT＋”组态界面

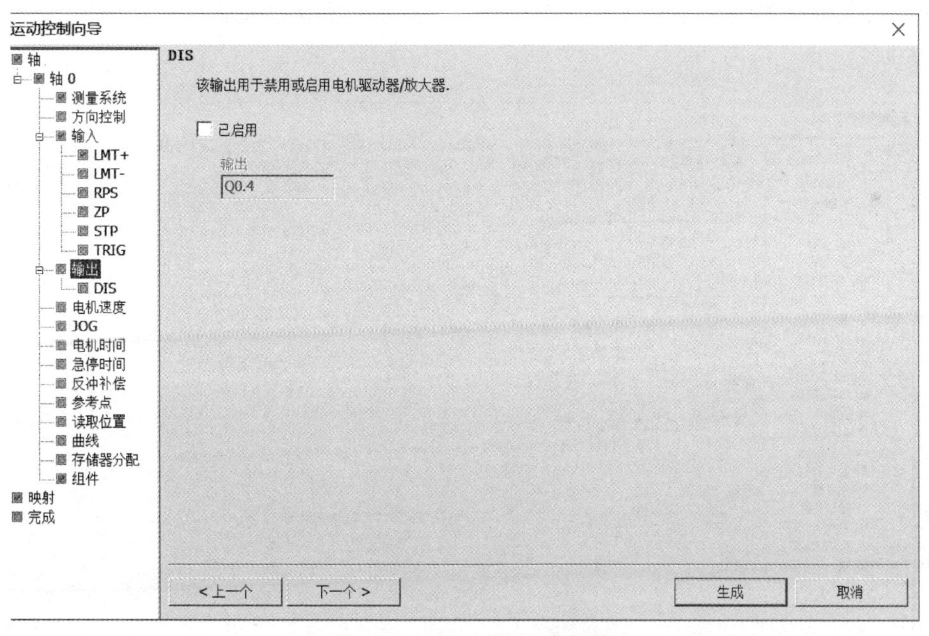

图 8－14　“DIS”组态界面

（6）电机速度控制组态。在“运动控制向导”对话框左侧的项目树中双击“电机速度”节点，“电机速度”组态界面如图 8－15 所示。“最大值”选项（MAX_SPEED）用于设置电动机转矩范围内最大的运行速度；“最小值”选项（MIN_SPEED）指根据输入的最大值，在运动曲线中可指定的最小速度，该值在设置完最大值后由系统自动计算生成；“启动/停止”选项（SS_SPEED）用于设置电动机启动或停止时的最小速度，若该值选取过低，则会使电动机在启动或停止时出现振动，若选取过高，则会使电动机在停止时出现超速。

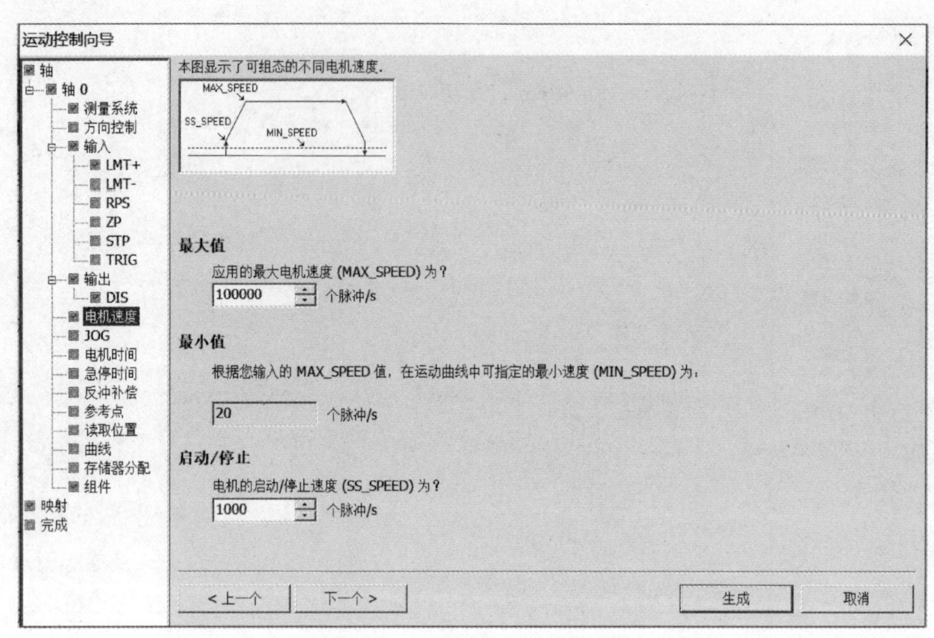

图 8 – 15 “电机速度”组态界面

（7）电机 JOG 控制组态。JOG 命令为手动（点动）移动速度设置，“JOG”组态界面如图 8 – 16 所示。

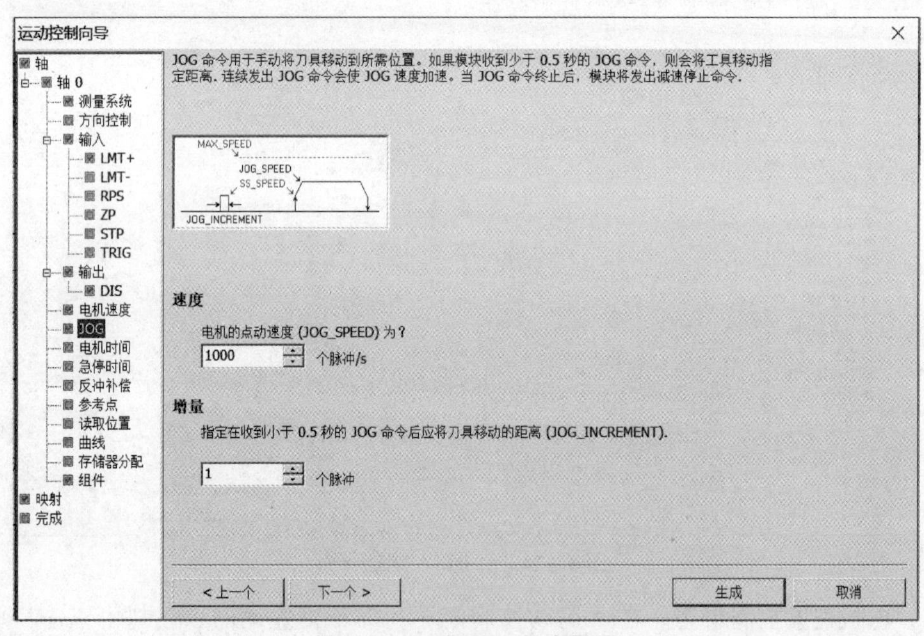

图 8 – 16 “JOG”组态界面

（8）电机时间控制组态。在“运动控制向导”对话框左侧的项目树中双击“电机时间”节点，“电机时间”组态界面如图 8 – 17 所示。“加速”选项用于电机从启动速度到最大速度所需时间，默认为 1 000 ms；“减速”选项用于电机从最大速度到停止速度所需时间，默认为1 000 ms。

若希望系统有更高的响应特性，可将加减速时间减小，但减小时也要考虑实际生产机械特性。测试时，在保证安全的前提下，建议逐渐减小此值。

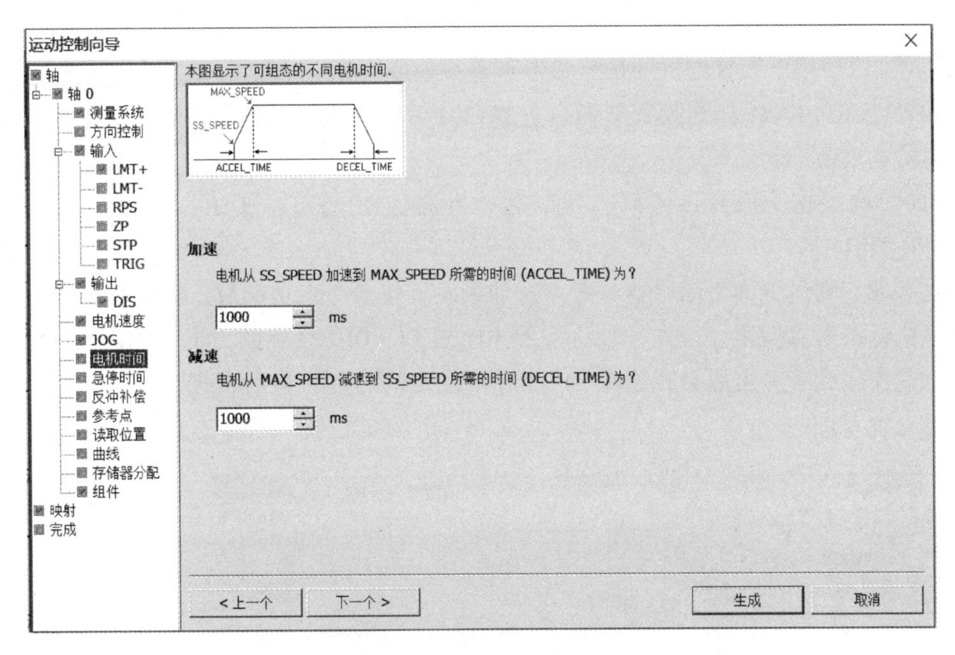

图 8－17　“电机时间”组态界面

（9）参考点控制组态。该组态必须在输入组态中参考点开关输入 RPS 已引用后才能进行组态。在“运动控制向导”对话框左侧的项目树中双击“参考点”节点，“参考点”组态界面如图 8－18 所示。勾选“已启用”选项。

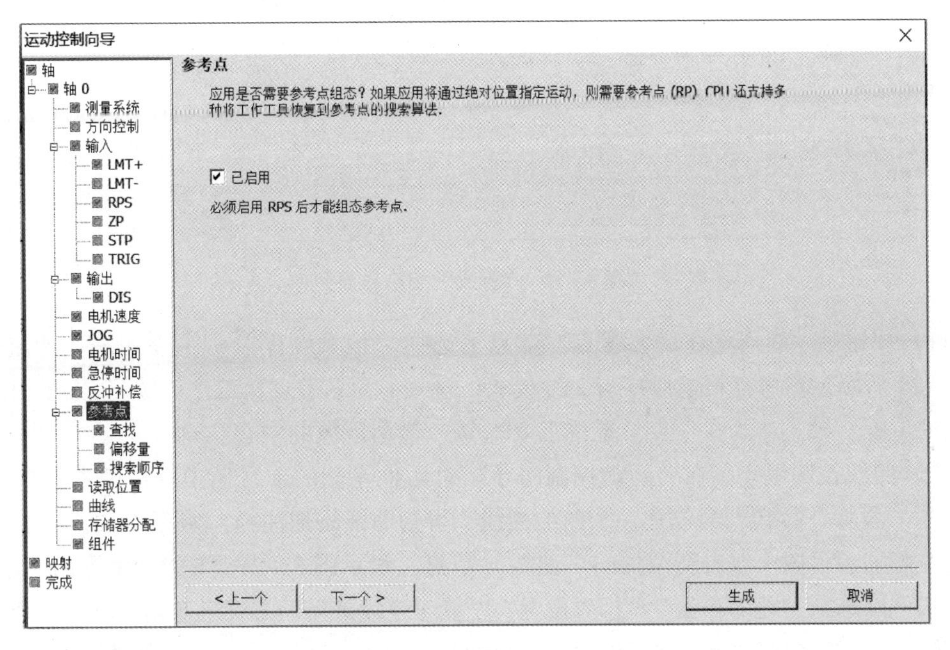

图 8－18　“参考点”组态界面

（10）查找组态。在“运动控制向导”对话框左侧的项目树中双击“参考点”节点，在该节点下选择“查找”，“查找”组态界面如图 8－19 所示。该界面需对“速度”和“方向”2 个选项进行设置。

“速度”选项用于设置电机的快速参考点查找速度（RP_FAST）和慢速参考点寻找速度（RP_SLOW）。RP_FAST 作为收到参考点查找命令后使用的初始速度，RP_SLOW 作为接近参考点时的速度。

“方向”选项用于设置参考点查找的起始方向（RP_SEEK_DIR）和参考点逼近方向（RP_APPR_DIR）。

此处参考点的设置为主动寻找参考点，即触发寻找参考点功能后，轴会按照预先确定的搜索顺序执行参考点搜索。首先，轴将按照 RP_SEEK_DIR 设定的方向以 RP_FAST 设定的速度运行，在碰到参考点后会减速至 RP_SLOW 设定的速度，最后根据 RP_APPR_DIR 设定的方向逼近参考点。

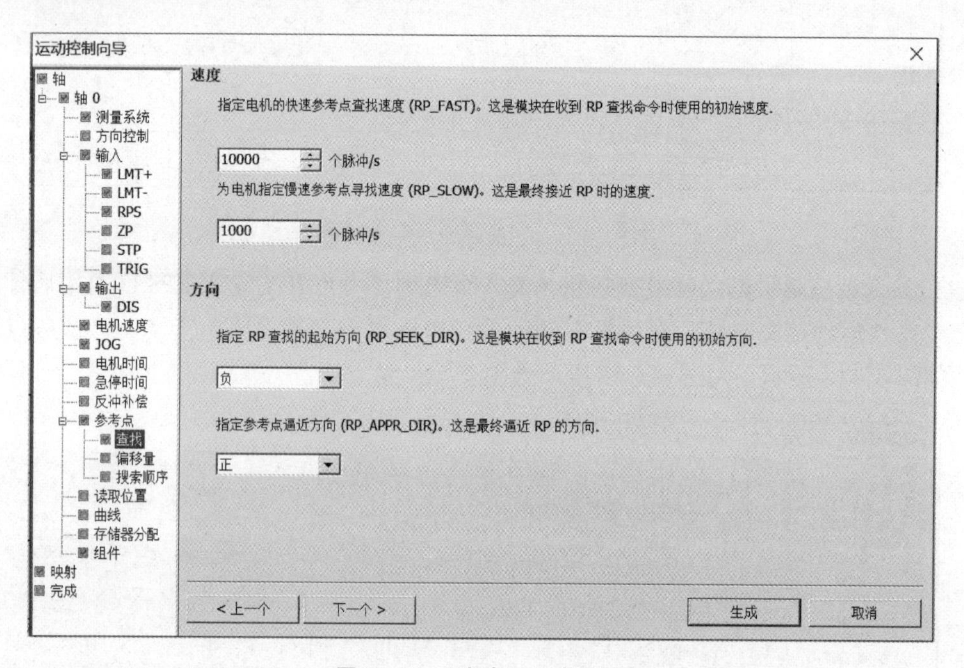

图 8－19 “查找”组态界面

（11）搜索顺序组态。在“参考点”节点下选择“搜索顺序”，“搜索顺序”组态界面如图 8－20 所示。参考点搜索顺序有 2 种模式：模式 1 为参考点从工作区域侧逼近时 RPS 输入激活的位置；模式 2 为参考点位置位于 RPS 输入激活区域的中心。

（12）曲线控制组态。在“运动控制向导”对话框左侧的项目树中双击“曲线”节点，单击右侧“添加”按钮，会创建一个新的曲线，可为曲线添加注释，如图 8－21（a）所示。

在左侧的项目树中双击新添加的“曲线”节点，显示图 8－21（b）所示界面。曲线的运行模式可以选择“绝对位置”“相对位置”“单速连续旋转”“双速连续旋转”4 个选项，根据实际需要建立包络（YL－335B 型自动化生产线的 SMART 系统中没有建立包络，而是用绝对位置生成的指令）。

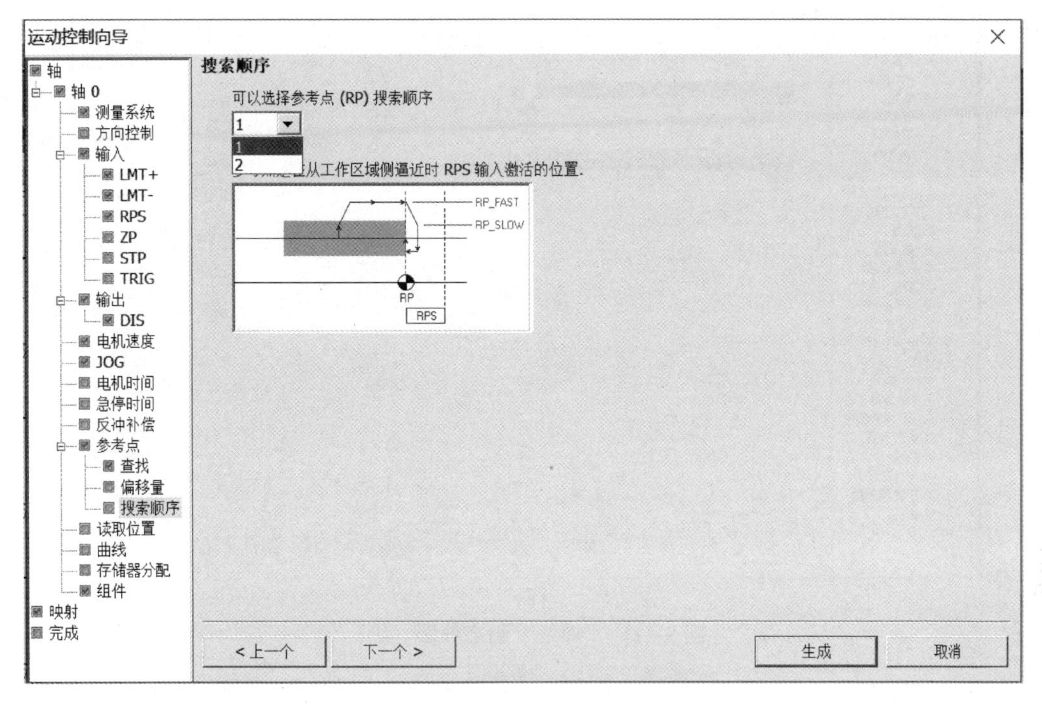

图 8－20　“搜索顺序”组态界面

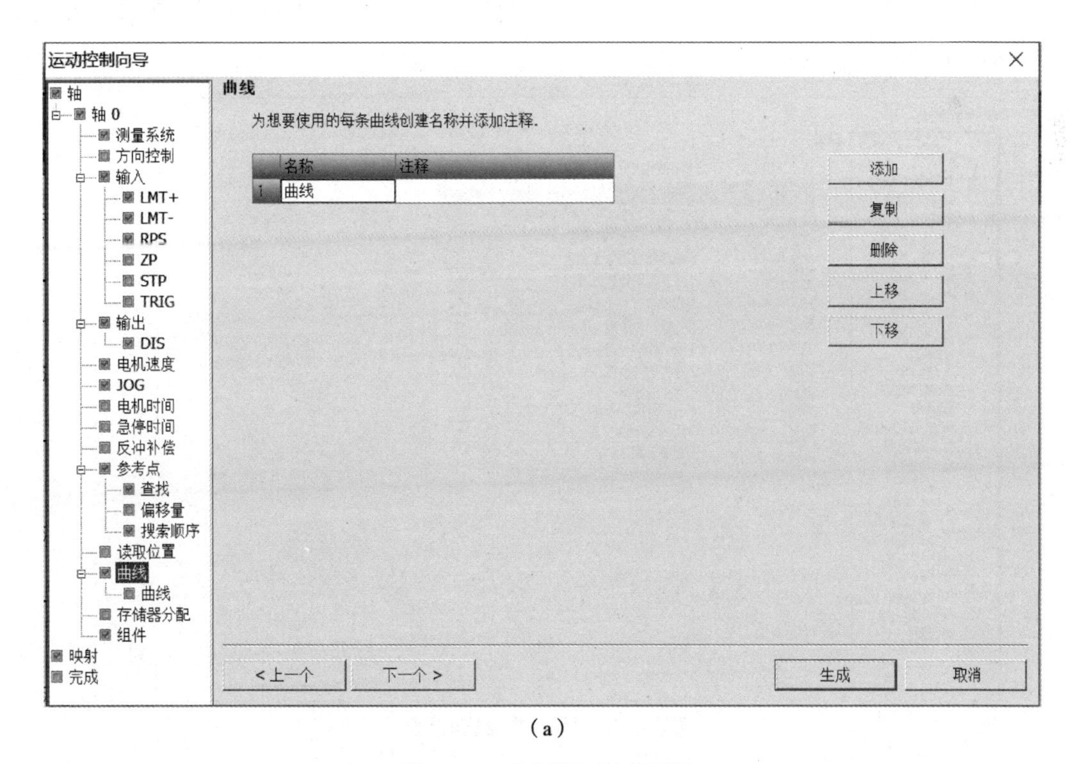

(a)

图 8－21　“曲线”组态界面

(a) 添加曲线

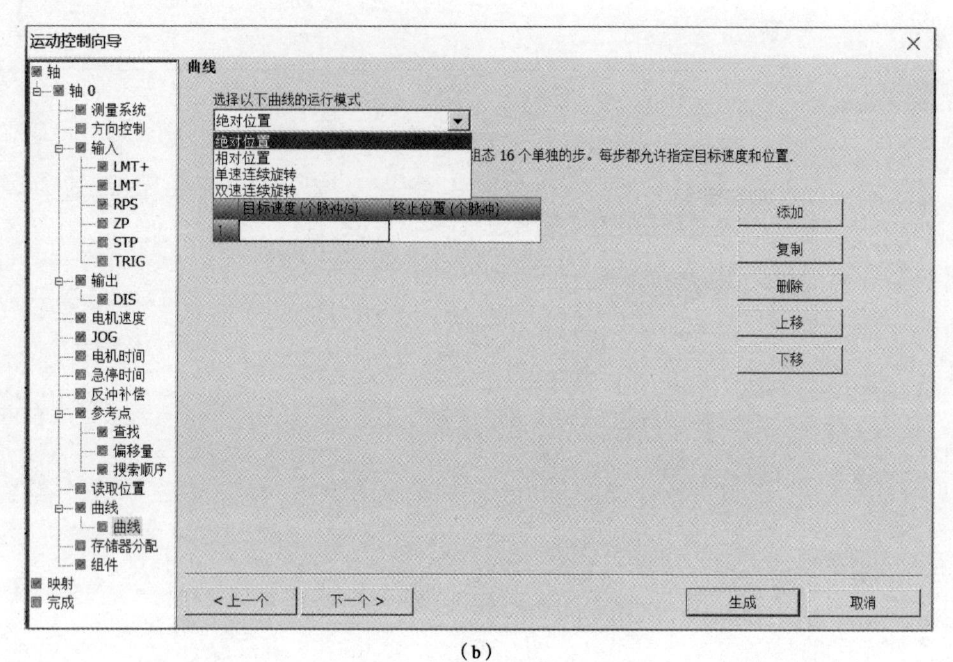

（b）

图 8－21 “曲线”组态界面（续）

（b）曲线组态

（13）组件组态。在“运动控制向导”对话框左侧的项目树中双击“组件”节点，“组件”组态界面如图 8－22 所示。在其中勾选所有组件，也可根据实际需要勾选组件，并进行存储器地址分配。

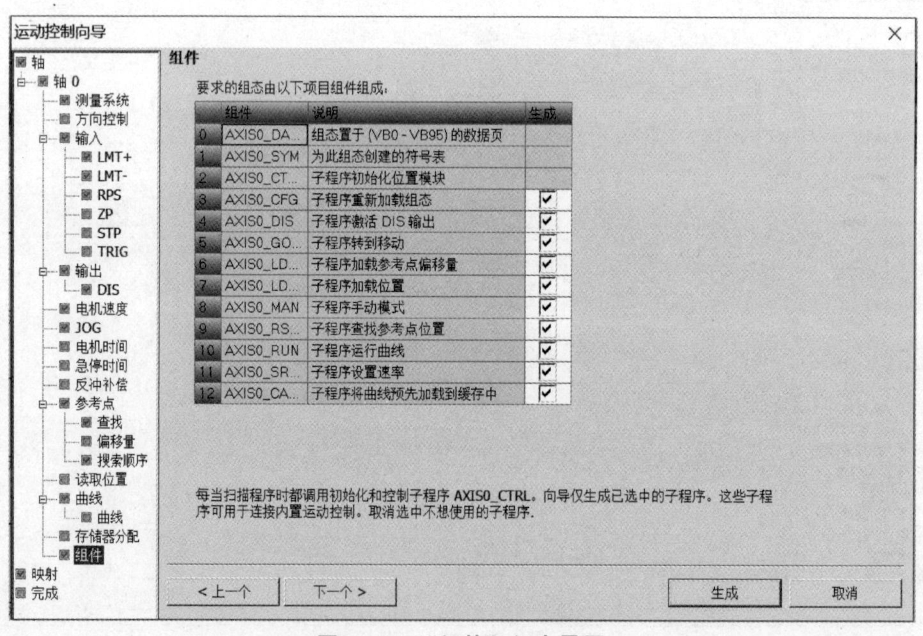

图 8－22 “组件”组态界面

（14）运动控制向导组态完成后生成的 I/O 映射表如图 8－23 所示。用户可以在此查看组态功能分别对应的输入、输出点，并根据该分配地址进行硬件接线和程序设计。

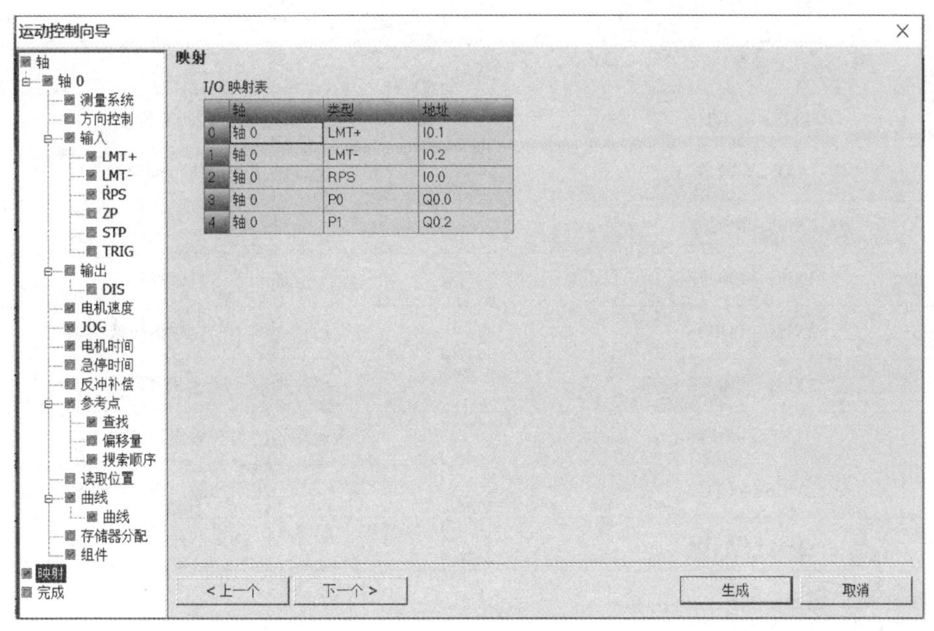

图 8－23　I/O 映射表

2. 使用位控向导生成运动控制指令

运动控制向导组态完成后，位控向导会为所选的配置最多生成 11 个项目组件（子程序），如图 8－24 所示，运动控制指令功能见表 8－4。这些子程序可以作为指令在程序中直接调用。本任务只简介 YL－335B 型自动化生产线用到的子程序，分别是：AXIS0_CTRL 子程序（控制）、AXIS0_GOTO 子程序（运行位置）和 AXIS0_RSEEK 回原点子程序。

图 8－24　11 个项目组件

表 8－4　运动控制指令功能

指令	功能
AXISx－CTRL	启用和初始化运动轴
AXISx－MAN	将运动轴置为手动模式

续表

指令	功能
AXIS*x* - GOTO	运动轴转到所需位置
AXIS*x* - RUN	运动轴按曲线执行运动操作
AXIS*x* - RSEEK	搜索参考点位置
AXIS*x* - LDOFF	加载参考点偏移量
AXIS*x* - LDPOS	将运动轴中的当前位置值更改为新值
AXIS*x* - SRATE	更改加速、减速和急停时间
AXIS*x* - DIS	将运动轴的 DIS 输出打开或关闭
AXIS*x* - CFG	重新加载组态
AXIS*x* - CACHE	缓冲曲线

1） AXIS0_CTRL 子程序

AXIS*x*_CTRL 子程序功能为启用和初始化运动轴，方法是每次 CPU 更改为 RUN 模式时自动命令运动轴加载组态/曲线表。在本任务中对每条运动轴只使用一次此子程序，并确保程序会在每次扫描时调用此子程序。使用 SM0.0（始终开启）作为 EN 参数的输入，如图 8 - 25 所示。

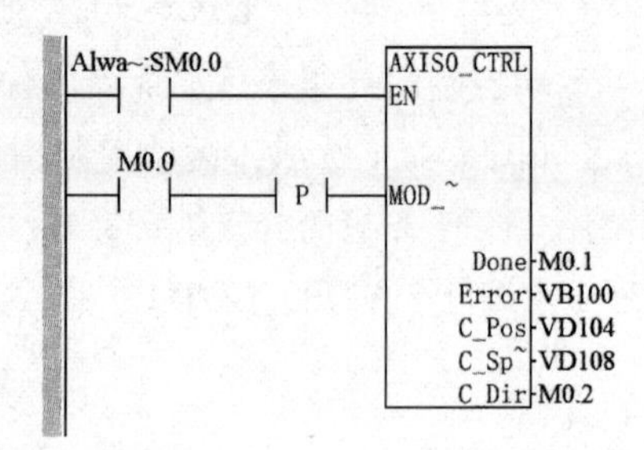

图 8 - 25　AXIS*x*_CTRL 子程序

（1） 输入参数。

MOD_EN（使能）输入（BOOL 型）：MOD_EN 参数必须开启，才能启用其他运动控制子程序向运动轴发送命令。如果 MOD_EN 参数关闭，运动轴会中止所有正在进行的命令。

（2） 输出参数。

Done（完成）输出（BOOL 型）：当 Done 位为高时，表明上一个指令已执行。

Error（错误）参数（BYTE 型）：包含本子程序的结果。当 Done 位为高时，错误字节会报告无错误或有错误代码的正常完成。

C_Pos 参数（DWORD 型）：C_Pos 参数表示运动轴的当前位置，如不设置，则当前位置将一直为 0。该参数根据测量单位，来确定是脉冲数（DINT）或工程单位数(REAL)。

C_Speed 参数（DWORD 型）：C_Speed 参数表示运动轴的当前速度。如果针对脉冲组态运动轴测量系统，则 C_Speed 是一个 DINT 数值，其中包含 DINT/s。如果针对工程单位组态测量系统，则 C_Speed 是一个 REAL 数值，其中包含选择的 REAL/s。

C_Dir 参数（BOOL 型）：C_Dir 参数表示电机的当前方向。信号为 0 表示正向；信号为 1 表示反向。

2）AXIS0_RSEEK 子程序

AXISx_RSEEK 子程序（搜索参考点位置）使用组态/曲线表中的搜索方法启动参考点搜索操作。运动轴找到参考点且运动停止后，将 RP_OFFSET 参数值载入当前位置。AXIS0_RSEEK 子程序如图 8－26 所示。

（1）输入参数。

EN 输入：子程序的使能位。在 Done 位发出子程序执行已经完成的信号前，应使 EN 位保持开启。

START 参数（BOOL 型）：开启 START 参数将向运动轴发出 RSEEK 命令。对于 START 参数开启且运动轴当前不繁忙时执行的每次扫描，该子程序均向运动轴发送一个 RSEEK 命令。为确保仅发送一个 RSEEK 命令，应使用边沿检测元素用脉冲方式开启 START 参数。

（2）输出参数。

Done 输出（BOOL 型）：本子程序执行完成时，输出 ON。

Error 参数（BYTE 型）：输出本子程序执行结果的错误信息，无错误时输出 0。

3）AXIS0_GOTO 子程序

AXISx_GOTO 子程序功能为命令运动轴转到所需位置。AXIS0_GOTO 子程序如图 8－27 所示。

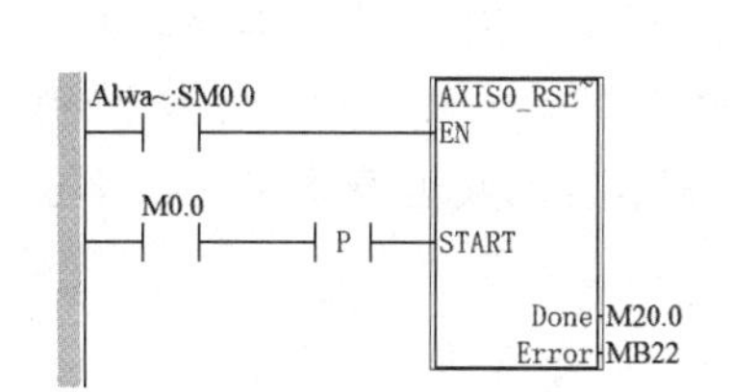

图 8－26　AXIS0_RSEEK 子程序

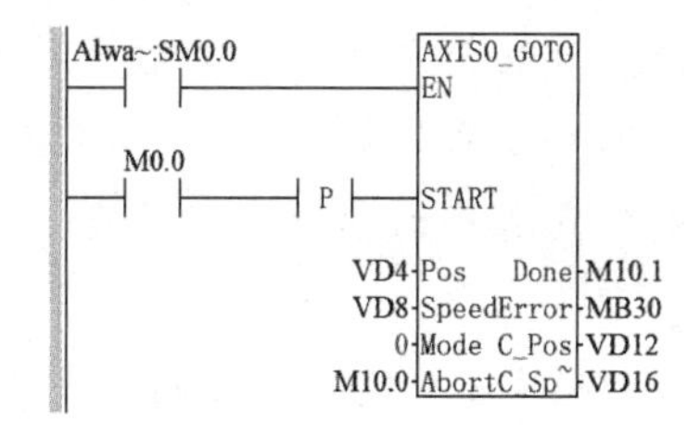

图 8－27　AXIS0_GOTO 子程序

（1）输入参数。

EN 输入：子程序的使能位。在 Done 位发出子程序执行已经完成的信号前，应使 EN 位保持开启。

START 参数（BOOL 型）：开启 START 参数会向运动轴发出 GOTO 命令。对于 START 参数开启且运动轴当前不繁忙时执行的每次扫描，该子程序均向运动轴发送一个 GOTO 命令。为确保仅发送一个 GOTO 命令，应使用边沿检测元素用脉冲方式开启 START 参数。

Pos 参数（DINT 型）：Pos 参数包含一个数值，指示要移动的位置（绝对移动）或要移动的距离（相对移动）。根据所选的测量单位，来确定该值是 DINT 或 REAL。

Speed 参数（DINT 型）：Speed 参数确定移动的最高速度。根据所选的测量单位，来确定该值是 DINT/s 或 REAL/s。

Mode 参数（BYTE 型）：Mode 参数选择移动的类型。0 表示绝对位置；1 表示相对位置；2 表示单速连续正向旋转；3 表示单速连续反向旋转。

Abort 参数（BOOL 型）：开启 Abort 参数会命令运动轴停止执行此子程序并减速，直至电机停止。

（2）输出参数。

Done 输出（BOOL 型）：模块完成该指令时，参数 Done 输出 ON。

Error 参数（BYTE 型）：输出本子程序执行结果的错误信息，无错误时输出 0。

C_Pos 参数（DINT 型）：此参数包含以脉冲数作为模块的当前位置。根据所选的测量单位，来确定该值是 DINT 或 REAL。

C_Speed 参数（DINT 型）：C_Speed 参数包含运动轴的当前速度。根据所选的测量单位，来确定该值是 DINT/s 或 REAL/s。

交流与思考

伺服驱动器设置参数除了在驱动器的前面板上设置，还有其他的方法吗？如果有，如何设置？

小资料

以质“驱”“新”，“大力水手”扬帆启航——航天科技集团八院控制所大功率电动伺服系统质量攻关侧记

电动伺服系统是火箭推力矢量控制系统的执行子系统。如果把火箭比作船，发动机比作帆，那电动伺服系统就是水手，拉动船帆控制航向。大功率电动伺服系统应用于我国新一代运载火箭长征六号甲上，额定功率达 30 kW，是国内运载型号使用的功率最大的机电产品。

功率驱动模块是电动伺服控制器最核心的功能单元，也是研制团队面对的最大挑战。通过做实 3 类关键特性分析，研制团队实现了对产品的全过程量化控制。产品交付后的各使用环节均未发生问题，型号首飞试验圆满成功。

“电动伺服技术有着很好的应用前景，已配套应用到八院多个型号上。在商业航天方面，我们的多款产品都已得到推广应用，大功率电动伺服系统圆满完成‘力箭一号’火箭首飞，赢得了良好口碑。”电动伺服系统技术负责人冯伟说道，“后续，我们将在前期质量攻关打下的良好基础上，打造出完整的电动伺服产品系列，逐步拓展国内航天市场应用，在‘三高’发展模式下谋划电动伺服新篇章。”

来源：中国航天报（有改动）

任务实施

填写表 8－5。

表 8－5　伺服电动机的轴运动设置任务表

任务名称	伺服电动机的轴运动设置
任务目标	能够完成伺服电动机与伺服驱动器的接线，并根据要求进行轴运动设置

续表

任务实施步骤	(1) 完成 PLC 与伺服驱动器，伺服电动机与伺服驱动器接线。 (2) 根据伺服电动机的基本技术参数和实际运行条件，设置伺服驱动器的参数。 (3) 根据实际运行条件，进行 PLC 的轴运动组态。 (3) 检查接线是否正确，并通电测试		
设备调试过程记录			
所遇到的问题及解决办法			
教师签字		得分	

习　题

填空题

1. S7 - 200 SMART PLC 最多可建立________个高速脉冲输出，用于步进或伺服电动机的控制。

2. 目标位置的定位控制可以有________和________两种控制方式。

3. S7 - 200 SMART PLC 运动向导组态完成后，位控向导会为所选的配置最多生成________个项目组件。

项目9 自动化生产线中通信技术的应用

项目概述

YL－335B型自动化生产线的各个工作单元在作为独立设备工作时，可以用一台PLC对其实现控制，这相当于模拟了一个简单的单体设备控制过程。而5个相对独立的单元组成一个自动化生产线，需要各PLC之间通过以太网通信实现互联以达到信息交换的目的。本项目主要介绍两台PLC之间的以太网通信。

知识目标

1. 了解PLC的以太网通信功能。
2. 掌握基于以太网的GET/PUT通信。

技能目标

能够配置“Get/Put向导”对话框。

素养目标

1. 培养学生团队协作意识和沟通能力。
2. 培养学生的工程实践能力。

任务导入

采用通信技术可以实现多台PLC之间的互联，那么两台PLC之间具体是如何实现信息交互的呢?

知识储备

一、S7－200 SMART PLC的以太网通信

S7－200 SMART PLC提供两个通信端口，一个以太网端口和一个RS485端口。以太网端口采用标准RJ－45接口，可实现以下功能。

（1）CPU与STEP 7－Micro/WIN SMART软件之间的数据交换。

（2）CPU与HMI之间的数据交换。

（3）CPU与其他S7－200 SMART CPU之间的GET/PUT通信。

（4）CPU与第三方设备之间的Open IE（TCP，ISO on TCP，UDP）通信。

（5）CPU与I/O设备或控制器之间的PROFINET通信（S7－200 SMART PLC V2.4只支持做PROFINET的I/O控制器，从S7－200 SMART PLC V2.5起支持做PROFINET的控制器和I/O设备）。

S7－200 SMART PLC的以太网端口有两种网络连接方法。

（1）直接连接。S7－200 SMART PLC只与一台带以太网接口的外设（如一个编程设备、一个HMI、另外一个S7－200 SMART PLC）通信时，使用以太网网线直接连接另一台设备，直接连接不需要使用交换机。

（2）网络连接。PLC与多个设备进行通信时，需要使用交换机来实现物理连接，形成一个局域网实现设备之间的通信。

二、两台PLC的GET/PUT通信

1. 控制要求

按下1号站（主站）的按键SB（I0.0），2号站的指示灯HL（Q1.0）点亮，松开按键则2号站的指示灯HL（Q1.0）熄灭；按下2号站（从站）的按键SB（I1.0），1号站的指示灯HL（Q0.0）点亮，松开按键则1号站的指示灯HL（Q0.0）熄灭。

2. 硬件设备

实现上述控制要求需要准备的硬件设备：2台SMART PLC SR40 AC/DC/RLY、1个以太网交换机、1台个人计算机、3根网线、2个按键、2个指示灯。

3. 规划IP地址

（1）编程设备即个人计算机IP地址规划。打开计算机“Internet协议版本4（TCP/IPv4）属性”对话框，为计算机分配IP地址：192.168.2.5，输入子网掩码：255.255.255.0，如图9－1所示。

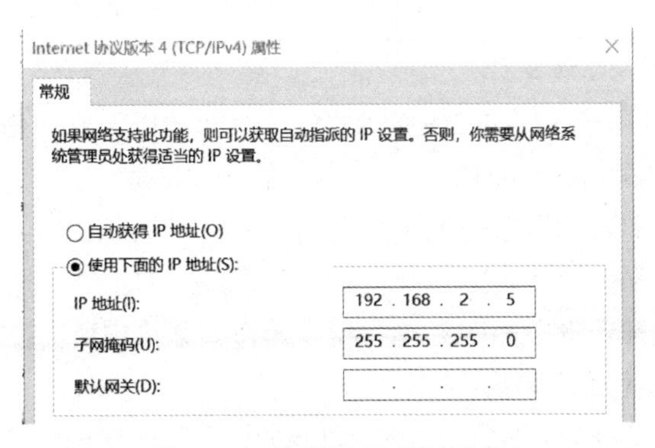

图9－1　计算机IP地址设置

（2）PLC IP地址的设置有静态设置和动态设置两种方式。静态设置在项目树的“系统块”节点中修改，勾选“IP地址数据固定为下面的值，不能通过其他方式更改”选项，输入静态IP信息。以此方式设置的IP地址，只能在“系统块”对话框中更改。

如果未勾选“IP地址数据固定为下面的值，不能通过其他方式更改”选项，则此时的IP地址信息为动态信息。此时可在项目树的“通信”节点，或使用用户程序中的SIP_ADDR

指令更改 IP 信息。

以静态设置方式设置本任务 IP 信息。在 STEP 7 - Micro/WIN SMART 软件项目树上双击“系统块”节点，在弹出的对话框中设置 PLC 的 IP 地址。设置 1 号站 PLC 以太网端口的“IP 地址”为 192.168.2.1，“子网掩码”为 255.255.255.0，“默认网关”为 0.0.0.0，设置完成后单击“确定”按钮返回，如图 9 - 2 所示。用同样的方法设置 2 号站 PLC 的“IP 地址”为 192.168.2.2，“子网掩码”为 255.255.255.0，“默认网关”为 0.0.0.0，如图 9 - 3 所示。

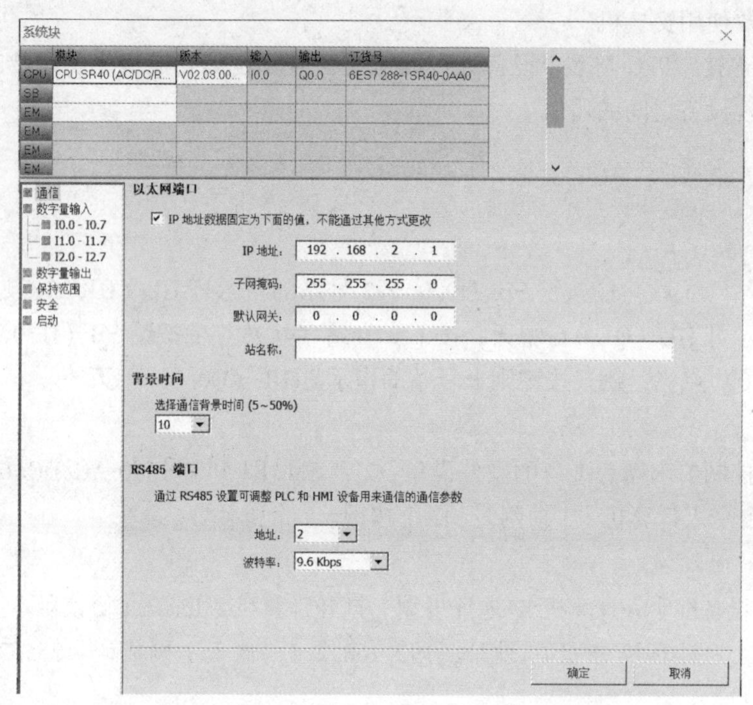

图 9 - 2　1 号站 PLC“以太网端口”设置

4. “Get/Put 向导”对话框组态

GET/PUT 连接可以用于 S7 - 200 SMART PLC 之间的以太网通信，也可以用于 S7 - 200 SMART PLC 与 S7 - 300/400/1200/1500 PLC 之间的以太网通信。

直接用 GET/PUT 指令编程既烦琐又容易出错。下面用 STEP 7 - Micro/WIN SMART 软件的“Get/Put 向导”对话框实现 2 台 PLC 的通信。利用“Get/Put 向导”对话框组态，主站 PLC 可以快速、简单地配置复杂的网络读写指令操作，并指定所需要的网络操作数目、网络操作，分配 V 存储器，生成代码块。

（1）指定所需要的网络操作数目。在项目树中单击“向导”节点，然后双击“GET/PUT”节点，如图 9 - 4 所示。在弹出的“Get/Put 向导”对话框左侧的项目树双击“操作”节点，之后单击右侧“添加”按钮，如图 9 - 5 所示。

（2）指定网络操作。如图 9 - 6 所示，选择“Operation”节点，其选择界面中之后在右侧界面的“类型”在“操作”节点下选择 Put（写操作）选项，“传送大小”设置为 0001，“远程 CPU”选项组的“远程 IP”设置为 192.168.2.2，“本地地址”设置为 VB10，“远程地址”设置为 VB10。如图 9 - 7 所示，选择“Operation02”节点，之后在右侧界面的“类型”

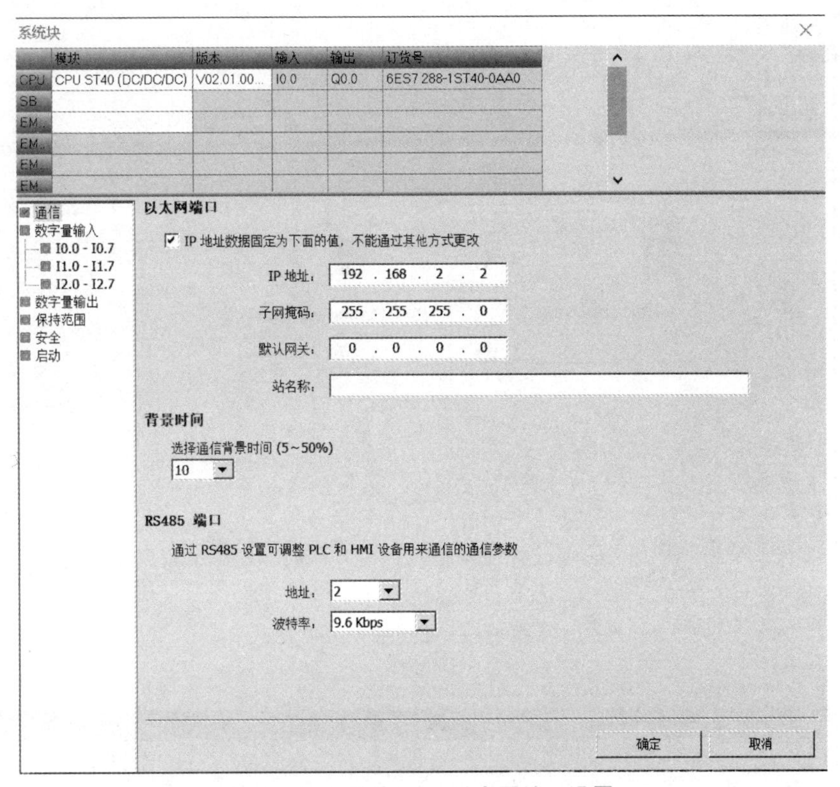

图 9-3　2 号站 PLC 以太网端口设置

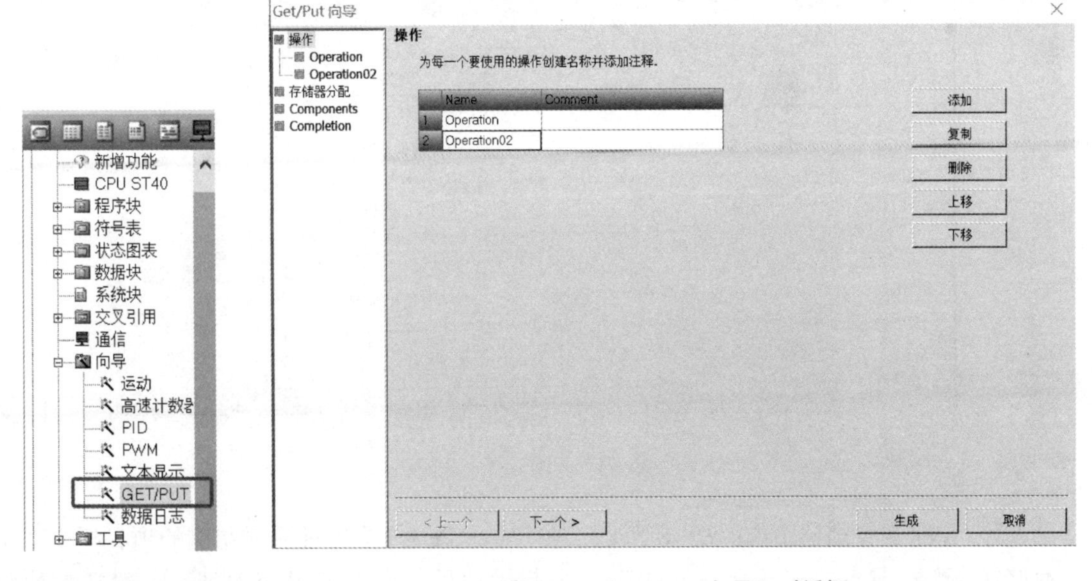

图 9-4　GET/PUT 向导入口

图 9-5　“Get/Put 向导”对话框

下拉列表框选择 Get（读操作）选项，“传送大小（字节）”设置为0001，“远程 CPU”选项组的“远程 IP”设置为 192. 168. 2. 2，“本地地址”设置为 VB20，“远程地址”为 VB20。

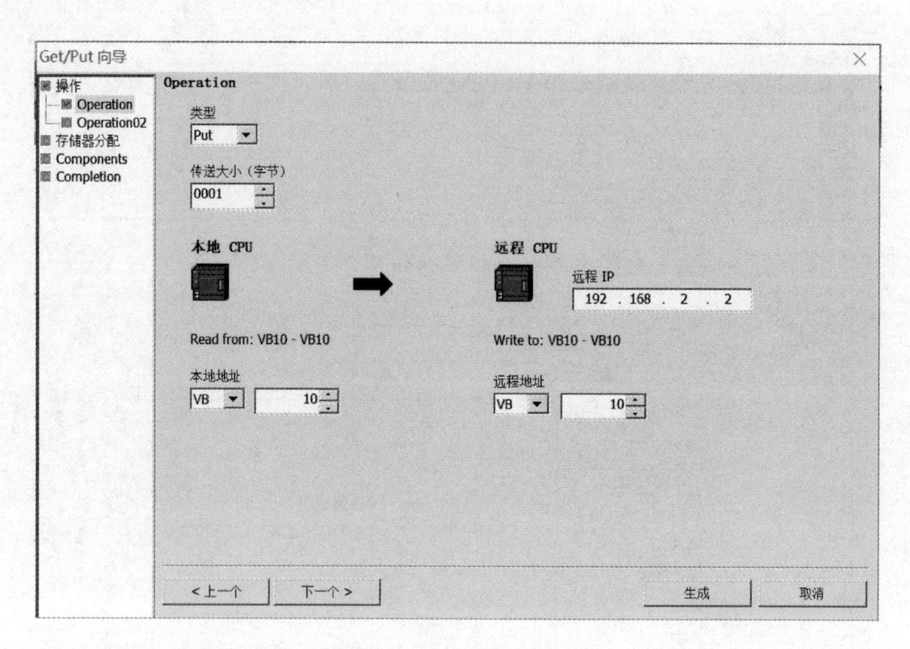

图 9－6　Put 操作设置

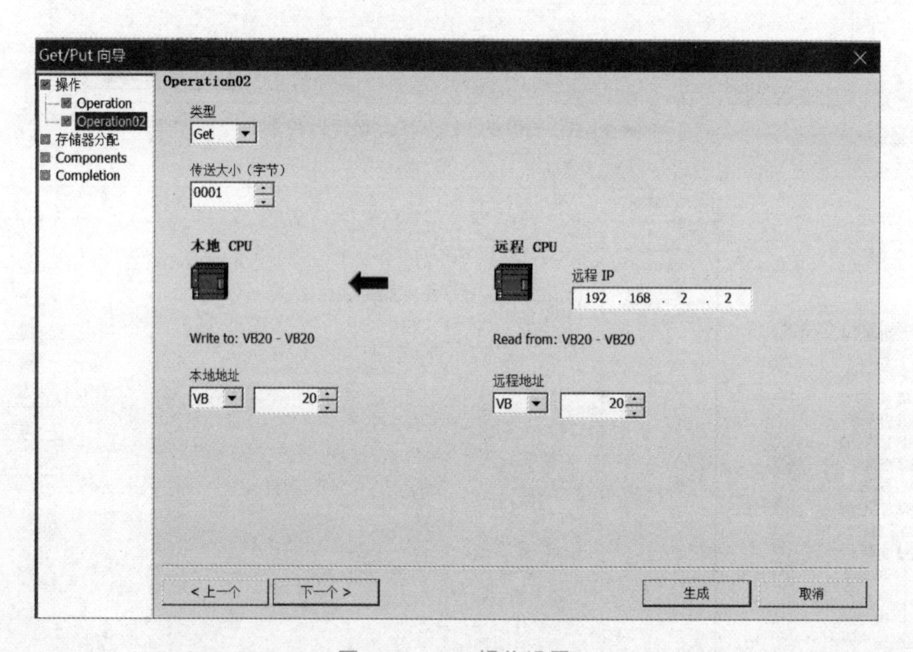

图 9－7　Get 操作设置

（3）分配 V 存储器。如图 9－8 所示，在“Get/Put 向导”对话框左侧的项目树中双击“存储器分配”节点，向导会自动建议一个起始地址，也可编辑该地址，一般选择建议地址。

（4）生成程序代码。在“Get/Put 向导”对话框左侧的项目树中双击“Components”（组件）节点，依据向导生成子程序代码，如图 9－9 所示。单击“下一个”按钮，单击“生成”按钮即完成向导配置。

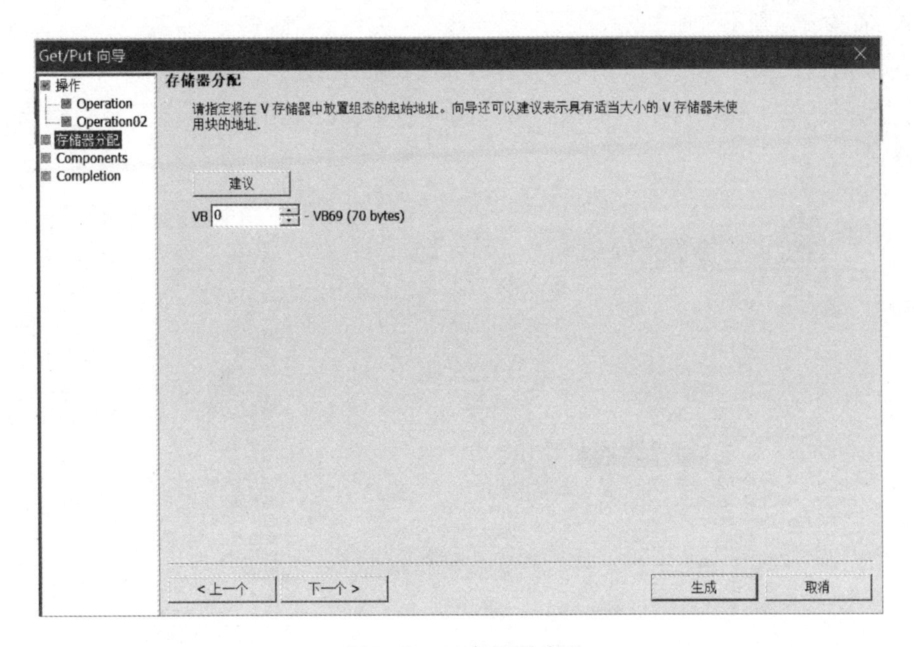

图 9－8　V 存储器分配

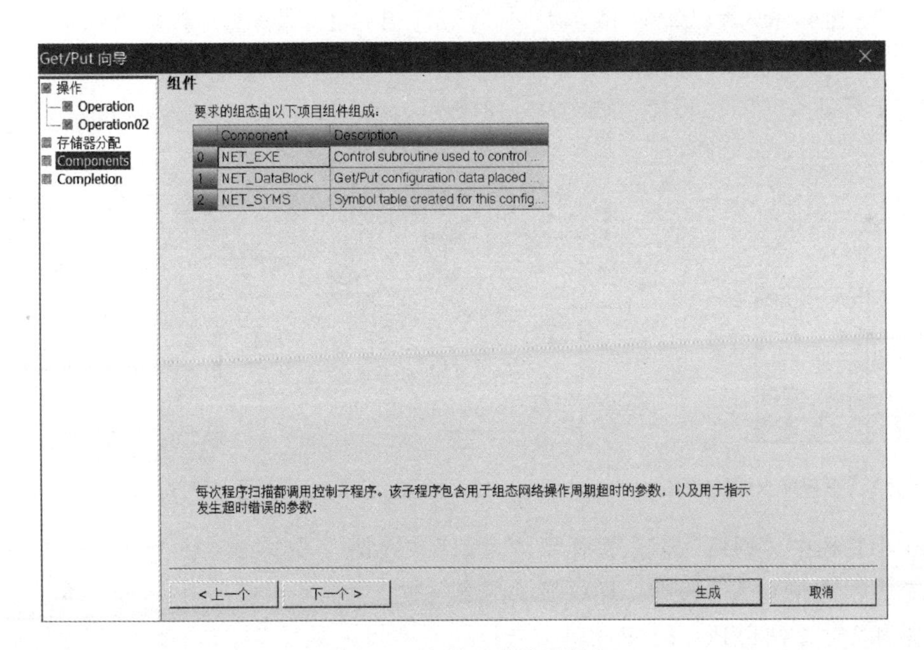

图 9－9　向导生成的子程序

5. 编程并下载

要启用程序内部的网络通信，需要在 MAIN 程序块中置入一条调用命令来执行向导生成的子程序 NET_EXE，此子程序可在“程序块”节点下的“向导”节点中查找，如图 9－10 所示，也可在“调用子例程”中查找，如图 9－11 所示。在每个扫描周期使用 SM0.0 调用该子程序。子程序 NET_EXE 如图 9－12 所示，各参数含义如下。

（1）超时：输入为整数值，以秒为单位定义定时器值。设定通信的超时时限应为 1～

32 767 s，若为0，则不计时。

（2）周期：为布尔型数据，所有网络读写操作每完成一次，切换一次状态。

（3）错误：发生错误时输出报警。错误代码为0时，无错误，正常完成；错误代码为1时，有错误。

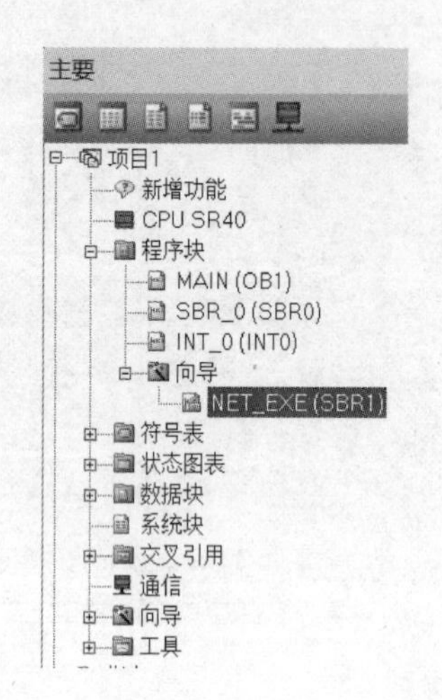

图9-10　在“向导”节点中查找子程序

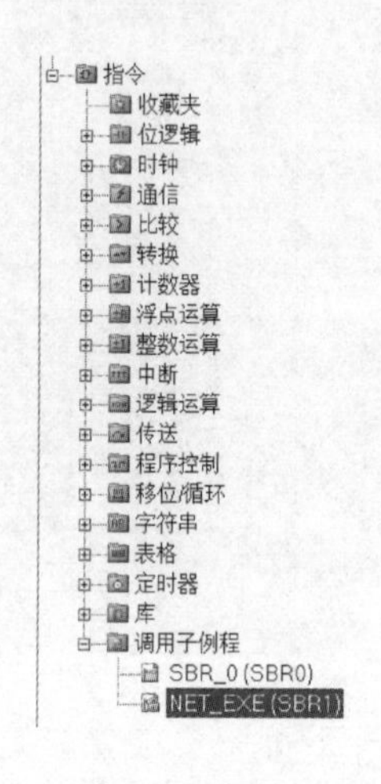

图9-11　在“调用子例程”节点中查找子程序

编写1号站（主站）程序，如图9-13所示。编写2号站（从站）程序，如图9-14所示。

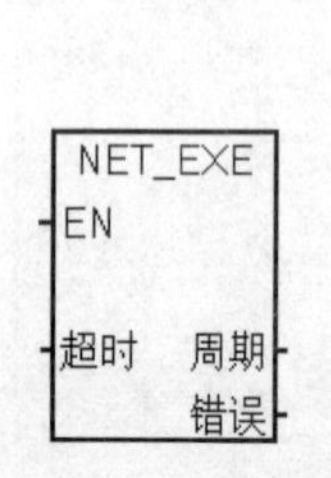

图9-12　子程序 NET_EXE

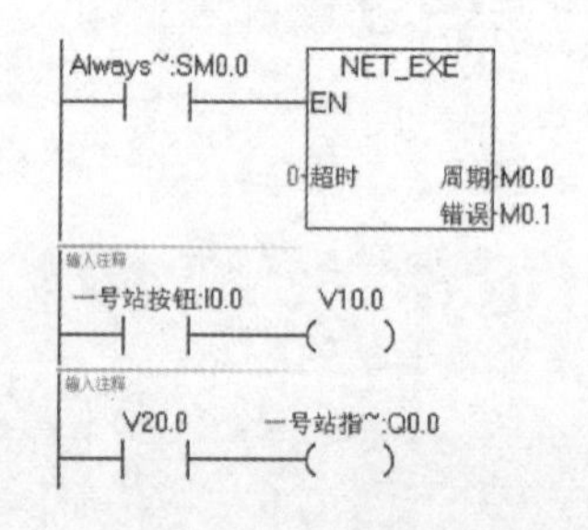

图9-13　1号站程序

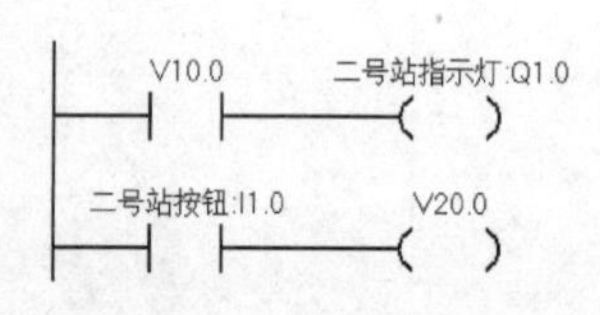

图9-14　2号站程序

双击项目树中“通信”节点，弹出“通信”对话框，如图9-15所示，选择以太网网卡后，单击“查找CPU”按钮，即可显示网络上所有可访问设备的IP地址。本任务中会显示1号站和2号站两台PLC的IP地址。选择其中一个IP地址，单击右侧“闪烁指示灯”按钮，观察两台PLC状态指示灯，正在闪烁的即为当前选中的IP地址所对应的PLC。

打开主站程序编辑窗口，采用上述方法选中1号站（主站）IP地址，单击“下载”按钮将1号站程序下载到PLC中。

注意：下载时要勾选“程序块”“数据块”“系统块”复选框，如图9-16所示。

打开从站程序编辑窗口，采用同样方法选中2号站（从站）IP地址，单击“下载”按钮将2号站程序下载到PLC中。

注意：下载时要勾选“程序块”“数据块”“系统块”复选框。

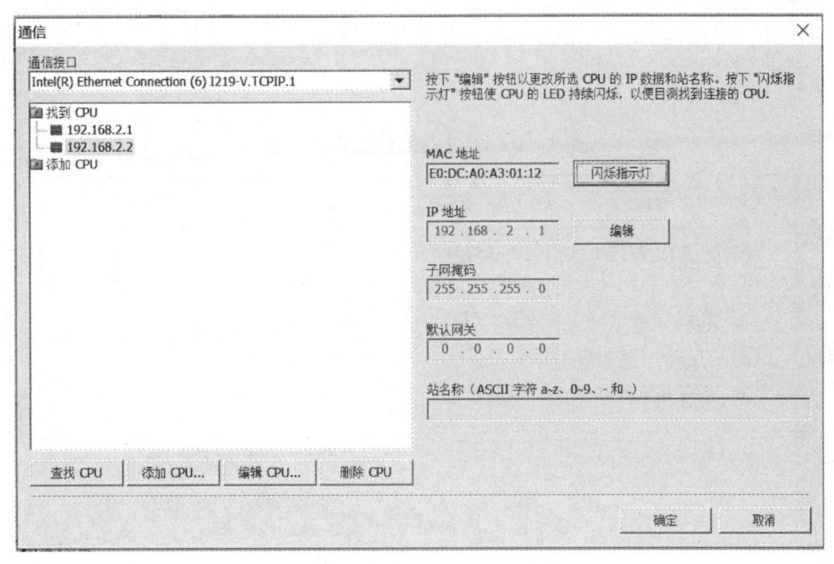

图 9－15　“通信”对话框

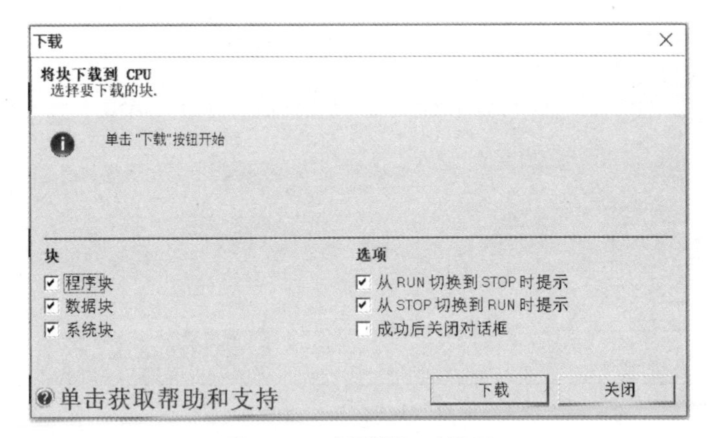

图 9－16　“下载”对话框

小资料

阔步前行　笃行致远

10 年前，习近平总书记首次提出网络强国建设战略目标，如今，网络强国建设已经站在新的历史起点上。我国建成全球最大的光纤和移动宽带网络。截至 2023 年年底，我国累计建成 5G 基站 337.7 万个，5G 移动电话用户达 8.05 亿户；5G 标准必要专利声明量全球占比超 42%，持续保持全球领先；5G 应用已融入 71 个国民经济大类，在工业、矿业、电力、港口、医疗等行业深入推广；“5G＋工业互联网”项目超 1 万个；具备千兆网络服务能力的 10G PON 端口达 2 302 万个。数据中心、云计算、大数据、人工智能、物联网等新兴业务快速发展，成为拉动经济社会发展的新引擎。在中国式现代化的宏伟进程中，网络强国建设与推进新型工业化和发展新质生产力的浪潮同频共振合拍共鸣。

来源：学习强国《网络强国建设十年：阔步前行　笃行致远》

任务实施

填写表9－1。

表9－1　GET/PUT通信任务表

任务名称	GET/PUT通信		
任务目标	能够完成GET/PUT通信的向导配置		
任务实施步骤	（1）规划IP地址（编程设备、PLC）。 （2）“Get/Put向导”对话框组态。 （3）编程并下载		
调试过程记录			
所遇问题及解决方法			
教师签字		得分	

习　题

判断题

1. 在每个扫描周期使用SM0.0调用NET_EXE子程序。　（　　）

2. 两台PLC进行GET/PUT通信时，可以将IP地址分别规划为192.168.2.1和192.168.1.2。　（　　）

3. “Get/Put向导”对话框配置是在从站完成的。　（　　）

项目 10

自动化生产线中组态及触摸屏的应用

项目概述

YL-335B 型自动化生产线采用了昆仑通态研发的人机界面 TPC7062Ti 触摸屏，它可在实时多任务嵌入式操作系统 WindowsCE 环境中运行并预装有 MCGS 嵌入式组态软件。本项目主要学习 MCGS 触摸屏硬件接口的使用和 MCGS 组态软件的工程组态方法。

任务 1 MCGS 触摸屏的认识

知识目标

1. 了解 MCGS 触摸屏的硬件接口功能。
2. 了解 MCGS 组态软件。

技能目标

1. 掌握 MCGS 触摸屏各接口的使用方法。
2. 能够安装 MCGS 组态软件。

素养目标

1. 通过对国产触摸屏的理解培养学生民族品牌意识。
2. 培养学生爱国主义情怀。

任务导入

MCGS 触摸屏的型号从哪里获取？各接口的功能是什么？

知识储备

一、硬件介绍

1. 接口

图 10-1 所示为 MCGS 触摸屏正视图，图 10-2 所示为 MCGS 触摸屏背视图，在触摸屏的背面有 5 个接口，左侧 3 个自上而下分别为以太网（Local Area Network，LAN）接口、

USB1 接口、USB2 接口。USB1 为主口，可用来连接键盘、鼠标，USB2 为从口，用来下载、上传工程。右侧有 2 个接口，自上而下分别为电源接口、串口（COM 接口）。电源接口按照标识的“+”“-”连接 24 V 电源，串口用于和外部设备通信。背面的标签上标有触摸屏的具体型号为 TPC7062Ti，在组态工程时一定要选择与实际硬件一致的型号。

图 10-1　MCGS 触摸屏正视图

图 10-2　MCGS 触摸屏背视图

交流与思考

本任务采用的 MCGS 触摸屏型号为 TPC7062Ti，那么 TPC 和 70 分别代表什么含义？

2. 下载工程方式

工程从 PC 下载到 MCGS 触摸屏时可用 LAN 接口或 USB2 接口 2 种方式。采用 LAN 接口下载时使用网线连接设备。采用 USB2 接口下载组态好的工程时使用 USB 数据线（一端为方口，一端为扁口）连接设备，方形 USB 端连接触摸屏，扁形 USB 端连接计算机，如图 10-3 所示。

3. MCGS 触摸屏与 S7-200 SMART PLC 连接

MCGS 触摸屏与 S7-200 SMART PLC 连接有 2 种方式：用 LAN 接口连接或者用串口连接，如图 10-4 所示。如果用串口连接需要进行串口属性的设置。本任务采用 LAN 连接。

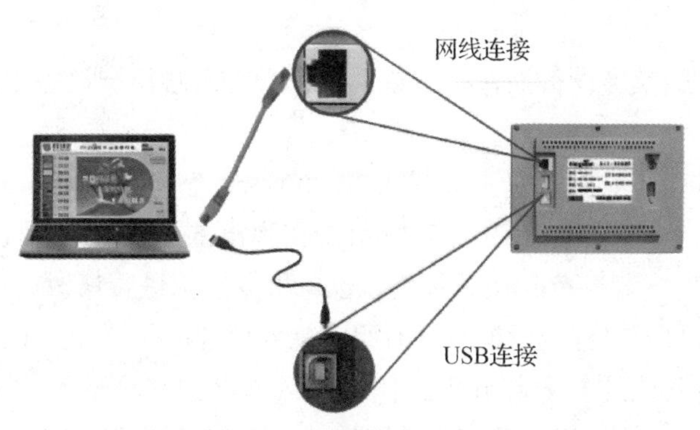

图 10－3　MCGS 触摸屏与计算机连接

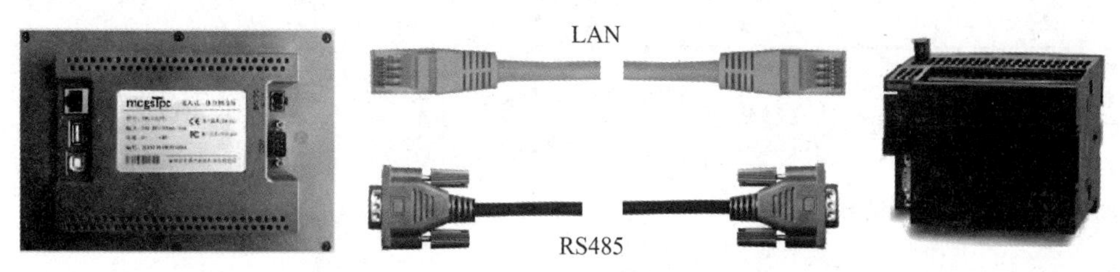

图 10－4　MCGS 触摸屏与 PLC 连接

二、MCGS 组态软件介绍

MCGS 嵌入版组态软件是昆仑通态公司专门为 MCGS 触摸屏开发的组态软件，包括组态环境、模拟运行环境、运行环境 3 部分。运行环境运行于昆仑通态的 MCGS TPC 系列触摸屏，用户可以将工程下载到触摸屏，在实际环境中运行。

1. MCGS 组态软件的安装

将安装包解压之后，运行 Setup. exe 文件，如图 10－5 所示。安装完主程序后按照提示继续安装设备驱动。安装完成后桌面出现 2 个快捷方式图标，分别用于启动 MCGS 组态环境和模拟运行环境，如图 10－6 所示。

名称	修改日期	类型	大小
ActiveX	2016/6/14 19:07	文件夹	
Bin	2017/12/21 20:25	文件夹	
Config	2018/3/27 11:43	文件夹	
Drivers	2018/8/23 9:49	文件夹	
Emulator	2016/6/14 19:07	文件夹	
Help	2016/6/15 9:28	文件夹	
Lib	2017/12/21 21:52	文件夹	
Ocx	2016/6/14 19:07	文件夹	
Other	2016/6/14 19:07	文件夹	
Res	2016/6/14 19:07	文件夹	
Samples	2016/6/14 19:07	文件夹	
Tools	2017/12/24 14:27	文件夹	
USBDrv	2017/10/24 16:04	文件夹	
autorun	2013/7/22 10:43	安装信息	1 KB
Mcgs	2009/2/13 17:37	ICO 图片文件	1 KB
Setup	2017/12/26 23:47	应用程序	109 KB

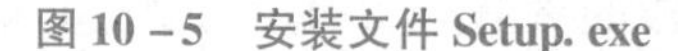

图 10－5　安装文件 Setup. exe

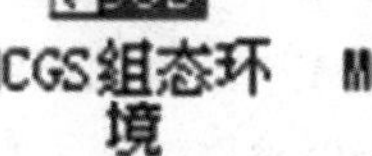

图 10－6　MCGS 组态环境和模拟运行环境图标

2. MCGS 组态软件

为了通过 MCGS 触摸屏设备操作机器或系统，必须给触摸屏设备组态用户界面，该过程称为组态阶段。

安装好 MCGS 组态环境后，双击桌面上的 MCGS 组态环境图标，进入组态环境，选择“文件”|“新建工程”选项。如图 10－7 所示，在弹出的“新建工程设置”对话框中选择 TPC 类型为 TPC7062Ti，背景色默认为灰色，也可根据需求进行修改。单击“确定”按钮后将弹出图 10－8 所示的工作台对话框，这时组态软件就建立了一个工程。用工作台对话框可以管理构成用户应用系统的各个部分。工作台对话框上的 5 个标签“主控窗口”“设备窗口”“用户窗口”“实时数据库”和“运行策略”，对应于 5 个不同的选项卡，每个选项卡负责管理用户应用系统的一个部分，单击不同的标签可进入不同选项卡进行组态操作。

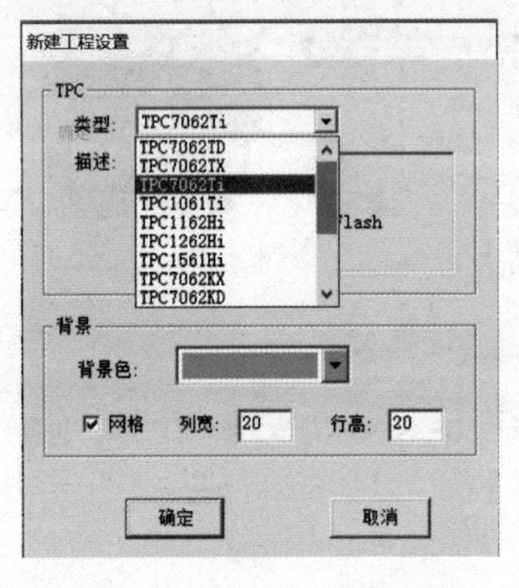

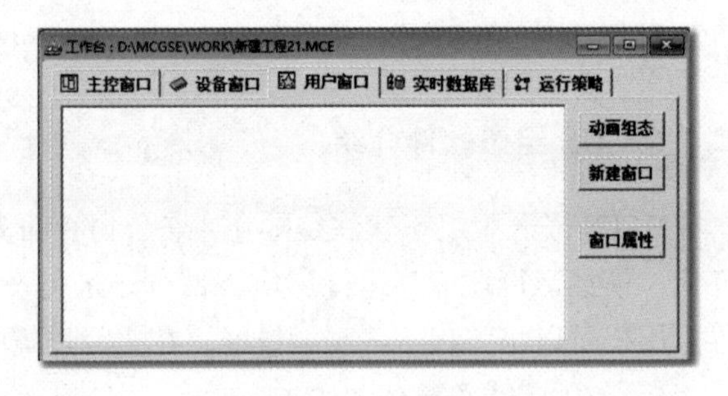

图 10－7 “新建工程设置”对话框

图 10－8 工作台

“主控窗口”是组态工程的主窗口，是所有设备窗口和用户窗口的父窗口，它相当于一个大的容器，可以放置一个设备窗口和多个用户窗口，同时负责这些窗口的管理和调度，并调度用户的运行策略。同时，主控窗口也是组态工程结构的主框架，可在“主控窗口”选项卡内设置系统运行流程及特征参数，方便用户操作。“设备窗口”选项卡是 MCGS 嵌入版软件系统与作为测控对象的外部设备建立联系的后台作业环境，负责驱动外部设备，控制外部设备的工作状态。系统通过设备之间的数据通道，把外部设备的运行数据采集进来，送入实时数据库，供系统其他部分调用，并且把实时数据库中的数据输出到外部设备，实现对外部设备的操作与控制。“用户窗口”选项卡本身是一个“容器”，用来放置各种图形对象（图元、图符和动画构件），不同的图形对象对应不同的功能。通过对“用户窗口”选项卡内多个图形对象组态，可生成漂亮的图形界面，为实现动画显示效果作准备。“实时数据库”选项卡是 MCGS 嵌入版系统的核心，是应用系统的数据处理中心。系统各个部分均以实时数据库为公用区交换数据，实现各个部分协调动作。“运行策略”选项卡本身是系统提供的一个框架，其内放置有策略条件构建和策略构件组成的策略行。通过对“运行策略”选项卡的定义，系统能够按照设定的顺序和条件执行任务，实现对外部设备工作过程的精准控制。

小资料

中国品牌

中国品牌是指由中国企业原创，产权归中资企业所有的品牌，也称国产品牌。中国品牌凝聚着中国企业的产品质量、服务品质、产品理念、市场口碑、品牌信用，是企业对市场和客户的一贯承诺，也是对企业自身的社会监督，进而敦促着中国品牌企业做好市场服务和产品品质保障。

中国品牌发展需要通过专业化的品牌运营，持续不断地进行中国品牌建设，最终树立起良好的中国品牌形象，这也是中国企业走向世界的必经之路。构建中国品牌战略，培育民族品牌，对于各个行业及整个社会都具有重要意义。2022 年 12 月，中共中央、国务院印发了《扩大内需战略规划纲要（2022—2035 年）》，其中提到："深入实施商标品牌战略。打造中国品牌，培育和发展中华老字号和特色传统文化品牌。持续办好中国品牌日活动，宣传推介国货精品，增强全社会品牌发展意识，在市场公平竞争、消费者自主选择中培育更多享誉世界的中国品牌。"

来源：百度百科《中国品牌》

任务实施

填写表 10－1。

表 10－1　MCGS 触摸屏的认识任务表

任务名称	MCGS 触摸屏的认识
任务目标	掌握 MCGS 触摸屏各接口的使用方法； 能够安装 MCGS 组态软件
任务实施步骤	（1）写出本任务触摸屏国别及品牌名称。 （2）掌握 MCGS 触摸屏各接口功能。 （3）安装 MCGS 组态软件。 （4）进入组态软件了解工作台对话框
任务实施过程记录	

续表

所调问题及解决方法			
教师签字		得分	

习　题

单选题

1. MCGS 触摸屏是（　　）的品牌。

A. 中国　　B. 日本　　C. 美国

2. 本任务用的 MCGS 触摸屏型号是（　　）。

A. TPC7062Ti　　B. TPC7062KS　　C. TPC7062NT

3. TPC7062Ti 型号触摸屏工程下载方法有（　　）种。

A. 1　　B. 2　　C. 3

任务 2　MCGS 组态工程的方法

知识目标

1. 掌握 MCGS 组态软件的使用。
2. 掌握 MCGS 组态软件与 PLC 的通信方法。

技能目标

1. 能够使用 MCGS 组态软件组态简单工程。
2. 能够使用 MCGS 组态软件与 PLC 进行简单通信。

素养目标

1. 培养学生职业素养。
2. 通过民族品牌触摸屏的使用体验，增强学生民族自豪感和认同感。

任务导入

如何用 MCGS 组态软件组态工程？MCGS 触摸屏与 PLC 是如何实现通信的？

知识储备

下面以指示灯的监控为例，介绍组态工程的一般方法。

任务要求：单击触摸屏上的“启动按钮”，指示灯点亮（Q0.0），同时触摸屏上的指示灯也点亮；单击触摸屏上的“停止按钮”，指示灯熄灭（Q0.0），同时触摸屏上的指示灯也熄灭。指示灯监控界面如图10－9所示。

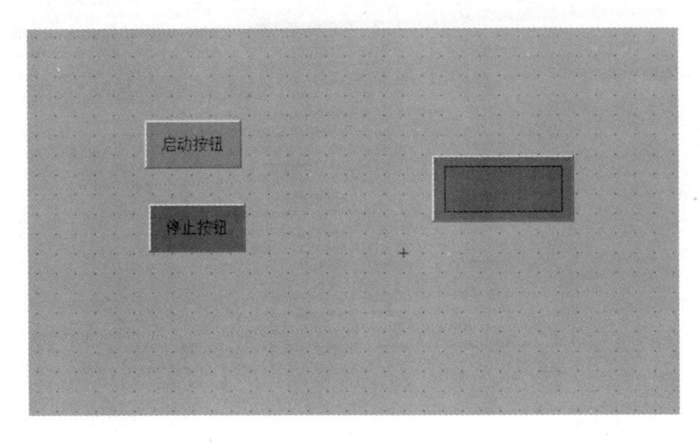

图10－9　指示灯监控界面

一、硬件准备

计算机、MCGS触摸屏、S7－200 SMART PLC、以太网交换机、3根网线，如图10－10所示。

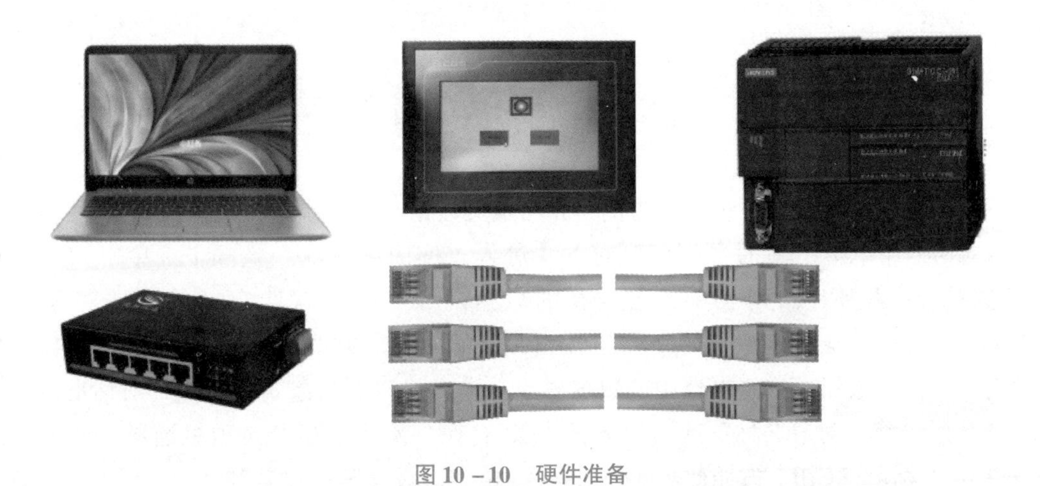

图10－10　硬件准备

二、MCGS组态部分

1. 创建工程

双击桌面上的MCGS组态环境图标，进入组态环境，选择“文件”|“新建工程”选项。如图10－11所示，在弹出的“新建工程设置”对话框中选择TPC类型为TPC7062Ti，单击“确定”按钮。选择“文件”|“工程另存为”选项，弹出“文件保存”对话框，在“文件名”文本框内输入“指示灯监控”，单击“保存”按钮，工程创建完毕。

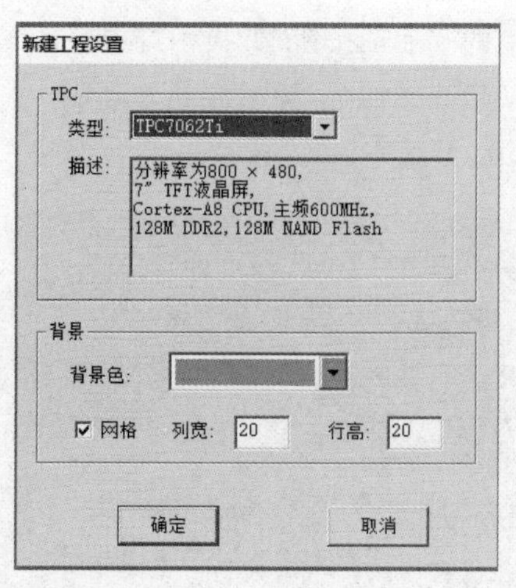

图 10 - 11 “新建工程设置”对话框

2. 定义数据对象

定义数据对象前需要规划、理清画面中各元件与实时数据库中数据对象的对应关系，以及各数据对象的数据类型。数据对象见表 10 - 2。

表 10 - 2 数据对象

元件名称	数据对象	数据类型	注释
启动按钮	启动	开关型	只写
停止按钮	停止	开关型	只写
运行指示灯	运行状态	开关型	只读

下面以数据对象“运行状态”为例，介绍定义数据对象的步骤。如图 10 - 12 所示，在工作台对话框中单击“实时数据库”标签，进入“实时数据库”选项卡。单击“新增对象”按钮，在数据对象列表中，增加新的数据对象，系统默认定义的数据对象名称为 Data1，Data2，Data3 等（多次单击该按钮，可增加多个数据对象）。选中数据对象，单击“对象属性”按钮，或双击选中的数据对象，弹出“数据对象属性设置”对话框，如图 10 - 13 所示。将“对象名称”改为“运行状态”；在“对象类型”选项组选择“开关”选项。单击“确认”按钮。按照此步骤，根据表 10 - 2，设置其他数据对象。

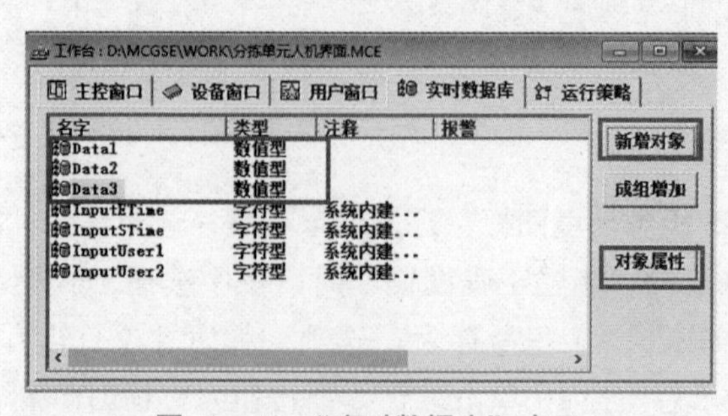

图 10 - 12 “实时数据库”窗口

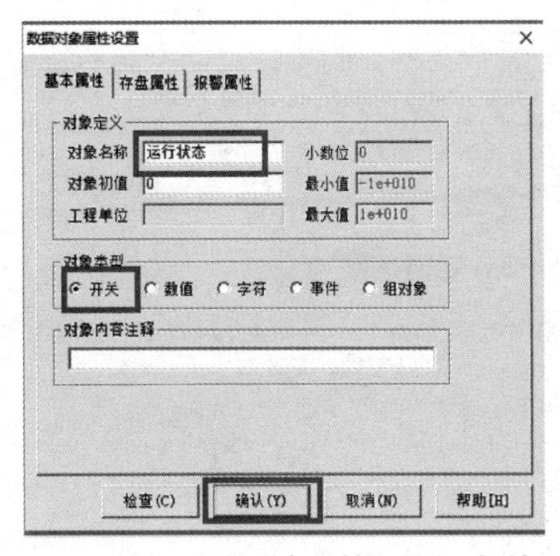

图 10－13　"数据对象属性设置"对话框

3. 工程画面组态

(1) 新建画面及属性设置。如图 10－14 所示，在"用户窗口"选项卡中单击"新建窗口"按钮，建立"窗口 0"。选中"窗口 0"，单击"窗口属性"按钮，弹出"用户窗口属性设置"对话框，如图 10－15 所示，将"窗口名称"改为"指示灯监控"；"窗口标题"可根据需求修改。在"窗口背景"下拉列表框中，单击"其他颜色"按钮，在弹出的"颜色"对话框中选择所需的颜色，本任务采用默认颜色。设置完成后单击"确认"按钮。在"用户窗口"选项卡中双击"指示灯监控"选项即可进入动画组态环境。

图 10－14　工作台的"用户窗口"界面

(2) 制作按钮。

以启动按钮为例。单击工具条中的工具箱按钮，弹出"工具箱"对话框，单击标准按钮图标，如图 10－16 所示，在窗口中拖出一个大小合适的按钮，双击制作的按钮，弹出"标准按钮构件属性设置"对话框，如图 10－17 所示。

在"基本属性"选项卡中，"抬起"和"按下"选项，"文本"都设置为"启动按钮"；"抬起"选项的字体设置为宋体，字体大小设置为五号，背景颜色设置为浅绿色；"按下"选项的字体大小设置为小五号，其他属性设置与"抬起"选项相同。

如图 10－18 (a) 所示，在"操作属性"选项卡中，单击"抬起功能"按钮，勾选"数据对象值操作"复选框，选择"清 0"选项，连接"启动"变量；如图 10－18 (b) 所示，单击"按下功能"按钮，勾选"数据对象值操作"复选框，选择"置 1"选项，连接"启动"变量，单击"确认"按钮完成。

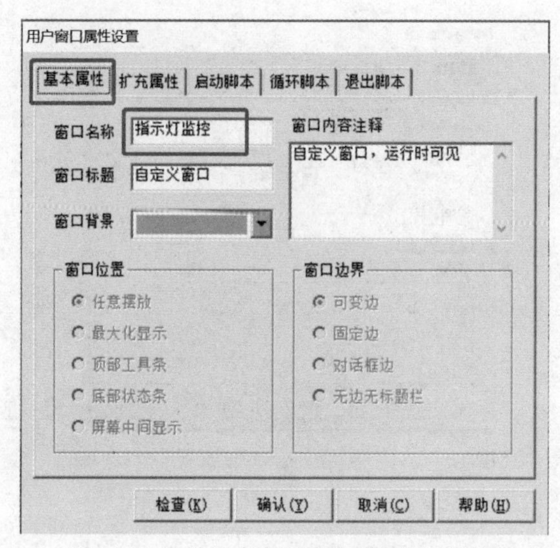

图 10－15 “用户窗口属性设置”对话框

图 10－16 “工具箱”对话框

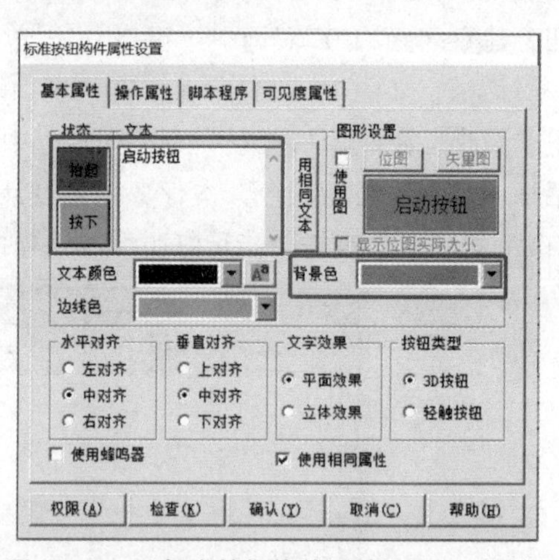

图 10－17 “标准按钮构件属性设置”对话框

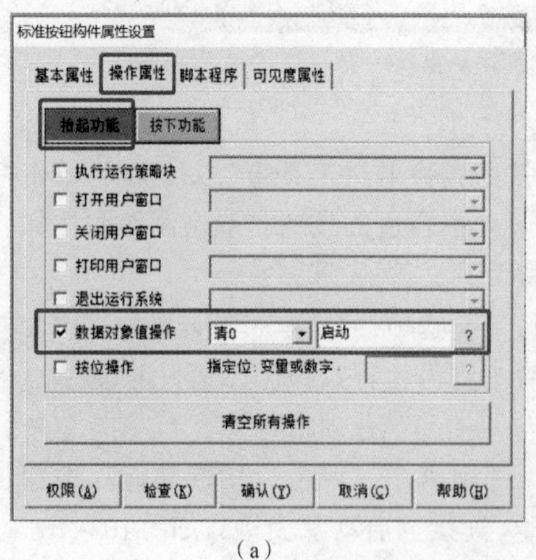

（a）

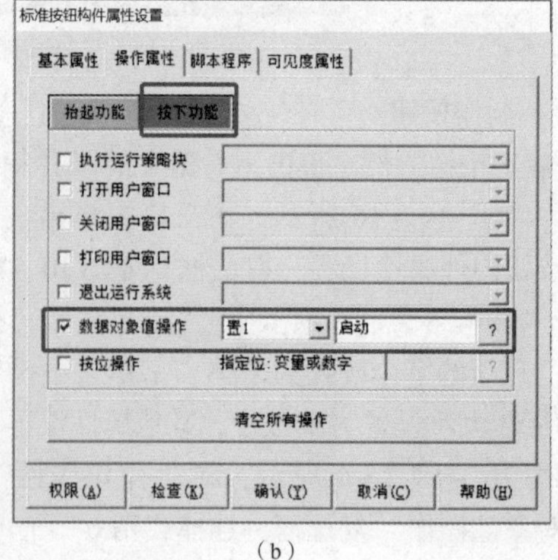

（b）

图 10－18 “操作属性”选项卡

（a）“抬起功能”属性设置；（b）“按下功能”属性设置

用同样的方法组态停止按钮，文本设为“停止按钮”，颜色选为红色，“数据对象值操作”连接“停止”变量。

(3) 制作状态指示灯。

如图 10－19 所示，单击“工具箱”对话框中的插入元件图标，弹出图 10－20 所示的“对象元件库管理”对话框，选中“指示灯 6”选项，单击“确定”按钮。双击制作的指示灯，在“单元属性设置”对话框中进行设置。

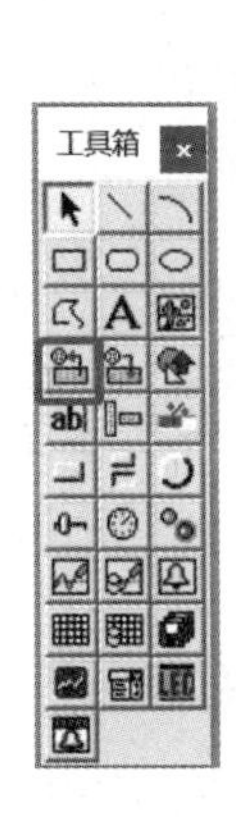

图 10－19　插入元件工具

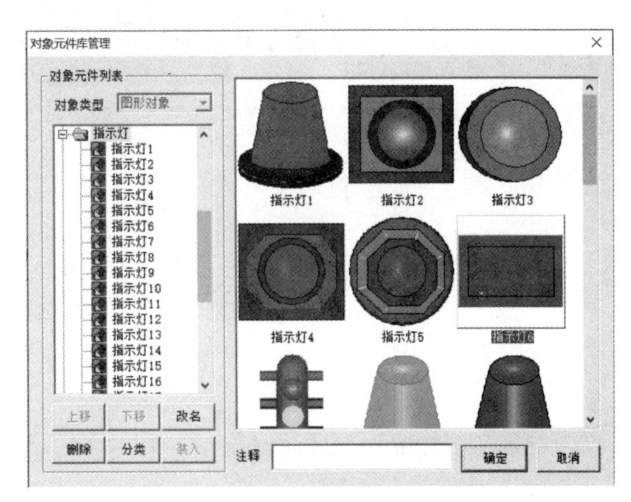

图 10－20　“对象元件库管理”对话框

在“数据对象”选项卡下，选中“填充颜色”，单击“?”按钮连接变量“运行状态”，如图 10－21 所示；在“动画连接”选项卡下，选中“标签”，单击>按钮，如图 10－22 所示，在弹出的“标签动画组态属性设置”对话框的“填充颜色”选项卡下可设置指示灯的颜色，如图 10－23 所示。本任务采用默认颜色，然后单击“确认”按钮。

图 10－21　“数据对象”选项卡

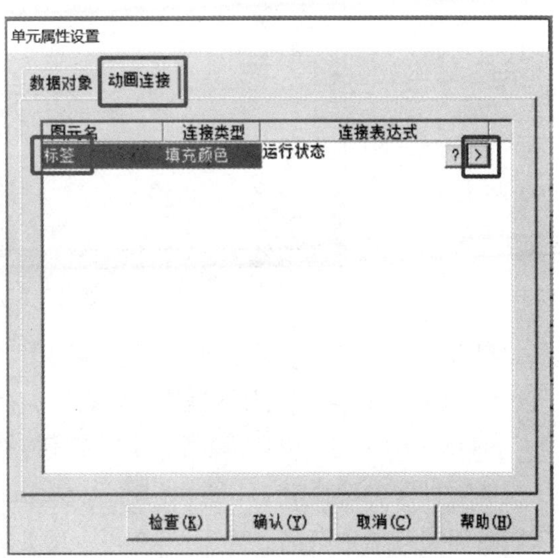

图 10－22　“动画连接”选项卡

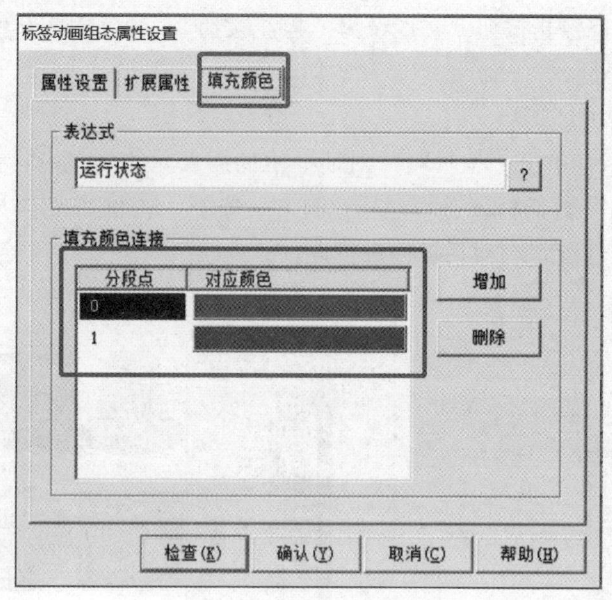

图 10 – 23　设置指示灯颜色

4. 设备连接

为了能够使触摸屏和 PLC 连接通信，必须连接定义好的数据对象和 PLC 内部变量，具体操作步骤如下。

1）添加设备

如图 10 – 24 所示，在“设备窗口”选项卡中双击“设备窗口”图标弹出“设备组态：设备窗口”对话框。

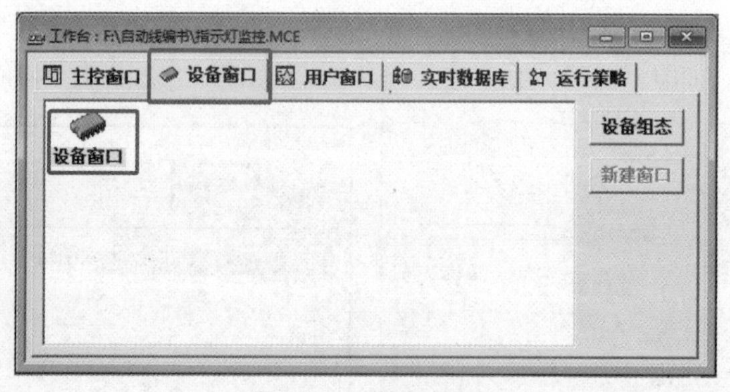

图 10 – 24　设备窗口

单击工具条中的工具箱按钮，弹出“设备工具箱”对话框（见图 10 – 25），或者在“设备组态：设备窗口”对话框空白处右击，在弹出的快捷菜单中选择“设备工具箱”选项。

单击图 10 – 25 中的“设备管理”按钮，弹出“设备管理”对话框，如图 10 – 26 所示。在左侧项目树中选择 PLC｜“西门子”｜Smart200｜“西门子_Smart200”选项，单击“增加”按钮添加到对话框右侧，单击“确认”按钮完成设置。此时在“设备工具箱”对话框中可看到添加的设备“西门子_Smart200”，如图 10 – 27 所示。双击“西门子_Smart200”并将其添加到“设备组态：设备窗口”对话框中，如图 10 – 28 所示。

图 10-25　“设备工具箱”对话框

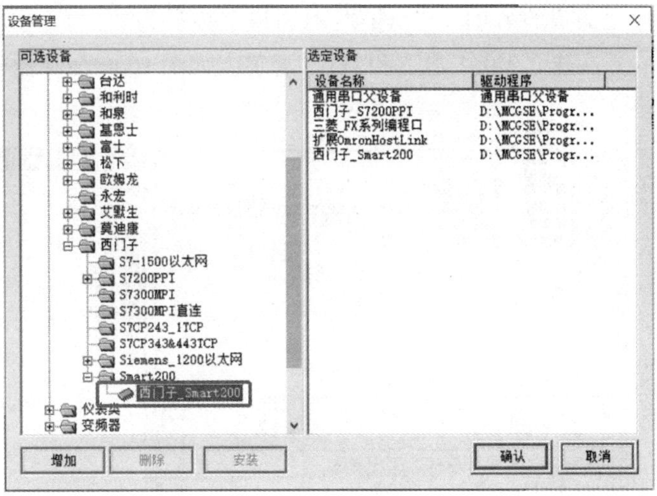

图 10-26　“设备管理”对话框

图 10-27　“设备工具箱”对话框

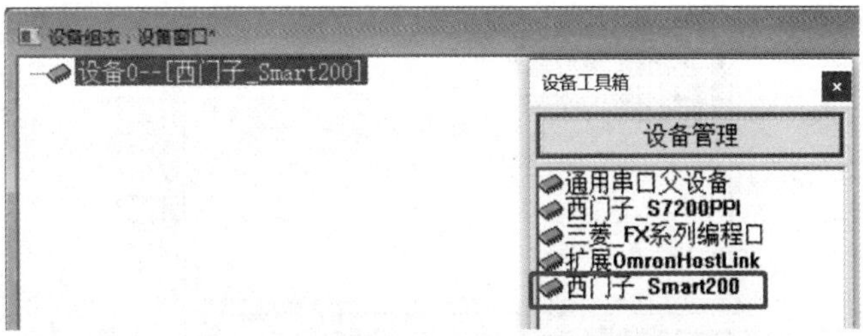

图 10-28　添加设备到“设备组态：设备窗口”对话框中

2）设置 IP 地址

在“设备组态：设备窗口”对话框双击添加的“设备 0 --［西门子_Smart200］”选项，弹出“设备编辑窗口”对话框，如图 10-29 所示。本地 IP 地址和远端 IP 地址设置在同一网段，本地 IP 地址为触摸屏的 IP 地址，远端 IP 地址为 PLC 的 IP 地址。

3）新建设备通道并连接变量

（1）建立设备通道。如图 10-30 所示，在“设备编辑窗口”对话框中单击“删除全部通道”按钮，删除所有默认通道，以变量“启动”的通道添加为例。单击“增加设备通道”

按钮，弹出图 10－31 所示的“添加设备通道”对话框。在“通道类型”下拉列表框中选择“M 内部继电器”选项；“通道地址”为 0，表示第 0 个字节；“数据类型”下拉列表框中选择“通道的第 01 位”选项；“通道个数”为 1；“读写方式”选择“只写”选项。采用同样的方法建立 M0.1 通道和 Q0.0 通道，如图 10－32 和图 10－33 所示。

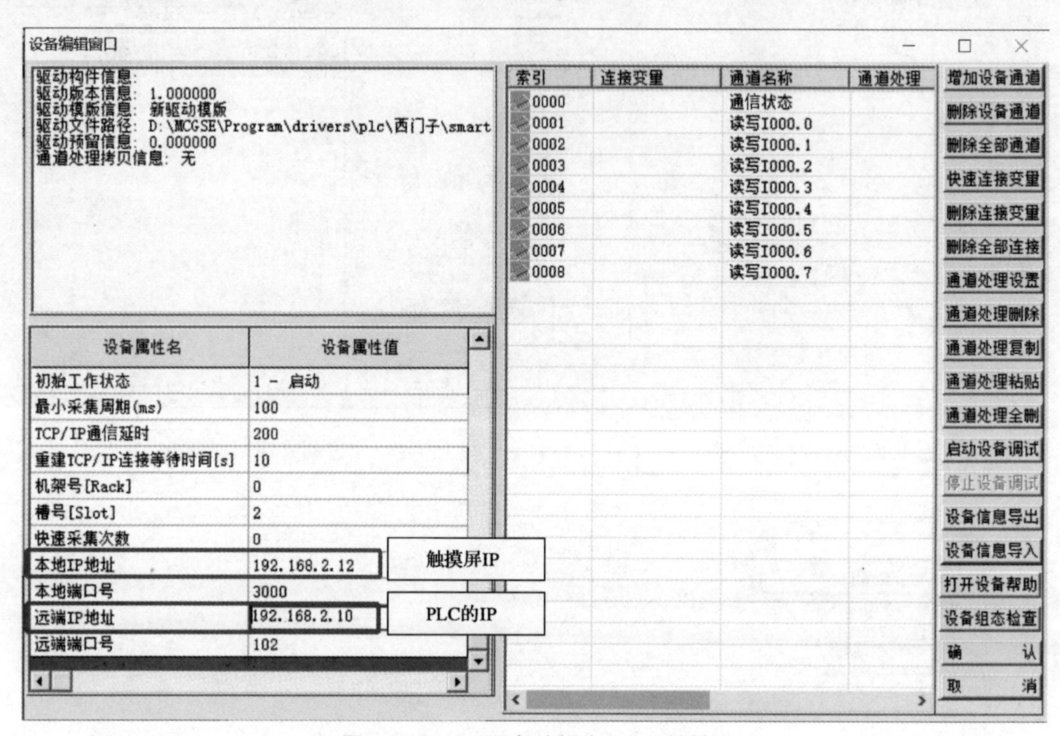

图 10－29　“设备编辑窗口”对话框

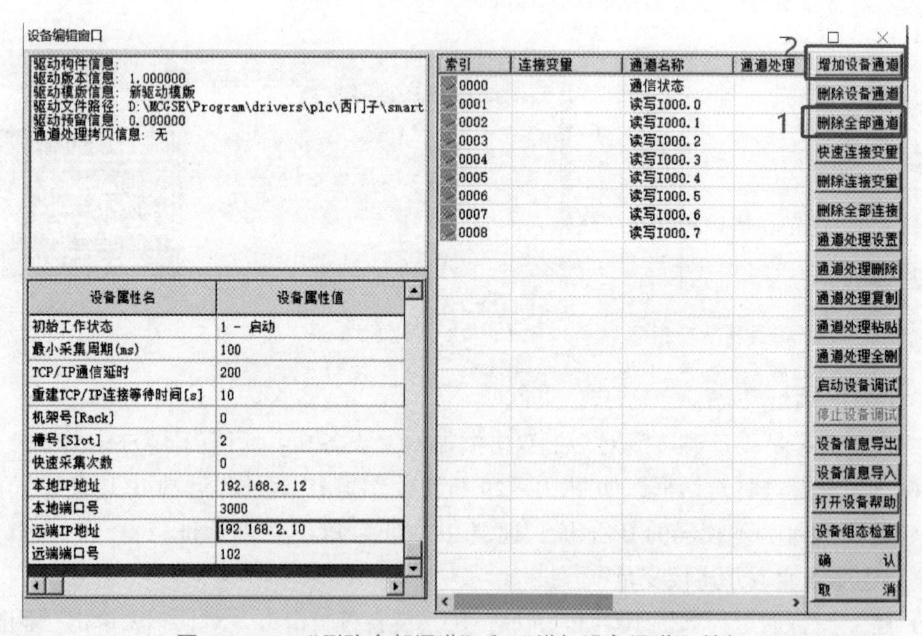

图 10－30　“删除全部通道”和“增加设备通道”按钮

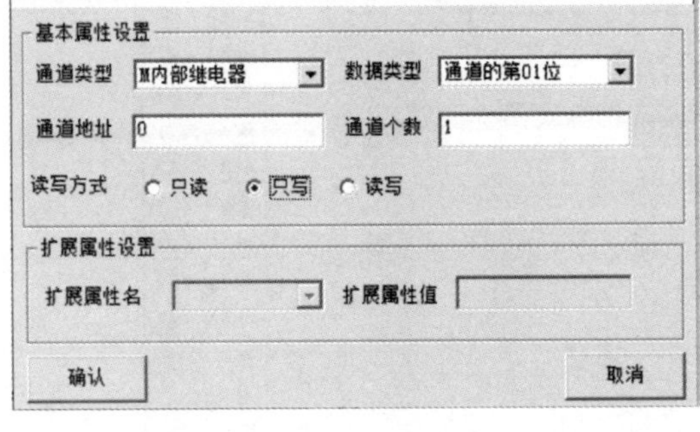

添加设备通道
基本属性设置
通道类型 M内部继电器
数据类型 通道的第01位
通道地址 0
通道个数 1
读写方式 只读 只写 读写
扩展属性设置
扩展属性名
扩展属性值
确认
取消

图 10－31　“添加设备通道”对话框

添加设备通道
基本属性设置
通道类型 M内部继电器
数据类型 通道的第00位
通道地址 0
通道个数 1
读写方式 只读 只写 读写
扩展属性设置
扩展属性名
扩展属性值
确认
取消

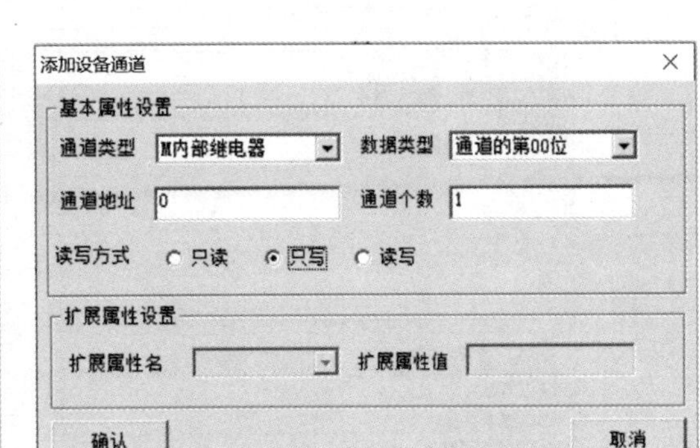

图 10－32　建立 M0.1 通道

添加设备通道
基本属性设置
通道类型 Q输出继电器
数据类型 通道的第00位
通道地址 0
通道个数 1
读写方式 只读 只写 读写
扩展属性设置
扩展属性名
扩展属性值
确认
取消

图 10－33　建立 Q0.0 通道

（2）设备通道连接变量。双击增加的通道“只写 M000.0”左侧的连接变量处，弹出图 10－34 所示的“变量选择”对话框，“选择变量”改为“启动”，此变量连接完毕。用同样的方法，将通道“只写 M000.1”与变量“停止”连接，将通道“只读 Q000.0”与变量“运行状态”连接。所有设备通道连接变量如图 10－35 所示。完成后单击“确认”按钮，设备连接完成。

变量选择
变量选择方式
从数据中心选择|自定义
根据采集信息生成
确认
退出
根据设备信息连接
选择通信端口
通道类型
数据类型
选择采集设备
通道地址
读写类型
从数据中心选择
选择变量 启动
数值型 开关型 字符型 事件型 组对象 内部对象
对象名
对象类型
启动
停止
运行状态
开关型
开关型
开关型

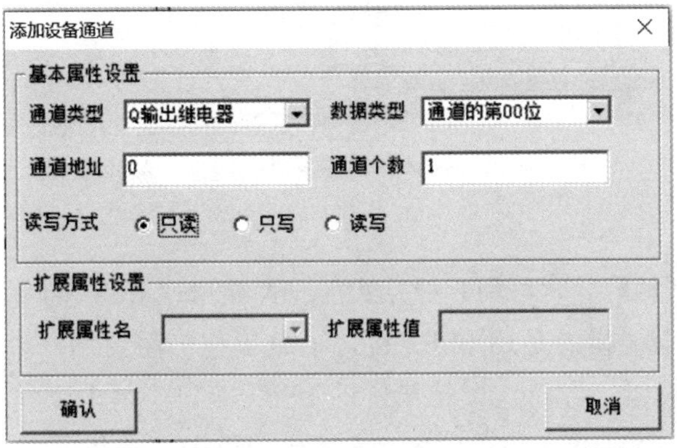

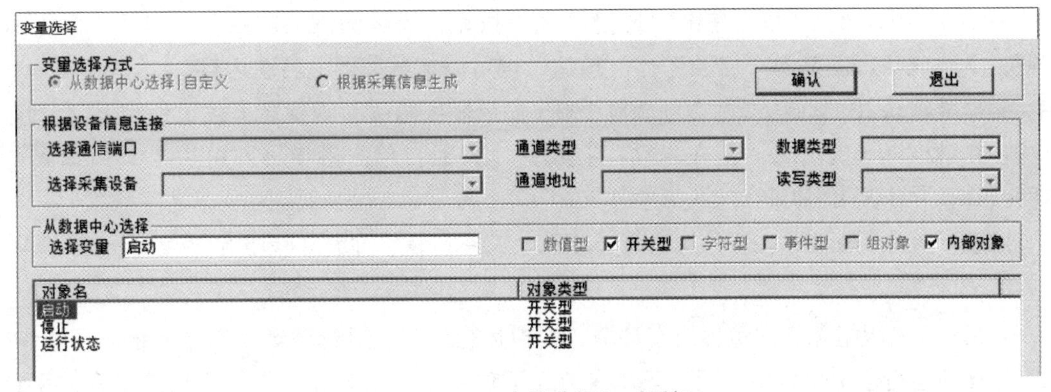

图 10－34　“变量选择”对话框

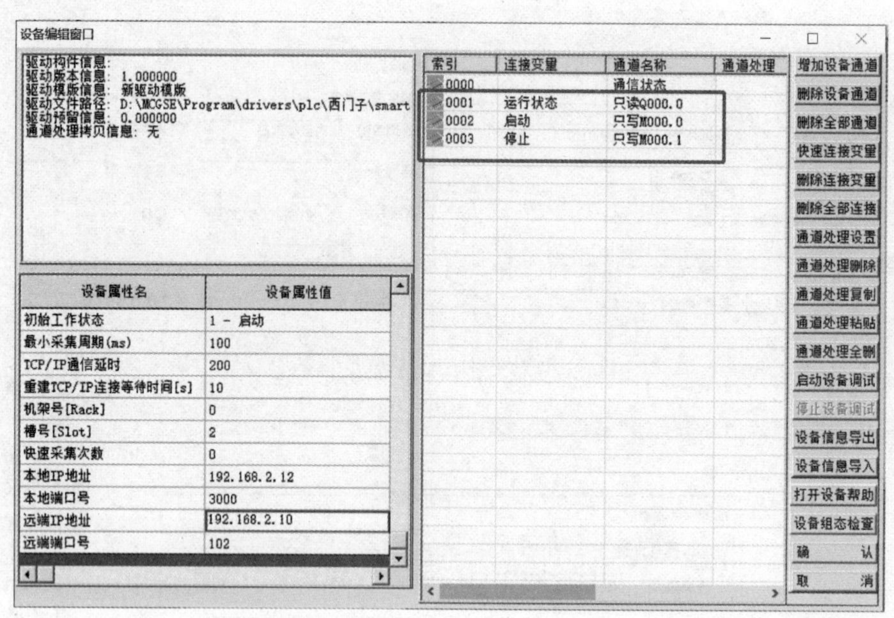

图 10-35 所有设备通道连接变量

5. 工程下载

工程从 PC 下载到触摸屏时可用 2 种方式，LAN 接口或 USB 接口。

（1）USB 接口下载。指的是用 USB2 接口下载工程，需要用一端扁口一端方口的 USB 数据线，扁口连接计算机，方口连接触摸屏的 USB2 接口。单击工具栏中的“下载”按钮，弹出“下载配置”对话框，如图 10-36 所示，单击“连机运行”按钮，“连接方式”选择“USB 通信”选项，单击“通信测试”按钮，提示测试正常后，单击“工程下载”按钮，下载成功后，单击“启动运行”按钮，也可以在触摸屏上启动运行。

（2）LAN 接口下载。用网线将触摸屏和计算机连接，需将触摸屏和计算机的 IP 地址设在同一个网段。例如，触摸屏 IP 地址为 192.168.2.12，则计算机的 IP 地址可设为 192.168.2.9。单击工具栏中的“下载”按钮弹出“下载配置”对话框，如图 10-37 所示，单击“连机运行”按钮，“连接方式”选择“TCP/IP 网络”选项，“目标机名”设为触摸屏的 IP 地址 192.168.2.12，单击“通信测试”按钮，提示测试正常后，单击“工程下载”按钮，下载成功后，单击“启动运行”按钮，也可以在触摸屏上启动运行。

触摸屏默认 IP 地址为 200.200.200.190，如果需要修改，则要在下载工程前进行。修改方法：在触摸屏开机出现“正在启动”提示进度条时，单击触摸屏即可进入“启动属性”界面，查看并修改 IP 地址。

注意：PLC、触摸屏、计算机三者必须处于同一网段，即前 3 段数字要相同。

6. 工程模拟运行

MCGS 嵌入版组态软件包括组态环境、模拟运行环境、运行环境 3 部分。组态环境和模拟运行环境运行于上位机中；运行环境安装在下位机中。组态环境是用户组态工程的平台；模拟运行环境可以在 PC 上模拟工程的运行情况，用户可以不必连接下位机对工程进行检查；运行环境是下位机真正的运行环境。

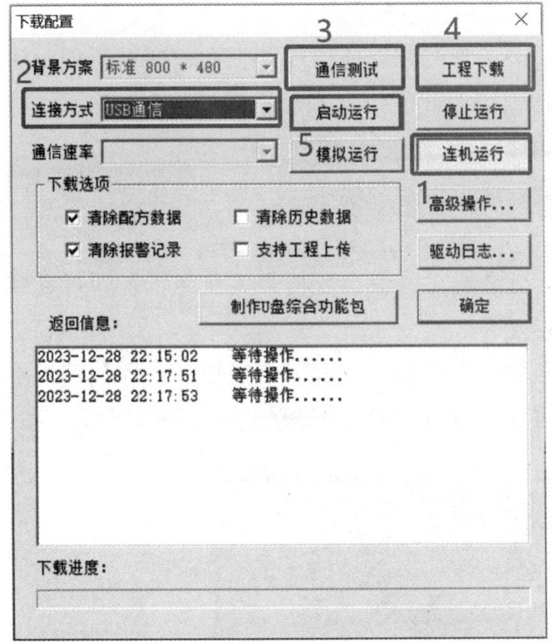

图 10－36　USB 接口下载工程设置

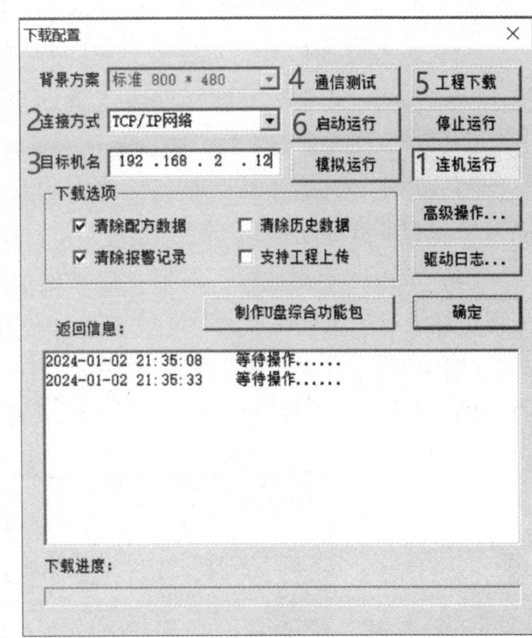

图 10－37　LAN 接口下载工程设置

组态好一个工程后，可以在上位机的模拟运行环境中试运行，以检查是否符合组态要求；也可以将工程下载到下位机中，在实际环境中运行，上面的联机运行即在实际环境中运行。

工程模拟运行的操作如图 10－38 所示，具体操作步骤如下。

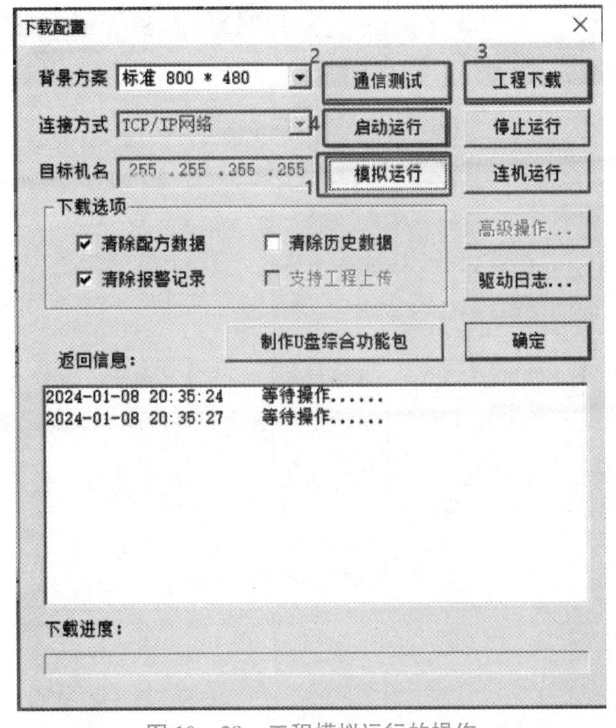

图 10－38　工程模拟运行的操作

（1）打开“下载配置”对话框，单击“模拟运行”按钮。

（2）单击“通信测试”按钮，测试通信是否正常。如果通信成功，在返回对话框中将提示“通信测试正常”，同时弹出模拟运行环境窗口，此窗口打开后，将以最小化形式在任务栏中显示。如果通信失败，将在返回对话框中提示“通信测试失败”。

（3）单击“工程下载”按钮，将工程下载到模拟运行环境中。如果工程正常下载，将提示“工程下载成功！”。

（4）单击“启动运行”按钮，启动模拟运行环境，将模拟环境最大化显示，即可看到工程正在运行。工程模拟运行环境如图 10－39 所示。

（5）单击“下载配置”对话框中的“停止运行”按钮，或者单击模拟运行环境窗口中的“停止按钮”，工程停止运行；单击模拟运行环境窗口中的关闭按钮，关闭窗口。

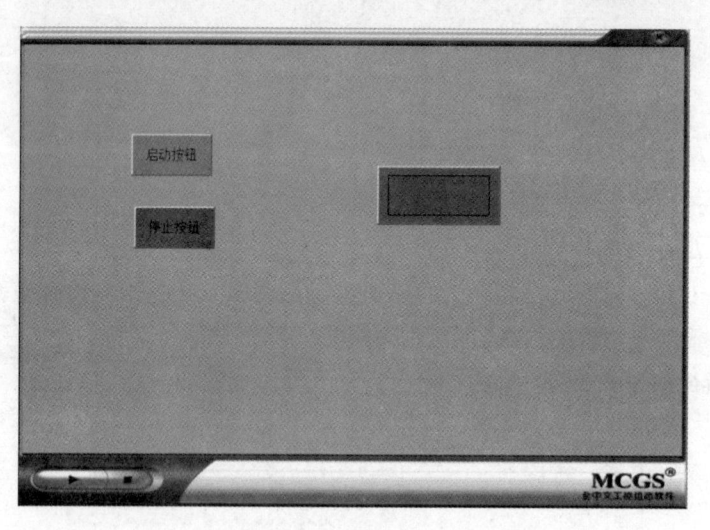

图 10－39　工程模拟运行环境

三、PLC 部分

（1）设置 PLC 的以太网地址为 198. 162. 2. 10。

（2）编写程序，如图 10－40 所示。

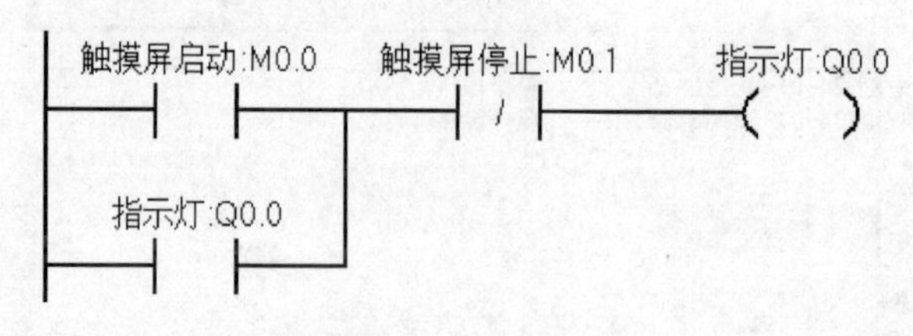

图 10－40　梯形图程序

任务实施

填写表 10－3。

表 10－3　MCGS 组态工程方法任务表

任务名称	MCGS 组态工程的方法		
任务目标	在 MCGS 触摸屏实现对指示灯的监控		
任务实施步骤	(1) 创建工程。 (2) 定义数据对象。 (3) 工程画面组态。 (4) 设备连接。 (5) 工程下载。 (6) PLC 程序编写。 (7) 运行调试		
设备调试过程记录			
所遇问题及解决方法			
教师签字		得分	

习　　题

简答题

1. MCGS 嵌入版组态环境由哪几部分组成？
2. 定义数据对象主要包括哪些内容？
3. 工程模拟运行的一般步骤是什么？
4. 工程联机运行的一般步骤是什么？

第三篇

自动化生产线总体安装与调试模块

项目 11

自动化生产线设备安装

项目概述

YL－335B 型自动化生产线设备安装项目是一项涉及高精密技术和复杂工程流程的重要项目。本项目介绍了供料单元、加工单元、装配单元、分拣单元及输送单元机械部件安装的内容。各单元机械安装部分作为自动化生产线的骨架，直接关乎整条生产线的正常工作状态。在安装过程中，需要严格按照设备技术规范和操作指南进行操作，确保设备的安装精度和稳定性。

任务 1 供料单元的安装

知识目标

1. 熟悉供料单元的结构及工作过程。
2. 熟悉供料单元安装前的准备工作。
3. 熟悉供料单元的安装步骤和方法。

技能目标

1. 能够对设备及零部件做初步检查。
2. 能够正确使用工具完成供料单元零部件的组装。
3. 能够调整设备，处理常见故障，确保设备正常运行。

素养目标

1. 培养严谨细致的工作态度，确保每个细节都符合要求。
2. 增强安全意识，遵守安全规定，确保自己和他人的安全。
3. 培养解决问题的能力，遇到问题时能够冷静分析、果断处理。

任务导入

如何将供料单元的机械部件按照要求组装起来？如何提高安装精度和速度？

知识储备

一、供料单元的结构

供料单元的功能是根据需要将放置在料仓中的工件自动推出到出料台上，以便输送单元的机械手将其抓取，并传送到其他单元。该单元主要由装置侧和PLC侧两部分组成，装置侧部分安装在工作台上，PLC侧部分安装在抽屉内。其中，装置侧的结构以功能划分，可以分为工件存储装置和工件推出装置两部分，装置侧部分的结构如图11－1所示。

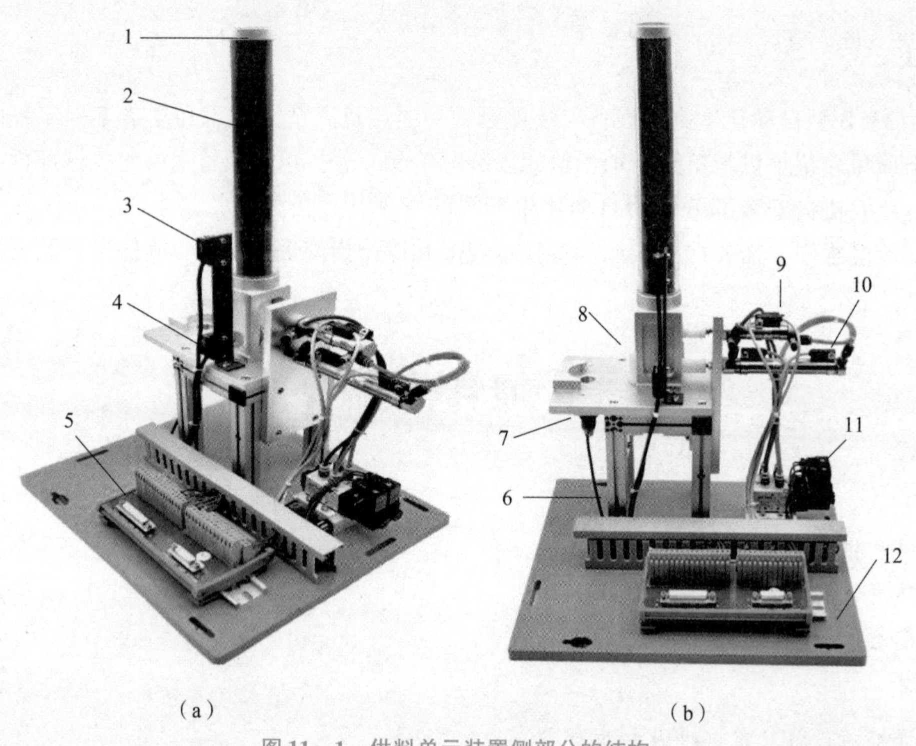

图11－1 供料单元装置侧部分的结构

(a) 侧视图；(b) 正视图

1—杯形工件；2—管形料仓；3—欠料检测传感器；4—缺料检测传感器；5—接线端口；6—支撑架；7—出料检测传感器；8—料仓底座；9—顶料气缸；10—推料气缸；11—电磁阀组；12—底板

1. 工件存储装置

工件存储装置主要作用为工件存储与检查，由管形料仓、欠料检测传感器和缺料检测传感器等组件构成。

1）管形料仓

管形料仓主要由固定在支撑架上面的料仓底座和透明塑料管料仓组成。工件从塑料管顶部放入，当需要供出工件时，PLC控制推料气缸活塞杆动作，将底层工件推出。

2）欠料检测传感器、缺料检测传感器

欠料检测传感器、缺料检测传感器由2个光电接近开关组成，通过这2个光电接近开关的信号状态反映料仓中储料是否足够或者有无储料。欠料检测传感器安装于第 4 层工件位置，其功能是检测料仓中工件是否足够；缺料检测传感器安装于管形料仓的底部，其功能是检测料仓中有无工件。若料仓只有 3 个工件，则欠料检测传感器动作，表明工件已经快用完或工件不足；若料仓内没有工件，则缺料检测传感器也动作。

2. 工件推出装置

供料操作示意图如图 11 - 2 所示，其工作过程如下。

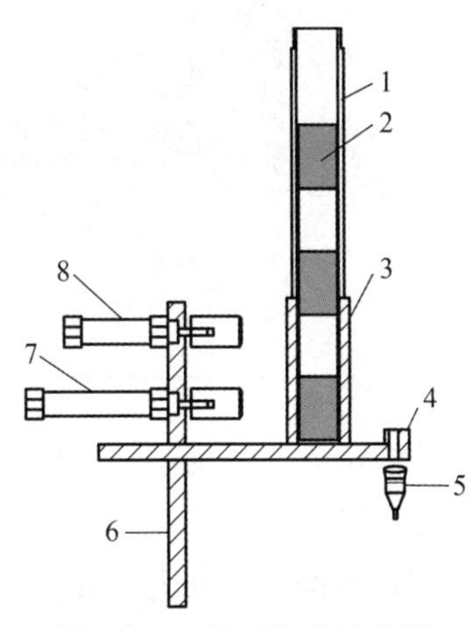

图 11 - 2　供料操作示意图

1—管形料仓；2—待加工工件；3—料仓底座；4—出料台；5—出料检测传感器；
6—气缸支板；7—推料气缸；8—顶料气缸

（1）工件垂直叠放在管形料仓中，顶料气缸活塞杆伸出，顶住正前方的第 2 层工件。

（2）推料气缸活塞杆伸出，推第 1 层（底层）工件到出料台。

（3）推料气缸活塞杆缩回，顶料气缸活塞杆缩回。料仓中的工件在重力作用下自动向下移动 1 个工件高度，为下一次推出工件做好准备。

推料气缸活塞杆把工件推出到出料台上。出料台面开有小孔，出料台下面安装有 1 个圆柱形漫反射式光电接近开关，接近开关工作时向上发出光线，透过出料台的小孔，从而检测出料台上是否有工件存在，以便向系统反馈本单元出料台有无工件的信号。在输送单元的控制程序中，可以利用该信号状态判断是否需要驱动机械手装置抓取工作。

二、供料单元安装前的准备工作

供料单元安装前，要组织学生做好安装准备工作，养成良好的工作习惯，执行规范操作，培养良好职业素养。准备工作包括以下具体内容。

（1）明确安装计划和流程，并对供料单元的零部件做初步检查及必要的调整。

（2）准备安装工具和材料，强调工具和零部件应合理摆放。

（3）穿戴安全防护设备，如安全帽、安全鞋等。

三、供料单元的安装步骤和方法

首先，把供料单元各零件组装成组件，然后把组件进行总装。供料单元可分解为 3 个组件：铝合金型材支撑架、料仓底座及出料台和推料机构。供料单元组件装配过程见表 11－1。

表 11－1　供料单元组件装配过程

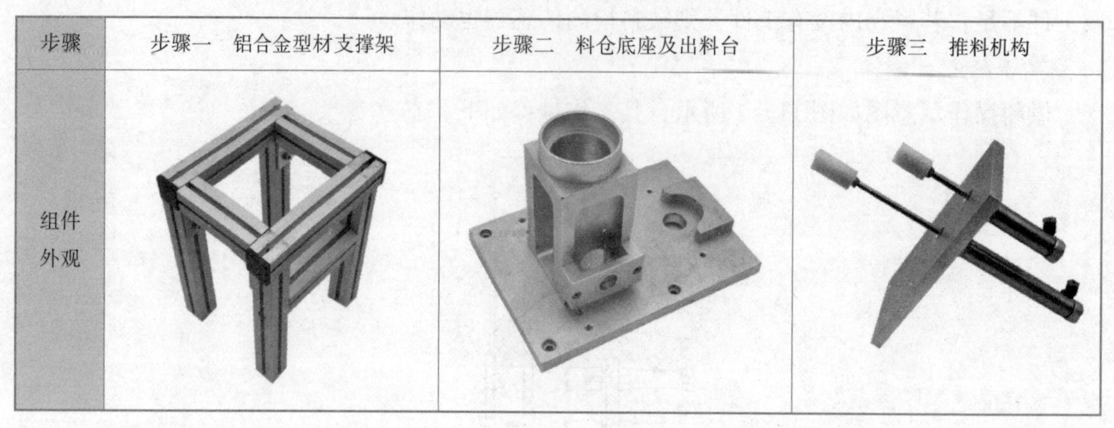

步骤	步骤一　铝合金型材支撑架	步骤二　料仓底座及出料台	步骤三　推料机构
组件外观			

各组件装配好后，需要用螺栓将各组件连接为整体，再用橡皮锤把管形料仓敲入料仓底座。安装时必须注意各组件的安装位置、安装方向等。最后在铝合金型材支撑架上固定底座，完成供料单元的安装。供料单元机械部分组装完成效果如图 11－3 所示。

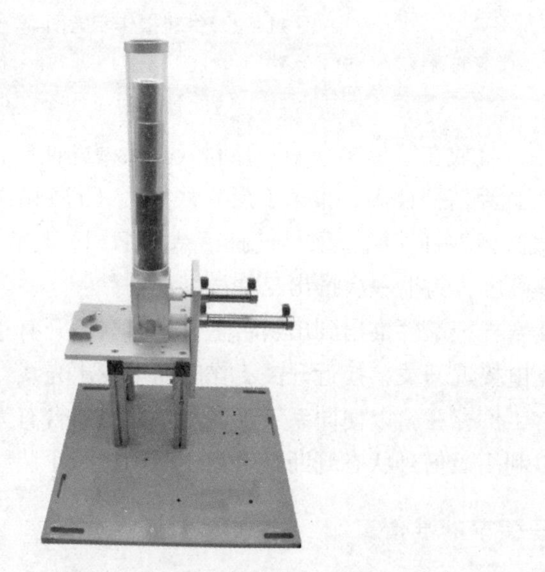

供料单元机械部分安装视频

图 11－3　供料单元机械部分组装完成效果

供料单元的安装过程应注意下列几点。

（1）当装配铝合金型材支撑架时，需注意调整好各条边的平行度及垂直度，锁紧螺栓。

（2）当气缸安装板和铝合金型材支撑架连接时，在铝合金型材 T 形槽中特定位置需预留与之相配的螺母，否则将无法安装。

（3）当机械部分固定在底座上时，需要将底座移动到操作台的边缘，然后将螺栓从底座的背面拧入，将底座和机械部分的支撑型材连接起来。

小资料

设备安装过程中的风险

一、电气危险

在设备安装过程中，电气危险非常常见。例如，如果没有正确切断电源，或者处理不当，则会产生电气危险，对人员造成生命危险。此外，电气危险还有可能会烧毁设备，造成不必要的损失。因此，在安装设备之前，安装人员必须充分了解电气知识，并正确使用测试设备。

二、机械危险

机械危险也是一种常见的，设备安装过程中的风险。在操作过程中，可能会出现设备断裂或零件脱落等机械事故。此外，在没有拆除设备周围的障碍物时，这些障碍物也很容易造成机械危险。为了避免机械危险，安装前需要安装人员充分评估设备性质，保证所使用的设备符合安全标准，还要督促安装人员规范使用设备。

三、火灾危险

设备安装过程中，火灾危险同样是一个不能忽视的问题。火灾危险的产生原因多种多样，如电路过载、设备故障或设计缺陷等。为了避免这种情况发生，安装人员需要确定设备安装的位置，保证安装位置有足够的空间以便设备散热，并保证安装环境符合消防标准和安全标准。

任务实施

填写表 11－2。

表 11－2　供料单元的安装任务表

任务名称	供料单元的安装
任务目标	能够完成供料单元各部件的组装，并将供料单元安装到合适的位置
设备调试步骤	(1) 铝合金型材支撑架的安装。 (2) 料仓底座及出料台安装。 (3) 推料机构的安装。 (4) 将各组件连接成整体
设备调试过程记录	

续表

所遇问题及解决方法			
教师签字		得分	

习　题

填空题

1. 以功能划分，供料单元装置侧的结构主要是由________和________两部分组成。
2. 安装在支撑架上的________、________和________等构成工件存储装置。
3. 供料单元可分解为3个组件，分别为________、________和________。

任务2 加工单元的安装

知识目标

1. 熟悉加工单元的结构及工作过程。
2. 熟悉加工单元安装前的准备工作。
3. 熟悉加工单元的安装步骤和方法。

技能目标

1. 能够对设备及零部件做初步检查。
2. 能够正确使用工具完成加工单元零部件的组装。
3. 能够完成对加工单元的调试。

素养目标

1. 培养细致入微的工作态度。
2. 培养团队合作精神，形成良好的团队合作氛围。

任务导入

如何将加工单元的机械部件按照要求组装起来？

知识储备

一、加工单元的结构

加工单元的功能是先在加工台夹紧待加工工件，然后将工件移送到加工位置，并完成对工件的冲压加工，最后把加工好的工件重新送出。

加工单元装置侧结构如图 11－4 所示，其主要组成部分如下。

（1）滑动加工台，由直线导轨及滑块、固定在直线导轨滑块上的加工台（包括加工台支座、气动手指、工件夹紧器等）、伸缩气缸及其支座等组成。

（2）加工（冲压）机构，由固定在加工（冲压）气缸支撑架上的冲压气缸安装板、冲压气缸及冲压头等组成。

（3）其他组件，如电磁阀组、接线端口、底板等。

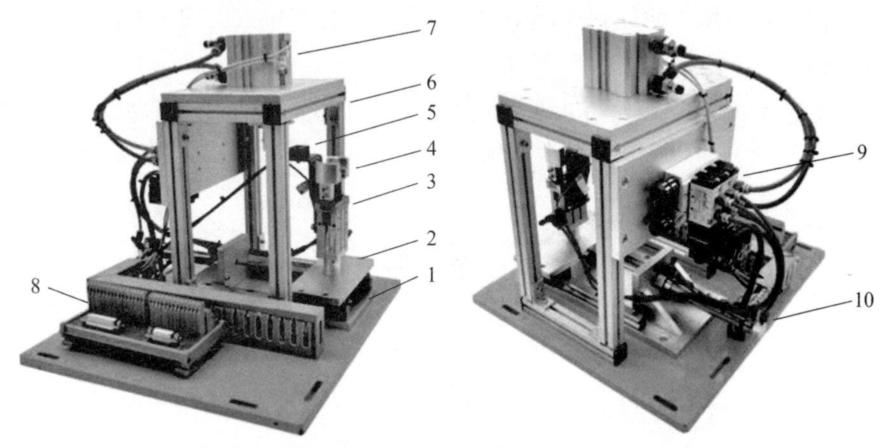

图 11－4　加工单元装置侧结构

（a）左视图；（b）后视图

1—直线导轨；2—加工台支座；3—气动手指；4—工件夹紧器；5—散射型光电接近开关；6—冲压气缸支撑架；7—冲压气缸；8—接线端口；9—电磁阀组；10—伸缩气缸

1. 滑动加工台

滑动加工台用于固定待加工工件，并把工件移到加工（冲压）机构正下方进行冲压加工。它主要由手爪、气动手指、伸缩气缸、直线导轨和滑块、磁性开关、光电传感器及底板组成。滑动加工台如图 11－5 所示。

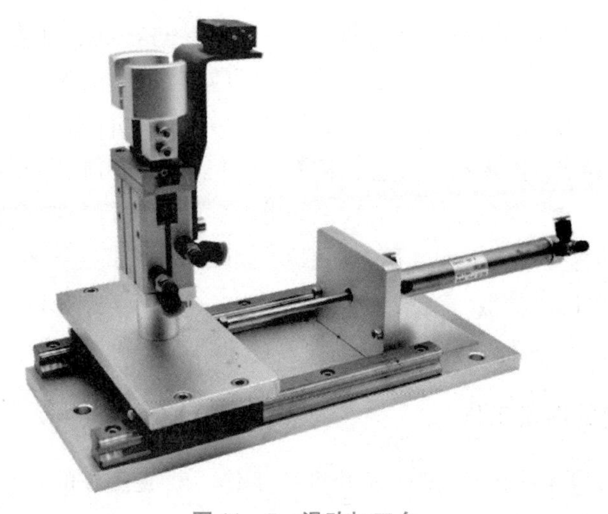

图 11－5　滑动加工台

滑动加工台的工作过程：加工台的初始状态为伸缩气缸活塞杆伸出、气动手指张开，当输送机构把工件送到加工台，工件被安装于上部的光电传感器检测到时，PLC 控制程序驱动气动手指将工件夹紧，然后加工台移到加工区域进行冲压加工操作。冲压加工完成后加工台返回初始位置，气动手指张开，以便机械手取出工件。

加工台伸出到位和返回到位的位置是通过调整伸缩气缸上 2 个磁性开关的位置来确定的，要求返回位置位于加工冲压头正下方，伸出位置应与输送单元的抓取机械手装置配合，确保输送单元的抓取机械手能顺利地把待加工工件放到伸出位置的加工台上。

2. 加工（冲压）机构

加工（冲压）机构安装在冲压气缸支撑架上，用于对工件进行冲压加工。加工（冲压）机构主要由冲压气缸、冲压头和安装板等组成。加工（冲压）机构如图 11－6 所示。

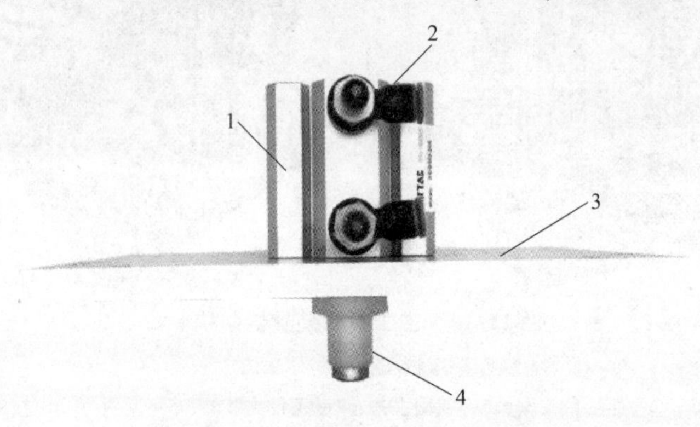

图 11－6　加工（冲压）机构

1—薄型气缸；2—节流阀及快速接头；3—安装板；4—冲压头

冲压台的工作过程：当伸缩气缸活塞杆缩回到位且工件到达冲压位置时，冲压气缸活塞杆带动冲压头伸出对工件进行冲压加工，完成加工动作后冲压气缸活塞杆缩回，为下一次冲压作准备。

3. 直线导轨副

直线导轨副是一种滚动导引组件，它通过钢珠在滑块与导轨之间做无限滚动循环，使负载平台能沿着导轨做高精度直线运动，其摩擦因数可降至传统滑动导引组件的 1/50，从而使直线导轨副能够达到较高的定位精度。在直线传动领域中，直线导轨副一直是关键性的部件，目前已成为各种机床、数控加工中心、精密电子机械中不可缺少的重要功能部件。

直线导轨副通常按照滚珠在导轨和滑块之间的接触类型进行分类，主要有两列式和四列式。YL－335B 型自动化生产线上均选用普通级精度的两列式直线导轨副，其接触角在运动中能保持不变，刚性也比较稳定。直线导轨副如图 11－7 所示，图 11－7（a）所示为直线导轨副截面示意图，图 11－7（b）所示为装配好的直线导轨副。

二、加工单元安装前的准备工作

加工单元安装前，要组织学生做好安装准备工作，养成良好的工作习惯，执行规范操作，培养良好职业素养。准备工作包括以下具体内容。

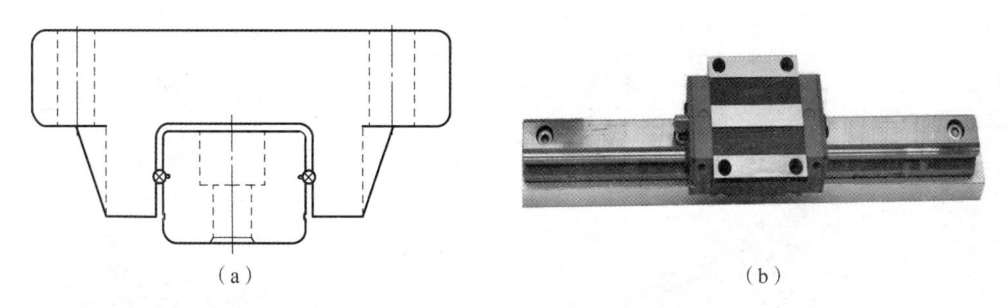

图 11－7　直线导轨副

（a）直线导轨副截面示意图；（b）装配好的直线导轨副

（1）明确安装计划和流程，并对加工单元的零部件做初步检查及必要的调整。

（2）准备安装工具和材料，强调工具和零部件应合理摆放。

（3）穿戴安全防护设备，如安全帽、安全鞋等。

三、加工单元的安装步骤和方法

加工单元组件装配包括支撑架装配、冲压气缸及冲压头装配、加工机构组装 3 个步骤，其装配过程见表 11－3。

表 11－3　加工单元组件装配过程

步骤	步骤一　支撑架装配	步骤二　冲压气缸及冲压头装配	步骤三　加工机构组装
组件外观			

滑动加工台组件装配包括直线导轨副组装、伸缩机构装配、夹紧机构装配和滑动加工机构装配，其装配过程见表 11－4。

滑动加工台组件装配完成后，将直线导轨副安装板固定在底板上，然后将加工机构组件也固定在底板上，最后装配电磁阀组、接线端口等，就完成了加工单元的机械部分装配，其组装完成效果如图 11－8 所示。如果加工（冲压）机构组件部分的冲压头和滑动加工台上工件的中心没有对正，则可以通过调整伸缩气缸活塞杆端部旋入加工台支座连接螺孔的深度来进行修正。

表 11－4　滑动加工台组件装配过程

步骤	步骤一　直线导轨副组装	步骤二　伸缩机构装配
组件外观		
步骤	步骤三　夹紧机构装配	步骤四　滑动加工机构装配
组件外观		

加工单元机械部分安装视频

图 11－8　加工单元组装完成效果

加工单元安装时的注意事项如下。

（1）当调整两直线导轨的平行度时，首先将加工台支座固定在两直线导轨滑块上，然后一边沿着导轨来回移动加工台支座，一边拧紧固定导轨的螺栓。

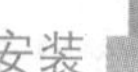

（2）如果加工（冲压）机构组件的冲压头和滑动加工台上工件的中心没有对正，则可以通过调整伸缩气缸活塞杆端部旋入加工台支座连接螺孔的深度进行修正。

小资料

如何正确使用扳手拧六角螺钉

一、选择合适的扳手

拧紧六角螺钉需要使用六角扳手，六角扳手一般分为内六角扳手和外六角扳手两种。选择尺寸合适的扳手非常重要，尺寸过大或过小在使用时都会导致施力不均，从而损坏螺钉。

二、正确的拧紧方式

（1）螺钉拧紧前应先将扳手插入六角孔并调整姿态，使其与螺钉头呈90°垂直方向。

（2）螺钉拧紧时应施力均匀，不能过度用力或重心偏移，不要用手拍打扳手，避免损坏螺钉。

（3）螺钉拧紧到一定程度后，应适当旋转扳手，检查扳手是否有松动或卡壳情况，避免未及时发现问题而导致螺钉损坏。

三、注意事项

（1）使用扳手拧紧六角螺钉时，要注意方向，不能左右混淆。

（2）如果六角螺钉固定得非常紧或者已经损坏，则建议使用其他工具，如麻花钻等。

（3）螺钉拧紧后要检查螺钉是否滑丝，如有损坏则应及时更换，避免设备运行时出现意外事故。

总之，只有使用合适的扳手，采用正确的螺钉拧紧方式及遵守注意事项，才能高效、安全地拧紧六角螺钉。

任务实施

填写表 11－5。

表 11－5　加工单元的安装任务表

任务名称	加工单元的安装
任务目标	能够完成加工单元各部件的组装，并将加工单元安装到合适的位置
设备调试步骤	（1）支撑架的装配。 （2）冲压气缸及冲压头装配。 （3）加工机构组装。 （4）直线导轨副组装。 （5）伸缩机构装配。 （6）夹紧机构装配。 （7）滑动加工机构装配

续表

设备调试过程记录			
所遇问题及解决方法			
教师签字		得分	

习　题

填空题

1. 加工（冲压）机构主要由________、________和________组成。
2. 加工机构组件装配包括________、________、________3 个步骤。
3. 滑动加工台组件装配包括________、________、________和________装配。

任务 3　装配单元的安装

知识目标

1. 熟悉装配单元的结构及工作过程。
2. 熟悉装配单元安装前的准备工作。
3. 熟悉装配单元的安装步骤和方法。

技能目标

1. 能够对设备及零部件做初步检查。
2. 能够使用正确使用工具完成装配单元零部件的组装。
3. 能够完成对装配单元的调试。

素养目标

1. 培养责任心和自律性。
2. 培养学生提高问题解决和应变能力。

任务导入

如何将装配单元的机械部件按照要求组装起来?

知识储备

一、装配单元的结构

装配单元的功能是将该单元料仓内的小圆柱芯件嵌入装配台料斗中的待装配工件中,该单元装置侧的主要结构如图 11－9 所示。

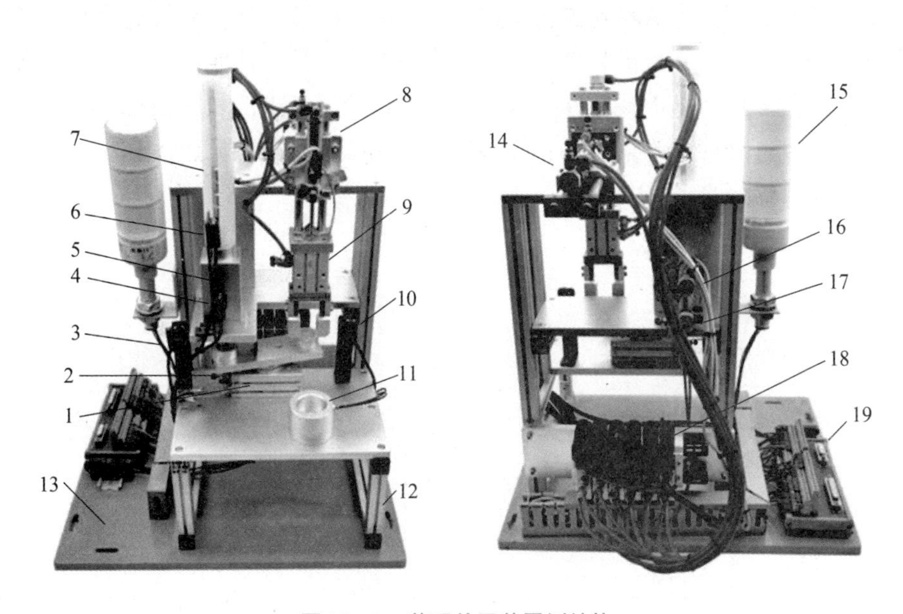

图 11－9　装配单元装置侧结构

(a) 前视图;(b) 后视图

1—摆动气缸;2—料盘及支撑板;3—光电接近开关 3;4—光电接近开关 1;5—料仓底座;6—光电接近开关 2;7—管形料仓;8—升降气缸;9—气动手指及夹紧器;10—光电接近开关 4;11—装配台;12—铝型材支架;13—底板;14—伸缩气缸;15—警示灯;16—顶料气缸;17—挡料气缸;18—电磁阀组;19—接线端口

装配单元装置侧的结构包括以下部分。

(1) 供料组件:主要包括储料装置及落料机构,储料装置由管形料仓及料仓底座组成;落料机构由顶料气缸、挡料气缸及支撑板组成。

(2) 回转物料台:主要由料盘及支撑板、摆动气缸组成。

(3) 装配机械手:主要由伸缩气缸、升降气缸、气动手指及夹紧器等组成。

(4) 其他附件:主要包括铝型材支架及底板、气动系统及电磁阀组、光电接近开关及其安装支架、警示灯及接线端口等。

1. 管形料仓

管形料仓由塑料圆管和中空底座构成,主要用于存储装配用的黑色和白色金属小圆柱芯件。塑料圆管顶端配置有加强金属环,以防止圆管破损。小圆柱芯件竖直放入管形料仓内,由于管形料仓内径稍大于芯件外径，因此芯件能在重力作用下自由下落。

为了能在料仓供料不足和缺料时报警，管形料仓底部和底座处分别安装了两个光电接近开关，并在管形料仓及底座的前后侧纵向铣槽，使光电接近开关的红外光斑能可靠地照射到被检测的芯件上。

2. 落料机构

落料机构示意图如图 11－10 所示。料仓底座的背面安装了两个直线气缸：上部的气缸称为顶料气缸，下部的气缸称为挡料气缸。

系统气源接通后，落料机构位于初始位置，此时顶料气缸活塞杆处于缩回状态，挡料气缸活塞杆处于伸出状态。当从料仓进料口放下芯件时，芯件将被挡料气缸活塞杆终端的挡块阻挡而不能落下。当需要进行供料操作时，首先顶料气缸活塞杆伸出，顶住第 2 层芯件，然后挡料气缸活塞杆缩回，第 1 层芯件掉入回转物料台的料盘中，之后挡料气缸活塞杆复位伸出，顶料气缸活塞杆缩回，原第 2 层芯件落到挡料气缸活塞杆终端挡块上，成为新的第 1 层芯件，为再次供料做好准备。

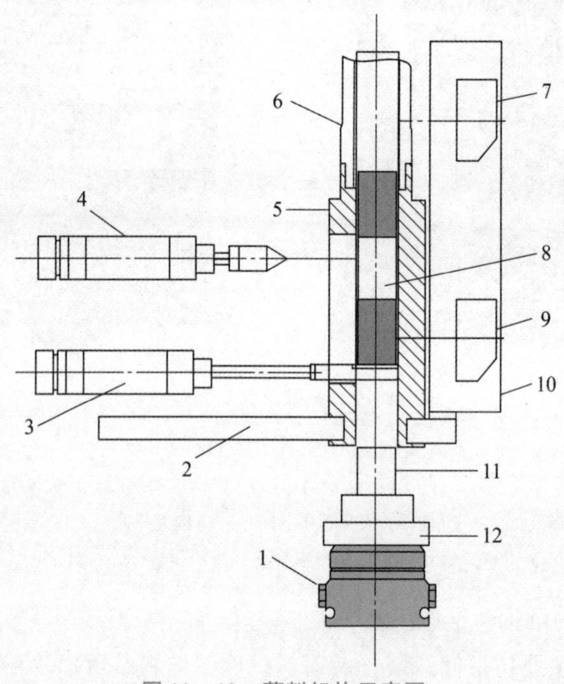

图 11－10　落料机构示意图

1—摆动气缸；2—料仓固定底板；3—挡料气缸；4—顶料气缸；5—料仓底座；6—管形料仓；7—光电接近开关 1；8—料仓中芯件；9—光电接近开关 2；10—光电接近开关支撑板；11—落到料盘的芯件；12—回转物料台

3. 回转物料台

回转物料台结构主要由摆动气缸、装配台底板及两个料盘组成，其结构如图 11－11 所示。

摆动气缸能驱动料盘、支撑板旋转 180°，使两个料盘在料仓正下方和装配机械手正下方两个位置往复回转，从而实现把从供料机构落到料盘的芯件转移到装配机械手正下方的功能。

光电接近开关 3 和光电接近开关 4 分别用来检测料盘 1 和料盘 2 中是否有芯件。

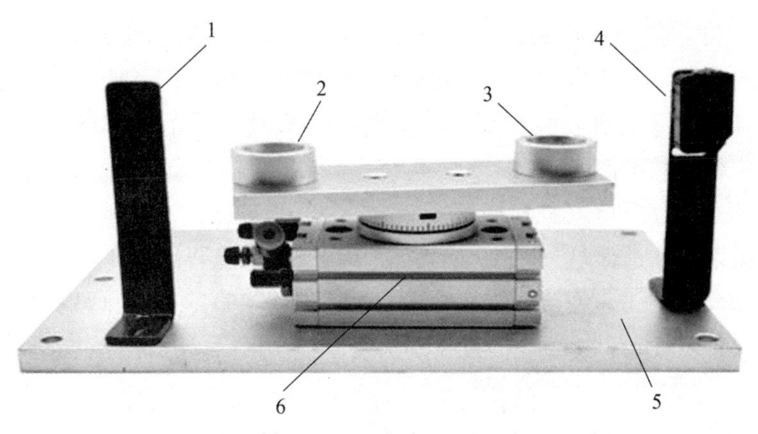

图11－11　回转物料台的结构

1—光电接近开关3；2—料盘1；3—料盘2；4—光电接近开关4；5—装配台底座；6—摆动气缸

4. 装配机械手

装配机械手是整个装配单元的核心。当装配机械手正下方的回转物料台料盘2上有小圆柱芯件，且装配台侧面的光电接近开关检测到装配台上有待装配工件时，机械手就从初始状态开始执行装配操作过程。

装配机械手装置是一个三维运动机构，其组件如图11－12所示。装配机械手装置的结构由竖直方向升降移动和水平方向伸缩移动的两个导向气缸及气动手指组成。竖直方向升降的导向气缸连接气动手指，可沿竖直方向移动，通过气动手指连接的夹紧器实现抓取和放下小圆柱芯件的功能。竖直方向升降的导向气缸及气动手指是装配机械手装置的手爪机构。水平方向伸缩的导向气缸用连接件连接整个手爪机构，使手爪机构在水平方向伸缩移动。水平方向的导向气缸及连接件是装配机械手装置的手臂机构。

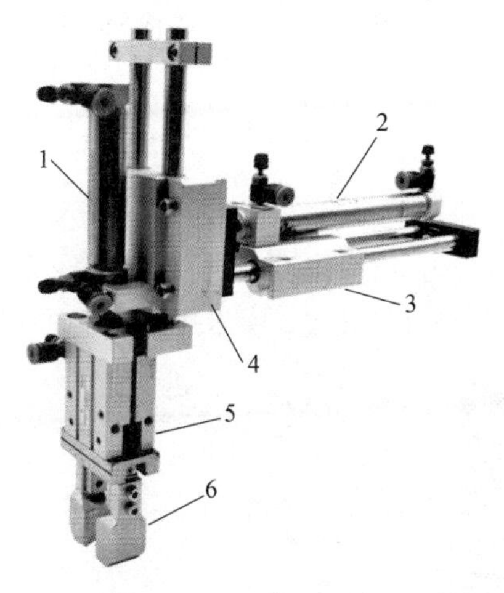

图11－12　装配机械手组件

1—升降气缸；2—伸缩气缸；3—伸缩气缸导向装置；4—升降气缸导向装置；5—气动手指；6—夹紧器

装配机械手装置装配操作过程步骤如下。

（1）手爪下降：PLC驱动升降气缸电磁换向阀，使升降气缸驱动气动手指向下移动，向下移动到位后气动手指驱动夹紧器夹紧芯件，并将夹紧信号通过磁性开关传送给PLC。

（2）手爪上升：在 PLC 控制下，升降气缸复位，被夹紧的芯件跟随气动手指一并提起。

（3）手臂伸出：手爪上升到位后，PLC 驱动伸缩气缸电磁阀，使活塞杆伸出。

（4）手爪下降：手臂伸出到位后，升降气缸再次被驱动下移，到位后气动手指松开，将芯件放进装配台上的工件内。

（5）经短暂延时，升降气缸和伸缩气缸的活塞杆先后缩回，机械手恢复初始状态。

在整个机械手动作过程中，除气动手指松开到位无传感器检测外，其余动作的到位信号均采用与气缸配套的磁性开关检测。采集到的信号输入 PLC，由 PLC 输出信号驱动电磁换向阀换向，使气缸及气动手指组成的机械手按程序自动运行。

5. 装配台

输送单元运送来的待装配工件直接放置在装配台中，由装配台定位孔与工件之间的较小间隙配合实现定位，从而完成准确的装配动作。装配台与回转物料台组件共用支撑板，如图 11 - 13 所示。为了确定装配台内是否已放置待装配工件，在装配台的侧面安装了光纤传感器进行检测，如图 11 - 14 所示。

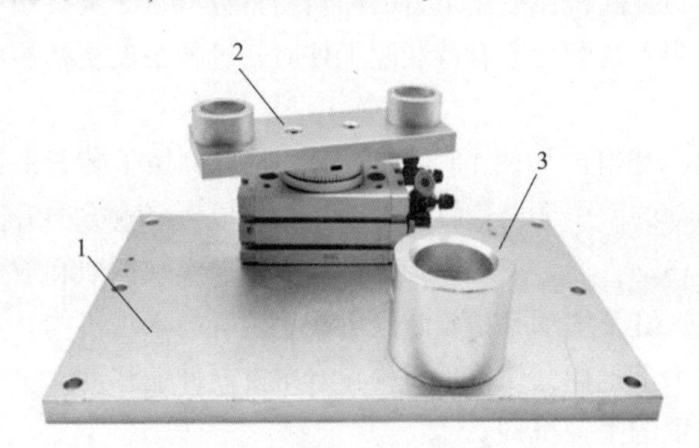

图 11 - 13　装配台料斗和回转物料台

1—支撑板；2—回转物料台组件；3—装配台

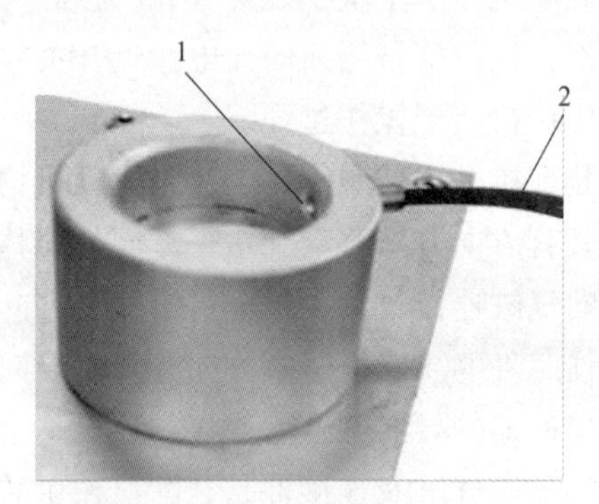

图 11 - 14　安装有光纤头的装配台

1—光纤头；2—光纤

6. 警示灯

装配单元上安装有红、橙、绿三色警示灯，用于系统警示。警示灯有 5 根引出线，其中黄绿双色引线是接地线，红色引线为红色灯控制线，黄色引线为橙色灯控制线，绿色引线为绿色灯控制线，黑色引线为信号灯公共控制线。警示灯外形及其接线示意图如图 11 - 15 所示。

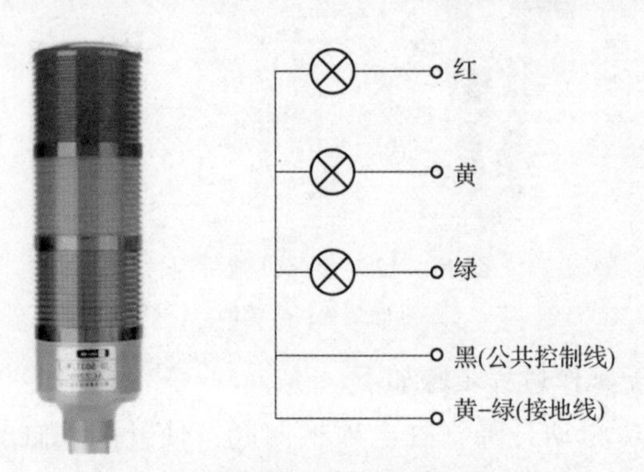

图 11 - 15　警示灯外形及其接线示意图

二、装配单元安装前的准备工作

在 YL－335B 型自动化生产线设备中，装配单元是机械零部件和气动元器件最多的工作单元，其设备安装和调整比较复杂，安装规范要求也较高。准备工作包括以下具体内容。

（1）安装前应对装配单元的各个零部件做初步检查，进行位置、结构和尺寸的确认。

（2）安装装配单元需要使用的工具和装配单元的零部件应合理摆放，操作时每次使用完的工具应放回原处。

（3）穿戴安全防护设备，如安全帽、安全鞋等。

三、装配单元的安装步骤和方法

装配单元的安装是将各零件组合成整体。安装时的组件包括：供料操作组件及供料料仓、回转机构及装配台、装配机械手组件和工作单元支撑组件。表 11－6～表 11－8 为装配单元各组件的装配过程。

表 11－6　供料操作组件与供料料仓装配过程

步骤	步骤一　供料操作组件装配	步骤二　供料料仓装配	步骤三　供料操作组件与供料料仓组装
组件外观			

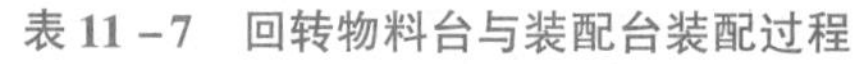
表 11－7　回转物料台与装配台装配过程

步骤	步骤一　回转物料台装配	步骤二　回转物料台与装配台组装
组件外观		

表 11 - 8 装配机械手装配过程

步骤	步骤一 伸缩气缸装配	步骤二 伸缩气缸导向装置装配	步骤三 伸缩气缸各部件组装
组件外观	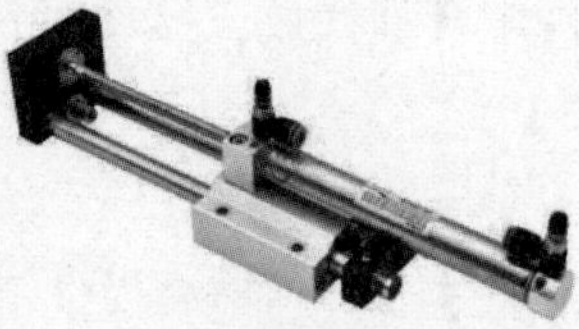		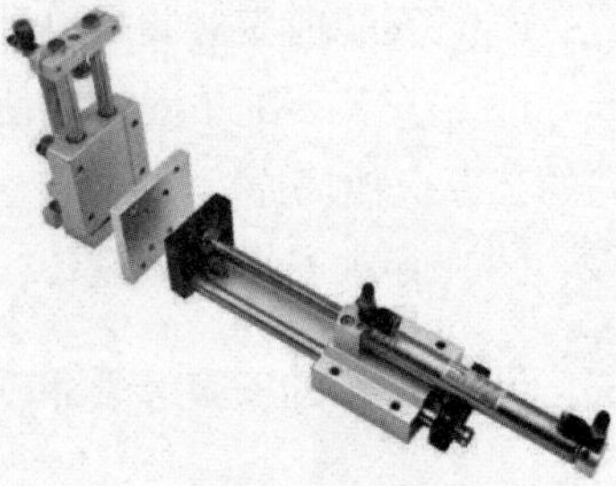
步骤	步骤四 夹紧器与气动手指装配	步骤五 升降气缸与导向装置装配	步骤六 装配机械手各部件组装
组件外观	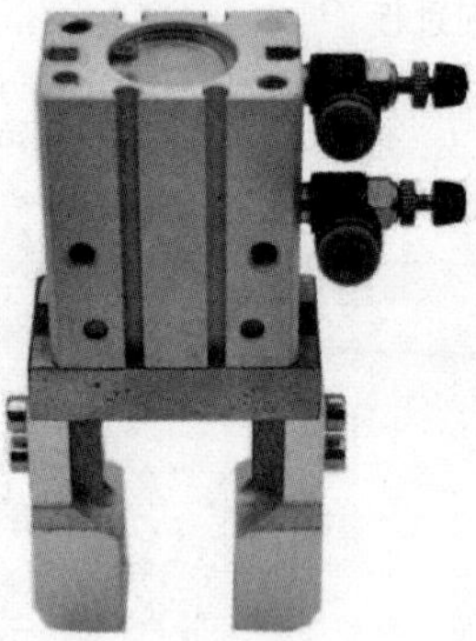		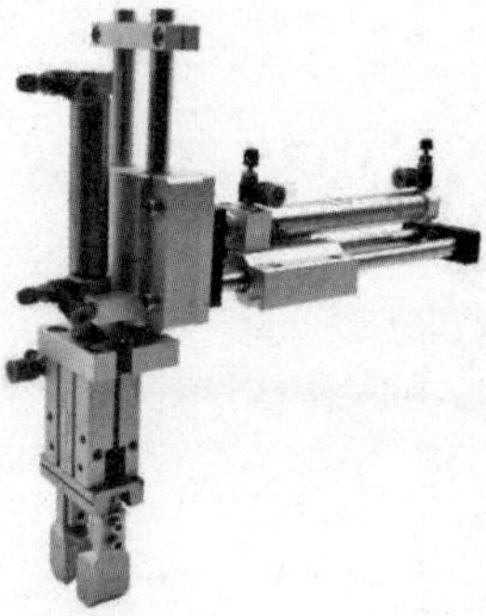

完成以上组件的装配后，按表 11 - 9 的顺序进行装配单元总装。

表 11 - 9 装配单元总装步骤

步骤	步骤一 安装工作单元支撑组件	步骤二 将回转物料台及装配台组件安装到支撑架上
组件外观	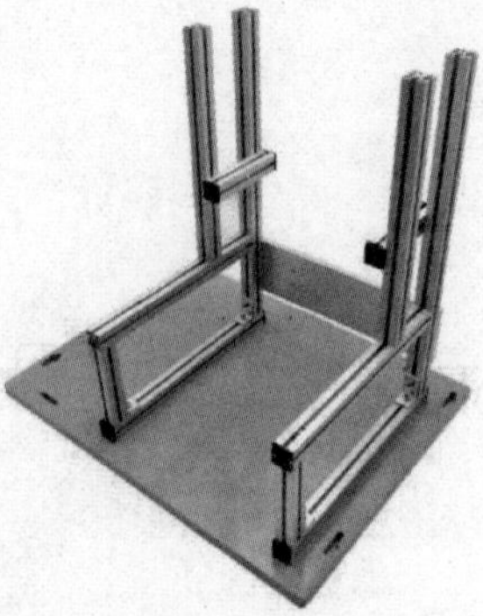	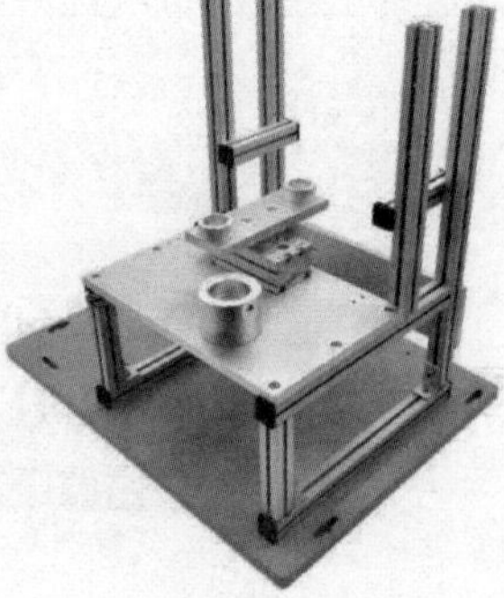

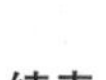

续表

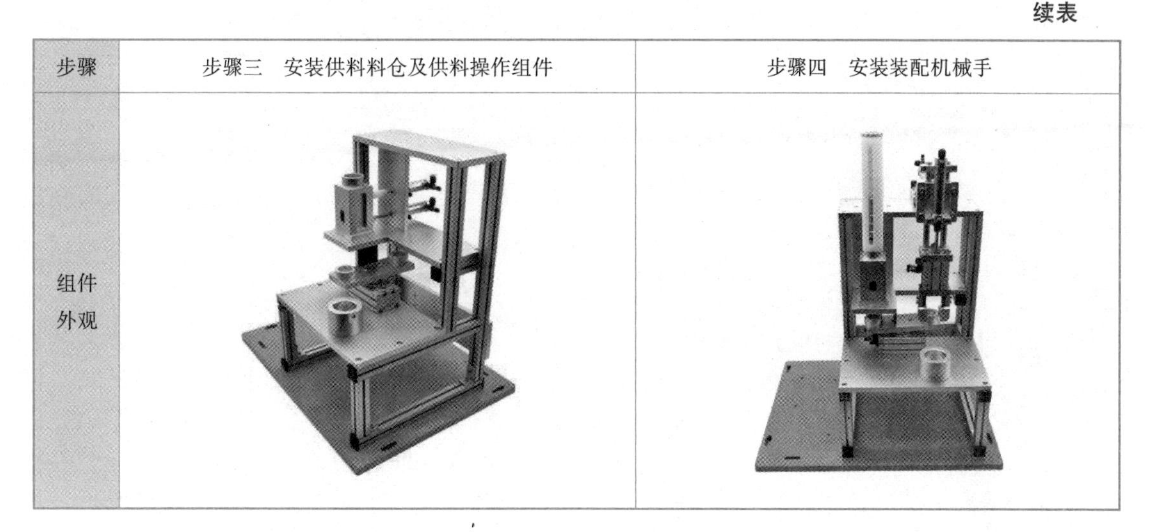

步骤	步骤三　安装供料料仓及供料操作组件	步骤四　安装装配机械手
组件外观		

装配单元的安装过程应注意以下事项。

装配单元机械部分安装视频

（1）预留的螺栓一定要充足，以免造成组件之间不能完成安装。

（2）建议先进行装配，但不要一次拧紧各固定螺栓，待各组件相互位置基本确定后，再依次对螺栓进行调整固定。

（3）装配工作完成后，需进一步校验和调整。例如，校验摆动气缸初始位置和摆动角度；校验和调整装配机械手竖直方向移动的行程调节螺栓，使之在下限位置能够可靠抓取工件；调整装配机械手水平方向移动的行程调节螺栓，使之能够准确移动到装配台正上方进行装配工作。

小资料

伸缩气缸的保养

定期检查：需要定期检查伸缩气缸的工作状况，包括密封件是否磨损或变形，活塞或柱塞是否有磨损，阀门是否正常工作等。如果发现任何问题，则需要及时修理或更换气缸。

清洁保养：定期清洁伸缩气缸和管路，避免灰尘、油污或其他杂质进入气缸内部，因为这些杂质可能会导致密封件磨损或堵塞。

润滑保养：需要定期给伸缩气缸的运动部件进行润滑，以避免磨损和生锈。但注意，伸缩气缸在无给油润滑和给油润滑条件下均可使用。加润滑脂容易被冲洗掉，而不给油润滑会导致伸缩气缸动作不良。

安装和使用注意事项为，在安装伸缩气缸时，需要保证活塞杆的轴线与负载移动方向一致，否则可能会导致活塞杆和缸筒产生相反方向的力，从而加速磨损；此外，如果伸缩气缸的运动能量不能靠气缸自身完全吸收，应在外部增设缓冲机构（如液压缓冲器或设计缓冲回路）。

任务实施

填写表 11－10。

表 11－10　装配单元的安装任务表

任务名称	装配单元的安装		
任务目标	能够完成装配单元各部件的组装，并将装配单元安装到合适的位置		
设备调试步骤	（1）供料操作组件装配。 （2）供料料仓装配。 （3）供料操作组件与供料料仓组装。 （4）回转物料台装配。 （5）回转物料台与装配台组装。 （6）伸缩气缸装配。 （7）伸缩气缸导向装置装配。 （8）伸缩气缸各部件组装。 （9）夹紧器与气动手指装配。 （10）升降气缸与导向装置装配。 （11）装配机械手各部件组装。 （12）装配单元总装		
设备调试过程记录			
所遇问题及解决方法			
教师签字		得分	

习　题

填空题

1. 装配单元装置侧的结构包括________、________、________及________。

2. 料仓底座的背面安装了两个直线气缸：上部的气缸称为________，下部的气缸称为________。

3. 回转物料台结构主要由________、________及________组成。

任务 4　分拣单元的安装

知识目标

1. 熟悉分拣单元的结构及工作过程。
2. 熟悉分拣单元安装前的准备工作。
3. 熟悉分拣单元的安装步骤和方法。

技能目标

1. 能够对设备及零部件做初步检查。
2. 能够正确使用工具完成分拣单元零部件的组装。
3. 能够完成对分拣单元的调试。

素养目标

1. 培养学生勤学苦练、爱岗敬业的职业精神。
2. 培养学生公正公平的观念。

任务导入

如何将分拣单元的机械部件按照要求组装起来？

知识储备

一、分拣单元的结构

分拣单元的功能是在待分拣工件通过检测区检测后，由传送装置将这些工件传送到不同的料仓位，再由推料气缸将其推入料仓，从而完成工件分拣。分拣单元装置侧的主要结构由带传动装置、分拣机构、电磁阀组、接线端口和底板等组成。分拣单元装置侧俯视图如图 11－16 所示。

1. 带传动装置

分拣单元的带传动装置属于摩擦型带传动，具有能缓冲吸振，传动平稳，噪声小，能过载打滑，结构简单，制造、安装和维护方便，成本低，允许两轴距离较大等特点，应用较为广泛。

带传动装置由主动轮、从动轮、传动带和机架等组成，结构如图 11－17 所示。主动轮用三相减速电动机驱动，通过带与带轮之间产生的摩擦力，使从动轮和传动带一起转动，从而实现运动和动力的传递。驱动电动机是通过弹性联轴器与传送带主动轮连接的，整个带传动装置的驱动机构包括电动机支架、电动机和弹性联轴器等。电动机轴与主动轮轴间的连接质量直接影响传送带运行的平稳性，安装时务必注意，必须确保两轴间的同心度。

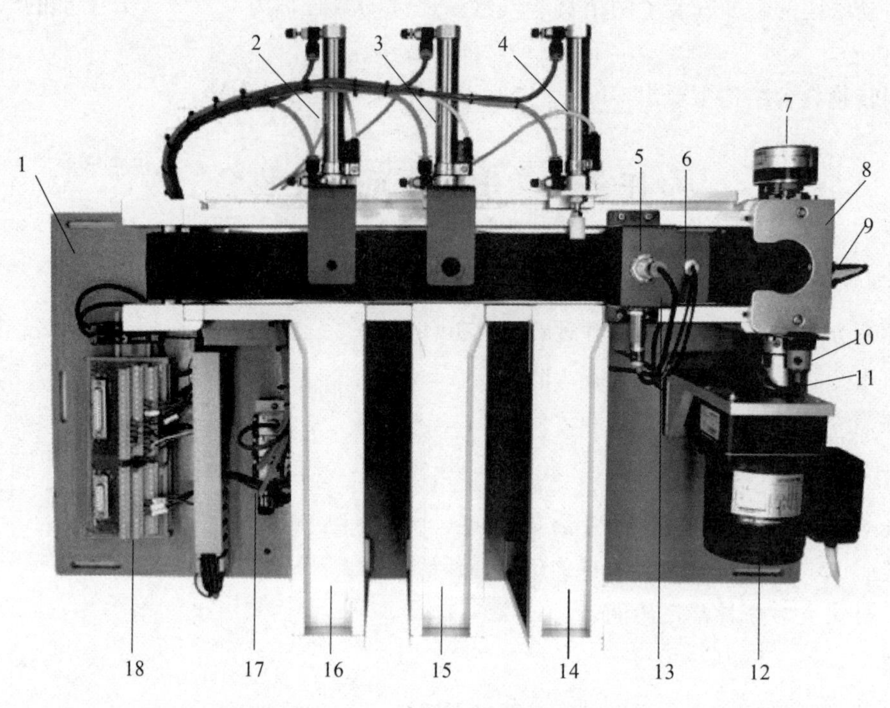

图 11－16　分拣单元装置侧俯视图

1—底板；2—推料气缸 1；3—推料气缸 2；4—推料气缸 3；5—电感式传感器；6—光纤头 2；7—旋转编码器；8—进料定位 U 形板；9—光纤头 1；10—光电传感器；11—联轴器；12—驱动电动机；13—传感器支架；14—出料滑槽 3；15—出料滑槽 2；16—出料滑槽 1；17—电磁阀组；18—接线端子排

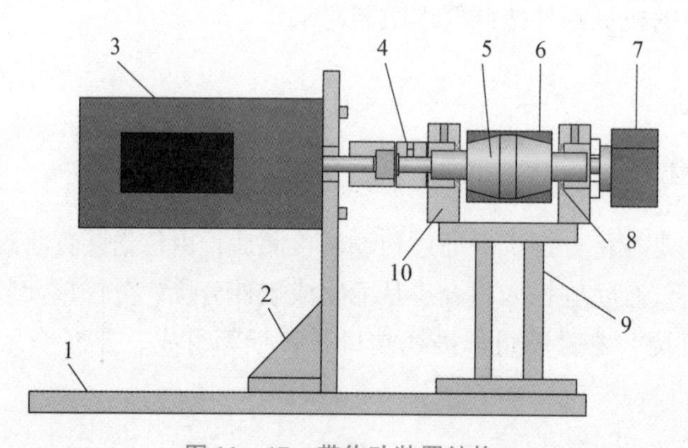

图 11－17　带传动装置结构

1—底板；2—电动机支座；3—减速电动机；4—弹性联轴器；5—主动轮轴；6—传送带；7—旋转编码器；8—滚珠轴承；9—传送带支座；10—传送带侧板

2. 分拣机构

分拣机构主要由出料滑槽、推料（分拣）气缸、进料检测光纤传感器、属性检测（电感式和光纤）传感器及磁性开关等部件组成。分拣机构把带传动装置分为两个区域，从进料口到传感器支架的前端为检测区，传感器支架的后端是分拣区。成品工件在进料口被检测后由传送带向后传送，通过检测区的属性检测传感器确定工件的属性，然后传送到分拣区，按工作任务要求把不同属性的工件推入指定的出料滑槽中。

为了确定工件在传送带上的位置，在传送带进料口安装有定位 U 形板，用来纠正输送单元抓取机械手输送过来的工件并确定其初始位置。传送带上工件移动的距离则通过旋转编码器产生的脉冲进行高速计数来确定。

3. 其他部件

除上述两个主要部分外，分拣单元装置侧还有电磁阀组、接线端口、线槽和底板等一系列其他部件。

二、分拣单元安装前的准备工作

分拣单元安装前，要组织学生做好安装准备工作，养成良好的工作习惯，执行规范操作，培养良好职业素养。准备工作包括以下具体内容。

（1）明确安装计划和流程，并对分拣单元的零部件做初步检查及必要的调整。

（2）准备安装工具和材料，强调工具和零部件应合理摆放。

（3）穿戴安全防护设备，如安全帽、安全鞋等。

三、分拣单元的安装步骤和方法

分拣单元的装配过程包括带传动装置装配和分拣机构装配两部分。

（1）带传动装置装配过程见表 11－11。

表 11－11　带传动装置装配过程

步骤	步骤一　传送带侧板、托板装配	步骤二　传送带装配
组件外观	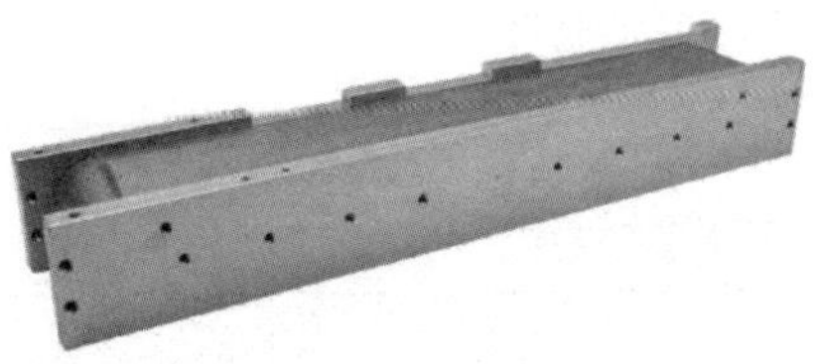	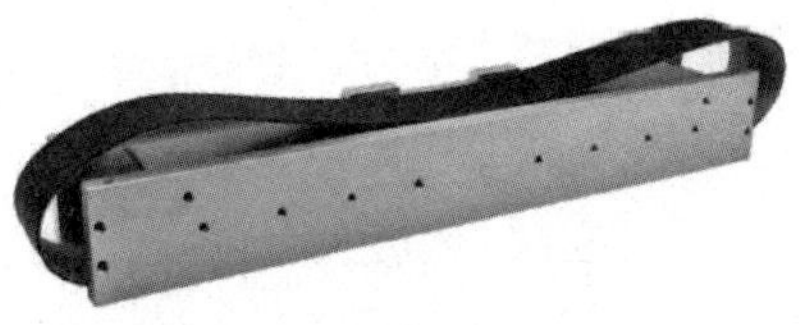
步骤	步骤三　主动轮组件装配	步骤四　从动轮组件装配
组件外观	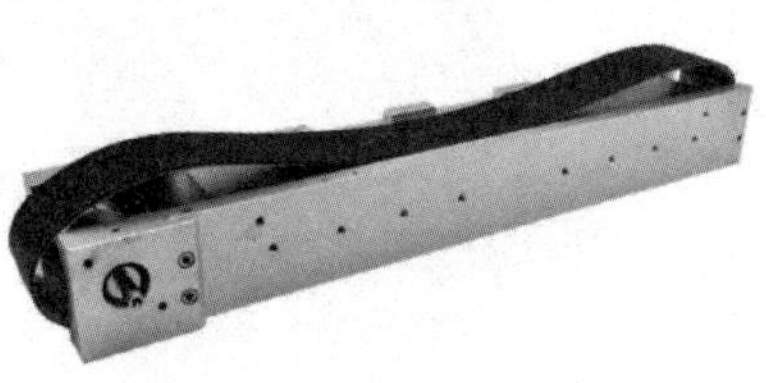	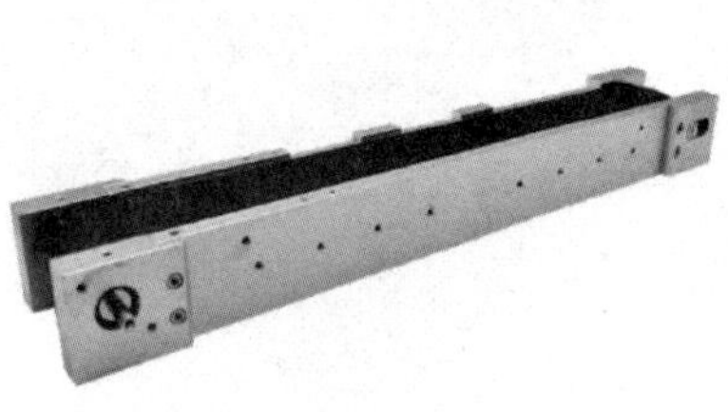

续表

步骤	步骤五　传送带支撑组件装配	步骤六　将传送带组件安装在底板上
组件外观	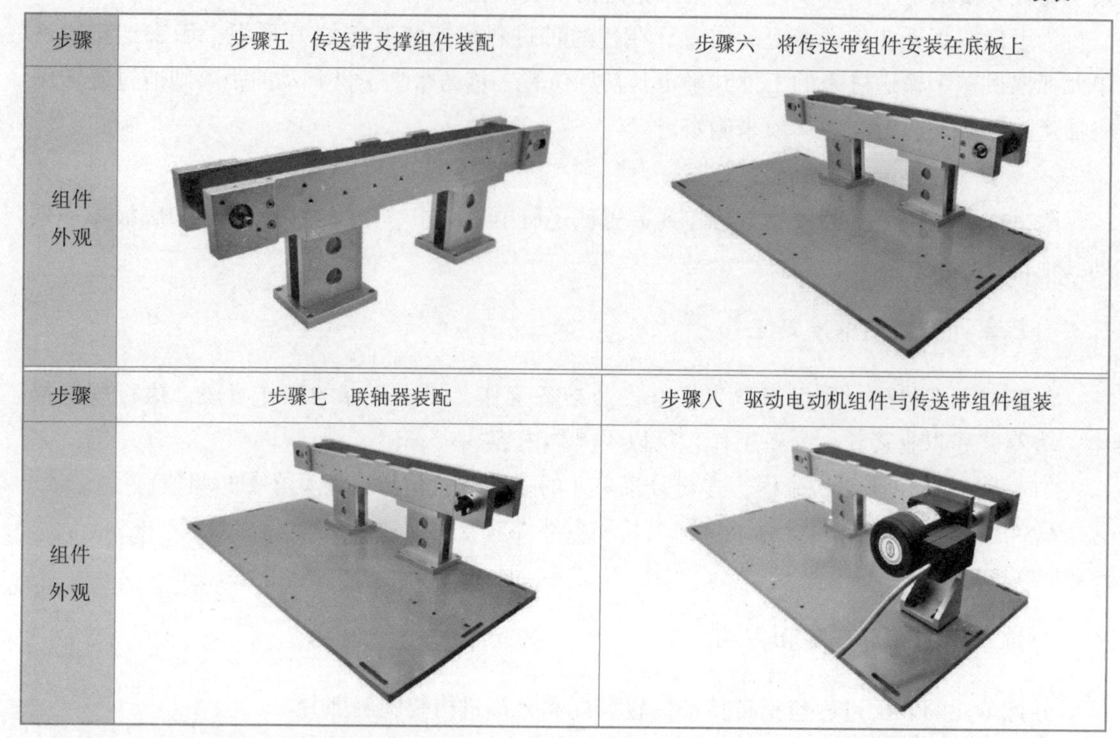	
步骤	步骤七　联轴器装配	步骤八　驱动电动机组件与传送带组件组装
组件外观		

传送带组件装配，需注意如下问题。

①传送带托板与传送带两侧板的固定位置要调整好，以免传送带安装后凹入侧板表面，造成推料被卡住的现象。

②主动轴和从动轴的安装位置不能装错，主动轴和从动轴安装板的位置不能相互调换。

③传送带张紧度要调整适中，保证主动轴和从动轴平行。

（2）分拣机构装配过程见表 11－12。

表 11－12　分拣机构装配过程

步骤	步骤一　滑动导轨和可滑动气缸支座装配	步骤二　出料滑槽及支撑板装配
组件外观	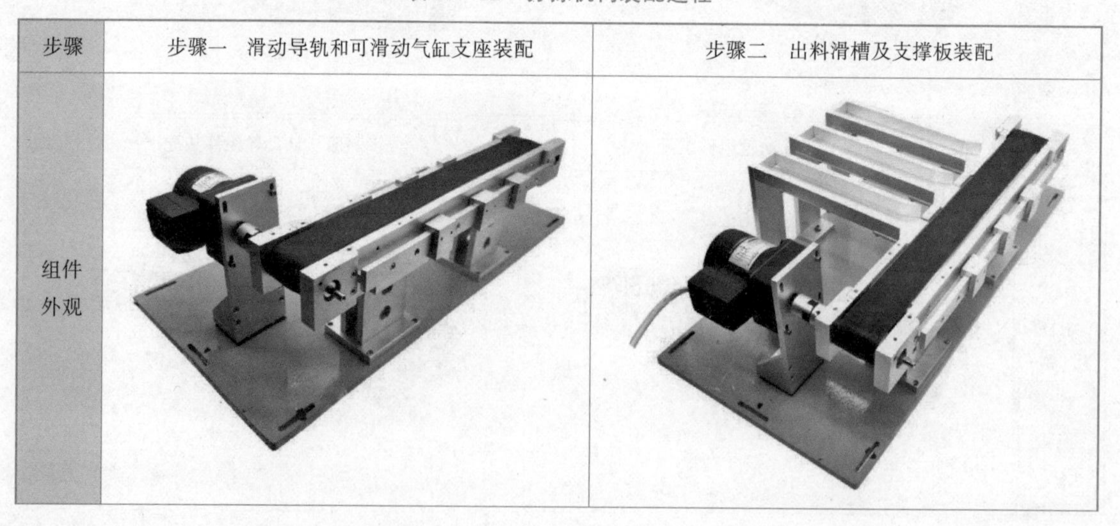	

续表

步骤	步骤三　推料气缸及 U 形板装配	步骤四　旋转编码器装配
组件外观	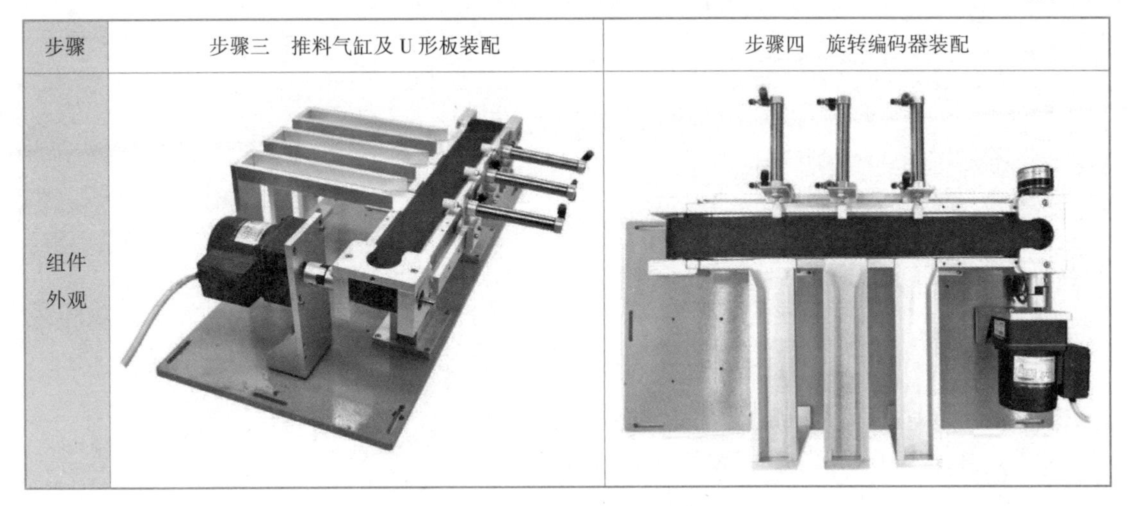	

旋转编码器安装的注意事项如下。

分拣单元机械部分安装视频

旋转编码器安装时，首先把编码器旋转轴的中空孔插入传送带主动轴，紧固编码器轴端的固定螺栓。然后将固定编码器本体的板弹簧用螺栓连接到进料口 U 形板的两个螺孔上，注意不要完全拧紧，接着用手拨动电动机轴使编码器轴随之旋转，调整板弹簧位置，直到编码器无跳动后，再拧紧这两个螺栓。

小资料

视觉分拣系统——解决传统分拣难题

物体分拣是工业生产环节中的重要一环，其对产品的分类起着重要作用。从目前来看，基于 AI + 机器视觉技术进行物体分拣程序的设计及应用具有速度快、规模大等特点。它不但能够有效作业，还能够有效解决传统分拣中存在的分拣错误率高、人工劳动强度大等问题。

基于视觉的分拣系统主要包括工作平台单元、视觉单元、机器人控制单元三部分，其中，工作平台单元由工件放置台和工件放置槽组成，它能够对不同产品进行分类放置；视觉单元由工业相机及视觉软件组成，通过对产品的图像抓取与图像分析，它能够更加准确地进行目标种类的识别，从而计算出产品的具体位置及摆放方向；机器人控制单元由机械臂及其他外部执行机构组成，通过响应视觉单元的输出结果，它能够提取、识别并获得机械臂的运行轨迹，从而进一步处理与分析相关数据，最终实现抓取、放置工作。

基于视觉的分拣系统，通过模型训练、加载模型实现分类等工作流程，能够做到对不同类别物品的快速分类，并搭配 3D 视觉设备，精准抓取产品，从而实现工业生产的自动化、智能化、现代化。

任务实施

填写表 11 - 13。

表 11-13　分拣单元的安装任务表

任务名称	分拣单元的安装		
任务目标	能够完成分拣单元各部件的组装，并将分拣单元安装到合适的位置		
设备调试步骤	(1) 传送带侧板、托板装配。 (2) 传送带装配。 (3) 主动轮组件装配。 (4) 从动轮组件装配。 (5) 传送带支撑组件装配。 (6) 将传送带组件安装在底板上。 (7) 联轴器装配。 (8) 驱动电动机组件与传送带组件组装相连接。 (9) 滑动导轨和可滑动气缸支座装配。 (10) 出料滑槽及支撑板装配。 (11) 推料气缸及 U 形板装配。 (12) 旋转编码器装配		
设备调试过程记录			
所遇问题及解决方法			
教师签字		得分	

习　题

填空题

1. 分拣单元装置侧的主要结构由________、________、________、________和底板等组成。

2. 整个带传动装置的驱动机构包括________、________和________等。

3. 分拣机构把带传动装置分为两个区域，从进料口到传感器支架的前端为________，传感器支架的后端是________。

任务 5　输送单元的安装

知识目标

1. 熟悉输送单元的结构及工作过程。
2. 熟悉输送单元安装前的准备工作。
3. 熟悉输送单元的安装步骤和方法。

技能目标

1. 能够对设备及零部件做初步检查。
2. 能够正确使用工具完成输送单元零部件的组装。
3. 能够完成对输送单元的调试。

素养目标

1. 培养学生的团队合作精神。
2. 培养学生的毅力和耐心。
3. 培养学生的社会责任感。

任务导入

如何将输送单元的机械部件按照要求组装起来？

知识储备

一、输送单元的结构

输送单元由抓取机械手装置、直线运动传动组件和拖链装置等部件组成。该单元主要分为两部分，装置侧部分和 PLC 侧部分，其中，装置侧部分的结构以功能划分，可以分为抓取机械手装置和直线运动传动组件两部分。输送单元装置侧的主要结构组成如图 11－18 所示。

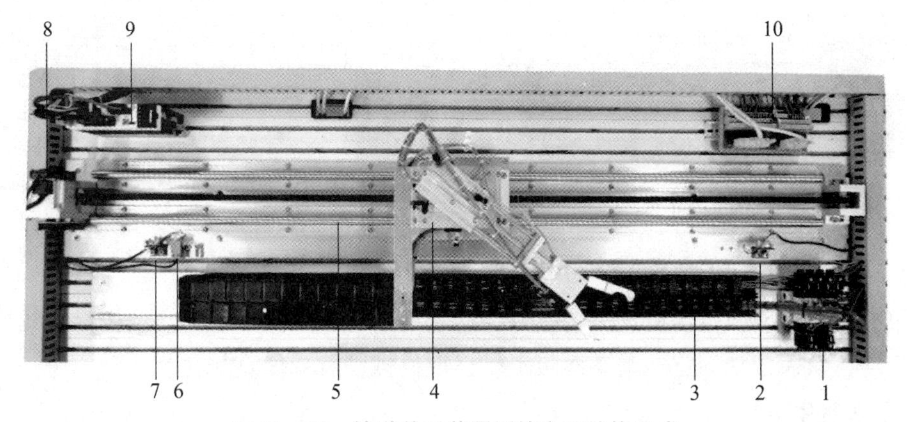

图 11－18　输送单元装置侧的主要结构组成

1—电磁阀组；2—右限位开关；3—拖链装置；4—抓取机械手装置；5—直线导轨机构；6—原点位置传感器；7—左限位开关；8—伺服电动机；9—伺服驱动器；10—接线端口

1. 抓取机械手装置

抓取机械手装置能实现升降、伸缩、气动手指夹紧/松开和沿垂直轴旋转4个自由度运动。该装置整体安装在直线运动传动组件的滑动溜板上，在传动组件带动下整体做直线往复运动。抓取机械手装置可以定位到其他各工作单元的物料台，并完成抓取和放下工件的动作。抓取机械手装置如图11－19所示，构成机械手装置的各部件功能如下。

（1）气动手指：用于在各工作单元物料台上抓取/放下工件，由双向电控阀控制。

（2）手臂伸缩气缸：用于驱动手臂伸出/缩回，由单向电控阀控制。

（3）回转气缸：用于驱动手臂正反向90°旋转，由双向电控阀控制。

（4）提升气缸：用于驱动整个机械手提升/下降，由单向电控阀控制。

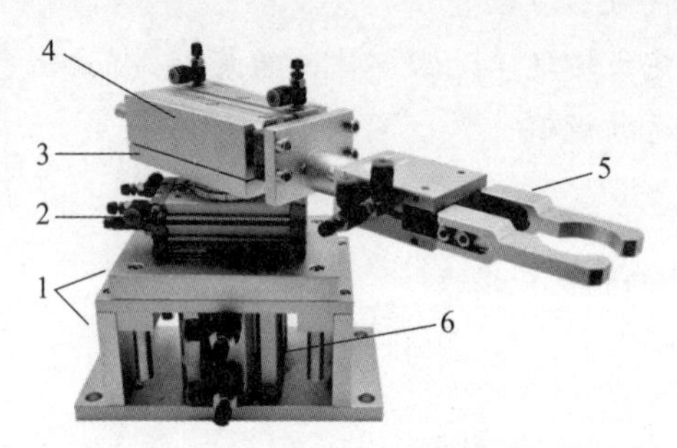

图11－19　抓取机械手装置实物图

1—提升机构；2—回转气缸（摆动气缸）；3—导杆气缸安装板；4—手臂伸缩气缸；
5—气动手指及其夹紧机构；6—提升气缸（薄型气缸）

2. 直线运动传动组件

直线运动传动组件是同步带传动机构，用于拖动抓取机械手装置做往复直线运动，实现精确定位的功能。该组件由直线导轨及底板、承载抓取机械手的滑动溜板、伺服电动机和主动同步轮构成的动力头构件、同步带和从动同步轮构件等机械构件，以及原点接近开关，左、右限位开关组成。该组件的俯视图如图11－20所示。

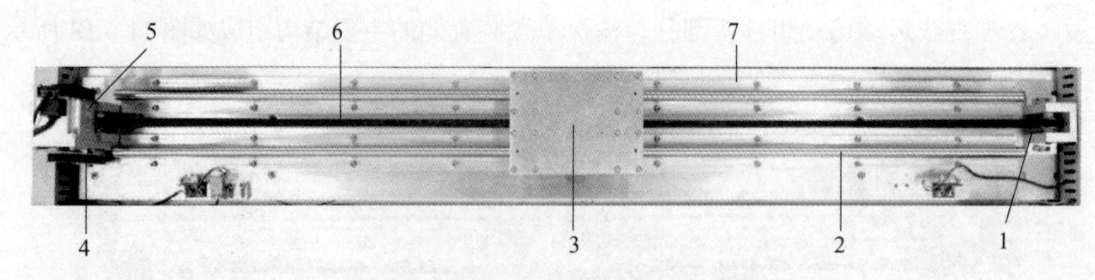

图11－20　直线运动传动组件俯视图

1—从动同步轮；2—直线导轨；3—滑动溜板；4—主动同步轮；5—伺服电动机；6—同步带；7—底板

伺服电动机由伺服电动机放大器驱动，通过同步轮和同步带使滑动溜板沿直线导轨做往复直线运动，从而带动固定在滑动溜板上的抓取机械手装置做直线往复运动。

3. 其他部件

除上述部分外，输送单元装置侧还有拖链装置、电磁阀组、接线端口、线槽和底板等一系列其他部件。

二、输送单元安装前的准备工作

输送单元安装前，要组织学生做好安装准备工作，养成良好的工作习惯，执行规范操作，培养良好职业素养。准备工作包括以下具体内容。

（1）明确安装计划和流程，并对输送单元的零部件做初步检查及必要的调整。

（2）准备安装工具和材料，强调工具和零部件应合理摆放。

（3）穿戴安全防护设备，如安全帽、安全鞋等。

三、输送单元的安装步骤和方法

输送单元的装配包括直线运动传动组件和抓取机械手装置两部分的装配。

1. 直线运动传动组件装配

直线运动传动组件装配过程见表 11－14。

表 11－14　直线运动传动组件装配过程

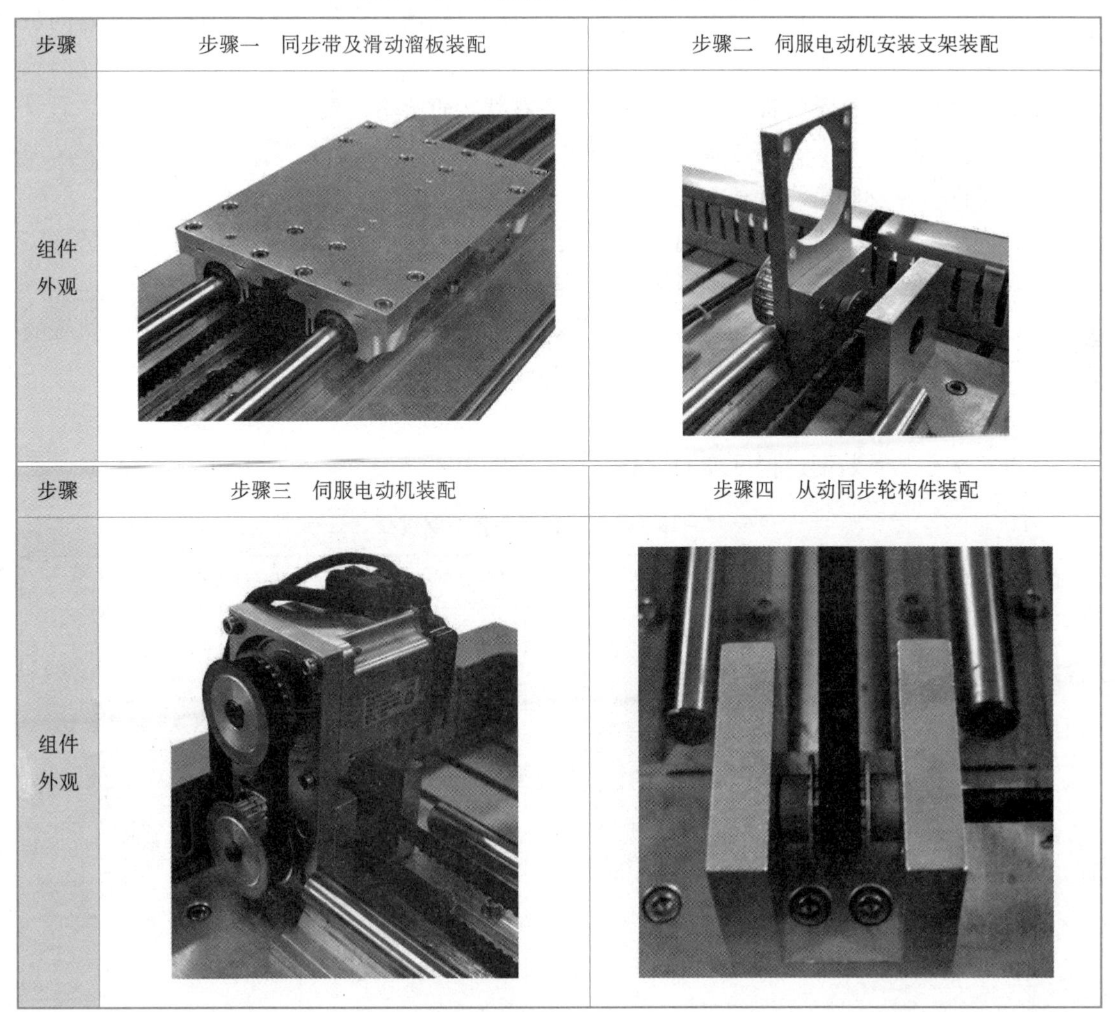

步骤	步骤一　同步带及滑动溜板装配	步骤二　伺服电动机安装支架装配
组件外观		
步骤	步骤三　伺服电动机装配	步骤四　从动同步轮构件装配
组件外观		

输送单元直线运动传动组件的安装注意事项如下。

（1）直线导轨是一对较长的精密机械运动部件，安装时应首先调整好两导轨的相互位置（间距和平行度），然后紧固其固定螺栓。由于每根导轨有 18 个固定螺栓，因此，必须按照一定的顺序逐步进行紧固，才能使其运动平稳、受力均匀、运动噪声小。

（2）滑动溜板装配首先应调整 4 个滑块与滑动溜板的平衡连接，方法是先准确定位并固定滑动溜板与两直线导轨上 4 个滑块的位置，在拧紧固定螺栓时，应一边推动滑动溜板左右运动一边拧紧螺栓，直到滑动溜板滑动顺畅。然后将连接了 4 个滑块的滑动溜板从导轨的一端取出，并且把同步带两端的固定座安装在滑动溜板的反面，再重新将滑动溜板下方的滑块安装在柱形导轨上。

（3）动力头构件的装配需注意以下内容。

①主动同步轮支座需注意其安装方向。

②在同步轮装入支座前，先把同步带套入同步轮。

③伺服电动机安装是先将电动机安装板固定在电动机侧同步轮支架组件的相应位置，然后活动连接电动机与电动机安装板，并在主动轴、电动机轴上分别套接同步轮，安装好同步带，最后调整电动机位置，锁紧连接螺栓。

注意：伺服电动机是精密装置，安装时不要敲打它的轴端，更不要拆卸电动机。

（4）从动同步轮构件的装配需注意以下内容。

①从动同步轮支座需注意其安装方向。

②在同步轮装入支座前，先把同步带套入同步轮。

③调整好同步带的张紧度，锁紧从动同步轮支座螺栓。

在以上各构成零件中，轴承及轴承座均为精密机械零部件，拆卸和组装时需要较熟练的技能和专用工具，因此，不可轻易对其进行拆卸或修配。

2. 抓取机械手装置装配

抓取机械手装置装配过程见表 11－15。

表 11－15　抓取机械手装置装配过程

步骤	步骤一　抓取机械手支撑架装配	步骤二　提升机构装配
组件外观		

续表

步骤	步骤三　提升机构组件装配	步骤四　摆动气缸装配
组件外观		
步骤	步骤五　伸缩气缸及气动手指组装	步骤六　安装伸缩气缸及气动手指
组件外观	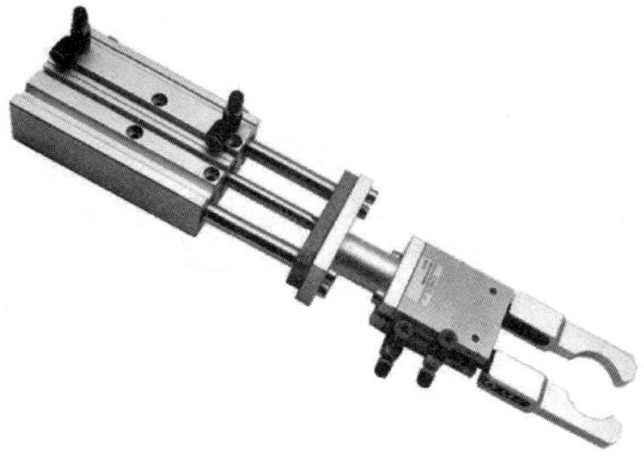	

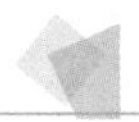

小资料

步进电动机和伺服电动机的区别

控制方式：步进电动机通过控制脉冲的个数来控制转动角度，每个脉冲对应一个步距角；而伺服电动机则是通过控制脉冲时间的长短来控制转动角度。

工作流程：步进电动机的工作流程需要两种脉冲——信号脉冲和方向脉冲；而伺服电动机的工作流程则相对简单，只需要用一个电源开关连接伺服电机即可。

低频特性：步进电动机在低速时容易出现低频振动现象，通常需要采用阻尼技术或细分技术来解决这个问题；而伺服电动机的运转非常平稳，即使在低速时也不会出现振动现象。

矩频特性：步进电动机的输出力矩随转速升高而下降，在较高转速时会急剧下降，因此，其最高工作转速一般在300～600 r/min；而伺服电动机为恒力矩输出，即在额定转速（一般为 2 000 r/min 或 3 000 r/min）以内，输出额定转矩，在额定转速以上为恒功率输出。

过载能力：步进电动机一般不具有过载能力，而伺服电机则具有较强的过载能力。

精度和响应性：步进电动机的精度比伺服电动机高是因为步进电动机不会累积误差，但伺服电动机在响应性方面的性能比步进电动机更为优越。

运行性能：步进电动机从静止状态开始加速到工作转速需要上百毫秒的时间；而伺服电动机的加速性能较好，从静止到工作转速一般只需几毫秒，因此，它适用于需要快速启停的控制场合。

任务实施

填写表 11 – 16。

表 11 – 16　输送单元的安装任务表

任务名称	输送单元的安装		
任务目标	能够完成输送单元各部件的组装，并将输送单元安装到合适的位置		
设备调试步骤	(1) 同步带及滑动溜板装配。 (2) 伺服电动机安装支架装配。 (3) 伺服电动机装配。 (4) 从动同步轮构件装配。 (5) 抓取机械手支撑架装配。 (6) 提升机构装配。 (7) 提升机构组件装配。 (8) 摆动气缸装配。 (9) 伸缩气缸及气动手指组装。 (10) 安装伸缩气缸及气动手指		
设备调试过程记录			
所遇问题及解决方法			
教师签字		得分	

习 题

填空题

1. 输送单元装置侧由________、________和________等部件组成。
2. 输送单元装置侧部分的结构以功能划分，可以分为________和________两部分。
3. 抓取机械手装置能实现________、________、________和________4 个自由度运动。

项目 12

自动化生产线气路连接

项目概述

气动系统的基本回路主要包括方向控制回路、压力控制回路和速度控制回路。YL－335B 型自动化生产线的气动回路组成如图 12－1 所示。

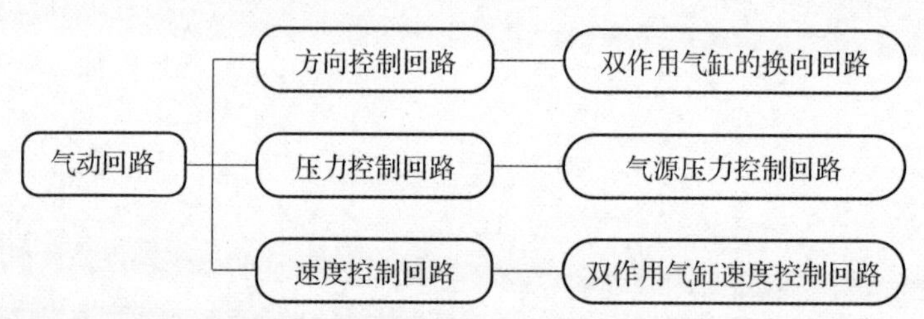

图 12－1　YL－335B 型自动化生产线的气动回路组成

气动回路是按照气路系统原理图，用气管从系统气源连接至各分站电磁阀组的回路。

（1）YL－335B 型自动化生产线对气路气源的要求如下。

①该生产线的气路气源由一台空气压缩机提供，其气缸体积应大于 50 L，流量应大于 0.25 mm^3/s，所提供的压力为 0.6～1.0 MPa，输出压力为 0～0.8 MPa 可调。输出的压缩空气通过快速三通接头和气管输送到各工作单元。

②气源的气体必须经过一台气源处理组件——油水分离器三联件进行过滤，并装有快速泄压装置。

③该生产线的压缩空气工作压力要求为 0.5 MPa，气体要求洁净、干燥，无水分及油气灰尘。

④注意安全生产，在通气前应先检查气路的气密性。

在确认气路连接正确并且无泄漏的情况下，气动系统才能进行通气试验。油水分离器的压力调节旋钮向上拔起右旋后，压力逐渐增加，这时需要注意观察压力表，当压力增加到额定气压后将压力调节旋钮压下锁紧。气压在调试之前要尽量小一点，在调试过程中逐渐加大到适合的气压。

（2）YL－335B 型自动化生产线主气路的连接步骤如下。

①仔细读懂总气路图。

②用专用气管将空气压缩机的管路出口与油水分离器的入口连接。

③将油水分离器的出口与主快速三通接头的入口连接。

④将快速三通的出口之一与装配单元电磁阀组汇流排的入口连接。

⑤将快速三通的出口之一与供料单元电磁阀组汇流排的入口连接。

⑥将快速三通的出口之一与加工单元电磁阀组汇流排的入口连接。

任务 1 供料单元的气路连接

知识目标

完成供料单元的气路连接。

技能目标

1. 能够绘制供料单元的气路连接图。
2. 能够正确安装供料单元的气路。
3. 能够完成供料单元气路的调试。

素养目标

1. 培养学生的工程实践能力，强化标准规范意识，遵守国际、国家及行业标准。
2. 培养学生的质量意识。

任务导入

供料单元的气动回路包括哪几部分？应该如何正确连接和调试？

知识储备

一、供料单元的气动控制回路

供料单元气动控制回路如图 12－2 所示。其中，1A 和 2A 分别为顶料气缸和推料气缸。1B1 和 1B2 为安装在顶料气缸两个极限工作位置的磁感应接近开关，2B1 和 2B2 为安装在推料气缸两个极限工作位置的磁感应接近开关。1Y 和 2Y 分别为顶料气缸和推料气缸电磁阀的电磁控制端。两个电磁阀分别对推料气缸和顶料气缸进行控制，以改变各自的动作状态。

二、供料单元气动控制回路的连接步骤

供料单元气动控制回路的连接步骤是先将电磁阀安装在汇流板上形成电磁阀组，再将电磁阀组安装在底板上，然后进行气路连接。

气路连接应从汇流板开始，图 12－2 所示的供料单元气动控制回路用直径为 4 mm 的气管连接电磁阀与各气缸，然后用直径为 6 mm 的气管完成气源处理器与汇流板进气孔之间的连接。气路连接完毕后，应使用扎带绑扎电缆和气管，两个扎带之间的距离不超过 50 mm。电缆和气管应分开绑扎，但当它们来自同一个移动模块时，允许绑扎在一起。

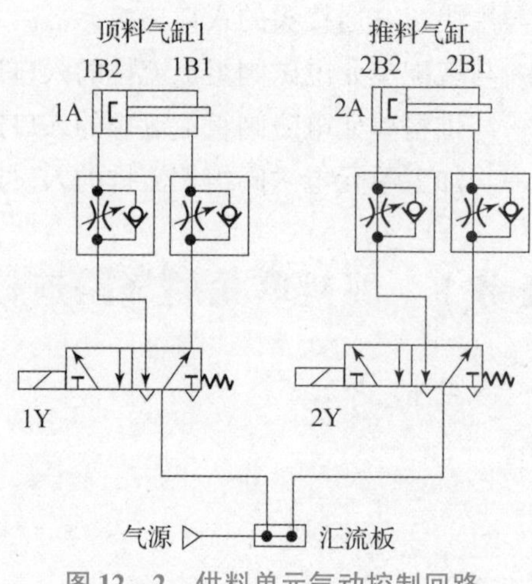

图 12-2 供料单元气动控制回路

三、供料单元气路连接的专业规范要求

供料单元气路连接的专业规范要求见表 12-1。填写供料单元的气路连接任务表 12-2。

表 12-1 供料单元气路连接的专业规范要求

标题	内容	合格	不合格
电缆和气管的绑扎要求	型材板上的电缆和气管必须分开绑扎。当电缆、光纤和气管都作用于同一个移动模块时，允许绑扎在一起		
	绑扎带切割后的剩余部分不能留太长余量，必须小于 1 mm 且不能割破手指		
	软线管或拖链的输入和输出端需要用扎带固定		

续表

标题	内容	合格	不合格
电缆和气管的绑扎要求	所有沿着型材往下走的线缆和气管在安装时需要使用线夹固定		
	相邻扎带间距≤50 mm		
	线缆托架（线夹子）的间距≤120 mm		
	电磁阀气管接头连接处与第 1 根扎带的最短距离为 60 mm ± 5 mm		
	引入安装台的气管，应先将气管固定在台面上，然后再与气源组件的进气接口连接		
	不能因为气管折弯、缠绕、扎带太紧等造成气流受阻		

续表

标题	内容	合格	不合格
电缆和气管的绑扎要求	气管不得从线槽中穿过，且气管不可放入线槽内		
	所有的气动连接处不得发生泄漏		

四、供料单元气路的调试

（1）将电磁阀上的手控开关旋至PUSH位置（开启位置），并用手动换向按键验证顶料气缸和推料气缸的初始位置和动作位置是否正确。

（2）调整气缸单向节流阀来控制活塞杆的往复运动速度，使气缸活塞杆动作时无冲击、卡滞现象。单向节流阀连接和调整原理示意如图12－3所示。当压缩空气从右端进气、从左端排气时，单向节流阀B的单向阀开启，向气缸有杆腔快速充气。由于单向节流阀A的单向阀关闭，因此无杆腔的气体只能经节流阀排气。调节单向节流阀A的开度可改变气缸活塞杆伸出时的运动速度；反之，调节单向节流阀B的开度可改变气缸活塞杆缩回时的运动速度。这种控制方式使活塞运行稳定，是最常用的方式。

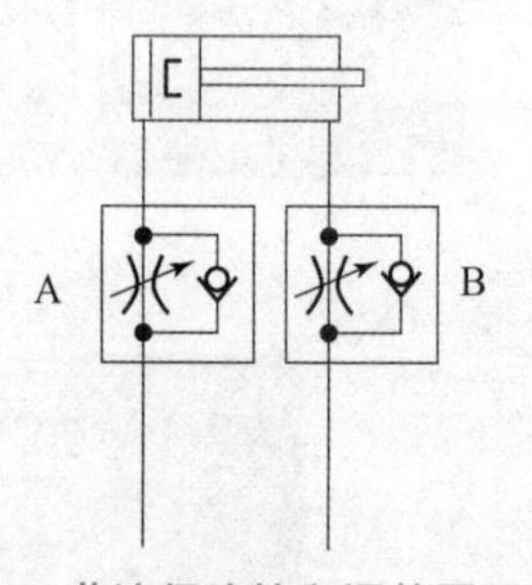

图12－3　节流阀连接和调整原理示意图

（3）由于单电控换向阀及附件安装在汇流板上，因此，单电控换向阀的进气口和工作口应安装快插接头，且气管能够在快插接头中插紧，不能有漏气现象。同时，汇流板的排气口应安装消声器，以减少排气噪声。

（4）气动元件对应的气口之间用塑料气管进行连接，连接时应注意气管走向、按序排布，线槽内不走气管，气管走向不交叉，要求做到安装美观并保持气路畅通。

任务实施

填写表12－2。

表12-2　供料单元的气路连接任务表

任务名称	供料单元的气路连接		
任务目标	能够完成供料单元的气路连接，并进行气路调试		
设备调试步骤	（1）根据供料单元的气路图，完成供料单元的气路连接。 （2）检查气路连接是否漏气。 （3）检查顶料气缸活塞杆伸出是否顺畅。 （4）检查推料气缸活塞杆伸出是否顺畅		
设备调试过程记录			
所遇问题及解决方法			
教师签字		得分	

习　　题

单选题

1. 供料单元开始供料时，气缸的动作顺序是（　　）。

A. 顶料气缸 推料气缸　　B. 推料气缸 顶料气缸

C. 放料气缸 推料气缸　　D. 推料气缸 放料气缸

2. 供料单元中使用的执行机构是（　　）。

A. 传感器　　B. 电磁阀　　C. 电气控制回路　　D. 气缸

3. 供料单元用了（　　）的单电控电磁阀。

A. 二位五通　　B. 二位三通　　C. 三位五通　　D. 三位四通

4. YL-335B型自动化生产线供料单元的执行气缸都是（　　）气缸。

A. 双作用　　B. 单作用　　C. 无杆　　D. 回转

5. 速度控制回路是利用（　　）来改变排气管的有效截面积，以实现速度控制的。

A. 电磁阀　　B. 气缸　　C. 单向节流阀　　D. 减压阀

任务2　加工单元的气路连接

知识目标

完成加工单元的气路连接。

技能目标

1. 能够绘制加工单元的气路连接图。
2. 能够正确安装加工单元的气路。
3. 能够完成加工单元气路的调试。

素养目标

1. 培养学生遵守法律法规的意识。
2. 培养学生承担社会责任的意识。

任务导入

加工单元的气动回路包括哪几部分？应该如何正确连接和调试？

知识储备

一、加工单元的气动控制回路

加工单元的气动手指气缸、加工台伸缩气缸和冲压气缸分别采用 1 个二位五通带手控开关的单电控电磁阀控制，这些单电控电磁阀均安装在带有消声器的汇流板上，用以改变各自的动作状态。冲压气缸单电控电磁阀所配的快速接头口径较大，这是因为冲压气缸对气体的压力和流量要求较高、配套气管较粗。电磁阀所带手控开关有 LOCK（锁定）和 PUSH（开启）两种位置。在加工单元进行调试时，手控开关处于 PUSH 位置。使用手控开关对电磁阀进行控制，可以实现对相应气路的控制，以改变冲压气缸等执行机构的动作，从而达到调试的目的。

加工单元气动控制回路如图 12－4 所示。1B1 和 1B2 为安装在冲压气缸两个极限工作位置的磁感应接近开关；2B1 和 2B2 为安装在加工台伸缩气缸两个极限工作位置的磁感应接近开关；3B 为安装在气动手指夹紧工作位置的磁感应接近开关，用于检测气动手指是否夹紧；1Y，2Y 和 3Y 分别为控制冲压气缸、加工台伸缩气缸和气动手指气缸电磁阀的电磁控制端。

当气源接通时，加工单元伸缩气缸的初始状态是在伸出位置。这一点，在进行气路安装时应特别注意。

二、加工单元气动控制回路的连接步骤

加工单元气动控制回路的连接步骤是先将电磁阀安装在汇流板上形成电磁阀组，再将电磁阀组安装在底板上，然后进行气路连接。

气路连接应从汇流板开始，图 12－3 所示的加工单元气动控制回路用直径为 4 mm 的气管完成电磁阀与气动手指气缸、伸缩气缸之间的连接，然后用直径为 6 mm 的气管完成薄型气缸与电磁阀，以及气源处理器与汇流板进气孔之间的连接。气路连接完毕后，应使用扎带绑扎电缆和气管，两个扎带之间的距离不超过 50 mm。电缆和气管应分开绑扎，但当它们来自同一个移动模块时，允许绑扎在一起。

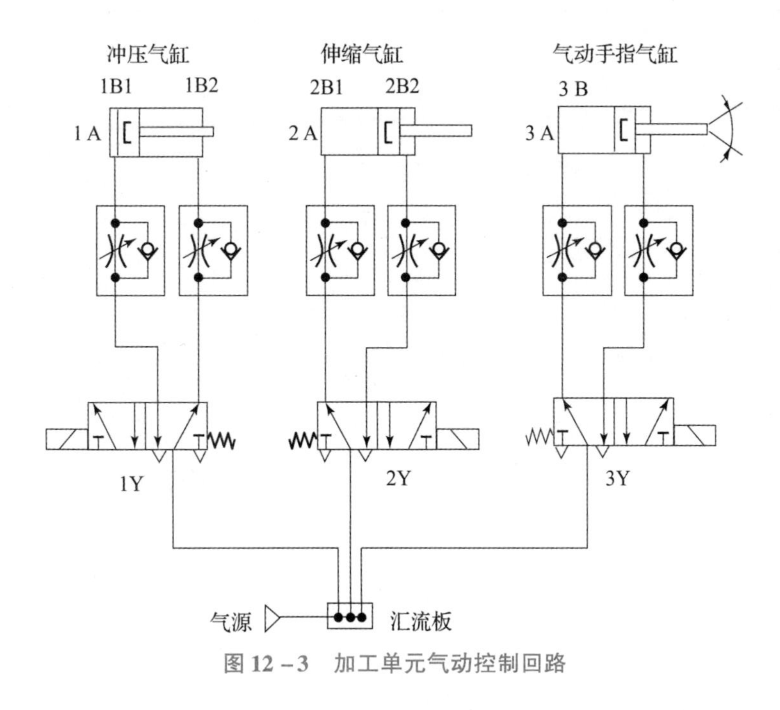

图 12 –3　加工单元气动控制回路

三、加工单元气路连接的专业规范要求

请参考本项目任务 1 供料单元气路连接的专业规范要求。

四、加工单元气路的调试

使用电磁阀上的手控开关验证初始位置和动作位置是否正确；调整气缸节流阀，从而使气缸活塞杆动作时无冲击、卡滞现象。

任务实施

填写表 12 –3。

表 12 –3　加工单元的气路连接任务表

任务名称	加工单元的气路连接
任务目标	能够完成加工单元的气路连接，并进行气路调试
设备调试步骤	（1）根据加工单元的气路图，完成加工单元的气路连接。 （2）检查气路连接是否漏气。 （3）检查冲压气缸活塞杆伸出是否顺畅。 （4）检查伸缩气缸活塞杆缩回是否顺畅。 （5）检查气动手指夹紧是否顺畅

续表

设备调试 过程记录			
所遇问题 及解决方法			
教师签字		得分	

习　题

单选题

1. 加工单元工作时，三个气缸的动作顺序是（　　）。

A. 滑动加工台伸缩气缸—加工台气动手指气缸—冲压气缸

B. 加工台气动手指气缸—滑动加工台伸缩气缸—冲压气缸

C. 冲压气缸—滑动加工台伸缩气缸—加工台气动手指气缸

D. 加工台气动手指气缸—冲压气缸—滑动加工台伸缩气缸

2. YL－335B 型自动化生产线中一般气缸使用的气管为 $\phi4$ mm，但薄型气缸使用的气管为（　　）mm。

A. $\phi5$　　B. $\phi6$　　C. $\phi7$　　D. $\phi8$

3. 加工单元伸缩气缸的初始状态是（　　）。

A. 伸出状态　　B. 缩回状态　　C. 不确定　　D. 均可

4. 加工单元的气动手指属于（　　）。

A. 平行夹爪　　B. 摆动夹爪　　C. 旋转夹爪　　D. 三点夹爪

任务 3　装配单元的气路连接

知识目标

完成装配单元的气路连接。

技能目标

1. 能够绘制装配单元的气路连接图。

2. 能够正确安装装配单元的气路。

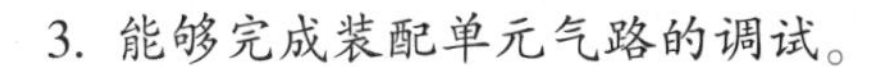

3. 能够完成装配单元气路的调试。

素养目标

1. 激发学生的爱国热情。
2. 培养学生的团队意识。

任务导入

装配单元的气动回路包括哪几部分？应该如何正确连接和调试？

知识储备

一、装配单元的气动控制回路

装配单元气动控制回路如图 12－4 所示。其中，1A，2A，3A，4A，5A 和 6A 分别为挡料气缸、顶料气缸、摆动气缸、气动手指气缸、手爪提升气缸和手臂伸缩气缸。1B1 和 1B2 分别为挡料气缸挡料和落料检测工作位置的磁感应接近开关，注意挡料气缸 1A 的初始位置上，即活塞杆在伸出位置时，料仓内的芯件被挡住，不会跌落。2B1 和 2B2 分别为顶料气缸活塞杆伸出和缩回检测工作位置的磁感应接近开关。3B1 和 3B2 分别为摆动气缸摆动左限和摆动右限工作位置的磁感应接近开关。4B 为机械手气动手指夹紧工作位置的磁感应接近开关。5B1 和 5B2 分别为手爪提升气缸下限和上限工作位置的磁感应接近开关。6B1 和 6B2 分别为手臂伸缩气缸活塞杆伸出和缩回工作位置的磁感应接近开关。1Y 为挡料气缸电磁阀的电磁控制端，2Y 为顶料气缸电磁阀的电磁控制端，3Y 为摆动气缸电磁阀的电磁控制端，4Y 为气动手指气缸电磁阀的电磁控制端，5Y 为手爪提升气缸电磁阀的电磁控制端，6Y 为手臂伸缩气缸电磁阀的电磁控制端。

装配单元的气动系统是 YL－335B 型自动化生产线中使用气动元件最多的工作单元，因此，用于气路连接的气管数量较大。在气路连接前应尽可能对各段气管的长度做好规划，然后按照规范连接气路。

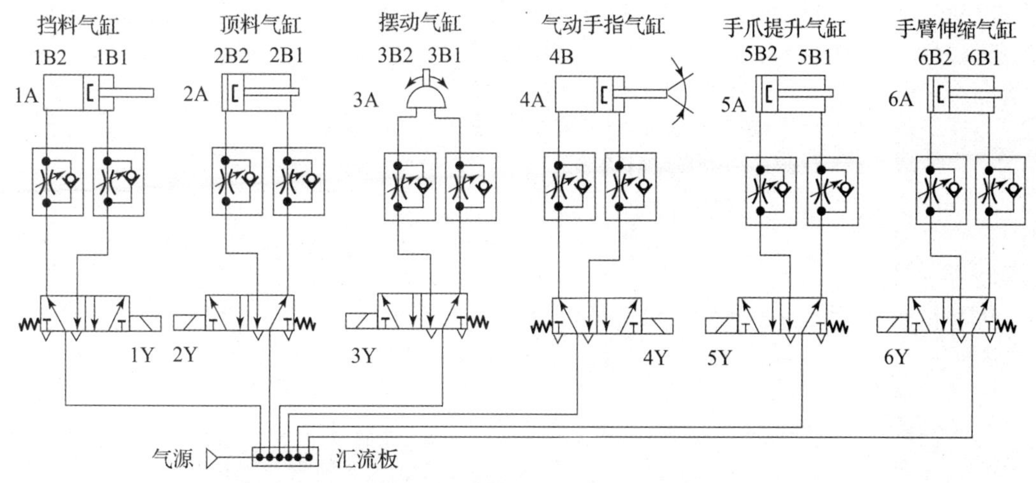

图 12－4　装配单元气动控制回路

二、装配单元气动控制回路的连接步骤

装配单元气动控制回路的连接步骤是先将电磁阀安装在汇流板上形成电磁阀组，再将电磁阀组安装在底板上，然后进行气路连接。

气路连接应从汇流板开始，图 12－4 所示的装配单元气动控制回路用直径为 4 mm 的气管完成电磁阀与各气缸之间的连接，然后用直径为 6 mm 的气管完成气源处理器与汇流板进气孔之间的连接。气路连接完毕后，应使用扎带绑扎电缆和气管，两个扎带之间的距离不超过 50 mm。电缆和气管应分开绑扎，但当它们来自同一个移动模块时，允许绑扎在一起。

三、装配单元气路连接的专业规范要求

请参考本项目任务 1 供料单元气路连接的专业规范要求。

四、装配单元气路的调试

（1）用电磁阀上的手控开关依次验证顶料气缸、挡料气缸、手臂伸缩气缸、手爪提升气缸，摆动气缸和气动手指气缸的初始位置和动作位置是否正确。

（2）通过调整气缸节流阀来控制活塞杆的往复运动速度，使气缸活塞杆动作时无冲击、卡滞现象。

任务实施

填写表 12－4。

表 12－4　装配单元的气路连接任务表

任务名称	装配单元的气路连接		
任务目标	能够完成装配单元的气路连接，并进行气路调试		
设备调试步骤	（1）根据装配单元的气路图，完成装配单元的气路连接。 （2）检查气路连接是否漏气。 （3）检查顶料气缸活塞杆伸出是否顺畅。 （4）检查挡料气缸活塞杆伸出是否顺畅。 （5）检查气动手指气缸活塞杆伸出是否顺畅。 （6）检查气动手指气缸活塞杆下降是否顺畅。 （7）检查气动手指夹紧是否顺畅		
设备调试过程记录			
所遇问题及解决方法			
教师签字		得分	

习　　题

单选题

1. 装配单元在落料控制时，两个执行气缸的动作顺序是（　　）。

A. 顶料气缸—落料气缸　　B. 落料气缸—顶料气缸

C. 顶料气缸—推料气缸　　D. 推料气缸—顶料气缸

2. 装配单元中气动手指伸出时，使用的是（　　）。

A. 一体化的带导杆气缸

B. 用标准气缸和导向气缸装置构成的导向气缸

C. 普通直线气缸

D. 薄型气缸

3. 装配单元中气动手指升降时，使用的是（　　）。

A. 一体化的带导杆气缸

B. 用标准气缸和导向气缸装置构成的导向气缸

C. 普通直线气缸

D. 薄型气缸

4. 装配单元的回转物料台的回转角度为（　　）。

A. 90°　　B. 180°

C. 135°　　D. 不确定

任务 4　分拣单元的气路连接

知识目标

完成分拣单元的气路连接。

技能目标

1. 能够绘制分拣单元的气路连接图。
2. 能够正确安装分拣单元的气路。
3. 能够完成分拣单元气路的调试。

素养目标

1. 培养学生的工程实践能力，强化标准规范意识，遵守国际、国家及行业标准。
2. 培养学生的质量意识。

任务导入

分拣单元的气动回路包括哪几部分？应该如何正确连接和调试？

知识储备

一、分拣单元的气动控制回路

分拣单元的电磁阀组使用了 3 个带手控开关的单电控二位五通电磁阀，这些电磁阀都安装在汇流板上，分别对金属、白料和黑料的推动气缸气路进行控制，以改变各自的动作状态。

分拣单元气动控制回路如图 12－5 所示。其中，1A，2A 和 3A 分别为推料气缸 1、推料气缸 2 和推料气缸 3。1B，2B 和 3B 分别为安装在各气缸活塞杆伸出工作位置的磁感应接近开关。1Y，2Y 和 3Y 分别为控制 3 个推料气缸电磁阀的电磁控制端。

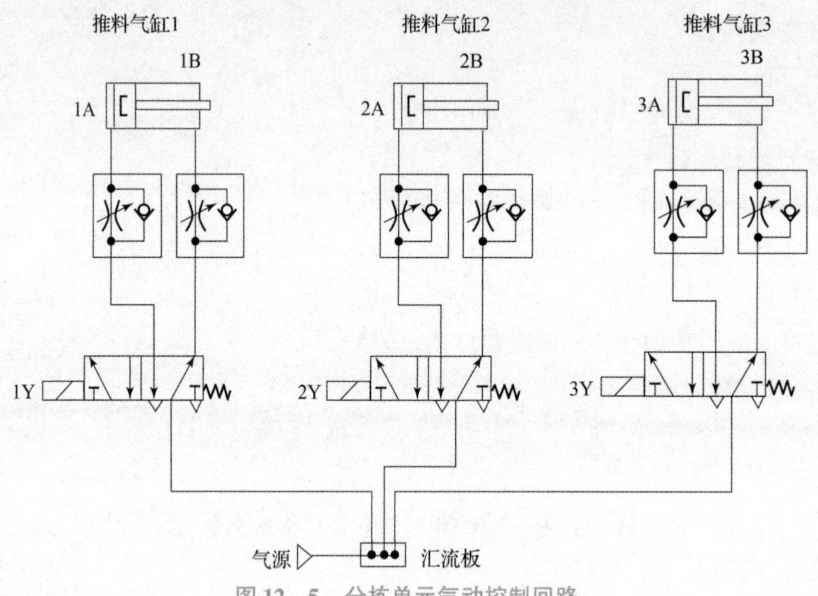

图 12－5　分拣单元气动控制回路

二、分拣单元气动控制回路的连接步骤

分拣单元气动控制回路的连接步骤是先将电磁阀安装在汇流板上形成电磁阀组，再将电磁阀组安装在底板上，然后进行气路连接。

气路连接应从汇流板开始，图 12－5 所示的分拣单元气动控制回路用直径为 4 mm 的气管完成电磁阀与各气缸之间的连接，然后用直径为 6 mm 的气管完成气源处理器与汇流板进气孔之间的连接。气路连接完毕后，应使用扎带绑扎电缆和气管，两个扎带之间的距离不超过 50 mm。电缆和气管应分开绑扎，但当它们来自同一个移动模块时，允许绑扎在一起。

三、分拣单元气路连接的专业规范要求

请参考本项目任务 1 供料单元气路连接的专业规范要求。

四、分拣单元气路的调试

（1）用电磁阀上的手控开关验证推料气缸 1、推料气缸 2 和推料气缸 3 的初始位置和动

作位置是否正确。

(2) 通过调整气缸节流阀来控制活塞杆的往复运动速度，使气缸活塞杆动作时无冲击、卡滞现象。

任务实施

填写表 12 – 5。

表 12 – 5　分拣单元的气路连接任务表

任务名称	分拣单元的气路连接		
任务目标	能够完成分拣单元的气路连接，并进行气路调试		
设备调试步骤	(1) 根据分拣单元的气路图，完成分拣单元的气路连接。 (2) 检查气路连接是否漏气。 (3) 检查推料气缸 1 活塞杆伸出是否顺畅。 (4) 检查推料气缸 2 活塞杆伸出是否顺畅。 (5) 检查推料气缸 3 活塞杆伸出是否顺畅		
设备调试过程记录			
所遇问题及解决方法			
教师签字		得分	

习　题

单选题

1. 分拣单元的每个直线气缸上装有（　　）个磁性开关。

A. 1　　B. 2　　C. 1 个或 2

2. 气动回路中气动执行元件的换向功能是利用（　　）来实现的。

A. 电磁阀　　B. 气缸　　C. 节流阀　　D. 减压阀

3. 分拣单元的气缸速度控制方式是（　　）。

A. 排气节流　　B. 进气节流

任务 5　输送单元的气路连接

知识目标

完成输送单元的气路连接。

技能目标

1. 能够绘制输送单元的气路连接图。
2. 能够正确安装输送单元的气路。
3. 能够完成输送单元气路的调试。

素养目标

1. 培养学生精益求精的工匠精神。
2. 培养学生团结协作的意识。

任务导入

输送单元的气动回路包括哪几部分？应该如何正确连接和调试？

知识储备

一、输送单元的气动控制回路

输送单元抓取机械手装置上所有气缸连接的气管应沿拖链敷设，而且要插接到电磁阀组上。输送单元气动控制回路如图 12－6 所示。其中，1A，2A 和 3A 分别为机械手抬升气缸、机械手旋转气缸、机械手伸缩气缸，4A 为气动手爪气缸。1B1 和 1B2 分别为机械手抬升气缸下限和上限工作位置的磁感应接近开关，2B1 和 2B2 分别为机械手旋转气缸左限和右限工作位置的磁感应接近开关，3B1 和 3B2 分别为机械手伸缩气缸活塞杆缩回和伸出工作位置的磁感应接近开关，4B 为气动手爪夹紧工作位置的磁感应接近开关。1Y 为机械手抬升气缸电磁阀的电磁控制端，2Y1 和 2Y2 为机械手旋转气缸电磁阀的电磁控制端，3Y 为机械手伸缩气缸电磁阀的电磁控制端，4Y1 和 4Y2 为气动手爪电磁阀的电磁控制端。

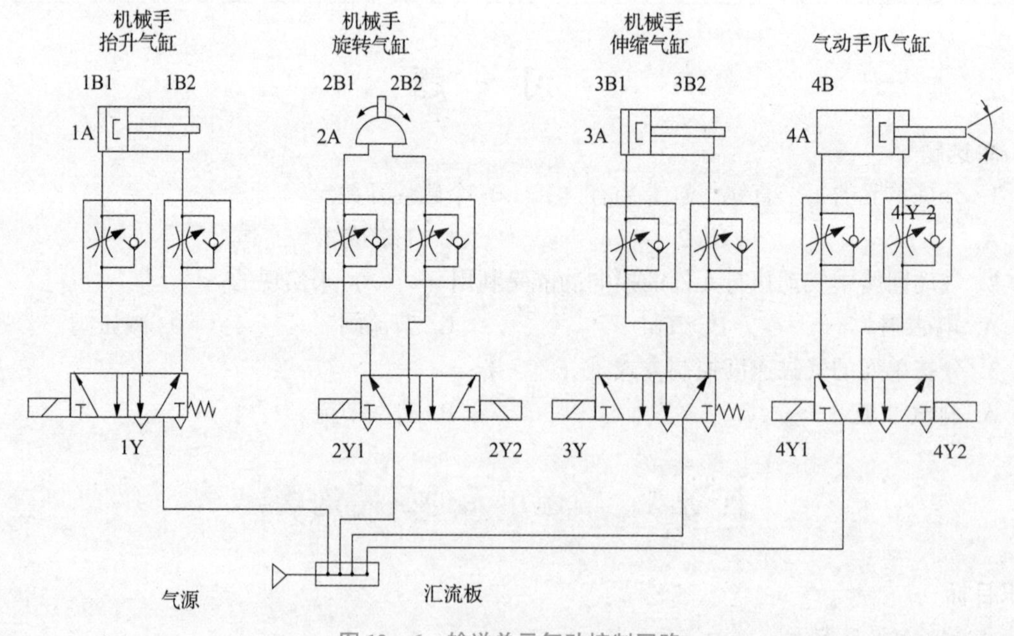

图 12－6　输送单元气动控制回路

二、输送单元气动控制回路的连接步骤

输送单元气动控制回路的连接步骤是先将电磁阀安装在汇流板上形成电磁阀组，再将电磁阀组安装在底板上，然后进行气路连接。

气路连接应从汇流板开始，图12－6所示的输送单元气动控制回路用直径为4 mm的气管完成电磁阀与各气缸之间的连接，然后用直径为6 mm的气管完成气源处理器与汇流板进气孔之间的连接。气路连接完毕后，应使用扎带绑扎电缆和气管，两个扎带之间的距离不超过50 mm。电缆和气管应分开绑扎，但当它们来自同一个移动模块时，允许绑扎在一起。

三、输送单元气路连接的专业规范要求

请参考本项目任务1供料单元气路连接的专业规范要求。

四、输送单元气路的调试

（1）用电磁阀上的手控开关验证机械手抬升气缸、机械手伸缩气缸、气动手爪气缸和机械手旋转气缸的初始位置和动作位置是否正确。

（2）通过调整气缸节流阀来控制活塞杆的往复运动速度，使气缸活塞杆动作时无冲击、卡滞现象。

任务实施

填写表12－6。

表12－6　输送单元的气路连接任务表

任务名称	输送单元的气路连接
任务目标	能够完成输送单元的气路连接，并进行气路调试
设备调试步骤	（1）根据输送单元的气路图，完成输送单元的气路连接。 （2）检查气路连接是否漏气。 （3）检查机械手抬升气缸活塞杆抬升是否顺畅。 （4）检查机械手伸缩气缸活塞杆伸出是否顺畅。 （5）检查机械手旋转气缸活塞杆旋转是否顺畅。 （6）检查气动手爪夹紧是否顺畅
设备调试过程记录	

续表

所遇问题 及解决方法			
教师签字		得分	

习　题

一、单选题

1. 双电控二位五通电磁阀，在两端都无电控信号时，阀芯的位置是（　　）。

A. 左位　　B. 右位

C. 中位　　D. 取决于前一个电控信号

2. 输送单元的气动手指属于（　　）。

A. 平行夹爪　　B. 摆动夹爪　　C. 旋转夹爪　　D. 三点夹爪

3. 输送单元中气动手指升降时，使用的是（　　）。

A. 一体化的带导向杆气缸

B. 用标准气缸和导向气缸装置构成的导向气缸

C. 普通直线气缸

D. 薄型气缸

二、填空题

输送单元的摆动气缸的回转角度为（　　）°。

项目13

自动化生产线的电路设计和电路连接

项目概述

根据工作任务书中规定的控制要求，进行自动化生产线电路设计，并按照规定的PLC I/O地址连接电气元件。电路连接包括各工作单元中传感器、电磁阀、电源端子等连接到装置侧接线端口的接线。

任务1 供料单元的电路设计和电路连接

知识目标

1. 熟悉供料单元电气控制系统的基本结构。
2. 熟悉供料单元装置侧的电气接线。
3. 熟悉供料单元PLC侧的电气接线。
4. 熟悉供料单元电路连接的注意事项。
5. 掌握供料单元电路连接的操作流程。

技能目标

1. 能够规范地根据电路接线图完成供料单元电路的布线、接线。
2. 能够检查、分析供料单元的电气控制回路。

素养目标

1. 能够根据工艺规范完成电路连接，具有团队合作的精神。
2. 在完成操作的过程中，培养学生精益求精的工作态度。

任务导入

供料单元电路用到了哪些传感器？它是如何与PLC实现硬件连接的？

知识储备

一、装置侧的电气接线

YL-335B型自动化生产线中各工作单元的结构特点是机械装置和电气控制部分相对独立。

每一工作单元机械装置整体安装在底板上，而控制工作单元生产过程的 PLC 装置则安装在工作台两侧的抽屉板上。因此，工作单元机械装置与 PLC 装置之间的信息交换是一个关键问题。YL－335B 型自动化生产线的解决方案是，机械装置各电磁阀和传感器的引线均连接到装置侧的接线端口上，PLC 的 I/O 引出线则连接到 PLC 侧的接线端口上。两个接线端口间通过多芯信号电缆互连。装置侧接线端口如图 13－1 所示，PLC 侧接线端口如图 13－2 所示。

图 13－1　装置侧接线端口

图 13－2　PLC 侧接线端口

装置侧接线端口的接线端子采用三层端子结构，上层端子用来连接 DC 24 V 电源的＋24 V 端，底层端子用来连接 DC 24 V 电源的 0 V 端，中间层端子用来连接各信号线。

PLC 侧接线端口的接线端子采用两层端子结构，上层端子用来连接各信号线，其端子号与装置侧接线端口的接线端子相对应；底层端子用来连接 DC 24 V 电源的＋24 V 端和 0 V 端。

装置侧和 PLC 侧的接线端口之间通过专用电缆连接，其中 25 针接头电缆用来连接 PLC 的输入信号，15 针接头电缆用来连接 PLC 的输出信号。

电气接线包括：在各个工作单元的装置侧完成各传感器、电磁阀、电源端子等电气元件到装置侧接线端口之间的接线；在各个工作单元 PLC 侧完成电源连接、I/O 点接线等。

供料单元装置侧接线端口信号端子上各电磁阀和传感器的引线安排见表 13－1。

表 13－1　供料单元装置侧接线端口信号端子分配表

输入端口中间层			输出端口中间层		
端子号	设备符号	信号线	端子号	设备符号	信号线
2	1B1	顶料到位	2	1Y	顶料电磁阀
3	1B2	顶料复位	3	2Y	推料电磁阀
4	2B1	推料到位			
5	2B2	推料复位			
6	SC1	出料台物料检测			
7	SC2	物料不足检测			
8	SC3	物料有无检测			
9	SC4	金属材料检测			
10#～17#端子没有连接			4#～14#端子没有连接		

二、PLC 控制电路的设计

根据供料单元装置侧接线端口信号端子分配表（见表 13－1）和工作任务的要求，供料单元 PLC 选用 SMART SR40 AC/DC/RLY 主单元，共 24 点 DC 24V 数字输入和 16 点 2A 继电器数字输出。供料单元 PLC 的 I/O 信号表见表 13－2。

表 13－2　供料单元 PLC 的 I/O 信号表

输入信号				输出信号			
序号	PLC 输入点	信号名称	信号来源	序号	PLC 输出点	信号名称	信号来源
1	I0.0	顶料气缸活塞杆伸出到位	装置侧	1	Q0.0	顶料电磁阀	装置侧
2	I0.1	顶料气缸活塞杆缩回到位		2	Q0.1	推料电磁阀	
3	I0.2	推料气缸活塞杆伸出到位		3			
4	I0.3	推料气缸活塞杆缩回到位		4			
5	I0.4	出料台物料检测		5			
6	I0.5	供料不足检测		6			
7	I0.6	缺料检测		7			
8	I0.7	金属工件检测		8	Q0.7	正常工作指示	按键/指示灯模块
9	I1.0			9	Q1.0	设备运行指示	
10	I1.1			10	Q1.1	故障指示	
11	I1.2	停止按键	按键/指示灯模块				
12	I1.3	启动按键					
13	I1.4	急停按键					
14	I1.5	单站/全线工作方式选择					

三、PLC 控制电路图的绘制及说明

按照规划的 I/O 分配及选用的 PLC 类型绘制的供料单元 PLC 的 I/O 接线原理图，如图 13－3 所示。

（1）SMART 系列 PLC 内置一个 DC 24 V 开关式稳压电源，对外引出端子为 L＋和 M，可以为外部输入元件提供 DC 24 V 的工作电源。但 PLC 输入电路与传感器电源电路是相互独立的，因此 PLC 输入回路供电电源可取自内置的传感电源，也可由外部稳压电源提供。

（2）YL－335B 型自动化生产线使用的所有传感器均为 NPN 型晶体管集电极开路输出，PLC 输入回路的电源端子（1M 端子）应接 DC 24 V 电源的正极，而各传感器公共端应连接到 DC 24 V 电源的 0 V 端；若信号源来自 PNP 型晶体管集电极开路输出，即源型输入，则用

与上述相反的极性连接，因此 PLC 与信号源的匹配相当灵活。

（3）PLC 输入回路电源和传感器工作电源可以都由外部稳压电源提供，这样可以使整体电路的电源接线单一，避免由于多种电源存在引起的接线错误。YL－335B 型自动化生产线就是采用这种供电方式，但在实际工程中，外部电源可能会带来输入干扰，因而使用较少。

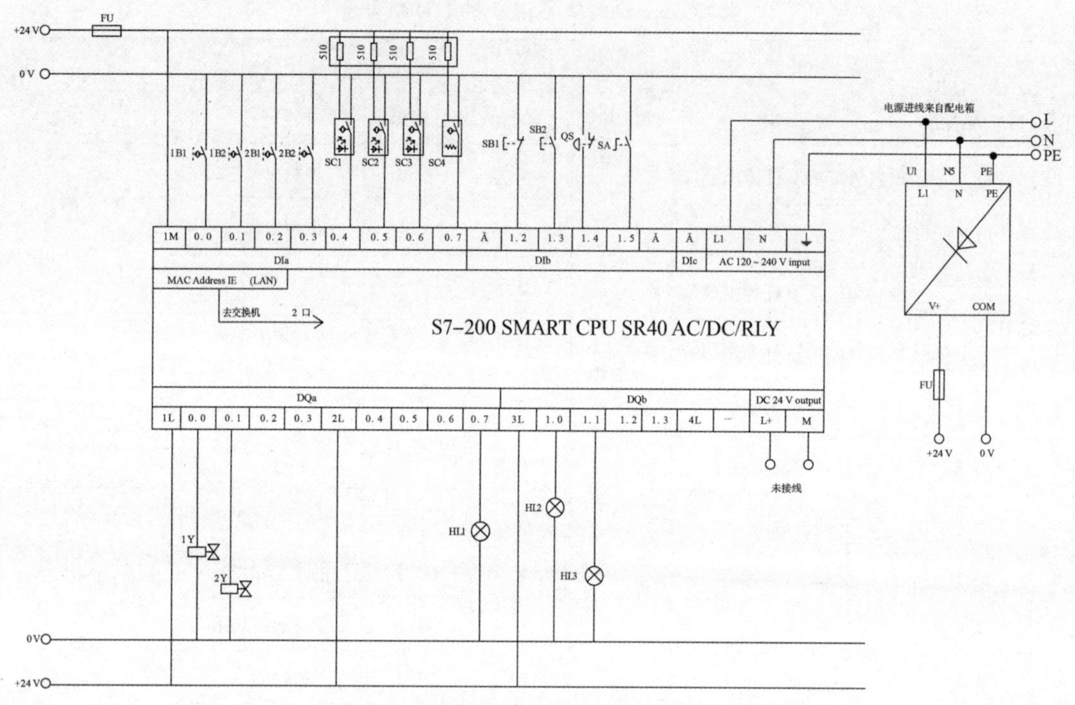

图 13－3 供料单元 PLC 的 I/O 接线原理图

四、PLC 控制电路的电气接线与校验

微课：供料单元的接线

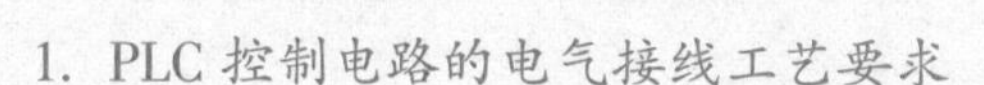

1. PLC 控制电路的电气接线工艺要求

（1）供料单元工作的 DC 24 V 直流电源，是通过专用电缆由 PLC 侧的接线端子提供，再经接线端子排引到供料单元装置侧的接线端口上。接线时应注意，供料单元装置侧接线端口中，输入信号端子的上层端子＋24 V 只能作为传感器的正电源端，切勿用于电磁阀等执行元件的负载。电磁阀等执行元件的正电源端和 0 V 端应连接到下层的相应端子上。每个端子上连接的导线不超过 2 根。

（2）按照供料单元 PLC 的 I/O 接线原理图和规定的 I/O 地址接线。为接线方便，一般应该先接下层端子，后接上层端子。接线时，不仅需要仔细辨明原理图中的端子功能标注，而且还需要注意气缸磁性开关的棕色和蓝色 2 根引线，散射型光电开关的棕色、黑色、蓝色 3 根引线，金属传感器的棕色、黑色、蓝色 3 根引线的极性不能接反。

（3）导线线端应该处理干净，尽量无线芯外露，裸露铜线不得超过 2 mm。一般应该做冷压插针处理，且线端应该标注规定的线号。

(4) 导线在端子上的压接紧固程度以手稍用力外拉而导线静止不动为宜。导线走向应该平顺有序，不得重叠、挤压、折曲、顺序凌乱。传感器不用的芯线应剪掉，并用热缩管套住或用绝缘带包裹在护套绝缘层根部，不可裸露。接线完成后导线应用扎带进行绑扎，绑扎力度以不使导线外皮变形为宜，力求整齐美观。

2. 控制电路接线校验

控制电路接线完成后，需使用万用表等有关仪表对电气接线加以校验。断开 YL－335B 型自动化生产线的电源和气源后，用万用表校验供料单元 PLC 的 I/O 端子和 PLC 侧接线端口的连接关系，以及按键/指示灯模块与 PLC 侧接线端口的连接关系。

3. 传感器及电磁阀接线校验

控制电路接线完成后，接通电源和气源，对工作单元各传感器和电磁阀进行调试。当电磁阀线路接通时，正常工作指示灯亮起。此时用 PLC 软件设置 Q0.0，Q0.1 的状态为1，若电磁阀能正常工作，则判断电磁阀接线正确。

调试磁性开关时，可手动拉动顶料气缸和推料气缸，观察相应的传感器工作指示灯是否能正常亮起，以及 PLC 侧相应指示灯是否能正常亮起。若指示灯未亮起，则应检查对应光电传感器及连接线。调试光电传感器时，先使供料单元通电，然后分别模拟物料不足、物料缺失和物料台已放置物料等情况，观察相应的传感器工作指示灯是否亮起，以及 PLC 侧相应指示灯是否亮起。若指示灯未亮起，则应检查对应光电传感器及连接线。

4. 按键及指示灯接线校验

按键接线校验时，先使供料单元通电、通气，然后分别按动停止按键、复位按键、启动按键、急停按键，观察 PLC 侧相应指示灯是否亮起。若指示灯未亮起，则应检查对应按键及连接线。

指示灯接线校验时，先使供料单元通电、通气，然后用 PLC 软件设置 Q0.7，Q1.0，Q1.1 的状态为1，观察指示灯红灯、指示灯黄灯、指示灯绿灯是否亮起。若指示灯未亮起，则应检查对应指示灯及连接线。

交流与思考

YL－335B 型自动化生产线使用的所有传感器均为 NPN 型，若传感器是 PNP 型，接线时应如何处理?

小资料

1 小时生产 50 万片药，这条高端智能生产线“很给力”

总有一种力量，推动社会高质量发展。2024 年两会上频频出现热词：新质生产力。什么是新质生产力？它具有高科技、高效能、高质量的特征，是符合新发展理念的先进生产力质态。当前，我国科技支撑的产业发展能力不断增强，为发展未来产业奠定了良好基础。

在齐鲁制药（海南）有限公司内，投资 6.9 亿元建设的高端智能制造项目已经开始运作，伴随着机器“唰唰唰”的声音，药物的制粒、压片、运输、包装、检验、入库等都实现了全部自动化生产。

该高端智能制造项目结合计算机管理系统建设，通过 AGV 无人运载小车等智能设备，实现从原料、辅料、包材的车间物流调度，到工单下达到成品出入库的全程自动化操作。将来这套设备和所有生产线连起来，可以基本实现生产的自动化、智能化和现代化。

高科技产品和数字化生产线就是推动齐鲁制药有限公司高质量发展的新质生产力。

来源：学习强国（有删减）

任务实施

填写表 13－3。

表 13－3　供料单元电路连接与校验任务表

任务名称	供料单元电路连接与校验		
任务目标	能够完成供料单元电气原理图的绘制，并按照原理图进行线路连接与校验		
设备调试步骤	（1）完成供料单元装置侧传感器、电磁阀的接线。 （2）完成 15 针电缆和 25 针电缆连接。 （3）绘制供料单元电气原理图，并根据电气原理图完成 PLC 侧接线。 （4）在接线完成后，对传感器、电磁阀、按键、指示灯等接线进行校验，并填写表 13－4 供料单元电路连接与校验工作单，保证接线的正确性		
设备调试过程记录			
所遇问题及解决方法			
教师签字		得分	

表 13－4　供料单元电路连接与校验工作单

序号	校验内容	正确	错误	分析原因
1	顶料到位检测			
2	顶料复位检测			
3	推料到位检测			
4	推料复位检测			
5	出料台物料检测			
6	物料不足检测			

续表

序号	校验内容	正确	错误	分析原因
7	物料有无检测			
8	金属材料检测			
9	停止按键检测			
10	启动按键检测			
11	急停按键检测			
12	工作方式选择按键检测			
13	顶料电磁阀检测			
14	推料电磁阀检测			
15	正常工作指示灯检测			
16	设备运行指示灯检测			
17	故障指示灯检测			

习　题

一、选择题

装置侧接线端口的接线端子采用三层端子结构，用来连接 DC 24 V 电源的 +24 V 端在（　　）。

A. 上层　　B. 中层　　C. 下层

二、简答题

供料单元用到了哪些传感器，都实现了什么功能？

任务2　加工单元的电路设计和电路连接

知识目标

1. 熟悉加工单元电气控制系统的基本结构。
2. 熟悉加工单元装置侧的电气接线。
3. 熟悉加工单元 PLC 侧的电气接线。
4. 熟悉加工单元电路连接的注意事项。
5. 掌握加工单元电路连接的操作流程。

技能目标

1. 能够规范地根据电路接线图完成加工单元电路的布线、接线。
2. 能够检查、分析加工单元的电气控制回路。

素养目标

1. 能够根据工艺规范完成电路连接，具有团队合作的精神。

2. 在完成操作的过程中，培养学生精益求精的工匠精神。

任务导入

加工单元的接线分为装置侧接线和 PLC 侧接线，它们是如何实现电路连接的？

知识储备

一、装置侧的电气接线

根据加工单元的结构组成，加工单元装置侧有 6 个输入设备，即 1 个光电传感器、5 个磁性开关；有 3 个输出设备，即 3 个电磁阀。其装置侧接线端口信号端子上各电磁阀和传感器的引线安排见表 13 – 5。

表 13 – 5　加工单元装置侧接线端口信号端子分配表

输入端口中间层			输出端口中间层		
端子号	设备符号	信号线	端子号	设备符号	信号线
2	SC1	加工台物料检测	2	3Y	夹紧电磁阀
3	3B	工件夹紧检测	3		
4	2B2	加工台伸出到位	4	2Y	伸缩电磁阀
5	2B1	加工台缩回到位	5	1Y	冲压电磁阀
6	1B1	加工压头上限			
7	1B2	加工压头下限			
8# ~ 17#端子没有连接			6# ~ 14#端子没有连接		

装置侧接线，先将加工单元各传感器信号线、电源线、0 V 线按规定接至装置侧右边的接线端子排；再将加工单元电磁阀的信号线接至装置侧左边的接线端子排。加工单元装置侧接线注意事项与项目供料单元相同，在此不再赘述。

二、PLC 控制电路的设计

根据加工单元装置侧接线端口信号端子分配表（见表 13 – 5）和工作任务的要求，加工单元 PLC 选用 SMART SR40 AC/DC/RLY 主单元，共 24 点 DC 24V 数字输入和 16 点 2A 继电器数字输出。输入输出信号在装置侧接线的基础上增加了按键/指示灯模块。加工单元 PLC 的 I/O 信号表见表 13 – 6。

表13－6　加工单元PLC的I/O信号表

<table>
<tr><th colspan="4">输入信号</th><th colspan="4">输出信号</th></tr>
<tr><th>序号</th><th>PLC输入点</th><th>信号名称</th><th>信号来源</th><th>序号</th><th>PLC输出点</th><th>信号名称</th><th>信号来源</th></tr>
<tr><td>1</td><td>I0.0</td><td>加工台物料检测</td><td rowspan="6">装置侧</td><td>1</td><td>Q0.0</td><td>夹紧电磁阀</td><td rowspan="4">装置侧</td></tr>
<tr><td>2</td><td>I0.1</td><td>工件夹紧检测</td><td>2</td><td>Q0.1</td><td></td></tr>
<tr><td>3</td><td>I0.2</td><td>加工台伸出到位</td><td>3</td><td>Q0.2</td><td>加工台伸缩电磁阀</td></tr>
<tr><td>4</td><td>I0.3</td><td>加工台缩回到位</td><td>4</td><td>Q0.3</td><td>加工压头电磁阀</td></tr>
<tr><td>5</td><td>I0.4</td><td>加工压头上限</td><td>5</td><td>Q0.4</td><td></td><td></td></tr>
<tr><td>6</td><td>I0.5</td><td>加工压头下限</td><td>6</td><td>Q0.5</td><td></td><td></td></tr>
<tr><td>7</td><td>I0.6</td><td></td><td></td><td>7</td><td>Q0.6</td><td></td><td></td></tr>
<tr><td>8</td><td>I0.7</td><td></td><td></td><td>8</td><td>Q0.7</td><td>正常工作指示</td><td rowspan="3">按键/指示灯模块</td></tr>
<tr><td>9</td><td>I1.0</td><td></td><td></td><td>9</td><td>Q1.0</td><td>设备运行指示</td></tr>
<tr><td>10</td><td>I1.1</td><td></td><td></td><td>10</td><td>Q1.1</td><td>故障指示</td></tr>
<tr><td>11</td><td>I1.2</td><td>停止按键</td><td rowspan="4">按键/指示灯模块</td><td></td><td></td><td></td><td></td></tr>
<tr><td>12</td><td>I1.3</td><td>启动按键</td><td></td><td></td><td></td><td></td></tr>
<tr><td>13</td><td>I1.4</td><td>急停按键</td><td></td><td></td><td></td><td></td></tr>
<tr><td>14</td><td>I1.5</td><td>单站/全线工作方式选择</td><td></td><td></td><td></td><td></td></tr>
</table>

三、PLC控制电路图的绘制及说明

微课：加工单元的接线

加工单元的电气控制电路主要由PLC、传感器、电磁阀和控制按键等组成。PLC的输入端主要用于连接现场设备的传感器信号和相关控制命令按键，输出端主要用于连接电磁阀、信号指示灯信号。

按照规划的I/O分配及选用的PLC类型绘制的加工单元PLC的I/O接线原理图如图13－4所示。

PLC的工作电源为AC 220 V，数字量输入/输出模块电源为DC 24 V。其中，1M，2M及1L，2L，3L均接＋24 V端。值得注意的是，这里的24 V电源由独立的开关电源提供，而不采用PLC内置的24 V电源。

四、PLC控制电路的电气接线与校验

PLC侧接线包括电源接线、PLC输入/输出端子接线、按键模块接线3个部分。PLC侧接线端子排为双层两列端子接线端子排。接线端子排两列中的下层分别接＋24 V电源端和

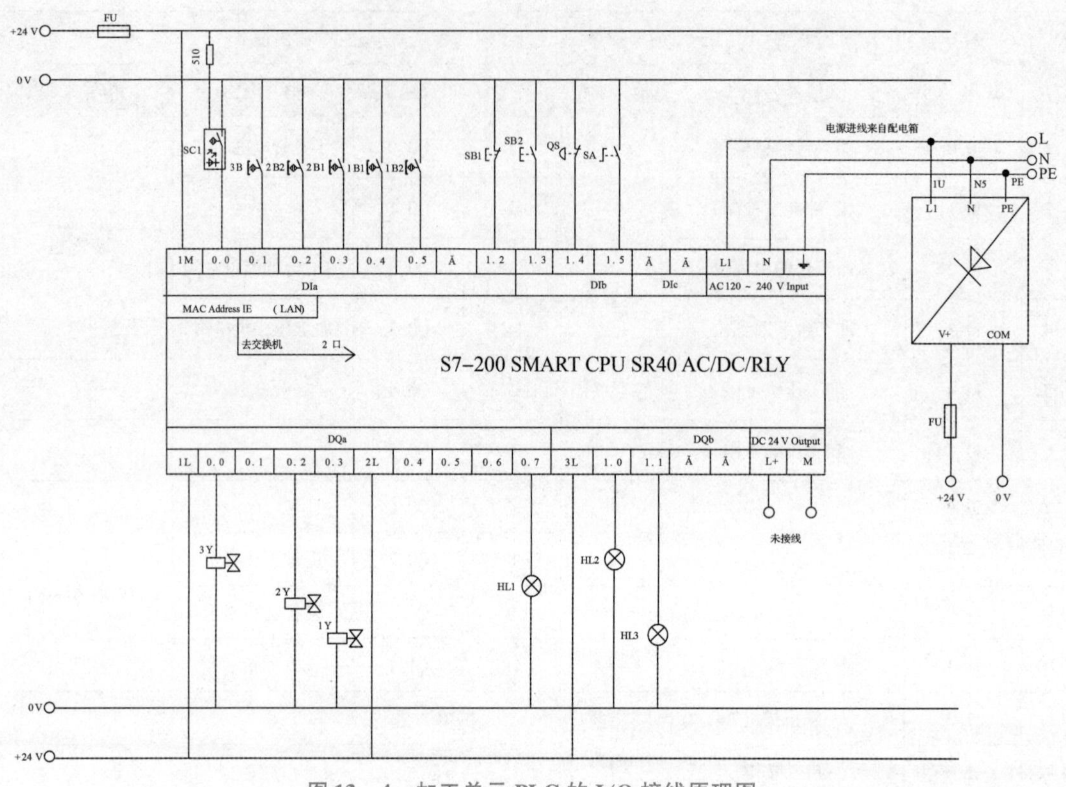

图 13 - 4　加工单元 PLC 的 I/O 接线原理图

0 V 端；接线端子排左列上层为 PLC 的输出信号端子，右列上层为 PLC 的输入信号端子。加工单元 PLC 侧接线与供料单元接线相同，在此不再赘述。

电气接线的工艺应符合相关的专业规范规定，控制电路接线完成后，可通过万用表等相关仪表对电气接线进行校验。同时还要对传感器、电磁阀、按键/指示灯模块进行校验，确保各部件单元连接的正确性。

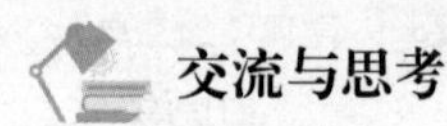

交流与思考

加工单元传感器、电磁阀、按键及指示灯等硬件接线的校验应该如何实施？

任务实施

填写表 13 - 7。

表 13 - 7　加工单元电路连接与校验任务表

任务名称	加工单元电路连接与校验
任务目标	能够完成加工单元电气原理图的绘制，并按照原理图进行线路连接与校验

续表

设备调试步骤	(1) 完成加工单元装置侧传感器、电磁阀的接线。 (2) 完成 15 针电缆和 25 针电缆连接。 (3) 绘制加工单元电气原理图，并根据电气原理图完成 PLC 侧接线。 (4) 在接线完成后，对传感器、电磁阀、按键、指示灯等接线进行校验，并填写表 13－8 加工单元电路连接与校验工作单，保证接线的正确性		
设备调试 过程记录			
所遇问题 及解决方法			
教师签字		得分	

表 13－8　加工单元电路连接与校验工作单

序号	校验内容	正确	错误	分析原因
1	加工台物料检测			
2	工件夹紧检测			
3	加工台伸出到位检测			
4	加工台缩回到位检测			
5	加工压头上限检测			
6	加工压头下限检测			
7	停止按键检测			
8	启动按键检测			
9	急停按键检测			
10	单站/全线旋钮检测			
11	夹紧电磁阀检测			
12	伸缩电磁阀检测			
13	冲压电磁阀检测			

续表

序号	校验内容	正确	错误	分析原因
14	正常工作指示检测			
15	设备运行指示检测			
16	故障指示检测			

习　题

一、选择题

PLC 侧接线端口的接线端子采用两层端子结构，用来连接 DC 24 V 电源的在（　　）。

A. 上层　　B. 下层

二、简答题

加工单元用到了哪些传感器，都实现了什么功能?

任务 3　装配单元的电路设计和电路连接

知识目标

1. 熟悉装配单元电气控制系统的基本结构。
2. 熟悉装配单元装置侧的电气接线。
3. 熟悉装配单元 PLC 侧的电气接线。
4. 熟悉装配单元电路连接的注意事项。
5. 掌握装配单元电路连接的操作流程。

技能目标

1. 能够规范地根据电路接线图完成装配单元电路的布线、接线。
2. 能够检查、分析装配单元的电气控制回路。

素养目标

1. 能够根据工艺规范完成电路连接，具有团队合作的精神。
2. 在完成操作过程中，培养学生精益求精的工匠精神。

任务导入

装配单元的接线分为装置侧接线和 PLC 侧接线，它们是如何实现电路连接的?

知识储备

一、装置侧的电气接线

根据装配单元的结构组成，装配单元装置侧有 16 个输入设备，即 4 个光电传感器、11

个磁性开关、1 个光纤传感器；有 9 个输出设备，即 6 个电磁阀和 3 个指示灯。其装置侧接线端口信号端子上各电磁阀、传感器和指示灯的引线安排见表 13－9。

表 13－9　装配单元装置侧接线端口信号端子分配表

输入端口中间层			输出端口中间层		
端子号	设备符号	信号线	端子号	设备符号	信号线
2	SC1	零件不足检测	2	1Y	挡料电磁阀
3	SC2	零件有无检测	3	2Y	顶料电磁阀
4	SC3	左料盘零件检测	4	3Y	回转电磁阀
5	SC4	右料盘零件检测	5	4Y	手爪夹紧电磁阀
6	SC5	装配台工件检测	6	5Y	手爪下降电磁阀
7	2B1	顶料到位检测	7	6Y	手臂伸出电磁阀
8	2B2	顶料复位检测	8	AL1	红色警示灯
9	1B1	挡料状态检测	9	AL2	橙色警示灯
10	1B2	落料状态检测	10	AL3	绿色警示灯
11	3B1	摆动气缸左限检测			
12	3B2	摆动气缸右限检测			
13	4B	手爪夹紧检测			
14	5B1	手爪下降到位检测			
15	5B2	手爪上升到位检测			
16	6B2	手臂缩回到位检测			
17	6B1	手臂伸出到位检测			
			11#～14#端子没有连接		

装置侧接线，先将装配单元各传感器信号线、电源线、0 V 线按规定接至装置侧右边的接线端子排；再将装配单元电磁阀的信号线接至装置侧左边的接线端子排。装配单元装置侧接线注意事项与供料单元相同，在此不再赘述。

二、PLC 控制电路的设计

根据装配单元装置侧的接线端口信号端子分配表（见表 13－9）和工作任务的要求，装配单元的 I/O 点较多，因此选用 SMART SR40 AC/DC/RLY 主单元，共 24 点 DC 24V 数字输入，16 点 2A 继电器数字输出。装配单元 PLC 的 I/O 信号表见表 13－10。

表 13-10　装配单元 PLC 的 I/O 信号表

输入信号				输出信号			
序号	PLC 输入点	信号名称	信号来源	序号	PLC 输出点	信号名称	信号来源
1	I0.0	零件不足检测	装置侧	1	Q0.0	挡料电磁阀	装置侧
2	I0.1	零件有无检测		2	Q0.1	顶料电磁阀	
3	I0.2	左料盘芯件检测		3	Q0.2	回转电磁阀	
4	I0.3	右料盘芯件检测		4	Q0.3	手爪夹紧电磁阀	
5	I0.4	装配台工件检测		5	Q0.4	手爪下降电磁阀	
6	I0.5	顶料到位检测		6	Q0.5	手臂伸出电磁阀	
7	I0.6	顶料复位检测		7	Q0.6		
8	I0.7	挡料状态检测		8	Q0.7		
9	I1.0	落料状态检测		9	Q1.0	红色警示灯	
10	I1.1	摆动气缸左限检测		10	Q1.1	橙色警示灯	
11	I1.2	摆动气缸右限检测		11	Q1.2	绿色警示灯	
12	I1.3	手爪夹紧检测		12	Q1.3		按键/指示灯模块
13	I1.4	手爪下降到位检测		13	Q1.4		
14	I1.5	手爪上升到位检测		14	Q1.5	正常工作指示	
15	I1.6	手臂缩回到位检测		15	Q1.6	设备运行指示	
16	I1.7	手臂伸出到位检测		16	Q1.7	故障指示	
17	I2.0						
18	I2.1						
19	I2.2						
20	I2.3						
21	I2.4	停止按键	按键/指示灯模块				
22	I2.5	启动按键					
23	I2.6	急停按键					
24	I2.7	单站/全线工作方式选择					

三、PLC 控制电路图的绘制及说明

装配单元的电气控制电路主要由 PLC、传感器、电磁阀和控制按键等组成。PLC 的输入端主要用于连接现场设备的传感器信号和相关控制命令按键，输出端主要用于连接电磁阀、

信号指示灯信号。

按照规划的 I/O 分配及选用的 PLC 类型绘制的装配单元 PLC 的 I/O 接线原理图如图 13－5 所示。

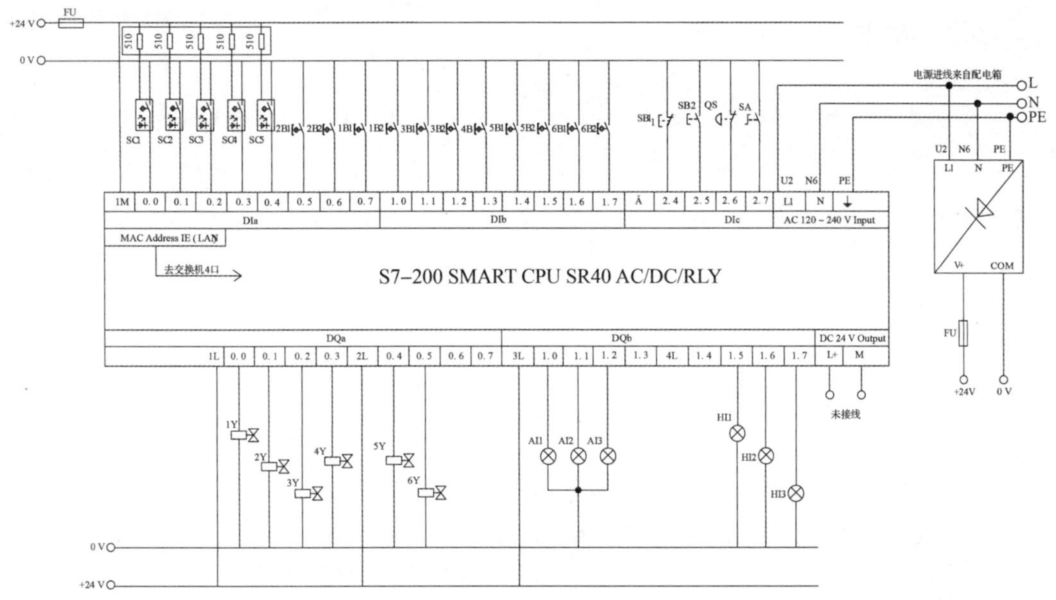

图 13－5　装配单元 PLC 的 I/O 接线原理图

四、PLC 控制电路的电气接线与校验

微课：装配单元的接线

PLC 侧接线包括电源接线、PLC 输入/输出端子接线、按键模块接线 3 个部分。PLC 侧接线端子排为双层两列端子。接线端子排两列中的下层分别接 24 V 电源端子和 0 V 端子；接线端子排左列上层为 PLC 的输出信号端子，右列上层为 PLC 的输入信号端子。装配单元 PLC 侧接线与供料单元接线相同，在此不再赘述。

1. 传感器接线校验

（1）磁性传感器接线校验时，先使装配单元通电、通气，然后手动控制电磁阀通断，从而实现手爪提升降气缸、手臂伸缩气缸、气动手指气缸、挡料气缸、顶料气缸、摆动气缸的动作，观察 PLC 的相应指示灯是否亮起，若指示灯未亮起，则应检查对应磁性传感器及其连接线。

（2）光电传感器接线校验时，先使装配单元通电、通气，然后分别模拟没有物料、物料不足等现象，观察 PLC 的相应指示灯是否亮起，若指示灯未亮起，则应检查光电开关及其连接线。

2. 按键/指示灯接线校验

（1）按键接线校验时，先使装配单元通电、通气，然后分别按动停止按键、复位按键、启动按键、急停按键，观察 PLC 的相应指示灯是否亮起，若指示灯未亮起，则应检查对应按键及连接线。

（2）指示灯接线校验时，先使装配单元通电、通气，然后用 PLC 软件设置 Q1.0，

Q1. 1，Q1. 2，Q1. 5，Q1. 6，Q1. 7 的状态为 1，观察警示灯红灯、警示灯橙灯、警示灯绿灯、指示灯绿灯、指示灯黄灯、指示灯红灯是否亮起，若指示灯未亮起，则应检查对应指示灯及连接线。

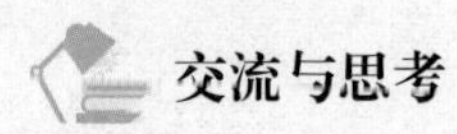

交流与思考

装配单元中用于装配台上物料检测的传感器可以用光电传感器代替吗？为什么？

任务实施

填写表 13－11。

表 13－11　装配单元电路连接与校验任务表

<table>
<tr><td>任务名称</td><td colspan="3">装配单元电路连接与校验</td></tr>
<tr><td>任务目标</td><td colspan="3">能够完成装配单元电气原理图的绘制，并按照原理图进行线路连接与校验</td></tr>
<tr><td>设备调试步骤</td><td colspan="3">（1）完成装配单元装置侧传感器、电磁阀的接线。
（2）完成 15 针电缆和 25 针电缆连接。
（3）绘制装配单元电气原理图，并根据电气原理图完成 PLC 侧接线。
（4）在接线完成后，对传感器、电磁阀、按键、指示灯等接线进行校验，并填写表 13－12 装配单元电路连接与校验工作单，保证接线的正确性</td></tr>
<tr><td>设备调试
过程记录</td><td colspan="3"></td></tr>
<tr><td>所遇问题
及解决方法</td><td colspan="3"></td></tr>
<tr><td>教师签字</td><td></td><td>得分</td><td></td></tr>
</table>

表 13－12　装配单元电路连接与校验工作单

序号	校验内容	正确	错误	分析原因
1	零件不足检测			
2	零件有无检测			
3	左料盘零件检测			
4	右料盘零件检测			
5	装配台工件检测			

续表

序号	校验内容	正确	错误	分析原因
6	顶料到位检测			
7	顶料复位检测			
8	挡料状态检测			
9	落料状态检测			
10	摆动气缸左限检测			
11	摆动气缸右限检测			
12	手爪夹紧检测			
13	手爪下降到位检测			
14	手爪上升到位检测			
15	手臂缩回到位检测			
16	手臂伸出到位检测			
17	停止按键检测			
18	启动按键检测			
19	急停按键检测			
20	单站/全线旋钮检测			
21	挡料电磁阀检测			
22	顶料电磁阀检测			
23	回转电磁阀检测			
24	手爪夹紧电磁阀检测			
25	手爪下降电磁阀检测			
26	手臂伸出电磁阀检测			
27	红色警示灯检测			
28	橙色警示灯检测			
29	绿色警示灯检测			
30	正常工作指示检测			
31	设备运行指示检测			
32	故障指示检测			

习　题

一、填空题

1. 装配单元的电磁阀组由________个单电控二位五通电磁阀和________个双电控二位五通电磁阀组成。

2. 系统气源接通，电源接通后，初始态为顶料气缸处于________状态，挡料气缸处于________状态，PLC 对应的输入信号________、________应该为接通状态。

二、简答题

装配单元用到了哪些传感器，都实现了什么功能？

任务 4 分拣单元的电路设计和电路连接

知识目标

1. 熟悉分拣单元电气控制系统的基本结构。
2. 熟悉分拣单元装置侧的电气接线。
3. 熟悉分拣单元 PLC 侧的电气接线。
4. 熟悉分拣单元电路连接的注意事项。
5. 掌握分拣单元电路连接的操作流程。

技能目标

1. 能够规范地根据电路接线图完成分拣单元电路的布线、接线。
2. 能够检查、分析分拣单元的电气控制回路。

素养目标

1. 能够根据工艺规范完成电路连接，具有团队合作的精神。
2. 在完成操作过程中，培养学生精益求精的工匠精神。

任务导入

分拣单元的接线分为装置侧接线和 PLC 侧接线，它们是如何实现电路连接的？

知识储备

一、装置侧的电气接线

根据分拣单元的结构组成，分拣单元装置侧一共有 8 个输入设备，即 1 个光电传感器、3 个磁性开关、2 个光纤传感器、1 个电感式（金属）传感器、1 个光电旋转编码器；有 3 个输出设备，即 3 个电磁阀。其装置侧接线端口信号端子上各电磁阀、传感器的引线安排见表 13－13。

表 13－13　分拣单元装置侧接线端口信号端子分配表

输入端口中间层			输出端口中间层		
端子号	设备符号	信号线	端子号	设备符号	信号线
2	DECODE	旋转编码器 B 相	2	1Y	推杆 1 电磁阀
3		旋转编码器 A 相	3	2Y	推杆 2 电磁阀

续表

输入端口中间层			输出端口中间层		
端子号	设备符号	信号线	端子号	设备符号	信号线
4	SC1	进料口工件检测	4	3Y	推杆 3 电磁阀
5	SC2	光纤传感器 1			
6	SC3	电感式传感器			
7	SC4	光纤传感器 2			
8					
9	1B	推杆 1 推出到位			
10	2B	推杆 2 推出到位			
11	3B	推杆 3 推出到位			
12# ~ 17#端子没有连接			5# ~ 14#端子没有连接		

装置侧接线，先将分拣单元各传感器信号线、电源线、0 V 线按规定接至装置侧右边的接线端子排；再将分拣单元电磁阀的信号线接至装置侧左边的接线端子排。分拣单元装置侧接线注意事项与供料单元相同，在此不再赘述。

分拣单元所使用的编码器的接线一共有 5 根，白色引线为 A 相线，绿色引线为 B 相线，黄色引线为 Z 相线，红色引线为电源正接线，黑色引线为电源负接线。由于该编码器的工作电流达 110 mA，因此进行电气接线还需注意，编码器的正极电源红色引线需连接到装置侧接线端口的 +24 V 稳压电源端子上，不宜连接到带有内阻的电源端子 VCC 上，否则工作电流在内阻上压降过大，会导致编码器不能正常工作。此外，因为传送带不需要起始零点信号，所以 Z 相脉冲没有连接。

进料口工件检测采用的是光电传感器，光纤传感器 1 用于物料外壳颜色的检测，光纤传感器 2 用于物料芯体颜色的检测，电感式传感器用于金属芯体的检测。

二、PLC 控制电路的设计

根据分拣单元装置侧的接线端口信号端子分配表（见表 13 – 13）及工作任务的要求，分拣单元 PLC 选用 SMART SR40 AC/DC/RLY 主单元，共 24 点 DC 24V 数字输入和 16 点 2A 继电器数字输出。分拣单元 PLC 的 I/O 信号表见表 13 – 14。

在分拣单元传送带的实际运行中，使传送带正向运行的电动机转向与实际运行方向相反。为了确保传送带正向运行，PLC 的高速计数器的计数设置为增计数，编码器实际接线时将白色引线和绿色引线连接对调，即 B 相白色引线连接到 PLC 的 I0.0，A 相绿色引线连接到 PLC 的 I0.1。

变频器采用的是宏 1 “两个固定转速” 的控制方式，因此需要将变频器的 DI0，DI4 和

DI5 分别连接到 PLC 的 Q0.0，Q0.1 和 Q0.2 输出端。

表 13－14　分拣单元 PLC 的 I/O 信号表

<table>
<tr><th colspan="4">输入信号</th><th colspan="4">输出信号</th></tr>
<tr><th>序号</th><th>PLC 输入点</th><th>信号名称</th><th>信号来源</th><th>序号</th><th>PLC 输出点</th><th>信号名称</th><th>信号输出目标</th></tr>
<tr><td>1</td><td>I0.0</td><td>旋转编码器 B 相（白色）</td><td rowspan="10">装置侧</td><td>1</td><td>Q0.0</td><td>正转（DI0）</td><td rowspan="3">变频器</td></tr>
<tr><td>2</td><td>I0.1</td><td>旋转编码器 A 相（绿色）</td><td>2</td><td>Q0.1</td><td>固定转速 1（DI4）</td></tr>
<tr><td>3</td><td>I0.2</td><td>进料口工件检测</td><td>3</td><td>Q0.2</td><td>固定转速 2（DI5）</td></tr>
<tr><td>4</td><td>I0.3</td><td>光纤传感器 1</td><td>4</td><td>Q0.3</td><td></td><td rowspan="4">装置侧</td></tr>
<tr><td>5</td><td>I0.4</td><td>电感式传感器</td><td>5</td><td>Q0.4</td><td>推杆 1 电磁阀</td></tr>
<tr><td>6</td><td>I0.5</td><td>光纤传感器 2</td><td>6</td><td>Q0.5</td><td>推杆 2 电磁阀</td></tr>
<tr><td>7</td><td>I0.6</td><td></td><td>7</td><td>Q0.6</td><td>推杆 3 电磁阀</td></tr>
<tr><td>8</td><td>I0.7</td><td>推杆 1 推出到位</td><td>8</td><td>Q0.7</td><td>正常工作指示</td><td rowspan="3">按键/指示灯模块</td></tr>
<tr><td>9</td><td>I1.0</td><td>推杆 2 推出到位</td><td>9</td><td>Q1.0</td><td>设备运行指示</td></tr>
<tr><td>10</td><td>I1.1</td><td>推杆 3 推出到位</td><td>10</td><td>Q1.1</td><td>故障指示</td></tr>
<tr><td>11</td><td>I1.2</td><td>启动按键</td><td rowspan="4">按键/指示灯模块</td><td></td><td></td><td></td><td></td></tr>
<tr><td>12</td><td>I1.3</td><td>停止按键</td><td></td><td></td><td></td><td></td></tr>
<tr><td>13</td><td>I1.4</td><td>急停按键</td><td></td><td></td><td></td><td></td></tr>
<tr><td>14</td><td>I1.5</td><td>单站/全线工作方式选择</td><td></td><td></td><td></td><td></td></tr>
</table>

三、PLC 控制电路图的绘制及说明

分拣单元的电气控制电路主要由 PLC、传感器、电磁阀、变频器和控制按键等组成。PLC 的输入端主要用于连接现场设备的传感器信号和相关控制命令按键，输出端主要用于连接电磁阀、变频器、信号指示灯等信号。

按照规划的 I/O 分配及选用的 PLC 类型绘制的分拣单元 PLC 的 I/O 接线原理图如图 13－6 所示。

四、变频器参数设置

变频器接线完成后，需要进行参数设置，并定义 2 个固定转速的控制方式。对变频器的基本参数进行设置后，只需修改宏和 2 个转速的值即可。G120C 的参数设置见表 13－15。

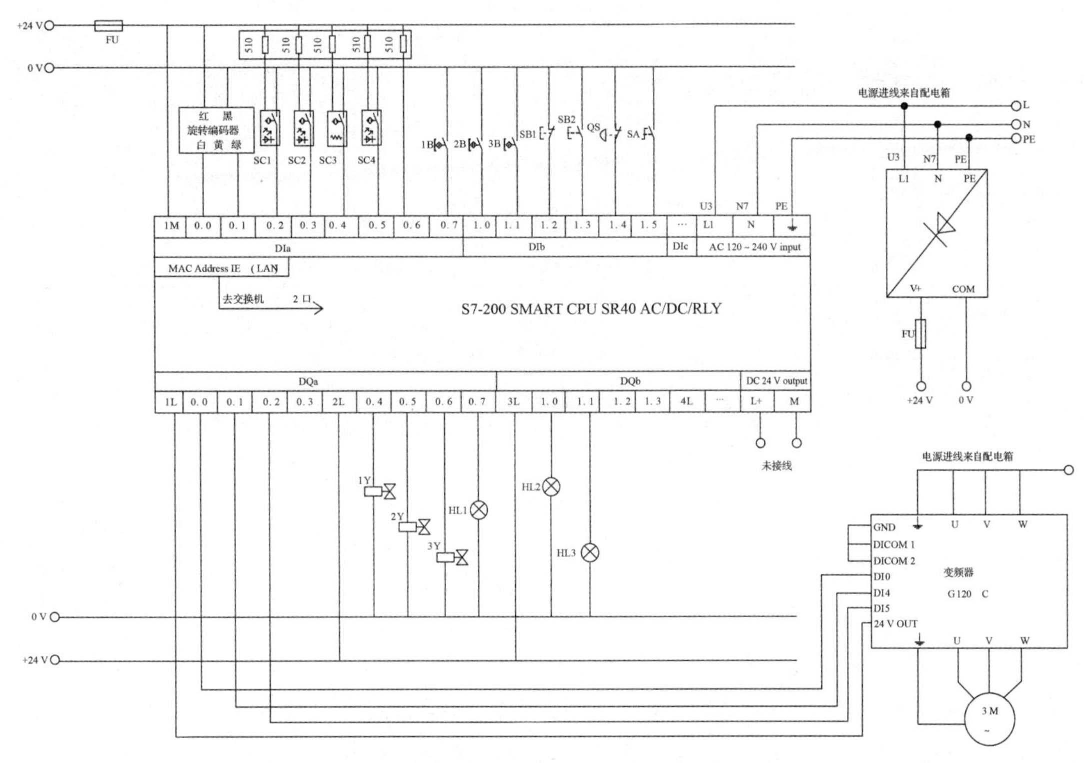

图 13－6　分拣单元 PLC 的 I/O 接线原理图

表 13－15　G120C 的参数设置

序号	参数	设置值	参数说明
1	P0010	30	参数复位
	P0970	1	启动参数复位
	P0010	1	进入快速调试。驱动调试参数筛选，先设置为 1，当把 P0015 和电动机相关参数修改完成后，再设置为 0
2	P0015	1	宏连接
3	P0300	1	选为异步电动机
4	P0304	380	电动机额定电压，单位为 V
5	P0305	0.18	电动机额定电流，单位为 A
6	P0307	0.03	电动机额定功率，单位为 kW
7	P0310	50	电动机额定频率，单位为 Hz
8	P0311	1 300	电动机额定转速，单位为 r/min
9	P0322	1 300	电动机额定最高转速，单位为 r/min
10	P0355	0	电动机冷却方式为自冷却
11	P0501	0	工艺应用为线性
12	P1080	0	最小转速，单位为 r/min
13	P1082	1 300	最大转速，单位为 r/min

续表

序号	参数	设置值	参数说明
14	P1120	0.1	斜坡上升时间，单位为 s
15	P1121	0.1	斜坡下降时间，单位为 s
16	P1135	0	OFF3 斜坡下降时间，单位为 s
17	P1900	0	电动机识别，设置为不识别
18	P1003	600	固定转速 1，单位为 r/min
19	P1004	750	固定转速 2，单位为 r/min
20	P0010	0	电动机就绪
21	P0971	1	保存驱动参数

五、PLC 控制电路的电气接线与校验

分拣单元的接线

PLC 侧接线包括电源接线、PLC 输入/输出端子接线、按键模块接线 3 个部分。PLC 侧接线端子排为双层两列端子。接线端子排两列中的下层分别接 24 V 电源端子和 0 V 端子；接线排端子左列上层为 PLC 的输出信号端子，右列上层为 PLC 的输入信号端子。分拣单元 PLC 侧接线与供料单元接线相同，在此不再赘述。

1. 传感器及电磁阀接线校验

（1）磁性传感器接线校验时，先使分拣单元通电、通气，然后手动控制推料气缸 1、推料气缸 2、推料气缸 3 动作和返回，观察 PLC 的相应指示灯是否亮起，若指示灯未亮起，则应检查磁性传感器及连接线。

（2）光电传感器接线校验时，先使分拣单元通电、通气，然后分别模拟没有物料和物料没有推入出料滑槽等现象，观察 PLC 的相应指示灯是否亮起，若指示灯未亮起，则应检查光电传感器及连接线。

（3）电感式传感器接线校验时，先使分拣单元通电、通气，然后模拟放入不同材质的物料，观察 PLC 的相应指示灯是否亮起，若指示灯未亮起，则应检查电感式传感器、检测位置及连接线。

（4）光纤传感器接线校验时，先使分拣单元通电、通气，然后放入不同颜色的物料，观察 PLC 的相应指示灯是否亮起，若指示灯未亮起，则应检查光纤传感器及连接线。

（5）旋转编码器接线校验时，先使分拣单元通电、通气，然后手动转动电动机转轴，观察 PLC 的 I0.0 和 I0.1 是否闪烁，若闪烁则说明旋转编码器接线正常。

（6）电磁阀接线校验时，先完成控制线路接线，然后通电、通气。电磁阀线路接通后，正常工作指示灯亮起。此时用 PLC 软件设置 Q0.4，Q0.5，Q0.6 的状态为 1，若电磁阀能正常工作，则说明电磁阀接线正确。

2. 按键/指示灯接线校验

（1）按键接线校验时，先使分拣单元通电、通气，然后分别按动停止按键、复位按键、

启动按键、急停按键、转换开关，观察 PLC 的相应指示灯是否亮起，若指示灯未亮起，则应检查对应按键及连接线。

（2）指示灯接线校验时，先使分拣单元通电、通气，然后用 PLC 软件设置 Q1.0，Q1.1，Q1.2，Q1.5，Q1.6，Q1.7 的状态为 1，观察指示灯红灯、指示灯黄灯、指示灯绿灯是否亮起，若指示灯未亮起，则应检查对应按键及连接线。

交流与思考

变频器还可以用哪些控制方式来完成分拣单元的控制任务？

任务实施

填写表 13－16。

表 13－16 分拣单元电路连接与校验任务表

<table>
<tr><td>任务名称</td><td colspan="3">分拣单元电路连接与校验</td></tr>
<tr><td>任务目标</td><td colspan="3">能够完成分拣单元电气原理图的绘制，并按照原理图进行线路连接与校验</td></tr>
<tr><td>设备调试步骤</td><td colspan="3">（1）完成分拣单元装置侧传感器、电磁阀的接线。
（2）完成 15 针电缆和 25 针电缆连接。
（3）绘制分拣单元电气原理图，并根据电气原理图完成 PLC 侧接线。
（4）对变频器参数进行设置，完成分拣单元固定转速的控制方式。
（5）在接线完成后，对传感器、电磁阀、按键、指示灯等接线进行校验，并填写表 13－17 分拣单元电路连接与校验工作单，保证接线的正确性</td></tr>
<tr><td>设备调试
过程记录</td><td colspan="3"></td></tr>
<tr><td>所遇问题
及解决方法</td><td colspan="3"></td></tr>
<tr><td>教师签字</td><td></td><td>得分</td><td></td></tr>
</table>

表 13－17 分拣单元电路连接与校验工作单

序号	校验内容	正确	错误	分析原因
1	旋转编码器检测			
2	进料口工件检测			
3	光纤传感器 1 检测			

续表

序号	校验内容	正确	错误	分析原因
4	电感式传感器检测			
5	光纤传感器 2 检测			
6	推杆 1 推出到位检测			
7	推杆 2 推出到位检测			
8	推杆 3 推出到位检测			
9	启停按键检测			
10	急停按键检测			
11	转换开关检测			
12	正转（DI0）检测			
13	固定转速 1（DI4）检测			
14	固定转速 2（DI5）检测			
15	推杆 1 电磁阀检测			
16	推杆 2 电磁阀检测			
17	推杆 3 电磁阀检测			
18	正常工作指示检测			
19	设备运行指示检测			
20	故障指示检测			

习　题

一、填空题

1. 分拣单元中用于进料口工件检测的是________传感器，用于区分工件颜色的是________传感器，用于区分工件材质的是________传感器。

2. 分拣单元中变频器采用的是______控制方式，与 PLC 连接时，用到的数字量输入端子是______、______和______。

二、简答题

简述分拣单元变频器需要设置哪些参数？

任务 5　使用人机界面控制分拣单元的电路设计和电路连接

知识目标

1. 掌握分拣单元模拟量输入控制变频器频率的接线方法。

2. 掌握分拣单元模拟量输入控制变频器频率的参数设置。
3. 熟悉分拣单元人机界面控制的 PLC 接线。
4. 掌握分拣单元人机界面控制电路连接操作流程。

技能目标

1. 能够规范地根据电路接线图完成分拣单元人机界面控制电路的布线、接线。
2. 能够检查、分析分拣单元人机界面控制的电气控制回路。

素养目标

1. 能够根据工艺规范完成电路连接，具有团队合作的精神。
2. 在完成操作过程中，培养学生精益求精的工匠精神。

任务导入

使用人机界面控制分拣单元的电路是如何进行设计和接线的？

知识储备

使用人机界面控制分拣单元的主令信号是由人机界面提供的，具体的接线方式与按键控制接线方式基本一致，不同之处是变频器接线采用模拟量模块提供转速信息。

一、PLC 控制电路的设计

设备的工作目标、上电和气源接通后的初始位置、具体的分拣要求，均与按键控制方式相同，但启停操作和工作状态指示不通过按键/指示灯模块操作，而是在触摸屏上实现。使用人机界面控制分拣单元 PLC 的 I/O 信号表见表 13－18。

表 13－18　使用人机界面控制分拣单元 PLC 的 I/O 信号表

输入信号				输出信号			
序号	PLC 输入点	信号名称	信号来源	序号	PLC 输出点	信号名称	信号输出目标
1	I0.0	旋转编码器 B 相（白色）	装置侧	1	Q0.0	正转（DI0）	变频器
2	I0.1	旋转编码器 A 相（绿色）		2	Q0.1	反转（DI1）	
3	I0.2	进料口工件检测		3	Q0.2		
4	I0.3	光纤传感器 1		4	Q0.3		装置侧
5	I0.4	电感式传感器		5	Q0.4	推杆 1 电磁阀	
6	I0.5	光纤传感器 2		6	Q0.5	推杆 2 电磁阀	
7				7	Q0.6	推杆 3 电磁阀	按键/指示灯模块
8	I0.7	推杆 1 推出到位		8	Q0.7	正常工作指示	
9	I1.0	推杆 2 推出到位		9	Q1.0	设备运行指示	
10	I1.1	推杆 3 推出到位		10	Q1.1	故障指示	

续表

输入信号				输出信号			
序号	PLC 输入点	信号名称	信号来源	序号	PLC 输出点	信号名称	信号输出目标
11	I1.2	停止按键	按键/指示灯模块				
12	I1.3	启动按键					
13	I1.4	急停按键					
14	I1.5	单站/全线工作方式					

变频器采用的是宏 12“端子启动模拟量调速”的控制方式，因此需要将变频器的 DI0 和 DI1 分别连接到 PLC 的 Q0.0 和 Q0.1 的输出端。本任务将 PLC 的模拟量输入通道 0 与变频器模拟量输出通道 0 相连接，实现触摸屏变频器的转速显示；将 PLC 的模拟量输出通道 0 与变频器的模拟量输入通道 0 相连接，实现触摸屏的频率输入控制。模拟量信号均选用单极性电压 0~10 V。

二、PLC 控制电路图的绘制及说明

分拣单元的电气控制电路主要由 PLC、传感器、电磁阀、变频器和控制按键等组成。PLC 的输入端主要用于连接现场设备的传感器信号和相关控制命令按键，输出端主要用于连接电磁阀、变频器、信号指示灯等信号。

按照规划的 I/O 分配及选用的 PLC 类型绘制的使用人机界面控制分拣单元 PLC 的 I/O 接线原理图如图 13-7 所示。

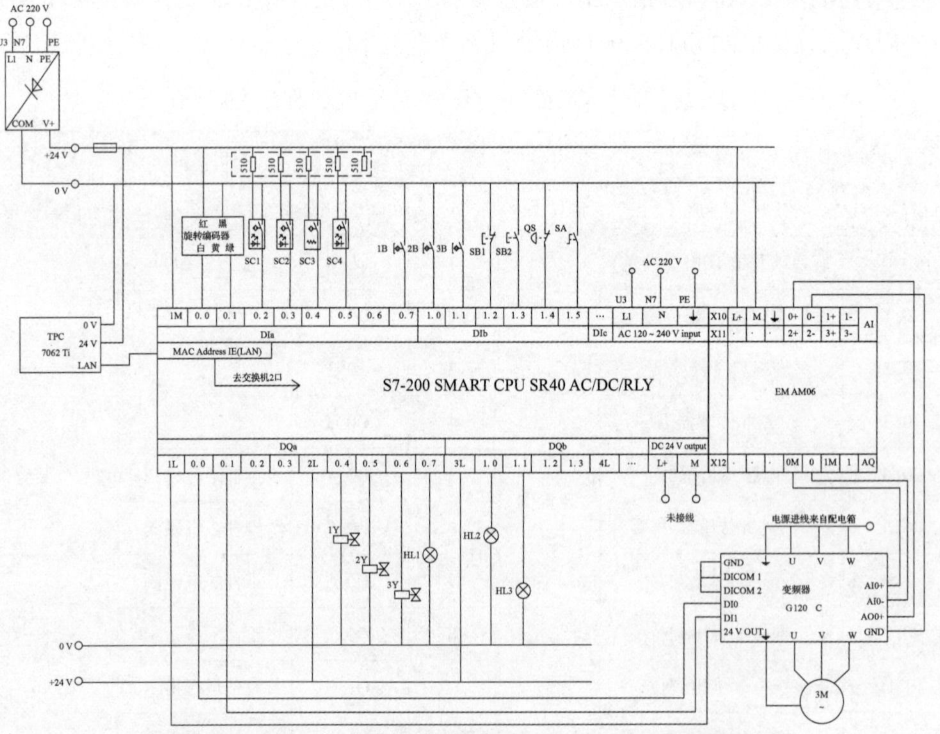

图 13-7 使用人机界面控制分拣单元 PLC 的 I/O 接线原理图

三、变频器参数设置

变频器接线完成后，需要进行参数设置，实现模拟量调速的控制形式。对变频器的基本参数进行设置后，只需设置宏和输入输出形式即可。G120C 的参数设置见表 13－19。

表 13－19　G120C 的参数设置表

序号	参数	设置值	参数说明
1	P0010	1	进入快速调制
2	P0015	12	宏设置为 12
3	P0756［0］	0	单极电压输入（0～10 V）
4	P0776［0］	1	电压输出
5	P0010	0	准备就绪

使用人机界面控制分拣单元的 PLC 控制电路的电气接线与校验和本项目任务 4 中按键接线校验相同，在此不再赘述。

交流与思考

变频器以模拟量方式进行分拣单元控制时是否可以选择电流输入形式？

任务实施

填写表 13－20。

表 13－20　使用人机界面控制分拣单元电路连接与校验任务表

任务名称	使用人机界面控制分拣单元电路连接与校验		
任务目标	能够完成使用人机界面控制分拣单元电路的接线，并进行设备连接校验		
设备调试步骤	（1）绘制使用人机界面控制分拣单元电气原理图，并根据电气原理图完成 PLC 侧接线。 （2）对变频器进行参数设置，实现模拟量调速的控制形式。 （3）在接线完成后，对传感器、电磁阀、按键、指示灯等接线进行校验，并填写表 13－21，保证接线的正确性		
设备调试过程记录			
所遇问题及解决方法			
教师签字		得分	

表 13－21　使用人机界面控制分拣单元电路连接与校验工作单

序号	校验内容	正确	错误	分析原因
1	变频器模拟量输入通道检测			
2	变频器模拟量输出通道检测			
3	人机交互与 PLC 的通信检测			

习　题

一、填空题

人机界面控制的分拣单元中变频器采用的是________控制方式，与 PLC 连接时，用到的模拟量输入端子是________和________，模拟量输出端子是________和________。

二、简答题

简述人机界面控制的分拣单元变频器需要设置哪些参数？

任务 6　输送单元的电路设计和电路连接

知识目标

1. 熟悉输送单元电气控制系统的基本结构。
2. 熟悉输送单元装置侧的电气接线。
3. 熟悉输送单元 PLC 侧的电气接线。
4. 熟悉输送单元电路连接的注意事项。
5. 掌握输送单元电路连接的操作流程。

技能目标

1. 能够规范地根据电路接线图完成输送单元电路的布线、接线。
2. 能够检查、分析输送单元的电气控制回路。

素养目标

1. 能够根据工艺规范完成电路连接，具有团队合作的精神。
2. 在完成操作过程中，培养学生精益求精的工匠精神。

任务导入

输送单元的接线分为装置侧接线和 PLC 侧接线，它们是如何实现电路连接的？

知识储备

一、装置侧的电气接线

根据输送单元的结构组成，输送单元装置侧一共有 11 个输入设备，即 1 个电感式（金属）传感器、7 个磁性开关、2 个限位开关、1 个伺服驱动器报警信号；有 8 个输出设备，即 6 个电磁阀、2 个伺服驱动器方向和脉冲信号。其装置侧接线端口信号端子上各电磁阀、传感器及伺服驱动器的引线安排见表 13－22。

表 13－22　输送单元装置侧接线端口信号端子分配表

输入端口中间层			输出端口中间层		
端子号	设备符号	信号线	端子号	设备符号	信号线
2	SC1	原点传感器检测	2	OPC1	伺服脉冲
3	SQ1	右限位保护	3	OPC2	伺服方向
4	SQ2	左限位保护	4	1Y	抬升气缸上升电磁阀
5	1B1	机械手抬升下限检测	5	2Y1	回转气缸左旋电磁阀
6	1B2	机械手抬升上限检测	6	2Y2	回转气缸右旋电磁阀
7	2B1	机械手旋转左限检测	7	3Y	气动手爪伸出电磁阀
8	2B2	机械手旋转右限检测	8	4Y2	气动手爪夹紧电磁阀
9	3B2	机械手伸出检测	9	4Y1	气动手爪放松电磁阀
10	3B1	机械手缩回检测			
11	4B	机械手夹紧检测			
12	ALM +	伺服报警			
13#～17#端子没有连接			10#～14#端子没有连接		

装置侧接线，先将输送单元各传感器信号线、伺服驱动器报警信号线、电源线、0 V 线按规定接至装置侧右边的接线端子排；再将分拣单元电磁阀、伺服驱动器脉冲和方向的信号线接至装置侧左边的接线端子排。输送单元装置侧接线注意事项与供料单元相同，在此不再赘述。

微课：输送单元装置侧接线

二、PLC 控制电路的设计

由于需要输出驱动伺服电机的高速脉冲，因此 PLC 应采用晶体管输出型模块，故而输送单元 PLC 选用西门子 SMART ST40 DC/DC/DC，共 24 点 DC 24V 数字输入，16 点晶体管输出。输送单元 PLC 的 I/O 信号表见表 13－23。

表 13－23　输送单元 PLC 的 I/O 信号表

输入信号				输出信号			
序号	PLC 输入点	信号名称	信号来源	序号	PLC 输出点	信号名称	信号来源
1	I0.0	原点传感器检测	装置侧	1	Q0.0	伺服脉冲	装置侧
2	I0.1	右限位保护		2	Q0.1		

续表

输入信号				输出信号			
序号	PLC 输入点	信号名称	信号来源	序号	PLC 输出点	信号名称	信号来源
3	I0.2	左限位保护		3	Q0.2	伺服方向	
4	I0.3	机械手抬升下限检测		4	Q0.3	抬升气缸上升电磁阀	
5	I0.4	机械手抬升上限检测		5	Q0.4	回转气缸左旋电磁阀	
6	I0.5	机械手旋转左限检测		6	Q0.5	回转气缸右旋电磁阀	装置侧
7	I0.6	机械手旋转右限检测	装置侧	7	Q0.6	气动手爪伸出电磁阀	
8	I0.7	机械手伸出检测		8	Q0.7	气动手爪夹紧电磁阀	
9	I1.0	机械手缩回检测		9	Q1.0	气动手爪放松电磁阀	
10	I1.1	机械手夹紧检测		10	Q1.1		
11	I1.2	伺服报警		11	Q1.2		
12	I1.3			12	Q1.3		
13	I1.4			13	Q1.4		
14	I1.5			14	Q1.5	正常工作指示	
15	I1.6			15	Q1.6	设备运行指示	按键/指示灯模块
16	I1.7			16	Q1.7	故障指示	
17	I2.0						
18	I2.1						
19	I2.2						
20	I2.3						
21	I2.4	复位按键					
22	I2.5	启动按键	按键/指示灯模块				
23	I2.6	急停按键					
24	I2.7	单站/全线工作方式选择					

三、PLC 控制电路图的绘制及说明

输送单元的电气控制电路主要由 PLC、传感器、电磁阀、伺服驱动器和控制按键等组成。PLC 的输入端主要用于连接现场设备的传感器信号和相关控制命令按键、报警信号，输出端主要用于连接电磁阀、伺服驱动器、信号指示灯等信号。

按照规划的 I/O 分配及选用的 PLC 类型绘制的输送单元 PLC 的 I/O 接线原理图如图 13 – 8 所示。

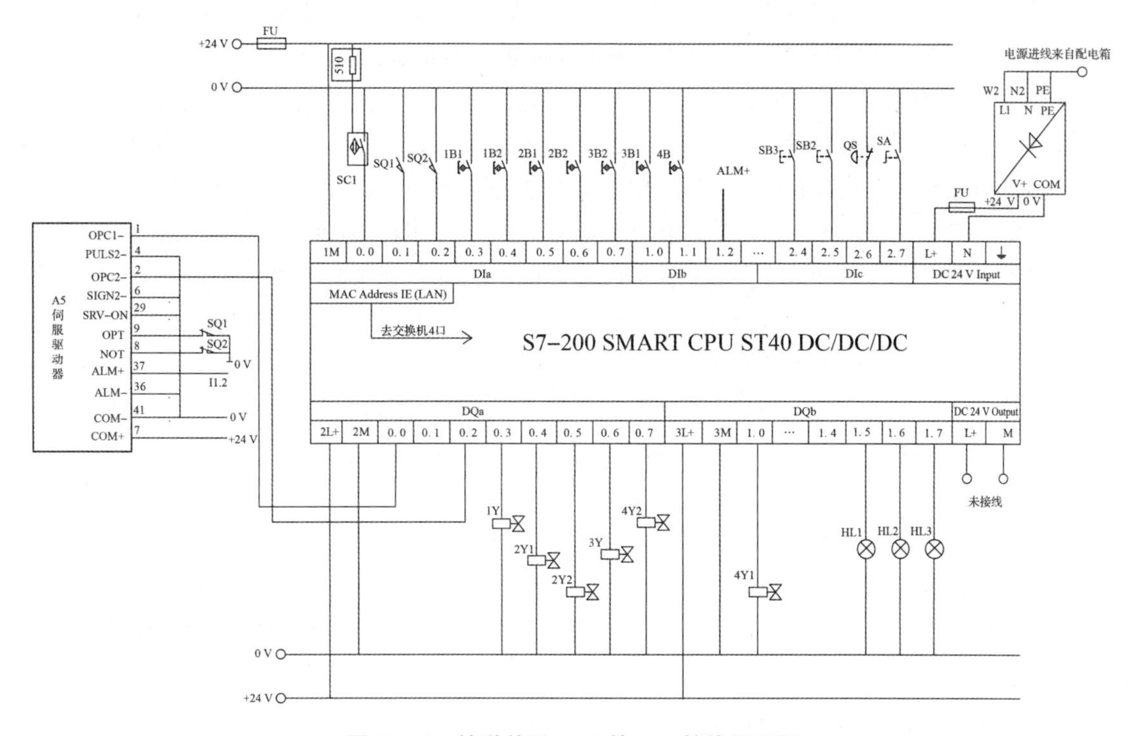

图 13 – 8　输送单元 PLC 的 I/O 接线原理图

其中，左右两极限开关 SQ2 和 SQ1 的常开触点分别连接 PLC 输入点 I0.2 和 I0.1。必须注意的是，SQ2 和 SQ1 均提供一对转换触点，它们的静触点应连接公共点 COM，而常闭触点必须连接伺服驱动器控制端口 X4 的 OPT（9 脚）和 NOT（8 脚）作为硬联锁保护，目的是防范由于程序错误引起冲极限故障而造成设备损坏。

使用晶体管输出的 S7 – 200 SMART 系列 PLC，供电电源采用 DC 24V 的直流电源，与其他各工作单元继电器输出的 PLC 不同。接线时也请注意，千万不要把 AC 220V 电源连接到其电源输入端。

完成系统的电气接线后，需要对伺服驱动器进行参数设置，其参数设置在项目 8 中已经涉及，在此不再赘述。

四、PLC 控制电路的电气接线与校验

1. 电气接线注意事项

微课：输送单元 PLC 侧接线

（1）控制输送单元生产过程的 PLC 安装在工作台两侧的抽屉板上。PLC 侧接线端口的接线端子采用两层端子结构，上层端子用来连接各信号线，其端子号与装置侧接线端口的接线端子相对应；底层端子用来连接 DC 24V 电源的 +24 V 端和 0 V 端。

（2）输送单元装置侧接线端口的接线端子采用三层端子结构，上层端子用来连接 DC 24V 电源的 +24 V 端，底层端子用来连接 DC 24V 电源的 0 V 端，中间层端子用来连接各信号线。

（3）输送单元装置侧接线端口和 PLC 侧接线端口之间通过专用电缆连接。其中，25 针接头电缆连接 PLC 的输入信号，15 针接头电缆连接 PLC 的输出信号。

（4）输送单元工作的 DC 24V 直流电源，是通过专用电缆由 PLC 侧的接线端子提供，再经接线端子排引到输送单元上。接线时应注意，装置侧接线端口中，输入信号端子的上层端子 +24 V 只能作为传感器的正电源端，切勿用于电磁阀等执行元件的负载。电磁阀等执行元件的正电源端和 0 V 端应连接到下层端子的相应端子上。每个端子连接的导线不超过 2 根。

（5）按照输送单元 PLC 的 I/O 接线原理图和规定的 I/O 地址接线。为接线方便，一般应该先接下层端子，后接上层端子。接线时，不仅需要仔细辨明原理图中的端子功能标注，而且还需要注意气缸磁性开关的棕色和蓝色 2 根引线，原点开关是电感式接近传感器的棕色、黑色、蓝色 3 根引线，限位开关的微动开关，其棕色、蓝色 2 根引线的极性不能接反。

（6）导线线端应该处理干净，尽量无线芯外露，裸露铜线不得超过 2 mm。一般应该做冷压插针处理，且线端应该标注规定的线号。

（7）导线在端子上的压接紧固程度以手稍用力向外拉而导线静止不动为宜。

（8）导线走向应该平顺有序，不得重叠、挤压、折曲、顺序凌乱。接线完成后，导线应该用扎带进行绑扎，绑扎力度以不使导线外皮变形为宜。装置侧接线完成后，导线应用扎带绑扎，力求整齐美观。

（9）输送单元的按键/指示灯模块，按照端子接口的规定连接。

（10）输送单元拖链中的气路管线和电气线路要分开敷设，长度要略长于拖链，管线在拖链中不能相互交叉、打折、纠结，要有序排布，并用扎带绑扎。

（11）进行松下 MINAS A6 系列伺服驱动器接线时，驱动器上的 L1 和 L3 要与 AC 220V 电源相连接；驱动器上的 U，V，W 端与伺服电动机电源端连接。接地端一定要可靠连接保护地线。伺服驱动器的信号输出端要和伺服电动机的信号输入端连接。注意伺服驱动器使能信号线的连接。

（12）参照松下 MINAS A6 系列伺服驱动器的说明书，对伺服驱动器的相应参数进行设置，如位置环工作模式、加减速时间等。

（13）TPC7062K 人机界面触摸屏可以通过 S7－200 SMART CPU 单元上的以太网接口与 PLC 连接。

（14）根据控制任务书的要求制作触摸屏的组态控制画面，并与 PLC 进行联机调试。

2. 伺服系统接线校验

伺服系统的接线校验主要是通过 PLC 向伺服驱动器发出 PWM 脉冲调速信号和换向信号，检查伺服电机的运行速度和正、反转换向情况。同时，通过 PLC 设置不同位置的脉冲数量，并将其与伺服电机的编码器脉冲数量进行比较，以精确定位机械手的位置，若机械手不能运行或位置不准确，则应检查伺服系统及连接线。

传感器、电磁阀、按键、指示灯等接线校验与其他单元的校验方式相同，在此不再赘述。

交流与思考

在伺服系统接线校验时，发现当伺服电机正转时，它执行了反转动作，试分析是什么原因导致的这种故障？

小资料

“大国工匠”始于专业，专注完美

“一口清”内化于心、外化于行

工艺文件一口清、质量标准一口清、行为规范一口清。在中车长春轨道客车股份有限公司（以下简称长客），“一口清”是每个工人必须熟练掌握的看家本领。

“每列动车有19 726根线束，近10万个接线点，只有将工艺流程倒背如流，才能保证高质量完成每道工序。”高铁接线女工姚智慧说。

“万万千”阐释“严细精实”

在长客，最响亮的一个词是“严细精实”，差一点也不行。在此理念引领下，以“十万个螺栓无松动、万根线束无差错、千米焊缝无缺陷”为代表的“万万千”活动，在各车间以不同形式璀璨绽放。

“一节车厢有1 500多根线束，加起来得有3万多米长。布线时，对线束的防护非常重要，不能有任何磕碰划伤，否则就会造成连接的设备短路等严重后果。”身处布满密密麻麻线束的车厢内，“三星级”员工高宝，一边忙着给线束包裹屏蔽网管，一边对记者说。

“首见负责制”使人人成为管理者

一个现场管理混乱，生产环境脏、乱、差的企业，能否制造出优质高端产品？一个连岗位周边“油瓶倒了都不扶”的工人，能否心怀热爱，认真负责地工作？答案显而易见。

长客高速中心实行的“首见负责制”，养成了员工“遇事就要管一管”的习惯，车间也因此变得一尘不染。

“实名制”培育产品质量责任意识

“街上那些漂亮的摩托车里就有我的签名！”哈雷摩托装配工的这句话，曾勾起网友们对“工匠精神”的诸多感叹。

实际上，在飞驰的和谐号上，也布满让长客职工自豪的“签名”。安装工每次聚精会神地安装完一个制动管路，就会将写着自己档案号的标签，小心翼翼地贴在该部件上。“‘实名制’时刻提醒要为旅客安全负责！因为不论采用何种签名方式，今后一旦发现产品质量问题，公司就会据此追溯到操作者个人，并进行相关惩处。”孙立明告诉记者。他每天要安装十几个制动管路，每个管路都要贴上这样的标签。他说：“每次签名，都是我对自己手下产品质量的铿锵承诺！”

来源：工人日报（有删减）

任务实施

填写表13－24。

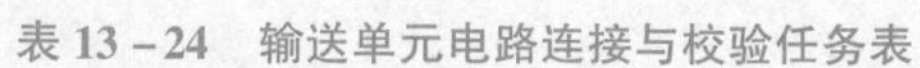
表 13－24　输送单元电路连接与校验任务表

<table>
<tr><td>任务名称</td><td colspan="3">输送单元电路连接与校验</td></tr>
<tr><td>任务目标</td><td colspan="3">能够完成输送单元电气原理图的绘制，并按照原理图进行线路连接与校验</td></tr>
<tr><td>设备调试步骤</td><td colspan="3">（1）完成输送单元装置侧传感器、电磁阀的接线。
（2）完成 15 针电缆和 25 针电缆连接。
（3）绘制输送单元电气原理图，并根据电气原理图完成 PLC 侧接线。
（4）设置伺服驱动器参数，并实现其控制功能。
（5）在接线完成后，对伺服系统、传感器、电磁阀、按键、指示灯等接线进行校验，并填写表 13－25，保证接线的正确性</td></tr>
<tr><td>设备调试
过程记录</td><td colspan="3"></td></tr>
<tr><td>所遇问题
及解决方法</td><td colspan="3"></td></tr>
<tr><td>教师签字</td><td></td><td>得分</td><td></td></tr>
</table>

表 13－25　输送单元电路连接与校验工作单

序号	校验内容	正确	错误	分析原因
1	信号名称			
2	原点传感器检测			
3	右限位保护检测			
4	左限位保护检测			
5	机械手抬升下限检测			
6	机械手抬升上限检测			
7	机械手旋转左限检测			
8	机械手旋转右限检测			
9	机械手伸出检测			
10	机械手缩回检测			
11	机械手夹紧检测			
12	伺服报警检测			

续表

序号	校验内容	正确	错误	分析原因
13	启动按键检测			
14	复位按键检测			
15	急停按键检测			
16	方式选择检测			
17	脉冲检测			
18	方向检测			
19	抬升气缸上升电磁阀检测			
20	回转气缸左旋电磁阀检测			
21	回转气缸右旋电磁阀检测			
22	气爪手爪伸出电磁阀检测			
23	气爪手爪夹紧电磁阀检测			
24	气爪手爪放松电磁阀检测			
25	正常工作指示检测			
26	设备运行指示检测			
27	故障指示检测			

习　题

一、填空题

1. 输送单元中左限位和右限位的常开触点连接到________上，左限位和右限位的常闭触点连接到________上。

2. 输送单元中伺服驱动器的脉冲信号和方向信号分别连接在 PLC 的输出端子________和________。

二、简答题

简述输送单元伺服电机需要设置哪些参数？

第四篇

自动化生产线单元编程与调试模块

项目14

供料单元的程序编制与调试

项目概述

供料单元是自动化生产线的起始单元，主要用于将相关原材料提供给自动化生产线以便能够较好地进行自动化生产。本项目的主要工作任务是对供料单元进行任务分析、编程调试及运行等操作，锻炼学生分析、编程和装调的综合能力。

任务1 供料单元控制要求

知识目标

1. 掌握供料单元的应用技术。
2. 能够分析供料单元的动作过程。

技能目标

能够根据供料单元控制要求设计供料单元流程图。

素养目标

培养学生的沟通能力和团队意识。

任务导入

要实现供料单元的功能，任务要求应包含哪些条件?

知识储备

本项目只考虑供料单元作为独立设备运行时的情况。供料单元的主令信号和工作状态显示信号来自PLC旁边的按键/指示灯模块，并且按键/指示灯模块上的工作方式选择开关SA应置于“单站方式”位置。

本任务具体控制要求如下。

(1) 供料单元上电和气源接通后，若两个气缸活塞杆均处于缩回位置，且料仓内有足够的待加工工件，则“正常工作”指示灯HL1（黄色）常亮，表示供料单元已准备好。否则，该指示灯以1 Hz频率闪烁。

(2) 若供料单元准备好，按下启动按键，供料单元启动，“设备运行”指示灯HL2常亮。启动后，若出料台上没有工件，则应把工件推到出料台上（供料完成标志）。出料台上的工件被人工取出后，若没有停止信号且料仓有足够的待加工工件，则进行下一次推出工件操作。

（3）若在运行过程中按下停止按键，则在完成本工作周期任务后，供料单元停止工作，HL2 指示灯熄灭。

（4）若在运行过程中料仓内工件不足，则供料单元继续工作，但“正常工作”指示灯 HL1 以 1 Hz 频率闪烁，“设备运行”指示灯 HL2 保持常亮。若料仓内没有工件，则 HL1 指示灯和 HL2 指示灯均以 2 Hz 频率闪烁，各供料工作单元在完成本周期任务后停止，不再启动，除非向料仓补充足够的工件，并重新按下启动按键。供料单元控制流程图如图 14－1 所示。

供料单元工作过程视频二维码

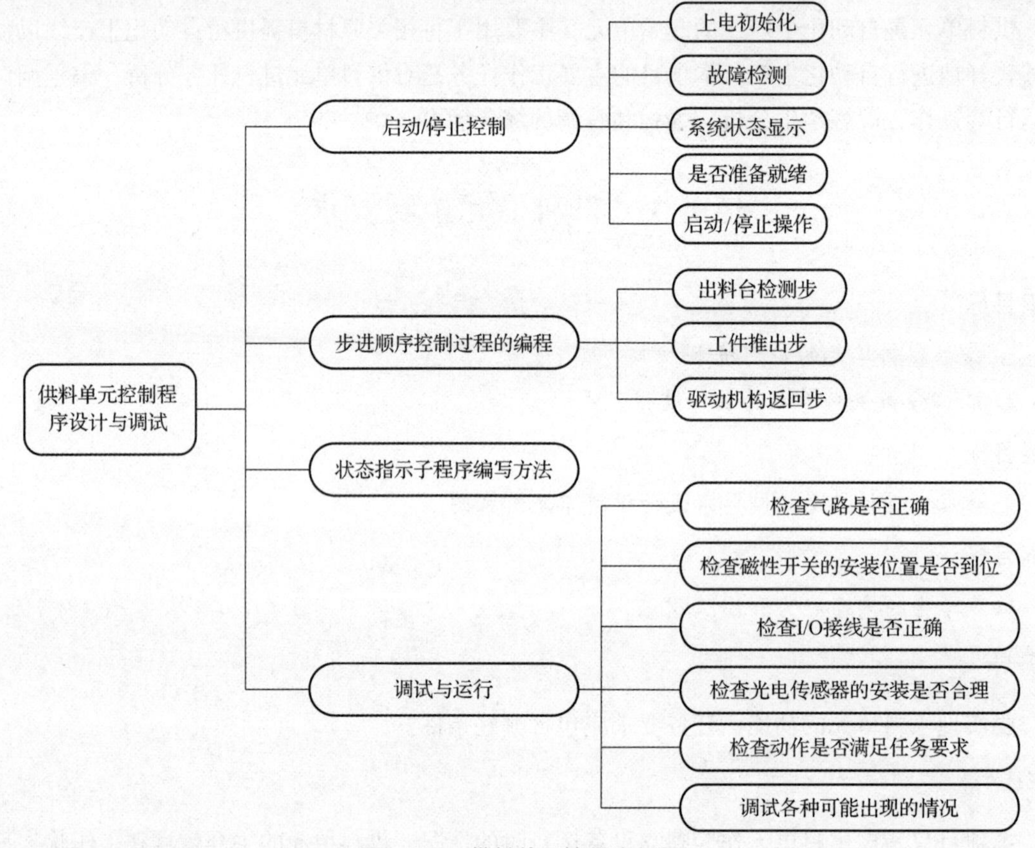

图 14－1　供料单元控制流程图

交流与思考

供料单元的停止条件有哪些？

要求完成以下任务。

（1）规划 PLC 的 I/O 分配及接线端子分配，并绘制供料单元控制流程图。

（2）进行系统安装接线，并完成初始状态检查工单。
（3）绘制顺序功能图。
（4）根据顺序功能图编写 PLC 程序。
（5）进行供料单元的单机调试与运行工作。

任务实施

填写表 14－1。

表 14－1　供料单元控制要求任务表

任务名称	供料单元控制要求		
任务目标	研读控制系统设计要求并完成整体规划		
分析本系统的控制功能			
程序编写主体结构			
在研读控制要求时遇到的疑惑			
教师签字		得分	

习　题

思考题

供料单元正在工作时，按下停止按键，系统将如何运行？

任务 2　供料单元程序的设计与调试

知识目标

1. 掌握供料单元流程图的绘制方法。
2. 掌握供料单元梯形图的设计方法。
3. 掌握供料单元调试步骤。

技能目标

1. 能够根据供料单元控制要求绘制出顺序功能图。
2. 能够将顺序功能图转换为梯形图。
3. 能够完成供料单元的调试和排故工作。

素养目标

养成坚持不懈、刻苦钻研的职业作风。

任务导入

如何将供料单元的控制要求分析转变成系统程序图，又如何将系统程序图转变成梯形图？

知识储备

一、供料单元程序设计

根据供料单元控制要求，供料单元 PLC 选用西门子 S7－200 SMART 系列 SR40 AC/DC/RLY 作为控制单元，共 24 个输入点和 16 个继电器输出点。YL－335B 型自动化生产线供料单元的 I/O 信号分配见表 14－2。

表 14－2　YL－335B 型自动化生产线供料单元的 I/O 信号分配表

输入信号				输出信号			
序号	PLC 输入点	信号名称	信号来源	序号	PLC 输出点	信号名称	信号来源
1	I0.0	顶料气缸活塞杆伸出到位	装置侧	1	Q0.0	顶料电磁阀	装置侧
2	I0.1	顶料气缸活塞杆缩回到位		2	Q0.1	推料电磁阀	
3	I0.2	推料气缸活塞杆伸出到位		3	Q0.2		
4	I0.3	推料气缸活塞杆缩回到位		4	Q0.3		
5	I0.4	出料台物料检测		5	Q0.4		
6	I0.5	供料不足检测		6	Q0.5		
7	I0.6	缺料检测		7	Q0.6		
8	I0.7	金属工件检测		8	Q0.7	正常工作指示（HL1）	按键/指示灯模块
9	I1.0			9	Q1.0	设备运行指示（HL2）	
10	I1.1			10	Q1.1	故障指示（HL3）	
11	I1.2	停止按键（SB2）	按键/指示灯模块				
12	I1.3	启动按键（SB1）					
13	I1.4						
14	I1.5	单站/全线工作方式选择（SA）					

在编写供料单元控制程序之前，需要考虑供料单元控制的初始状态是什么，并由此制定供料单元系统程序图，如图 14－2 所示。

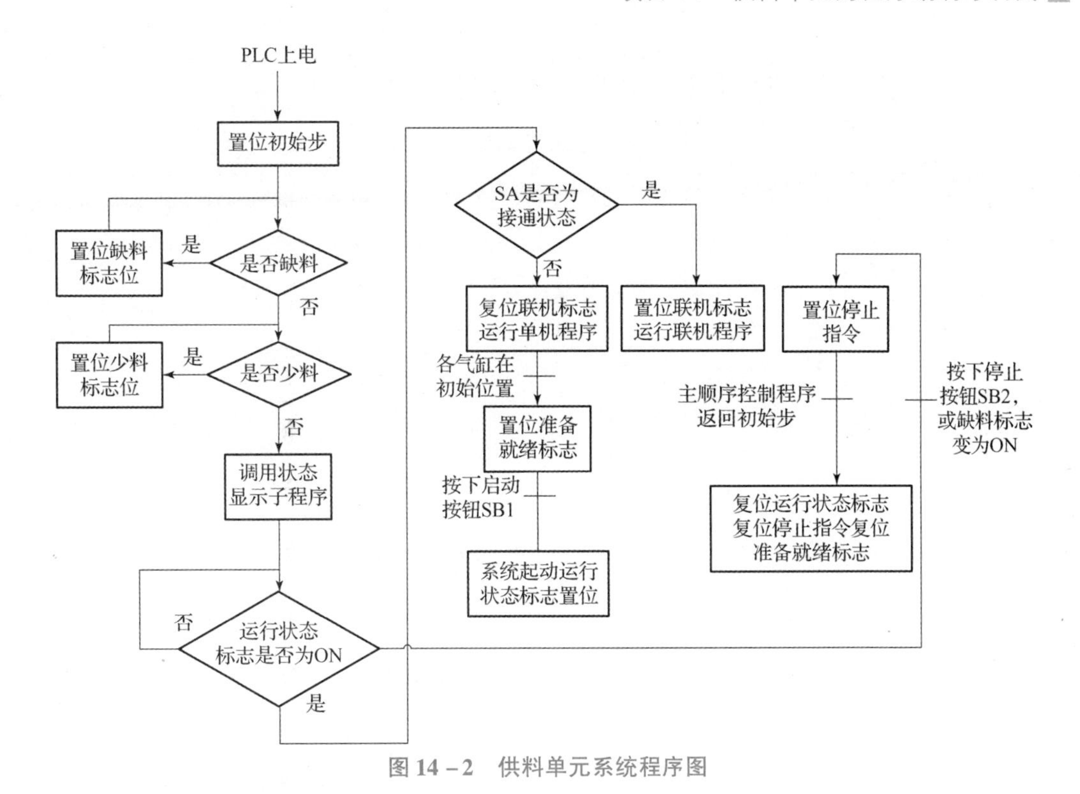

图 14－2　供料单元系统程序图

二、程序结构

根据控制要求，供料单元程序包括主程序、供料控制子程序和状态显示子程序，如图 14－3 所示。主程序在每一扫描周期都会调用状态显示子程序，但当且仅当在运行状态已经建立时才可能调用供料控制子程序。

图 14－3　供料单元程序结构

PLC 上电后应首先进入初始状态检查阶段，确认系统已经准备就绪后，才允许投入运行，参照表 14－3 供料单元初始状态检查单进行检查，这样可及时发现存在的问题，避免出现故障。例如，若气路连接错误，会导致两个气缸在上电和气源接入时不在初始位置，显然在这种情况下严禁系统投入运行。

表 14－3　供料单元初始状态检查单

序号	运行前检查的内容	符合	不符合	不符合后排除方法
1	料仓内物料是否充足			
2	SA 状态是否正确			
3	HL1 指示灯状态是否正常			
4	HL2 指示灯状态是否正常			
5	推料气缸活塞杆是否处于缩回状态			
6	顶料气缸活塞杆是否处于伸出状态			
7	出料台是否有工件			

根据图 14－2，编写供料单元梯形图，梯形图说明见表 14－4。

表 14－4　供料单元梯形图说明

(1) 系统状态清零。为了保证系统的初始状态一致，在 PLC 上电时对系统进行清零操作，包括初态检查、准备就绪和运行状态标志位
程序段 1 SM0.1　初态检查:M5.0 (S) 1 准备就绪:M2.0 (R) 1 运行状态:M1.0 (R) 1
(2) 确定供料单元准备就绪。当顶料气缸活塞杆在缩回位置，推料气缸活塞杆在缩回位置，料仓内有充足工件，出料台没有工件时供料单元准备就绪，置位“准备就绪标志位”，否则复位“准备就绪标志位”
程序段 2 顶料复位:I0.1　推料复位:I0.3　物料不足:I0.5　初态检查:M5.0　运行状态:M1.0　准备就绪:M2.0　准备就绪:M2.0 (S) 1 NOT　运行状态:M1.0　准备就绪:M2.0　准备就绪:M2.0 (R) 1
(3) 系统准备就绪，按下启动按键，置位“运行状态标志位”并使 S0.0 置位为活动步
程序段 3 启动操作 启动按键:I1.3　运行状态:M1.0　准备就绪:M2.0　供料不足:M2.2　运行状态:M1.0 (S) 1 S0.0 (S) 1
(4) 按照系统控制要求，在运行过程中，按下停止按键，系统不会立即停止，因此加入停止标志位，当进入停止信号判断步时，系统进行停止操作
程序段 4 单站运行方式下，在运行中曾经按下停止按键，M1.1 ON 停止按键:I1.2　运行状态:M1.0　停止指令:M1.1 (S) 1 程序段 5 停止指令:M1.1　S0.0　运行状态:M1.0 (R) 1 运行状态:M1.0　缺料报警:M2.1　停止指令:M1.1 (R) 1

续表

（5）每个扫描周期都会调用状态显示子程序；只有在运行状态下，PLC 才会在每个扫描周期调用供料控制子程序

程序段 6
SM0.0　状态显示　EN

程序段 7
运行状态:M1.0　供料控制　EN

（6）根据系统控制要求，HL1 和 HL2 指示灯在不同状态下闪亮方式不同，为了避免系统出现双线圈错误，在状态显示子程序中采用集中输出的方式

程序段 1
物料不足:I0.5　供料不足:M2.2

程序段 2
物料没有:I0.6　NOT　T110　IN　TON　10　PT　100 ms

程序段 3
T110　缺料报警:M2.1

程序段 4
产生2Hz脉冲
T35　<=I　50　T35　IN　TON　25　PT　10 ms

程序段 5
准备就绪:M2.0　供料不足:M2.2　SM0.5　运行状态:M1.0　联机方式:M3.4　HL1:Q0.7
准备就绪:M2.0　缺料报警:M2.1　T35
准备就绪:M2.0　供料不足:M2.2　缺料报警:M2.1
准备就绪:M2.0　SM0.5

程序段 6
缺料报警:M2.1　运行状态:M1.0　HL2:Q1.0
缺料报警:M2.1　T35

三、供料单元单站控制的编程思路

（1）供料单元运行的主要过程是供料控制，它是一个单序列步进顺序控制过程。

（2）如果没有停止要求，顺序控制过程将不断循环。供料单元常见的顺序控制系统正常停止要求是，接收到停止指令后，系统在完成本工作周期任务，即返回初始步后才停止。

（3）当料仓中最后一个工件被推出后，将发生缺料报警。推料气缸复位，系统在完成本工作周期任务，即返回初始步后停止工作。

按上述分析可画出图 14－4 所示的供料单元控制流程图。根据供料单元控制流程图，梯形图具体编程步骤见表 14－5。

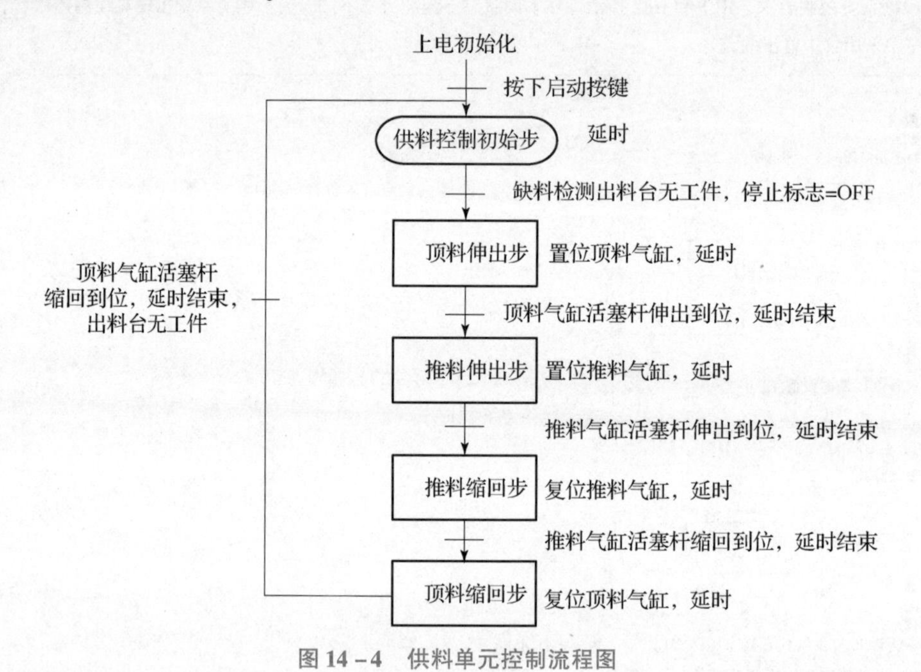

图 14－4　供料单元控制流程图

表 14－5　供料单元梯形图具体编程步骤

（1）初始步：料仓物料充足，出料台没有工件，并且没有停止标志位时延时 0.3 s，定时时间到跳转到下一步

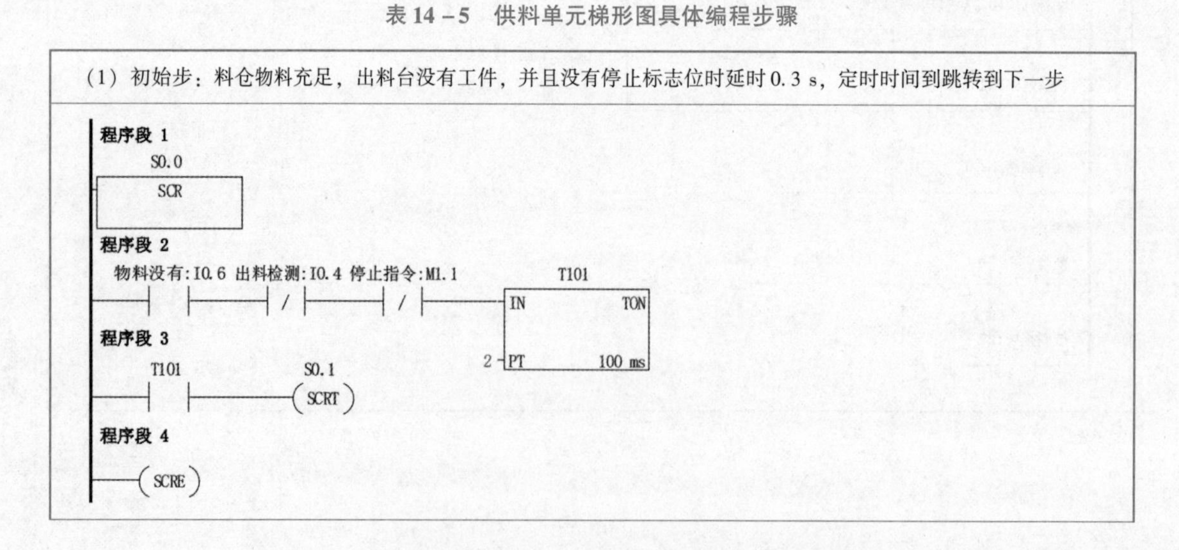

续表

（2）工件推出：顶料气缸活塞杆伸出，到位后推料气缸活塞杆伸出，推料气缸活塞杆伸出到位，跳转到下一步

程序段 5
S0.1
SCR
程序段 6
SM0.0　顶料驱动:Q0.0
S
1
顶料到位:I0.0　T102
IN　TON
3　PT　100 ms
程序段 7
顶料到位:I0.0　物料不足:I0.5　推料驱动:Q0.1
/　N　S
1
T102
程序段 8
推料到位:I0.2　S0.2
SCRT
程序段 9
SCRE

（3）返回初始步：推料气缸活塞杆缩回，推料气缸活塞杆缩回到位后顶料气缸活塞杆缩回，顶料气缸活塞杆缩回到位并且出料台没有工件后跳转到初始步

程序段 10
S0.2
SCR
程序段 11
SM0.0　推料驱动:Q0.1
R
1
推料复位:I0.3　T103
IN　TON
T103　顶料驱动:Q0.0　3　PT　100 ms
R
1
程序段 12
顶料复位:I0.1　T104
IN　TON
10　PT　100 ms
程序段 13
出料检测:I0.4　T104　S0.0
/　SCRT
程序段 14
SCRE

四、调试与运行

（1）调整气动部分，检查气路是否正确，气压是否合理，气缸的动作速度是否合理。

（2）检查磁性开关的安装位置是否到位，磁性开关工作是否正常。

（3）检查 I/O 接线是否正确。

（4）检查光电传感器安装是否合理，灵敏度是否合适，保证检测的可靠性。

（5）放入工件，运行程序查看供料单元动作是否满足任务要求。

（6）调试各种可能出现的情况，如在任何情况下加入工件时系统都能可靠工作。

（7）优化程序。

任务实施

填写表 14-6。

表 14-6　编写供料单元控制程序任务表

任务名称	编写供料单元控制程序		
任务目标	熟练掌握 PLC 编程，能够正确编写供料单元的控制程序		
控制要求	根据供料单元的工艺流程，编写供料单元的顺序功能图和梯形图控制程序		
顺序功能图			
程序编写过程记录			
所遇问题及解决方法			
教师签字		得分	

习　题

思考题

1. 采用网络控制应如何实现供料单元控制？

2. 在上电时对 PLC 进行复位的作用是什么？

项目15

加工单元的程序编制与调试

项目概述

加工单元的功能是将待加工工件从加工台输送到加工区域冲压主轴气缸的正下方，完成对工件的冲压加工，然后将加工好的工件重新传送回加工台，这样就完成一次加工过程。本项目的主要工作任务是对加工单元进行任务分析、编程调试及运行等操作，锻炼学生分析、编程和装调的综合能力。

任务1 加工单元控制要求

知识目标

1. 掌握加工单元的应用技术。
2. 能够分析加工单元的动作过程。

技能目标

能够根据加工单元控制要求设计加工单元流程图。

素养目标

培养学生创新理念和创新意识。

任务导入

要实现加工单元的功能，任务要求应包含哪些条件？

知识准备

滑动加工台的工作原理：滑动加工台在系统正常工作后的初始状态为伸缩气缸活塞杆伸出，加工台气动手指张开，当输送单元把工件送到料台上，物料检测传感器检测到工件后，PLC 控制程序驱动气动手指将工件夹紧→加工台回到加工区域冲压气缸下方→冲压气缸活塞杆向下伸出冲压工件→完成冲压动作后活塞杆向上缩回→加工台重新伸出→到位后气动手指松开，并向系统发出加工完成信号，为下一次工件到来加工作准备。

本项目只考虑加工单元作为独立设备运行时的情况。加工单元的主令信号和工作状态显示信号来自 PLC 旁边的按键/指示灯模块。并且按键/指示灯模块上的工作方式选择开关 SA

应置于“单站方式”位置。

本任务具体控制要求如下。

(1) 初始状态：加工单元上电和气源接通后，滑动加工台伸缩气缸活塞杆处于伸出位置，加工台气动手指处于松开状态，冲压气缸活塞杆处于缩回位置，急停按键没有按下。

若加工单元在初始状态，则“正常工作”指示灯 HL1 常亮，表示加工单元已准备好。否则，该指示灯以 1 Hz 闪烁。

(2) 若加工单元准备好，按下启动按键，加工单元启动，“设备运行”指示灯 HL2 常亮。当待加工工件送到加工台上并被检出后，加工单元执行将工件夹紧，送往加工区域冲压，完成冲压动作后返回待料位置的加工工序。已加工工件被取走后，如果没有停止信号输入，当再有待加工工件送到加工台上时，加工单元又会开始下一周期工作。

在工作过程中，若按下停止按键，则加工单元在完成本周期任务后停止工作，HL2 指示灯熄灭。加工单元控制流程图如图 15 -1 所示。

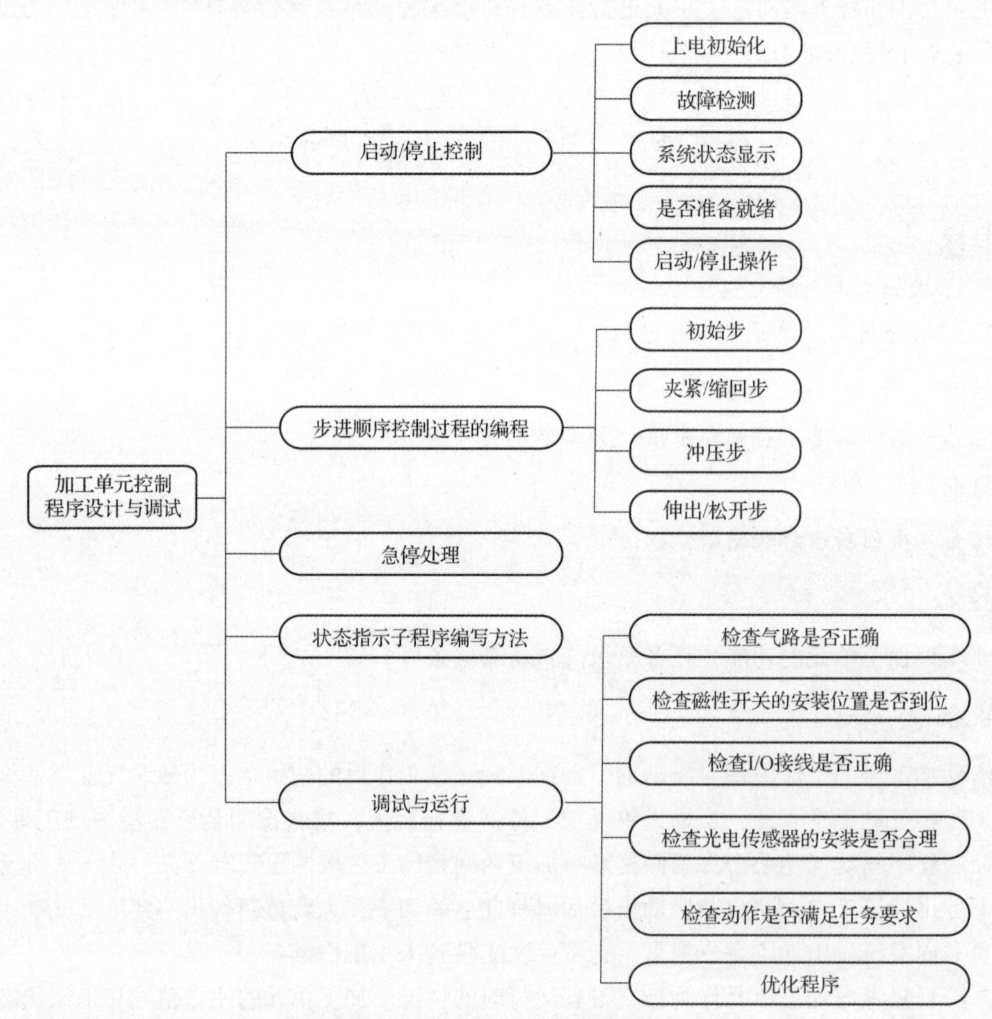

图 15 -1　加工单元控制流程图

要求完成以下任务。

（1）规划 PLC 的 I/O 分配及接线端子分配，并绘制加工单元控制流程图。

（2）进行系统安装接线，并完成初始状态检查工单。

（3）绘制顺序功能图。

（4）根据顺序功能图编写 PLC 程序。

（5）进行加工单元的单机调试与运行工作。

任务实施

填写表 15 – 1。

表 15 – 1　加工单元控制要求任务表

任务名称	加工单元控制要求		
任务目标	研读控制系统设计要求并完成整体规划		
分析本系统的控制功能			
程序编写主体结构			
在研读控制要求时遇到的疑惑			
教师签字		得分	

习　　题

思考题

在没有停止信号的条件下，为什么必须将已加工好的工件取走后，才能开始下一周期工作？

任务 2　加工单元程序的设计与调试

知识目标

1. 掌握加工单元流程图的绘制方法。
2. 掌握加工单元梯形图的设计方法。
3. 掌握加工单元调试步骤。

技能目标

1. 能够根据加工单元控制要求绘制出顺序功能图。
2. 能够将顺序功能图转换为梯形图。

3. 能够完成加工单元的调试和排故工作。

素养目标

培养学生自主学习的能力。

任务导入

如何将加工单元的控制要求分析转变成系统程序图，又如何将系统程序图转变成梯形图?

知识储备

一、加工单元程序设计

根据加工单元控制要求，加工单元 PLC 选用西门子 S7-200 SMART 系列 SR40 AC/DC/RLY 作为控制单元，共 24 个输入点和 16 个继电器输出点。YL-335B 型自动化生产线加工单元的 I/O 信号分配见表 15-2。

表 15-2　YL-335B 型自动化生产线加工单元的 I/O 信号分配表

输入信号				输出信号			
序号	PLC 输入点	信号名称	信号来源	序号	PLC 输出点	信号名称	信号来源
1	I0.0	加工台物料检测	装置侧	1	Q0.0	夹紧电磁阀	装置侧
2	I0.1	工件夹紧检测		2	Q0.1		
3	I0.2	加工台伸出到位		3	Q0.2	加工台伸缩电磁阀	
4	I0.3	加工台缩回到位		4	Q0.3	加工压头电磁阀	
5	I0.4	加工压头上限		5	Q0.4		
6	I0.5	加工压头下限		6	Q0.5		
7	I0.6			7	Q0.6		
8	I0.7			8	Q0.7	正常工作指示（HL1）	按键/指示灯模块
9	I1.0			9	Q1.0	设备运行指示（HL2）	
10	I1.1			10	Q1.1	故障指示（HL3）	
11	I1.2	停止按键（SB2）	按键/指示灯模块				
12	I1.3	启动按键（SB1）					
13	I1.4	急停按键					
14	I1.5	单站/全线工作方式选择（SA）					

在编写加工单元控制程序之前，需要考虑加工单元控制的初始状态是什么，并由此制定加工单元系统程序图，如图 15-2 所示。

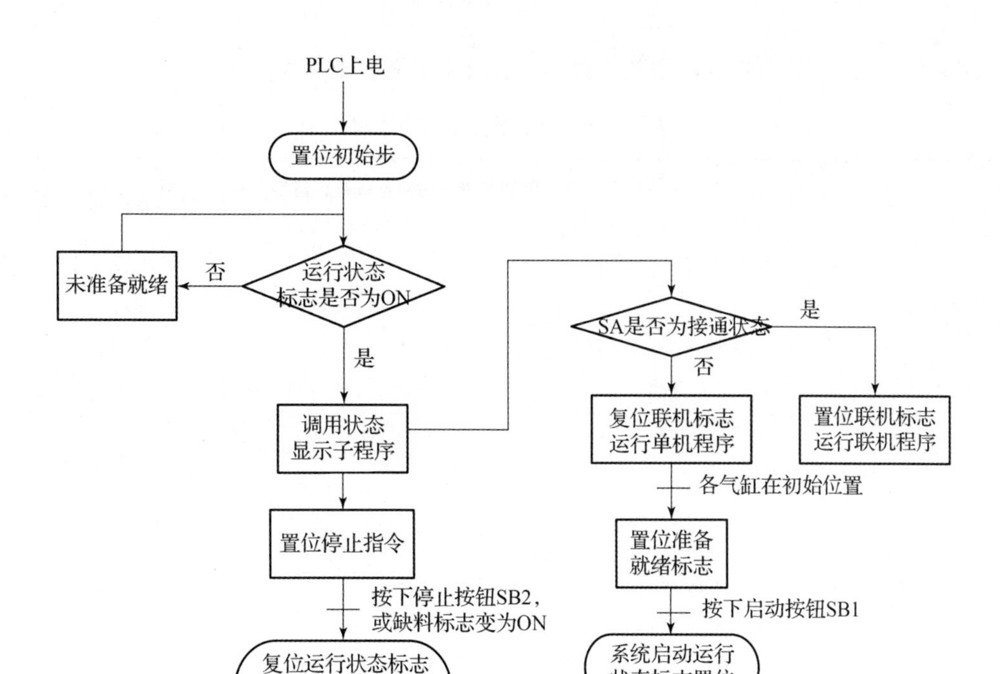

图 15－2　加工单元系统程序图

二、程序结构

程序块
主程序 (OB1)
加工控制 (SBR0)
状态显示 (SBR1)
INT_0 (INT0)

图 15－3　程序结构图

根据控制要求，加工单元程序包括主程序、加工控制子程序和状态显示子程序，如图 15－3 所示。主程序在每一扫描周期都会调用状态显示子程序，但当且仅当在运行状态已经建立时才可能调用加工控制子程序。

PLC 上电后应首先进入初始状态检查阶段，确认系统已经准备就绪后，才允许投入运行。参照表 15－3 加工单元初始状态检查单进行检查，这样可及时发现存在问题，避免出现故障。

表 15－3　加工单元初始状态检查单

序号	运行前检查的内容	符合	不符合	不符合后排除方法
1	急停按键是否按下			
2	SA 状态是否正确			
3	HL1 指示灯状态是否正常			
4	HL2 指示灯状态是否正常			
5	加工台伸缩气缸活塞杆是否处于伸出状态			
6	加工台夹紧气缸活塞杆是否处于伸出状态			
7	加工台是否有工件			

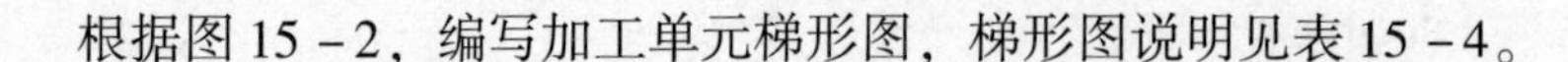

根据图 15 －2，编写加工单元梯形图，梯形图说明见表 15 －4。

表 15 －4　加工单元梯形图说明

（1）系统状态清零。为了保证系统的初始状态一致，在 PLC 上电时对系统进行清零操作，包括初态检查、准备就绪和运行状态标志位
程序段 1 SM0.1　初态检查:M5.0 (S) 1 准备就绪:M2.0 (R) 1 运行状态:M1.0 (R) 1
（2）确定加工单元准备就绪。当顶料气缸在伸出位置，推料气缸在缩回位置，料仓内有充足工件，出料台没有工件时加工单元准备就绪，置位“准备就绪标志位”，否则复位“准备就绪标志位”
程序段 2 上电后，检查本单元是否在初始状态，如在则准备就绪 伸出到位:I0.2　冲压上限:I0.4　夹紧检测:I0.1 /　物料检测:I0.0 /　初态检查:M5.0　运行状态:M1.0 /　准备就绪:M2.0 /　准备就绪:M2.0 (S) 1 NOT　运行状态:M1.0 /　准备就绪:M2.0　准备就绪:M2.0 (R) 1
（3）系统准备就绪，按下启动按键，置位“运行状态标志位”并使 S1.0 置位为活动步
程序段 3 启动操作 启动按键:I1.3　运行状态:M1.0 /　准备就绪:M2.0　运行状态:M1.0 (S) 1 S1.0 (S) 1
（4）按照系统控制要求，在运行过程中，按下停止按键，系统不会立即停止，因此加入停止标志位，当进入停止信号判断步时，系统进行停止操作
程序段 4 单站运行方式下，在运行中曾经按下停止按键，M1.1 ON 停止按键:I1.2　运行状态:M1.0　停止指令:M1.1 (S) **程序段 5** 运行状态:M1.0　停止指令:M1.1　S1.0　运行状态:M1.0 (R) 2 S1.0 (R) 1

续表

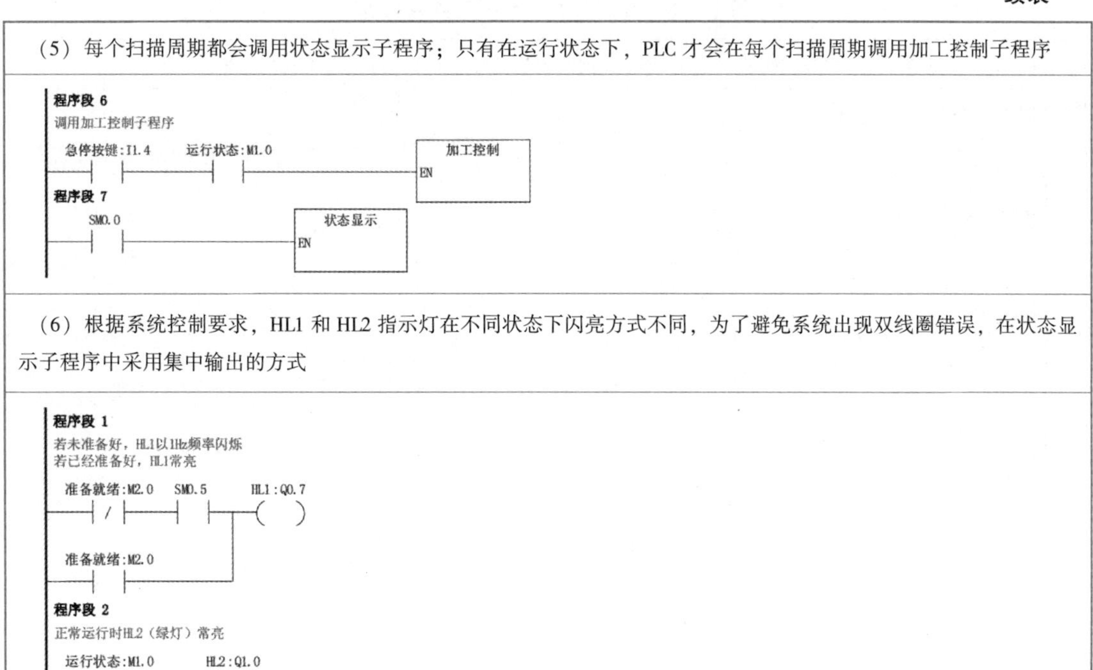

(5) 每个扫描周期都会调用状态显示子程序；只有在运行状态下，PLC 才会在每个扫描周期调用加工控制子程序
程序段 6 调用加工控制子程序 急停按键:I1.4　运行状态:M1.0　加工控制 EN 程序段 7 SM0.0　状态显示 EN
(6) 根据系统控制要求，HL1 和 HL2 指示灯在不同状态下闪亮方式不同，为了避免系统出现双线圈错误，在状态显示子程序中采用集中输出的方式
程序段 1 若未准备好，HL1以1Hz频率闪烁 若已经准备好，HL1常亮 准备就绪:M2.0　SM0.5　HL1:Q0.7 准备就绪:M2.0 程序段 2 正常运行时HL2（绿灯）常亮 运行状态:M1.0　HL2:Q1.0

三、加工单元单站控制的编程思路

加工单元主程序流程与供料单元类似，也是一个单序列步进顺序控制过程。需要重点注意的是，在工件从正面和顶部放入加工台这两种情况下，检测传感器处理有区别，应加入定时器，避免物料检测信号误动作。

按上述分析可画出图 15－4 所示的加工单元控制流程图。根据加工单元控制流程图，梯形图具体编程步骤见表 15－5。

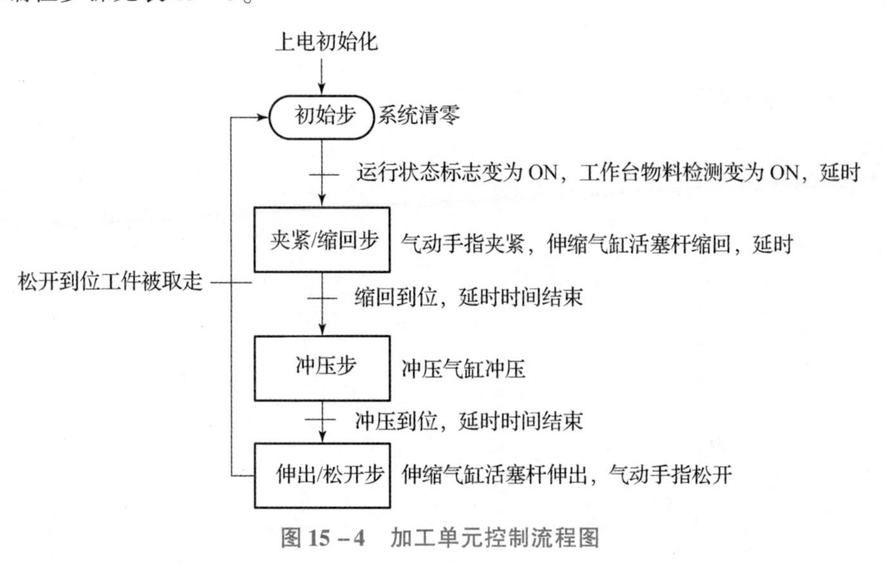

图 15－4　加工单元控制流程图

表 15－5　加工单元梯形图具体编程步骤

(1) 加工台检测：加工台有工件时，开始延时，延时结束且没有停止标志位，跳转到下一步
程序段 1 S1.0 SCR 程序段 2 物料检测：I0.0　T41 IN　TON 5 - PT　100 ms 程序段 3 T41　停止指令：M1.1　M3.0 / 程序段 4 M3.0　S1.1 SCRT 程序段 5 SCRE
(2) 气动手指夹紧，夹紧到位后伸缩气缸活塞杆缩回，缩回到位后跳转到下一步
程序段 6 夹紧工件，缩回到冲压头下 S1.1 SCR 程序段 7 SM0.0　夹紧驱动：Q0.0 S 1 夹紧检测：I0.1　伸缩驱动：Q0.2 S 1 缩回到位：I0.3　T39 IN　TON 5 - PT　100 ms 程序段 8 T39　S1.2 SCRT 程序段 9 SCRE
(3) 冲压气缸进行冲压操作，冲压到位后跳转到下一步
程序段 10 S1.2 SCR 程序段 11 冲压操作 SM0.0　冲压驱动：Q0.3 S 1 程序段 12 冲压下限：I0.5　S1.3 SCRT 程序段 13 SCRE

续表

(4) 冲压气缸返回，冲压气缸返回到位后，加工台伸缩气缸活塞杆伸出，伸出到位后松开夹紧气缸，夹紧气缸松开后，跳转到下一步

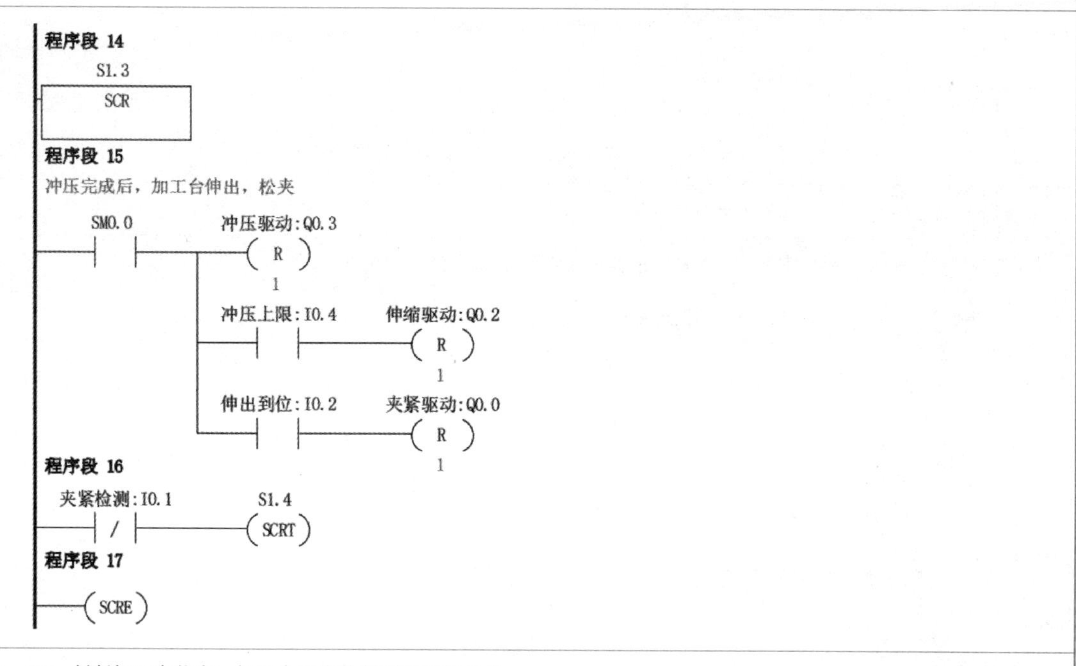

(5) 判断加工台状态，加工台没有物料则返回初始步

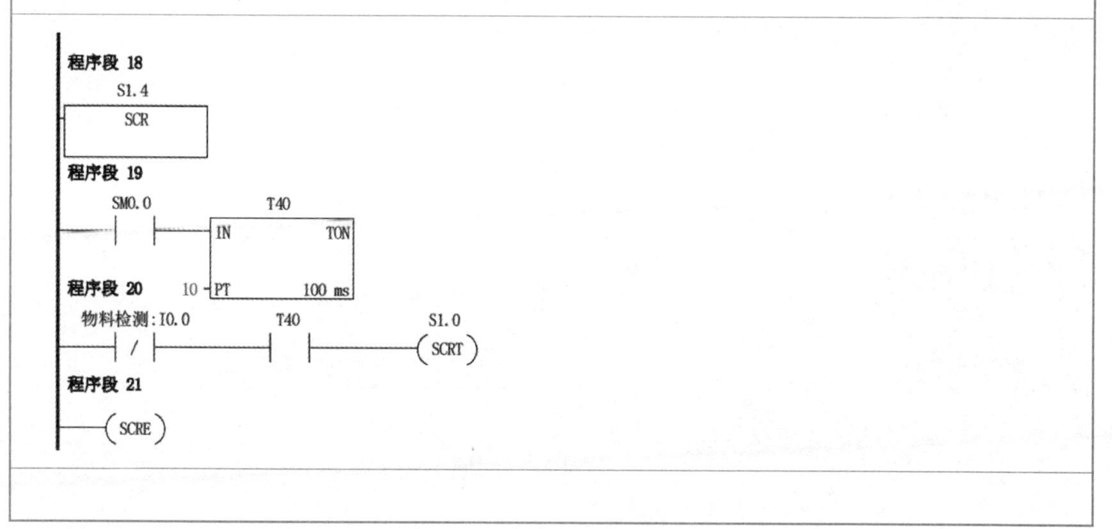

四、调试与运行

(1) 调整气动部分，检查气路是否正确，气压是否合理，气缸的动作速度是否合理。

(2) 检查磁性开关的安装位置是否到位，磁性开关工作是否正常。

(3) 检查 I/O 接线是否正确。

(4) 检查光电传感器安装是否合理，灵敏度是否合适，保证检测的可靠性。

（5）放入工件，运行程序查看加工单元动作是否满足任务要求。

（6）调试各种可能出现的情况，如在任何情况下加入工件时系统都能可靠工作。

（7）优化程序。

任务实施

填写表 15－6。

表 15－6　编写加工单元控制程序任务表

任务名称	编写加工单元控制程序		
任务目标	熟练掌握 PLC 编程，能够正确编写加工单元的控制程序		
控制要求	根据加工单元的工艺流程，编写加工单元的顺序功能图和梯形图控制程序		
顺序功能图			
程序编写过程记录			
所遇问题及解决方法			
教师签字		得分	

习　题

思考题

1. 物料从加工台正面或垂直放置时，梯形图有什么区别？
2. 采用网络控制应如何实现加工单元控制？

项目16

装配单元的程序编制与调试

项目概述

装配单元主要通过装配机械手，将回转物料台上料盘内的小圆柱芯件嵌入装配台中的圆柱形台阶工件内，使两者完成紧密配合。本项目的主要工作任务是对装配单元进行任务分析、编程调试及运行等操作，锻炼学生分析、编程和装调的综合能力。

任务1 装配单元控制要求

知识目标

1. 掌握装配单元的应用技术。
2. 能够分析装配单元的工作过程。

技能目标

能够根据装配单元控制要求设计装配单元流程图。

素养目标

养成坚持不懈、刻苦钻研的职业作风。

任务导入

要实现装配单元的功能，任务要求应包含哪些条件？

知识储备

本项目只考虑装配单元作为独立设备运行时的情况。装配单元的主令信号和工作状态显示信号来自 PLC 旁边的按键/指示灯模块，并且按键/指示灯模块上的工作方式选择开关 SA 应置于“单站方式”位置。

本任务具体控制要求如下。

(1) 装配单元各气缸的初始位置为挡料气缸活塞杆处于伸出状态，顶料气缸活塞杆处于缩回状态，料仓中已经有足够的小圆柱芯件，手爪提升气缸处于提升状态，手臂伸缩气缸活塞杆处于缩回状态，气动手指处于松开状态。

装配单元工作过程视频二维码

装配单元上电和气源接通后，若各气缸满足初始位置要求，且料仓上已经有足够的小圆柱芯件，但装配台中没有待装配工件，则“正常工作”指示灯 HL1 常亮，表示装配单元已准备好；否则，该指示灯以 1 Hz 闪烁。

(2) 若装配单元准备好，按下启动按键，装配单元启动，“设备运行”指示灯 HL2 常亮。如果回转物料台上的左料盘内没有小圆柱芯件，则执行下料操作；如果左料盘内有小圆柱芯件，而右料盘内没有，则执行回转物料台回转操作。

（3）如果回转物料台上的右料盘内有小圆柱芯件且装配台中有待装配工件，则执行装配机械手抓取小圆柱芯件，放入待装配工件中的操作。

（4）完成装配任务后，装配机械手应返回初始位置，等待下一次装配。

（5）若在运行过程中按下停止按键，则供料机构立即停止供料；在装配条件满足的情况下，装配单元在完成本次装配后停止工作。

（6）在运行中发生“零件不足”报警时，指示灯 HL3 以 1 Hz 频率闪烁，HL1 和 HL2 灯常亮；在运行中发生“零件没有”报警时，指示灯 HL3 以亮 1 s、灭 0.5 s 的方式闪烁，HL2 熄灭，HL1 常亮。

装配单元控制流程图如图 16 - 1 所示。

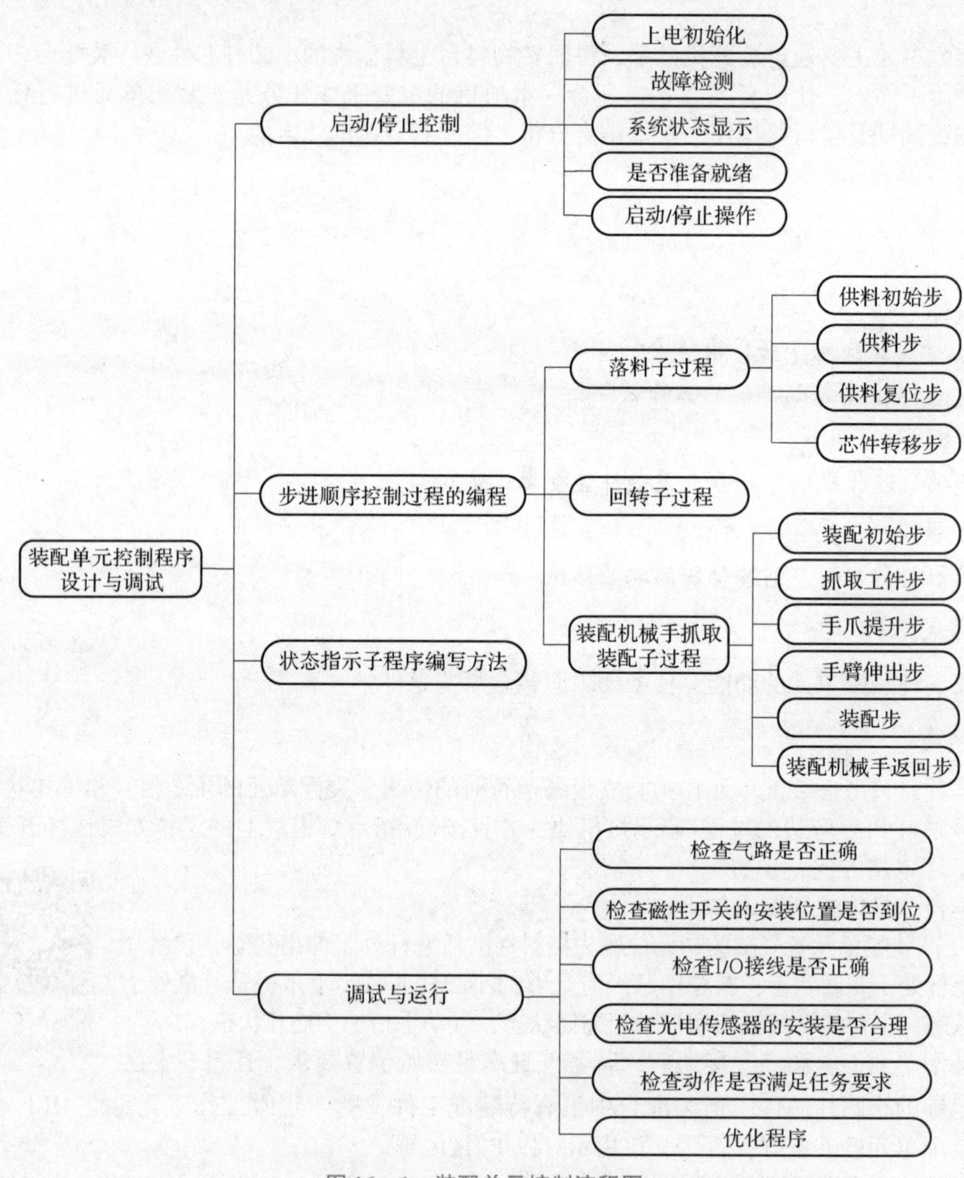

图 16 - 1　装配单元控制流程图

要求完成以下任务。

（1）规划 PLC 的 I/O 分配及接线端子分配，并绘制装配单元控制流程图。

（2）进行系统安装接线，并完成初始状态检查工单。

（3）绘制顺序功能图。

（4）根据顺序功能图编写 PLC 程序。

（5）进行装配单元的单机调试与运行工作。

任务实施

填写表 16－1。

表 16－1　装配单元控制要求任务表

任务名称	装配单元控制要求		
任务目标	研读控制系统设计要求并完成整体规划		
分析本系统的控制功能			
程序编写主体结构			
在研读控制要求时遇到的疑惑			
教师签字		得分	

习　题

思考题

如果待装配工件一直在工件检测区放置，如何避免装配机械手反复运行？

任务 2　装配单元程序的设计与调试

知识目标

1. 掌握装配单元流程图的绘制方法。
2. 掌握装配单元梯形图的设计方法。
3. 掌握装配单元调试步骤。

技能目标

1. 能够根据装配单元控制要求绘制出顺序功能图。
2. 能够将顺序功能图转换为梯形图。
3. 能够完成装配单元的调试和排故工作。

素养目标

树立技能成才、技能报国的人生理想。

任务导入

如何将装配单元的控制要求分析转变成系统程序图，又如何将系统程序图转变成梯形图？

知识储备

一、装配单元程序设计

根据装配单元控制要求，装配单元 PLC 选用西门子 S7－200 SMART 系列 SR40 AC/DC/RLY 作为控制单元，共 24 个输入点和 16 个继电器输出点。YL－335B 型自动化生产线装配单元的 I/O 信号分配见表 16－2。

表 16－2　YL－335B 型自动化生产线装配单元的 I/O 信号分配表

输入信号				输出信号			
序号	PLC 输入点	信号名称	信号来源	序号	PLC 输出点	信号名称	信号来源
1	I0.0	零件不足检测	装置侧	1	Q0.0	挡料电磁阀	装置侧
2	I0.1	零件有无检测		2	Q0.1	顶料电磁阀	
3	I0.2	左料盘芯件检测		3	Q0.2	回转电磁阀	
4	I0.3	右料盘芯件检测		4	Q0.3	手爪夹紧电磁阀	
5	I0.4	装配台工件检测		5	Q0.4	手爪下降电磁阀	
6	I0.5	顶料到位检测		6	Q0.5	手臂伸出电磁阀	
7	I0.6	顶料复位检测		7	Q0.6		
8	I0.7	挡料状态检测		8	Q0.7		
9	I1.0	落料状态检测		9	Q1.0	红色警示灯	
10	I1.1	摆动气缸左限检测		10	Q1.1	橙色警示灯	
11	I1.2	摆动气缸右限检测		11	Q1.2	绿色警示灯	
12	I1.3	手爪夹紧检测		12	Q1.3		
13	I1.4	手爪下降到位检测		13	Q1.4		
14	I1.5	手爪上升到位检测		14	Q1.5	正常工作指示（HL1）	按键/指示灯模块
15	I1.6	手臂缩回到位检测		15	Q1.6	设备运行指示（HL2）	
16	I1.7	手臂伸出到位检测		16	Q1.7	故障指示（HL3）	
17	I2.0						
18	I2.1						

续表

输入信号				输出信号			
序号	PLC 输入点	信号名称	信号来源	序号	PLC 输出点	信号名称	信号来源
19	I2.2						
20	I2.3						
21	I2.4	停止按键（SB2）	按键/指示灯模块				
22	I2.5	启动按键（SB1）					
23	I2.6	急停按键					
24	I2.7	单站/全线工作方式选择（SA）					

在编写装配单元控制程序之前，需要考虑装配单元控制的初始状态是什么，并由此制定装配单元系统程序图，如图 16－2 所示。

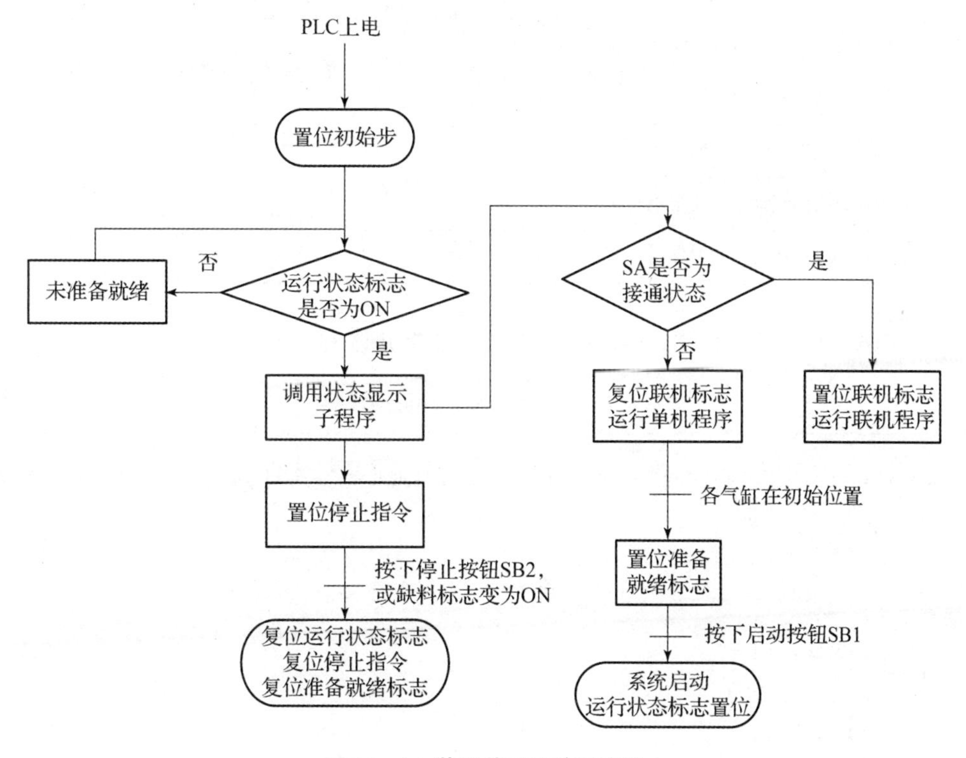

图 16－2　装配单元系统程序图

二、程序结构

根据控制要求，装配单元程序包括主程序、落料控制子程序、机械手抓取子程序和状态显示子程序，如图 16－3 所示。主程序在每一扫描周期都会调用状态显示子程序，但当且仅当在运行状态已经建立时才可能调用其他控制子程序。

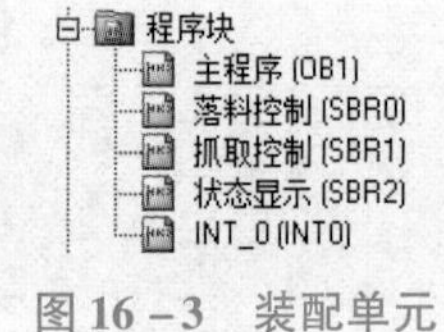

图 16－3　装配单元程序结构

PLC 上电后应首先进入初始状态检查阶段，确认系统已经准备就绪后才允许投入运行。参照表 16－3 装配单元初始状态检查单进行检查，以及时发现存在问题，避免出现故障。

表 16－3　装配单元初始状态检查单

序号	运行前检查的内容	符合	不符合	不符合后排除方法
1	急停按键是否在弹起状态			
2	SA 状态是否在闭合状态			
3	HL1 指示灯状态是否正常			
4	HL2 指示灯状态是否正常			
5	HL3 指示灯状态是否正常			
6	挡料气缸活塞杆是否处于伸出状态			
7	料仓中有足够的小圆柱芯件			
8	顶料气缸活塞杆是否处于缩回状态			
9	手爪提升气缸是否处于提升状态			
10	手臂伸缩气缸是否处于缩回状态			
11	装配机械手的气动手指处于松开状态			
12	装配台中没有待装配的工件			

根据图 16－2 编写装配单元梯形图，梯形图说明见表 16－4。

表 16－4　装配单元梯形图说明

(1) 系统状态清零。为了保证系统的初始状态一致，在 PLC 上电时对系统进行清零操作，包括初态检查、准备就绪和运行状态标志位
程序段 1 SM0.1　初态检查:M5.0 (S) 1 准备就绪:M2.0 (R) 1 运行状态:M1.0 (R) 1

续表

(2) 确定装配单元准备就绪。挡料气缸活塞杆处于伸出状态，顶料气缸活塞杆处于缩回状态，料仓中已经有足够的小圆柱芯件，手爪提升气缸处于提升状态，手臂伸缩气缸活塞杆处于缩回状态，气动手指处于松开状态，装配台没有待加工工件，装配单元准备就绪，置位“准备就绪标志位”，否则复位“准备就绪标志位”

程序段 2

供料初始位置

顶料复位:I0.6 挡料状态:I0.7 M5.1

程序段 3

装配初始位置

缩回到位:I1.6 上升到位:I1.5 夹紧检测:I1.3 M5.2

程序段 4

M5.1 M5.2 物料不足:I0.0 装配台检测:I0.4 初态检查:M5.0 运行状态:M1.0 准备就绪:M2.0 准备就绪:M2.0 S 1

NOT 运行状态:M1.0 准备就绪:M2.0 准备就绪:M2.0 R 1

(3) 系统准备就绪，按下启动按键，置位“运行状态标志位”并使 S0.0 和 S2.0 置位为活动步

程序段 5

启动操作

启动按键:I2.5 运行状态:M1.0 准备就绪:M2.0 运行状态:M1.0 S 1

S0.0 S 1

S2.0 S 1

(4) 按照系统控制要求，在运行过程中，按下停止按键，系统不会立即停止，因此加入停止标志位，当进入停止信号判断步时，系统进行停止操作

程序段 6

单站运行方式下，在运行中曾经按下停止按键，M1.1 ON

停止按键:I2.4 运行状态:M1.0 停止指令:M1.1 S 1

程序段 7

停止指令:M1.1 M5.1 S0.0 S0.0 R 1

S2.0 M5.2 S2.0 R 1

运行状态:M1.0 R 1

停止指令:M1.1 R 1

续表

(5) 每个扫描周期都会调用状态显示子程序；只有在运行状态下，PLC 才会在每个扫描周期调用落料控制子程序及抓取控制子程序
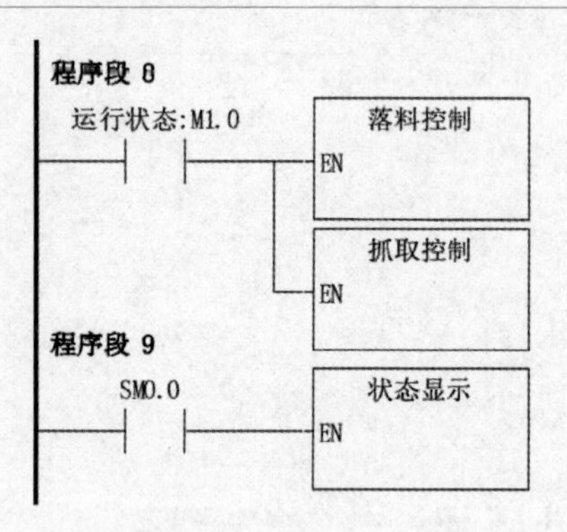
(6) 根据系统控制要求，HL1，HL2 和 HL3 指示灯在不同状态下闪亮方式不同，为了避免系统出现双线圈错误，在状态显示子程序中采用集中输出的方式
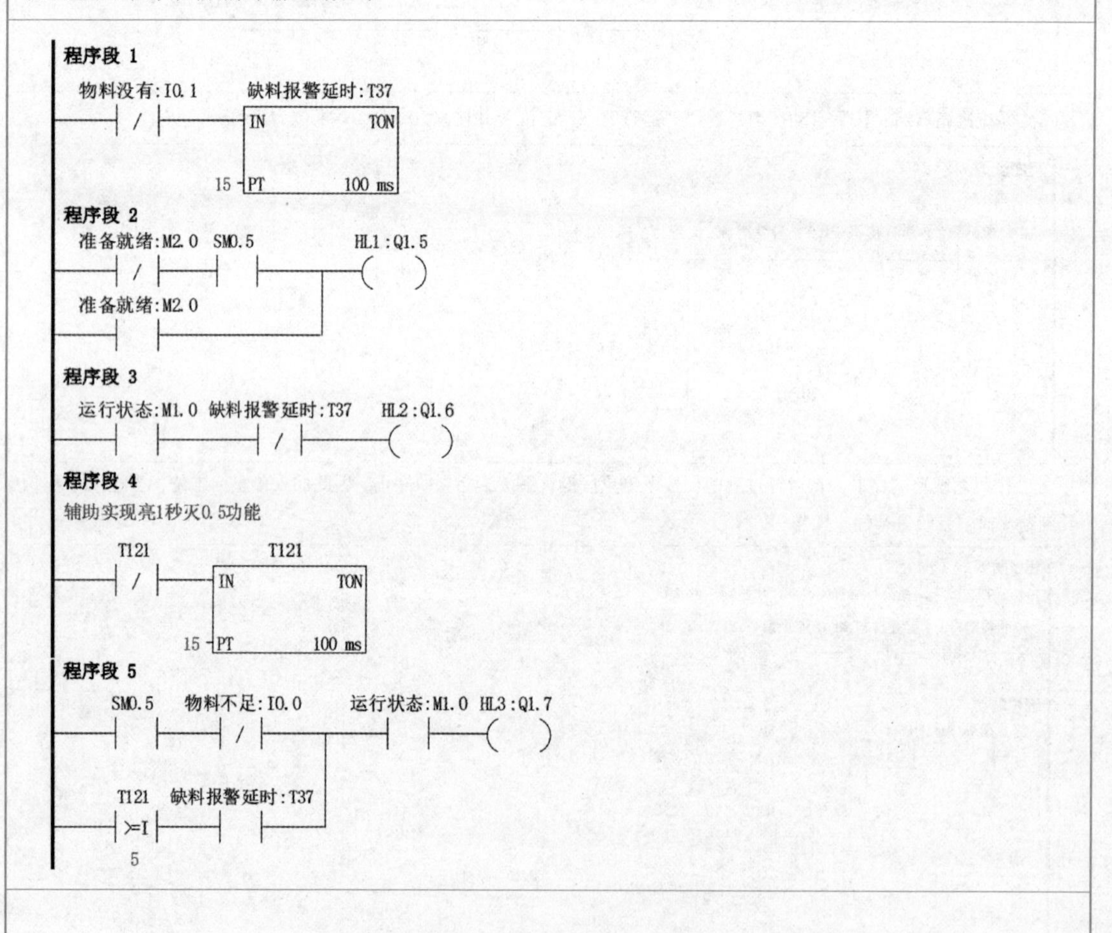

三、装配单元单站控制的编程思路

装配单元控制机械部分包括落料、回转物料台和装配机械手抓取三个机构。回转物料台的两个料盘可能因断电等意外情况出现四种不同的组合方式：第一种是左料盘和右料盘都没有料；第二种是左料盘有料，右料盘无料；第三种是左料盘无料，右料盘有料；第四种是左料盘和右料盘都有料。落料控制子程序是将小圆柱从料仓送入回转台料盘中，然后通过逻辑判断将小圆柱转移到机械手手爪下方的过程。装配机械手抓取装配子程序是装配机械手手爪抓取其正下方的小圆柱芯料，然后将其送入装配台，嵌入待装配工件的过程。

按上述分析可画出图 16－4 所示的装配单元控制流程图。根据控制流程图，装配单元落料子程序和装配机械手抓取子程序的梯形图具体编程步骤见表 16－5 和表 16－6。

注意：在工件从正面和顶部放入加工台的两种情况下，检测传感器处理有区别，应加入定时器，避免物料检测信号误动作。

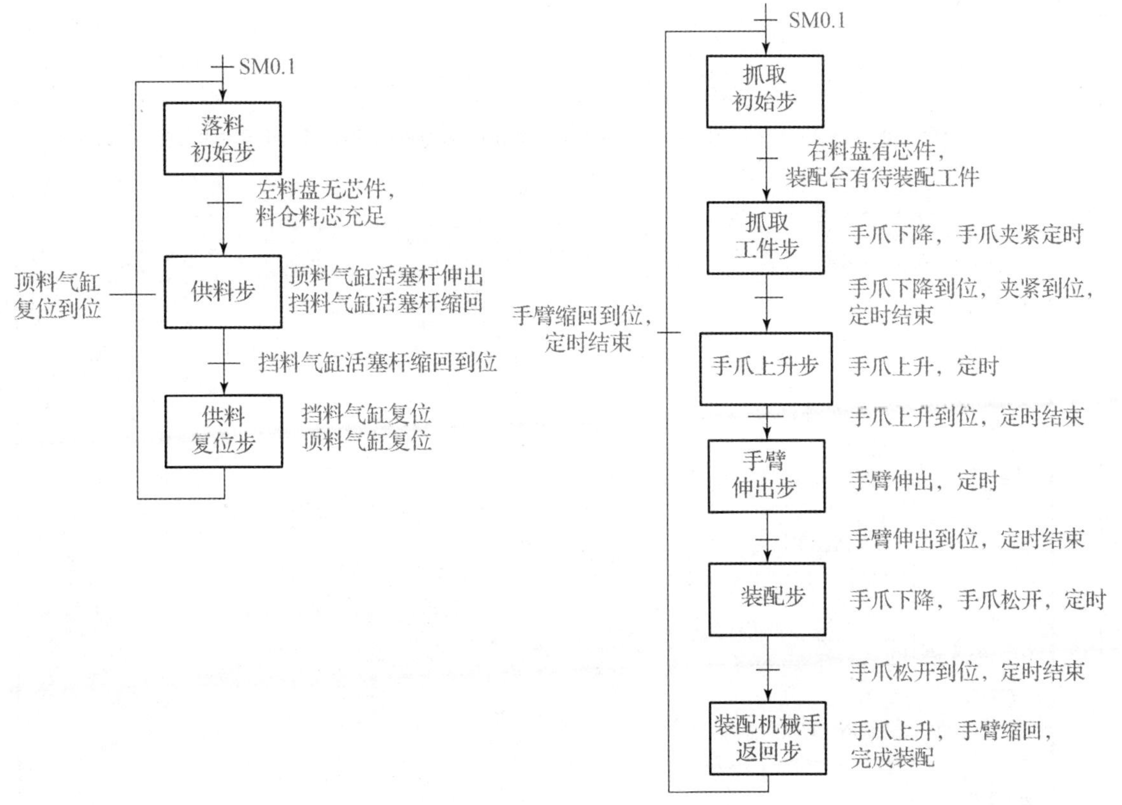

图 16－4　装配单元控制流程图

表 16 - 5　装配单元落料子程序梯形图具体编程步骤

(1) 落料子程序：左料盘没有料，开始供料过程

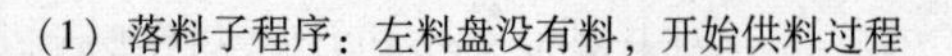

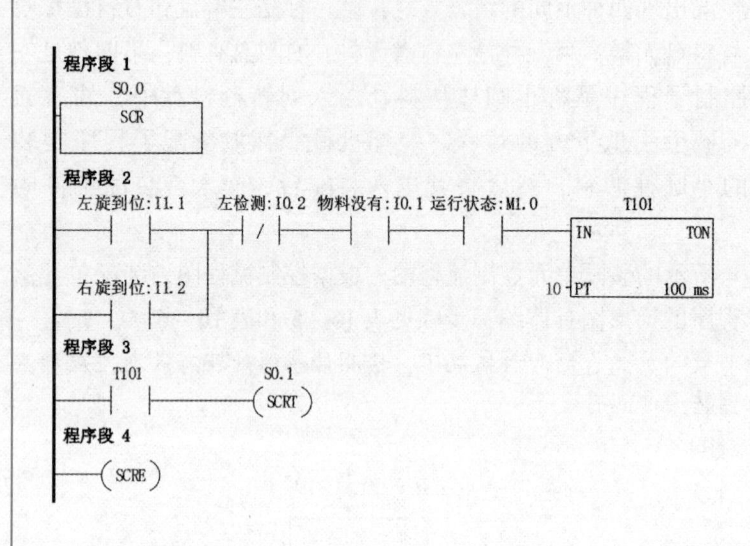

(2) 落料子程序：置位顶料电磁阀并开启定时，顶料到位，置位挡料电磁阀，挡料到位并且左侧没有料，跳转到下一步

程序段 5
S0.1
SCR
程序段 6
SM0.0
顶料驱动:Q0.1
S
1
顶料到位:I0.5
T102
IN
TON
T102
落料驱动:Q0.0
3
PT
100 ms
S
1
程序段 7
落料状态:I1.0
左检测:I0.2
S0.2
SCRT
程序段 8
SCRE

续表

(3) 落料子程序：复位挡料电磁阀，挡料到位复位顶料电磁阀，并且定时结束跳转到初始步
程序段 9 S0.2 SCR 程序段 10 SM0.0　落料驱动:Q0.0 (R) 1 挡料状态:I0.7　顶料驱动:Q0.1 (R) 1 顶料复位:I0.6　T130 IN TON　3 PT 100 ms 程序段 11 T130　S0.0 (SCRT) 程序段 12 (SCRE)
(4) 旋转控制
程序段 13 运行状态:M1.0　左检测:I0.2　T103 IN TON　15 PT 100 ms 右检测:I0.3 / 　T104 IN TON　30 PT 100 ms 程序段 14 T103　左旋到位:I1.1　T104　P　摆缸驱动:Q0.2 (S) 1 右旋到位:I1.2　T104　P　摆缸驱动:Q0.2 (R) 1

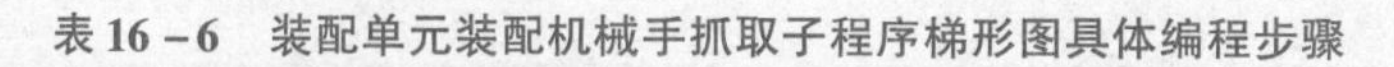

表 16－6　装配单元装配机械手抓取子程序梯形图具体编程步骤

(1) 装配机械手抓取子程序：装配台有待装配工件，右料盘有小圆柱芯件，跳转到下一步装配机械手抓取子过程
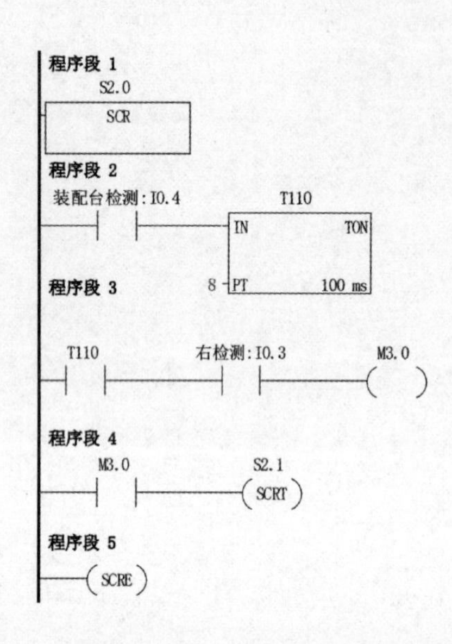
(2) 装配机械手抓取子程序：手爪下降，下降到位则手爪夹紧，夹紧到位并且定时结束，跳转到下一步
程序段 6 S2.1 SCR 程序段 7 SM0.0 升降驱动:Q0.4 S 1 下降到位:I1.4 夹紧驱动:Q0.3 S 1 夹紧检测:I1.3 T111 IN TON 5 PT 100 ms T111 S2.2 SCRT 程序段 8 SCRE

续表

(3) 装配机械手抓取子程序：手爪上升，上升到位后手臂伸出，伸出到位后手爪下降，下降到位松开手爪，松开到位跳转到下一步

程序段 9
S2.2
SCR

程序段 10
缩回到位:I1.6　下降到位:I1.4　升降驱动:Q0.4
(R)
1

程序段 11
SM0.0　上升到位:I1.5　伸缩驱动:Q0.5
(S)
1
伸出到位:I1.7　T112
IN　TON
T112　升降驱动:Q0.4
(S)
1
3 PT　100 ms
下降到位:I1.4　伸出到位:I1.7　夹紧驱动:Q0.3
(R)
1
夹紧检测:I1.3　S2.3
/　(SCRT)

程序段 12
(SCRE)

(4) 装配机械手抓取子程序：装配机械手完成放料后，返回原位。如果待装配工件一直未被取走，会出现装配机械手反复抓取放下连续运行。为了避免这种情况，在S2.3步中加入工件检测，当再次放入待装配工件时程序才会返回到初始步再次运行

程序段 13
S2.3
SCR

程序段 14
SM0.0　升降驱动:Q0.4
(R)
1
上升到位:I1.5　伸缩驱动:Q0.5
(R)
1
缩回到位:I1.6　T106
IN　TON
10 PT　100 ms

程序段 15
装配台检测:I0.4　T106　S2.0
/　(SCRT)

程序段 16
(SCRE)

四、调试与运行

（1）调整气动部分，检查气路是否正确，气压是否合理，气缸的动作速度是否合理。

（2）检查磁性开关的安装位置是否到位，磁性开关工作是否正常。

（3）检查 I/O 接线是否正确。

（4）检查光电传感器安装是否合理，灵敏度是否合适，保证检测的可靠性。

（5）放入工件，运行程序者看装配单元动作是否满足任务要求。

（6）调试各种可能出现的情况，如在任何情况下加入工件时系统都能可靠工作。

（7）优化程序。

任务实施

填写表 16－7。

表 16－7　编写装配单元控制程序任务表

任务名称	编写装配单元控制程序		
任务目标	熟练掌握 PLC 编程，能够正确编写装配单元的控制程序		
控制要求	根据装配单元的工艺流程，编写装配单元的顺序功能图和梯形图控制程序		
顺序功能图			
程序编写 过程记录			
所遇问题 及解决方法			
教师签字		得分	

习 题

思考题

1. 调试过程中手爪伸出不到位，不能将小圆柱芯件放入待装配工件，请分析可能是什么原因造成的，应如何解决该问题？

2. 采用网络控制应如何实现装配单元控制？

项目17

分拣单元的程序编制与调试

项目概述

分拣单元是 THJDAL－2B 自动化生产线中最后一个工作单元，它可完成对输送单元送来的已加工、装配的工作的分拣工作，使不同材质、不同颜色的工件从不同的出料滑槽分流。本项目的主要工作任务是对分拣单元进行任务分析、编程调试及运行等操作，锻炼学生分析、编程和装调的综合能力。

任务1 分拣单元控制要求

知识目标

1. 掌握分拣单元的应用技术。
2. 能够分析分拣单元的动作过程。

技能目标

能够根据分拣单元控制要求设计分拣单元流程图。

素养目标

掌握工程工作方法。

任务导入

要实现分拣单元的功能，任务要求应包含哪些条件？

知识储备

本项目只考虑分拣单元作为独立设备运行时的情况。分拣单元的主令信号和工作状态显示信号来自 PLC 旁边的按键/指示灯模块，并且按键/指示灯模块上的工作方式选择开关 SA 应置于“单站方式”位置。

本任务具体控制要求如下。

(1) 分拣单元的工作目标是完成对白色芯金属工件（1 号槽）、白色芯塑料工件（2 号槽）和黑色芯的金属或塑料工件（3 号槽）的分拣工作。为了在分拣时准确推出工件，要求使用旋转编码器作定位检测，并且工件材料和芯体颜色属性应在推料气缸前的适当位置被检测出来。

（2）分拣单元上电和气源接通后，若 3 个气缸活塞杆均处于缩回位置，则“正常工作”指示灯 HL1 常亮，表示分拣单元已准备好。否则，该指示灯以 1Hz 频率闪烁。

分拣单元工作过程视频二维码

（3）若分拣单元准备好，按下启动按键，系统启动，“设备运行”指示灯 HL2 常亮。当传送带进料口人工放下已装配的工件时，变频器即启动，驱动传动电动机以固定的转速运行，把工件带往分拣区。变频器可以输出 600 r/min 和 750 r/min 两个固定转速驱动传送带，两个转速的切换控制由按键/指示灯上的按键 QS 实现。当 QS 抬起时，输出转速为 600 r/min，当 QS 按下时，输出转速为 750 r/min。

工件满足条件，则进入规定的出料滑槽内。例如，如果工件为白色芯金属件，则该工件到达 1 号滑槽中间，传送带停止，工件被推到 1 号槽中；如果工件为白色芯塑料件，则该工件到达 2 号滑槽中间，传送带停止，工件被推到 2 号槽中；如果工件为黑色芯件，则该工件到达 3 号滑槽中间，传送带停止，工件被推到 3 号槽中。工件被推出出料滑槽后，分拣单元的一个工作周期结束。当且仅当工件被推出出料滑槽后，才能再次向传送带下料。

如果在运行期间按下停止按键，分拣单元在本工作周期结束后停止运行。分拣单元控制流程如图 17－1 所示。

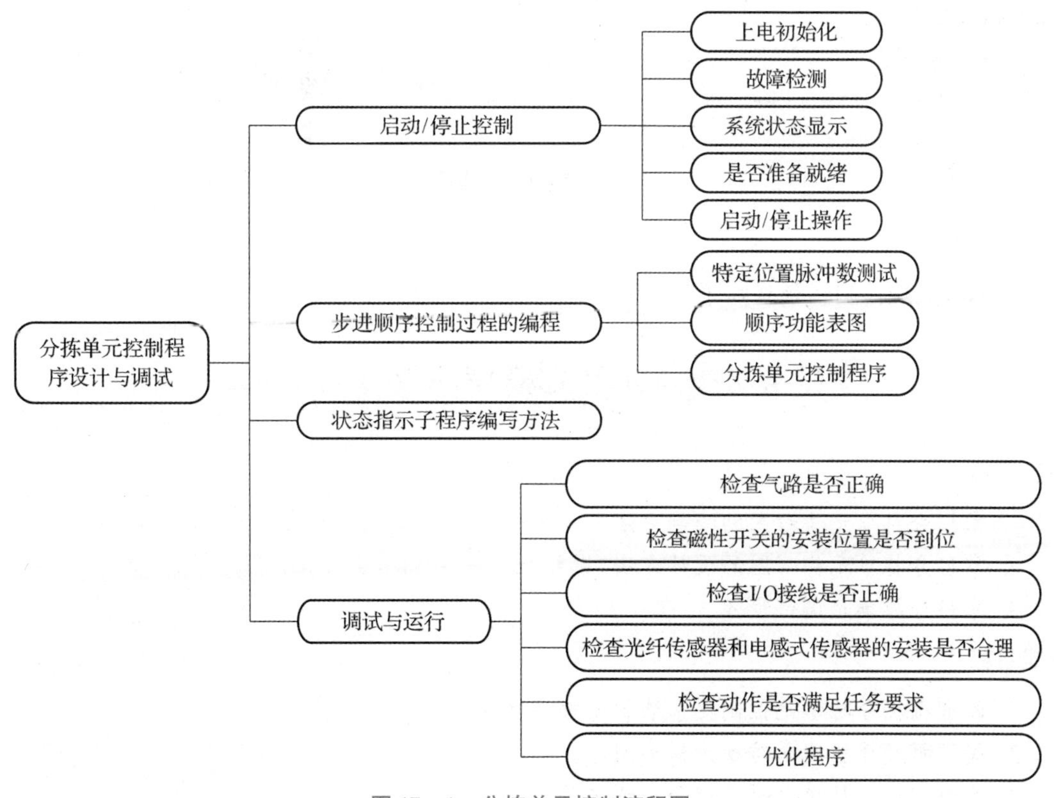

图 17－1　分拣单元控制流程图

要求完成以下任务。

（1）规划 PLC 的 I/O 分配及接线端子分配，并绘制分拣单元控制流程图。

（2）进行系统安装接线，并完成初始状态检查工单。
（3）绘制顺序功能图。
（4）根据顺序功能图编写 PLC 程序。
（5）进行分拣单元的单机调试与运行工作。

任务实施

填写表 17－1。

表 17－1　分拣单元控制要求任务表

任务名称	分拣单元控制要求		
任务目标	研读控制系统设计要求并完成整体规划		
分析本系统的控制功能			
程序编写主体结构			
在研读控制要求时遇到的疑惑			
教师签字		得分	

习　题

简答题

有哪些实现控制变频器调速的方法?

任务 2　分拣单元程序的设计与调试

知识目标

1. 掌握分拣单元流程图的绘制方法。
2. 掌握分拣单元梯形图的设计方法。
3. 掌握分拣单元调试步骤。

技能目标

1. 能够根据分拣单元控制要求绘制出顺序功能图。
2. 能够将顺序功能图转换为梯形图。
3. 能够完成分拣单元的调试和排故工作。

素养目标

培养严谨的工作作风。

任务导入

如何将分拣单元的控制要求分析转变成系统程序图，又如何将系统程序图转变成梯形图？

知识储备

一、分拣单元程序设计

根据分拣单元控制要求，分拣单元 PLC 选用西门子 S7－200 SMART 系列 SR40 AC/DC/RLY 作为控制单元，共 24 个输入点和 16 个继电器输出点。YL－335B 型自动化生产线分拣单元的 I/O 信号分配见表 17－2。

表 17－2　YL－335B 型自动化生产线分拣单元的 I/O 信号分配表

输入信号				输出信号			
序号	PLC 输入点	信号名称	信号来源	序号	PLC 输出点	信号名称	信号输出目标
1	I0.0	旋转编码器 B 相（白色）	装置侧	1	Q0.0	正转（DI0）	变频器
2	I0.1	旋转编码器 A 相（绿色）		2	Q0.1	固定转速 1（DI4）	
3	I0.2	进料口工件检测		3	Q0.2	固定转速 2（DI5）	
4	I0.3	光纤传感器 1（芯体颜色检测）		4	Q0.3		装置侧
5	I0.4	电感式传感器 1（外壳材质检测）		5	Q0.4	推杆 1 电磁阀	
6	I0.5	光纤传感器 2（外壳颜色检测）		6	Q0.5	推杆 2 电磁阀	
7	I0.6	电感式传感器 2（芯体材质检测）		7	Q0.6	推杆 3 电磁阀	
8	I0.7	推杆 1 推出到位		8	Q0.7	正常工作指示(HL1)	按键/指示灯模块
9	I1.0	推杆 2 推出到位		9	Q1.0	设备运行指示（HL2）	
10	I1.1	推杆 3 推出到位		10	Q1.1	故障指示（HL3）	
11	I1.2	启动按键（SB1）	按键/指示灯模块				
12	I1.3	停止按键（SB2）					
13	I1.4	急停按键					
14	I1.5	单站/全线工作方式选择（SA）					

在编写分拣单元控制程序之前，需要考虑分拣单元控制的初始状态是什么，并由此制定分拣单元系统程序图，如图 17 – 2 所示。

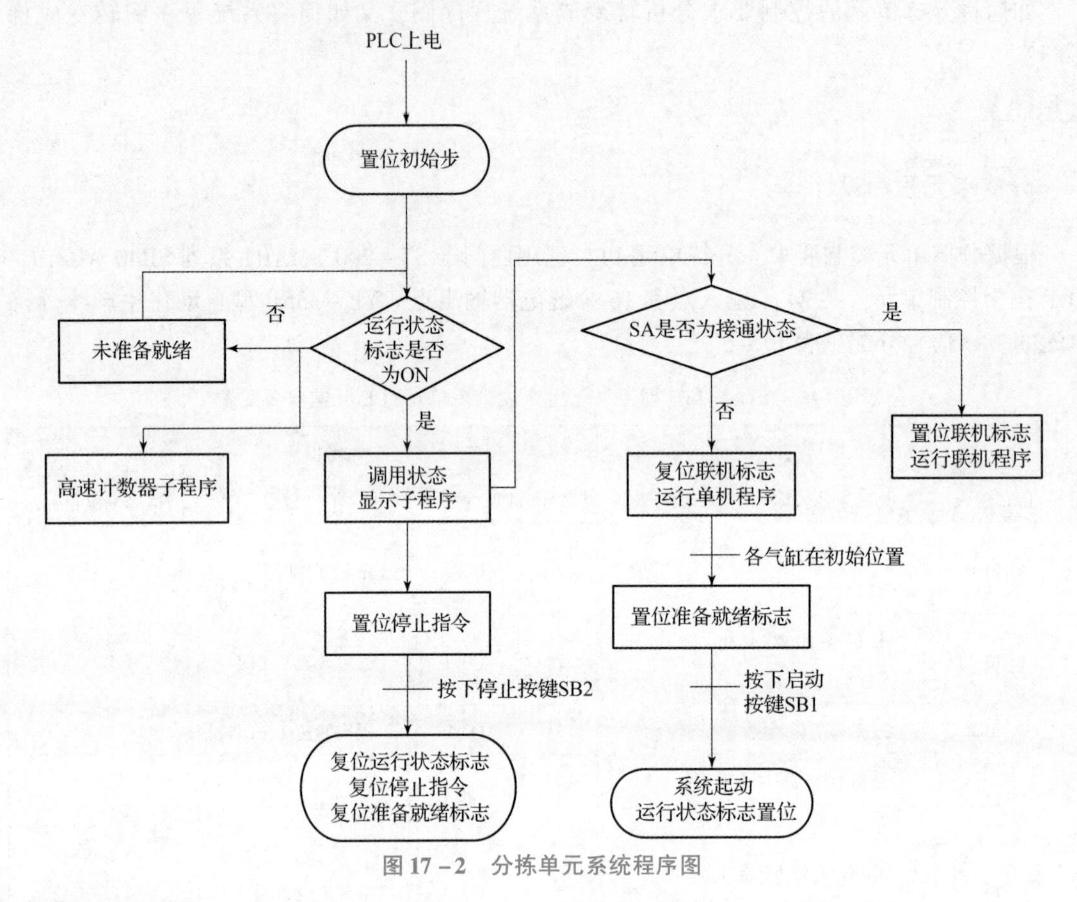

图 17 – 2　分拣单元系统程序图

二、程序结构

根据控制要求，分拣单元程序包括主程序、高速计数器子程序、分拣控制子程序和状态显示子程序，如图 17 – 3 所示。主程序在每一扫描周期都会调用高速计数器子程序和分拣控制子程序，但当且仅当在运行状态已经建立时才可能调用分拣控制子程序。

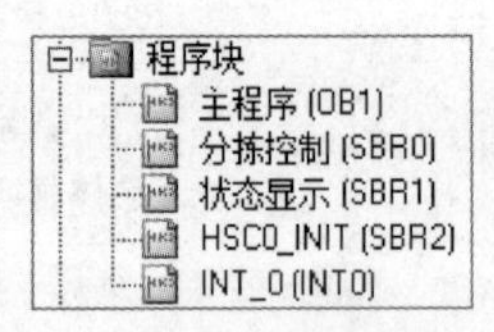

图 17 – 3　分拣单元程序结构

PLC 上电后应首先进入初始状态检查阶段，只有确认系统已经准备就绪后，才允许投入运行。参照表 17 – 3 分拣单元初始状态检查单进行检查，这样可及时发现存在的问题，避免出现故障。

表 17 – 3　分拣单元初始状态检查单

序号	运行前检查的内容	符合	不符合	不符合后排除方法
1	急停按键是否按下			
2	SA 状态是否正确			

续表

序号	运行前检查的内容	符合	不符合	不符合后排除方法
3	HL1 指示灯状态是否正常			
4	HL2 指示灯状态是否正常			
5	3 个气缸活塞杆是否处于缩回状态			
6	加工台是否有工件			
7	传送带电动机处于停止状态			

根据图 17－2，编写分拣单元梯形图，梯形图说明见表 17－4。

表 17－4　分拣单元梯形图说明

（1）系统状态清零。为了保证系统的初始状态一致，在 PLC 上电时对系统进行清零操作，包括初始化高速计数器、初态检查置位、准备就绪复位和运行状态标志位复位

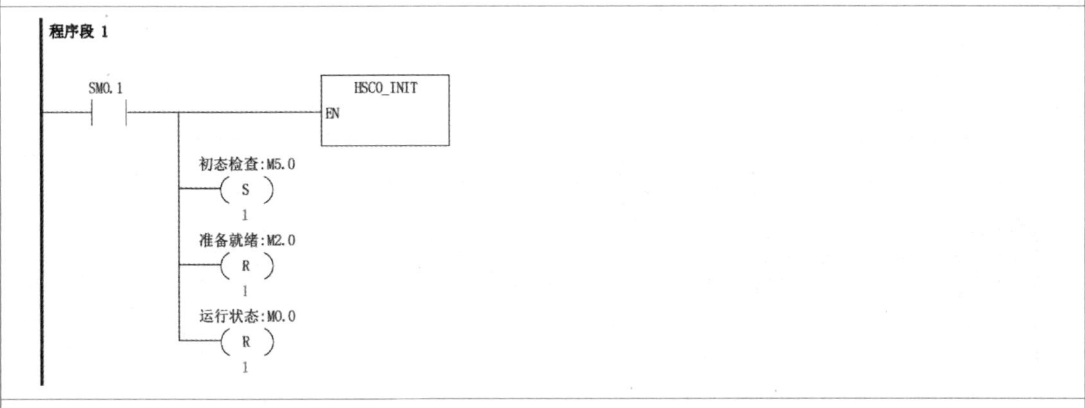

（2）确定分拣单元准备就绪。当 3 个气缸活塞杆都在缩回位置时分拣单元准备就绪，置位“准备就绪标志位”，否则复位“准备就绪标志位”

程序段 2
推杆一到位:I0.7 推杆二到位:I1.0 推杆三到位:I1.1 初态检查:M5.0 运行状态:M0.0 准备就绪:M2.0 准备就绪:M2.0
S
1
运行状态:M0.0 准备就绪:M2.0 准备就绪:M2.0
NOT
R
1

（3）系统准备就绪，按下启动按键，置位“运行状态标志位”并使 S0.0 置位为活动步

程序段 3
启动按键:I1.3 准备就绪:M2.0 运行状态:M0.0 运行状态:M0.0
S
1
S0.0
S
1

续表

(4) 按照系统控制要求，在运行过程中，按下停止按键，系统不会立即停止，因此加入停止标志位，当进入停止信号判断步时，系统进行复位运行状态标志、复位停止指令、复位准备就绪标志操作
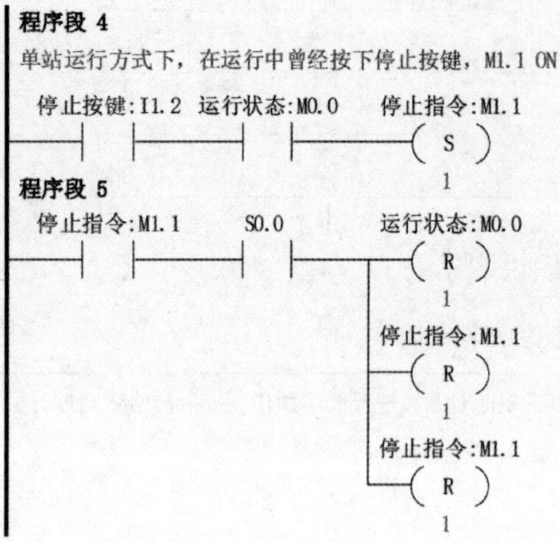 程序段 4 单站运行方式下，在运行中曾经按下停止按键，M1.1 ON 停止按键:I1.2 运行状态:M0.0 停止指令:M1.1 (S) 1 程序段 5 停止指令:M1.1 S0.0 运行状态:M0.0 (R) 1 停止指令:M1.1 (R) 1 停止指令:M1.1 (R) 1
(5) 给变频器赋初值
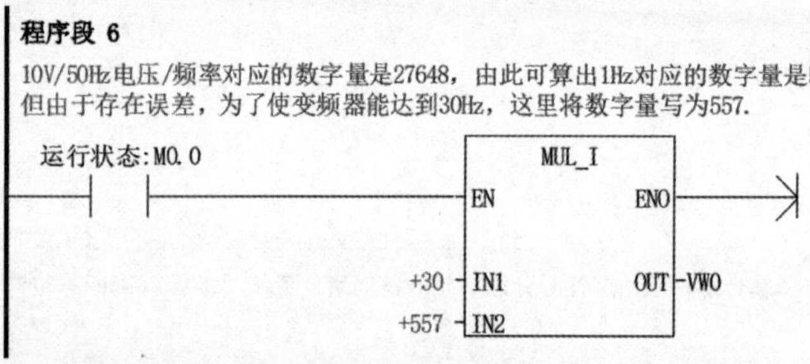 程序段 6 10V/50Hz电压/频率对应的数字量是27648，由此可算出1Hz对应的数字量是552.96（可近似为553）， 但由于存在误差，为了使变频器能达到30Hz，这里将数字量写为557. 运行状态:M0.0 MUL_I EN ENO +30 IN1 OUT VW0 +557 IN2
(6) 每个扫描周期都会调用状态显示子程序；只有在运行状态下，PLC 才会在每个扫描周期调用高速计数子程序和分拣控制子程序
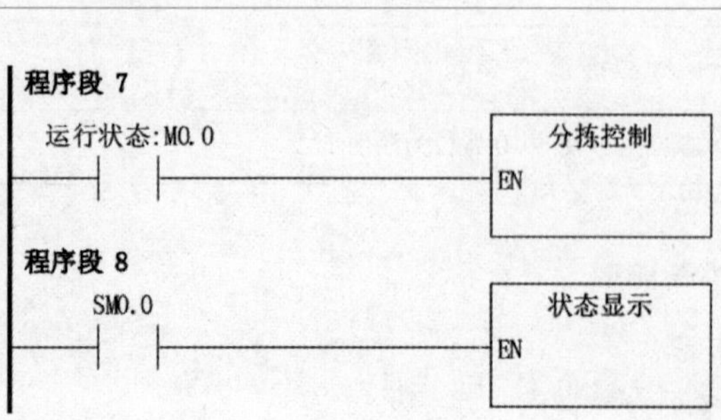 程序段 7 运行状态:M0.0 分拣控制 EN 程序段 8 SM0.0 状态显示 EN

续表

<table>
<tr><td>（7）根据系统控制要求，HL1 和 HL2 指示灯在不同状态下闪亮方式不同，为了避免系统出现双线圈错误，在状态显示子程序中采用集中输出的方式</td></tr>
<tr><td>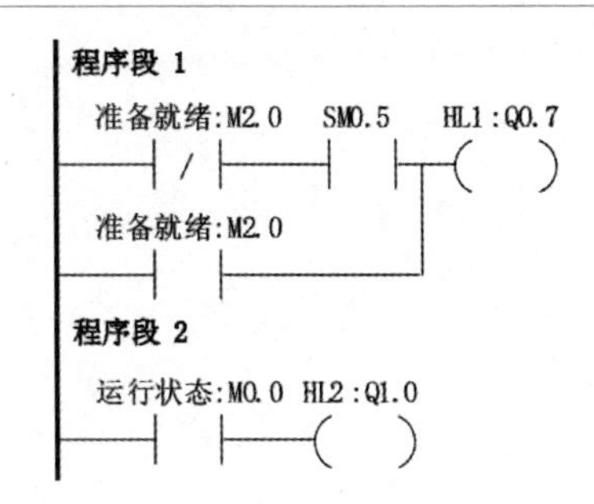
</td></tr>
<tr><td>（8）配置 HC0 为模式 9，CV = 0，PV = 0，加计数</td></tr>
<tr><td>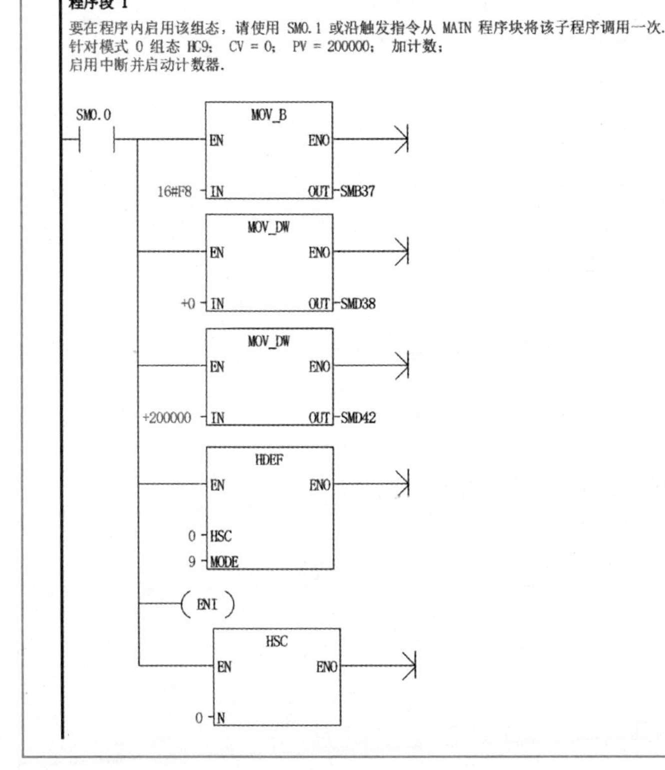
</td></tr>
</table>

三、分拣单元单站控制的编程思路

分拣单元重点在于合理选择检测的位置以准确采集传感器的信号。在分拣单元系统中高速计数器的位置要合理选择并且要考虑 PLC 本身的扫描周期，不能以某个点作为采集时间点，否则可能采集到错误的位置信号。

按上述分析可画出图 17 - 4 所示的分拣单元控制流程图。根据分拣单元控制流程图，梯形图具体编程步骤见表 17 - 5。

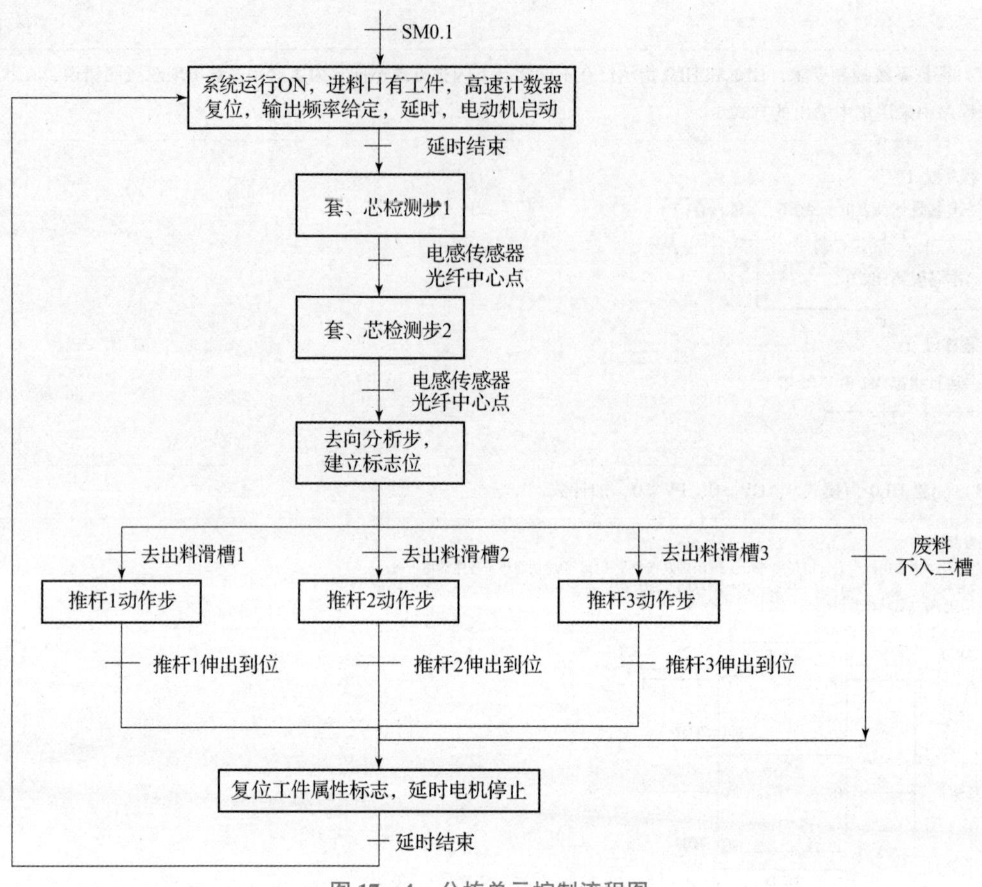

图 17－4　分拣单元控制流程图

表 17－5　分拣单元梯形图具体编程步骤

（1）进料口检测：进料口光电传感器开始检测，当检测到工件，初始化高速计数器并开始 0.5 s 延时，达到 0.5 s 后，认为工件为有效工件，电动机开始以规定的转速运行，并跳转到下一步

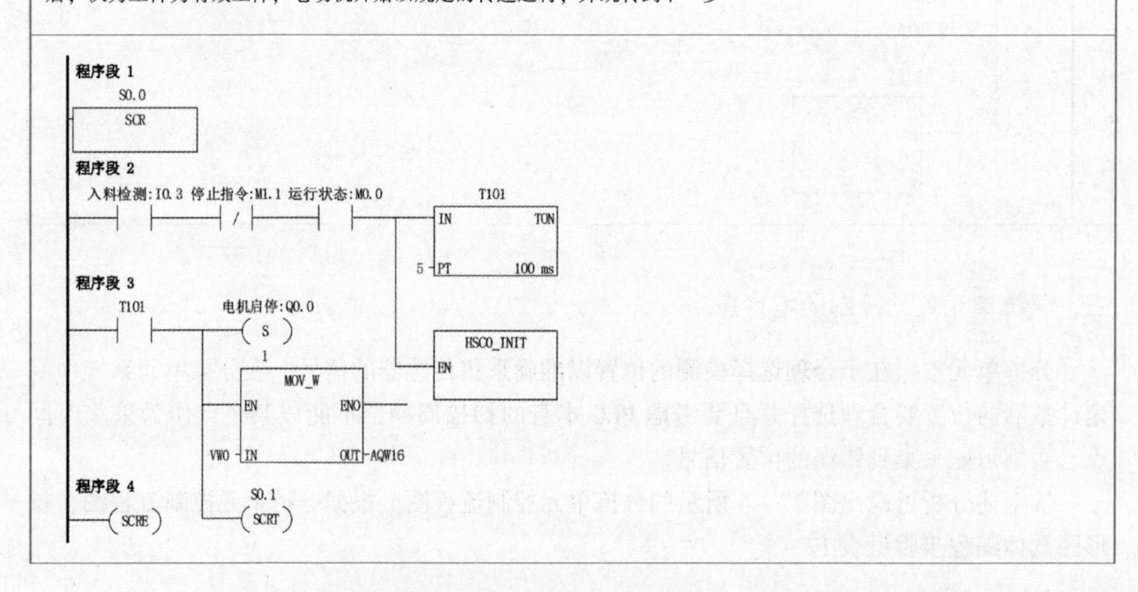

续表

（2）高速计时器 HC0 在规定的范围内，对芯件进行检测，并根据检测结果去往不同的步

程序段 5
S0.1
SCR

程序段 6
金属检测:I0.4　金属保持:M4.0
S
1

程序段 7
HC0
>=D
VD10
白料检测:I0.5
金属保持:M4.0
S0.2
SCRT
金属保持:M4.0
/
S1.0
SCRT

程序段 8
SCRE
白料检测:I0.5
/
S2.0
SCRT

（3）1 号槽的气缸 1 动作，完成分拣后跳转到完成步

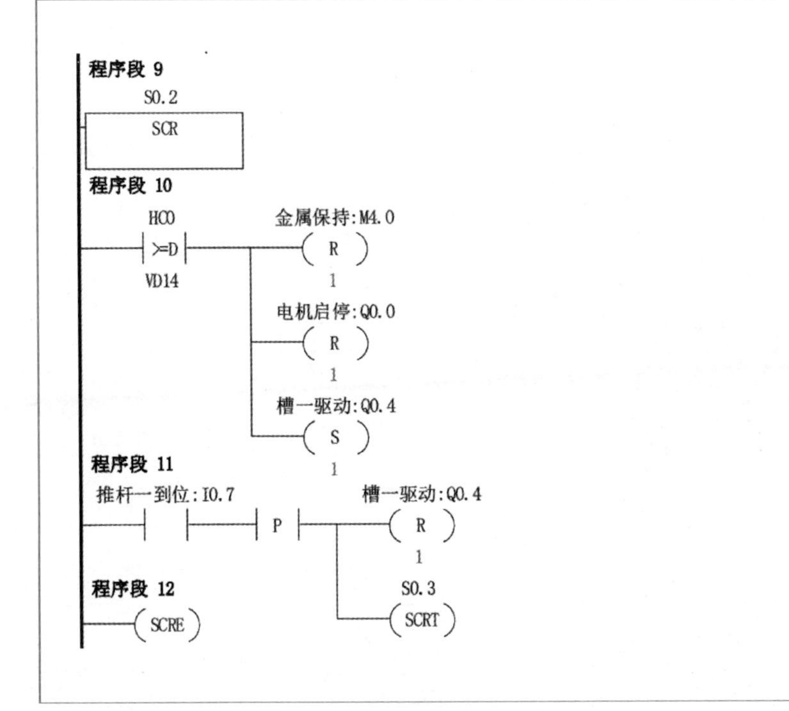

续表

(4) 2 号槽的气缸 2 动作，完成分拣后跳转到完成步

程序段 13
S1.0
SCR
程序段 14
HC0
>=D
VD18
电机启停:Q0.0
R
1
槽二驱动:Q0.5
S
1
程序段 15
推杆二到位:I1.0
P
槽二驱动:Q0.5
R
1
S0.3
SCRT
程序段 16
SCRE

(5) 3 号槽气缸 3 动作，完成分拣后跳转到完成步

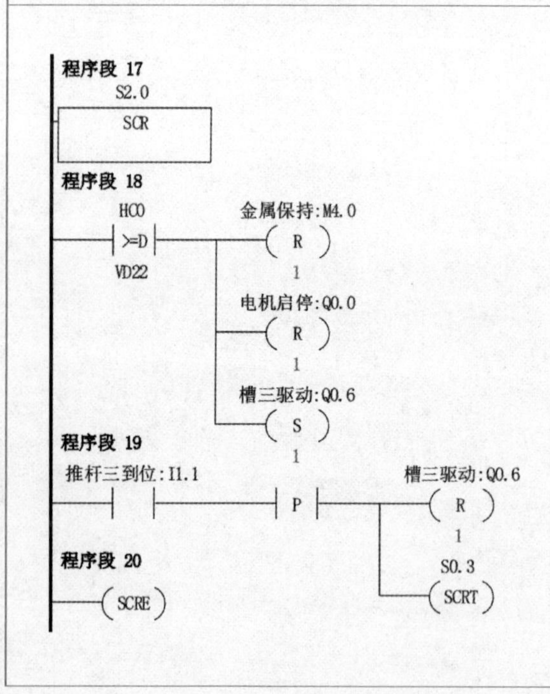

续表

(6) 分拣完成，返回初始步
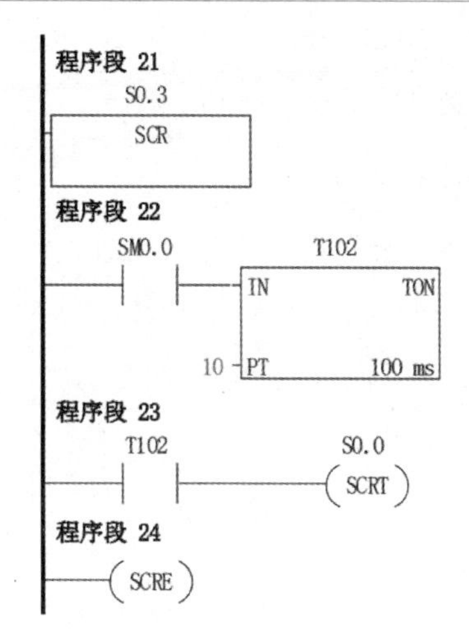
(7) 运动距离由数据块给定
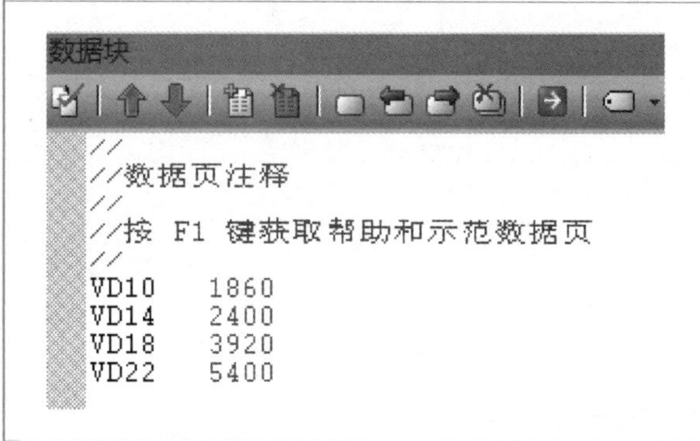

四、调试与运行

(1) 调整气动部分，检查气路是否正确，气压是否合理，气缸的动作速度是否合理。

(2) 检查磁性开关的安装位置是否到位，磁性开关工作是否正常。

(3) 检查 I/O 接线是否正确。

(4) 检查光电传感器安装是否合理，灵敏度是否合适，保证检测的可靠性。

(5) 放入工件，运行程序查看分拣单元动作是否满足任务要求。

(6) 调试各种可能出现的情况，如在任何情况下加入工件时系统都能可靠工作。

(7) 优化程序。

任务实施

填写表 17 -6。

表 17－6　编写分拣单元控制程序任务表

任务名称	编写分拣单元控制程序		
任务目标	熟练掌握 PLC 编程，能够正确编写分拣单元的控制程序		
控制要求	根据分拣单元的工艺流程，编写分拣单元的顺序功能图和梯形图控制程序		
顺序功能图			
程序编写 过程记录			
所遇问题 及解决方法			
教师签字		得分	

习　题

一、简答题

传感器的布置位置和检测工件的种类有什么关系？

二、思考题

采用主从站网络控制应如何实现分拣单元控制？

项目18 人机交互在分拣单元的应用

项目概述

本项目建立在分拣单元控制要求的基础上，系统的启停、变频器频率设定等主令信号由人机界面提供，并在触摸屏上显示系统的工作状态。为了实现在触摸屏设定频率引入了模拟量模块 EM AM06。

任务1 基于 MCGS 的分拣单元人机界面组态

知识目标

1. 掌握分拣单元人机界面组态的方法。
2. 掌握 MCGS 组态工程下载的方法。

技能目标

1. 能够完成分拣单元人机界面的组态。
2. 能够采用以太网方式下载 MCGS 组态工程。

素养目标

1. 通过工程画面的组态培养学生工程审美意识。
2. 培养学生上位机搭建的工程实践能力。

任务导入

分拣单元人机界面如何组态呢?

知识储备

一、人机界面控制要求

（1）分拣单元的工作目标，上电和气源接通后的初始位置，具体的分拣要求，均与项目17相同，启停操作和工作状态指示不通过按键/指示灯模块操作完成，而通过触摸屏实现。

（2）当人工放下已装配的工件在传送带进料口时，变频器立即启动，驱动传动电动机以触摸屏给定的速度把工件带往分拣区。变频器频率在 40～50 Hz 可调节。

(3) 各出料滑槽工件累计数据在触摸屏上显示，且数据在触摸屏上可以清零。

根据以上要求完成人机界面组态和分拣程序的编写。

二、人机界面组态

1. 人机界面效果及通道地址规划

根据本任务要求，设计分拣单元人机界面的效果图如图 18－1 所示。界面中包含了如下几方面的内容。

(1) 状态指示灯类有“单机/全线”“运行”“停止”。

(2) 切换旋钮为“单机全线切换”。

(3) 按钮类有“启动按钮”“停止按钮”“清零累计”。

(4) 数据输入框为“变频器频率给定”。

(5) 数据输出显示有“金属工件累计”“白色工件累计”“黑色工件累计”。

(6) 矩形框。

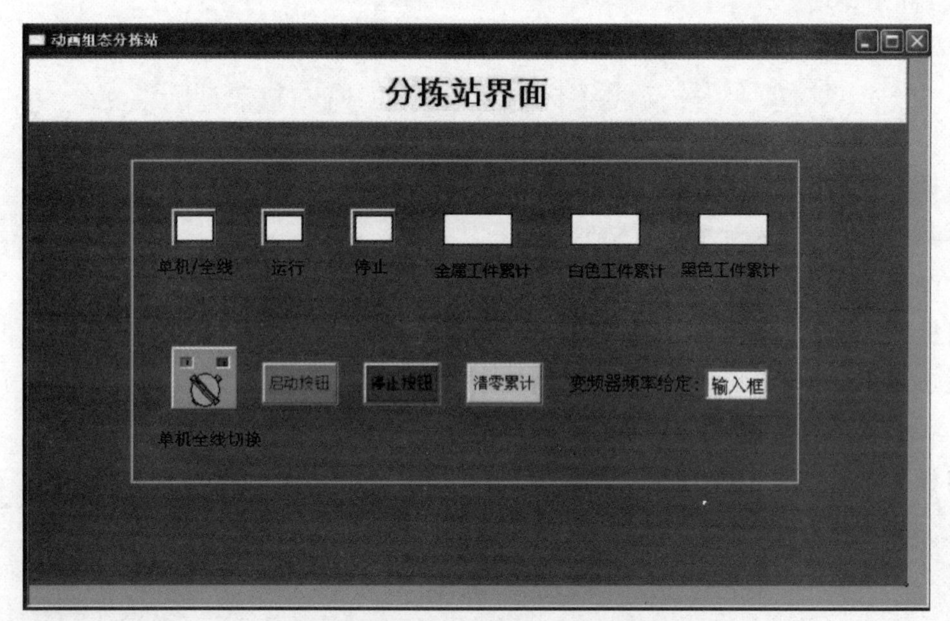

图 18－1 分拣单元人机界面的效果图

触摸屏组态界面各元件对应 PLC 地址规划见表 18－1。

表 18－1 各元件对应 PLC 地址规划

元件类别	名称	输入地址	输出地址	备注
位状态开关类	单机全线切换		M0.1	
	启动按钮		M0.2	
	停止按钮		M0.3	
	清零累计按钮		M0.4	

续表

元件类别	名称	输入地址	输出地址	备注
位状态指示灯	单机/全线指示灯	M0.1		
	运行指示灯	M0.0		
	停止指示灯	M0.0		
数值输入元件	变频器频率给定		VW1002	最小值 40，最大值 50
数值输出元件	金属工件累计	VW72		
	白色工件累计	VW74		
	黑色工件累计	VW76		

2. 人机界面组态

人机界面组态分五步完成：创建工程、定义数据对象、工程画面组态、设备组态与通道连接、工程下载。

1）创建工程

双击桌面上的 MCGS 组态环境图标，进入组态环境，选择“文件”|“新建工程”选项。如图 18－2 所示，在弹出的“新建工程设置”对话框中选择 TPC 类型为 TPC7062Ti，单击“确定”按钮。选择“文件”|“工程另存为”选项，弹出“文件保存”对话框，在“文件名”文本框内输入“分拣单元人机界面”，单击“保存”按钮，工程创建完毕。

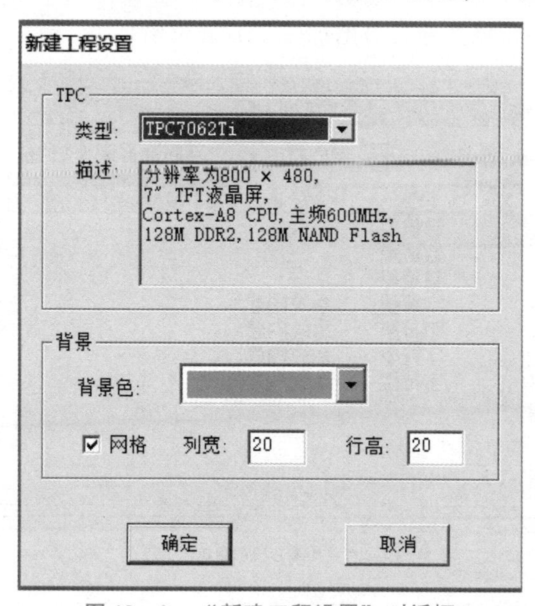

图 18－2　“新建工程设置”对话框

2）定义数据对象

定义数据对象前需要规划、厘清画面中各元件与实时数据库中数据对象的对应关系及各数据对象的数据类型。所有的数据对象见表 18－2。

表 18－2 数据对象

元件名称	数据对象	数据类型	注释
单机全线切换旋钮	单机/全线切换	开关型	读/写
单机/全线指示灯			
启动按钮	启动	开关型	只写
停止按钮	停止	开关型	只写
清零累计按钮	清零累计	开关型	只写
运行指示灯	运行状态	开关型	只读
停止指示灯	停止状态	开关型	只读
变频器频率给定	变频器频率给定	数值型	只写
金属工件累计	金属工件累计	数值型	只读
白色工件累计	白色工件累计	数值型	只读
黑色工件累计	黑色工件累计	数值型	只读

以数据对象“运行状态”为例，介绍定义数据对象的步骤。如图 18－3 所示，在工作台对话框单击“实时数据库”标签，进入“实时数据库”选项卡。单击“新增对象”按钮，在选项卡的数据对象列表中，增加新的数据对象，系统默认定义的数据对象名称为 Data1，Data2，Data3 等（多次单击该按钮，可增加多个数据对象）。

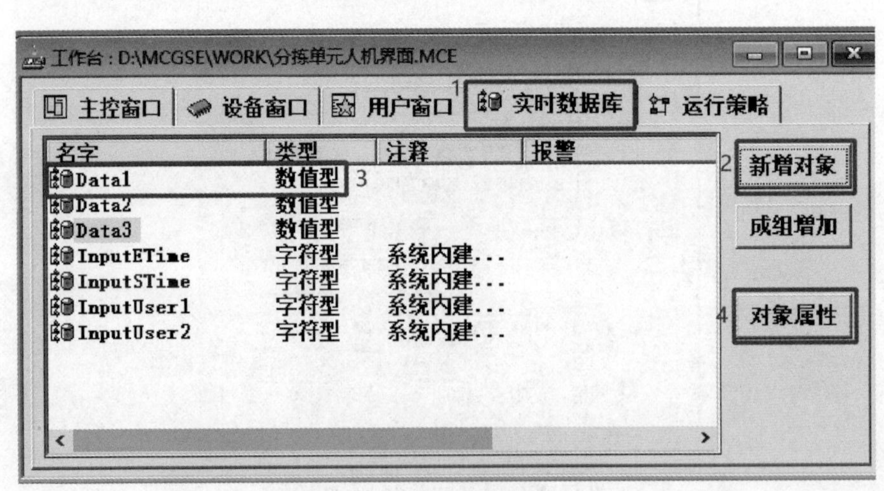

图 18－3 “实时数据库”窗口

选中数据对象，单击“对象属性”按钮，或双击选中的数据对象，即弹出“数据对象属性设置”对话框，如图 18－4 所示。将对象名称改为“运行状态”；“对象类型”选择“开关”选项；单击“确认”按钮。按照此步骤，根据表 18－2，设置其他数据对象。所有数据对象如图 18－5 所示。

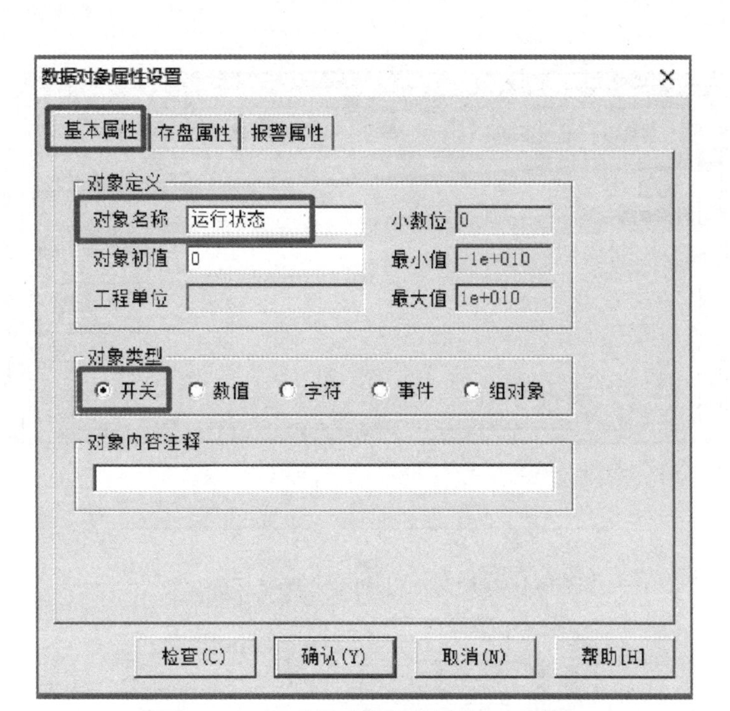

图 18－4　“数据对象属性设置”对话框

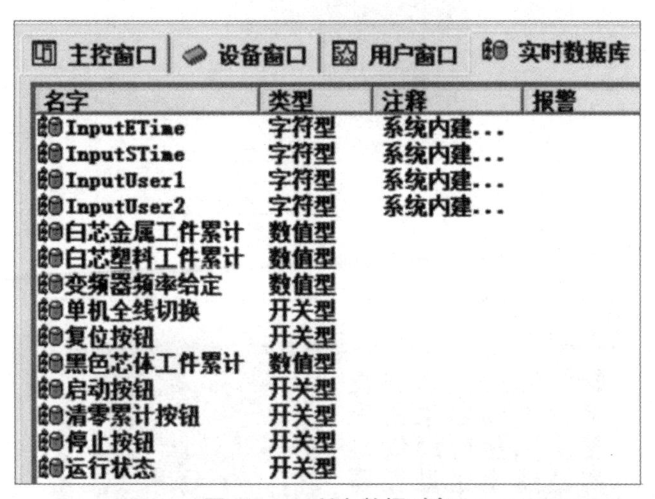

图 18－5　所有数据对象

3）工程画面组态

（1）新建窗口及属性设置。如图 18－6 所示，在“用户窗口”选项卡中单击“新建窗口”按钮，建立“窗口 0”。选中“窗口 0”，单击“窗口属性”按钮，弹出“用户窗口属性设置”对话框。将“窗口名称”改为“分拣画面”；“窗口标题”可根据需求修改。在“窗口背景”下拉列表框中单击“其他颜色”按钮，在弹出的“颜色”对话框中选择所需的颜色，如图 18－7 和图 18－8 所示。设置完成后单击“确认”按钮。在“用户窗口”选项卡中双击“分拣画面”图标即可进入动画组态环境。

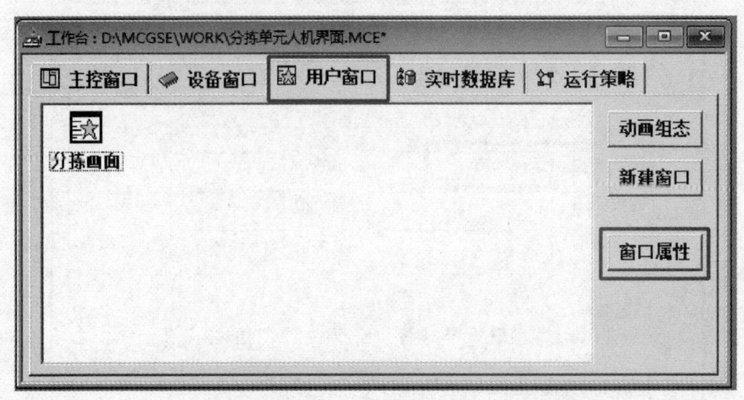

图 18-6　单击"新建窗口"按钮

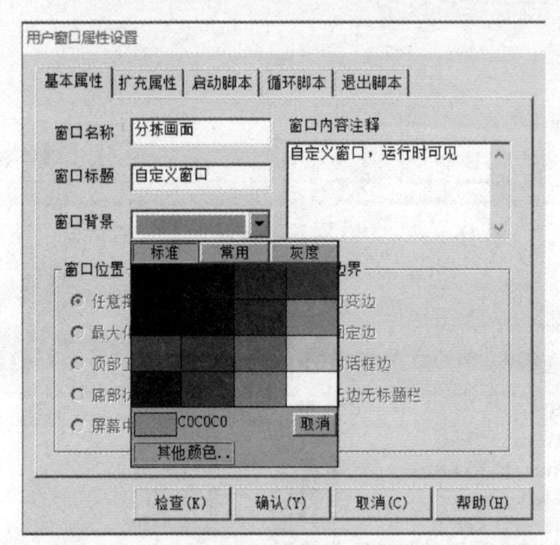

图 18-7　"用户窗口属性设置"对话框

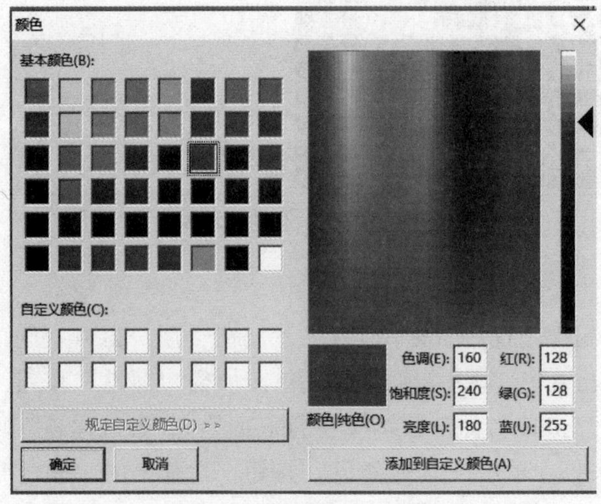

图 18-8　"颜色"对话框

（2）制作文字框，以标题文字的制作为例说明制作方法。

单击工具条中的工具箱按钮，弹出“工具箱”对话框，单击标签图标，在窗口中拖出一个大小适合的矩形，并输入文字“分拣站界面”。

双击文字框，在弹出的“标签动画组态属性设置”对话框中做如下设置，如图 18－9 所示。

文字框的“填充颜色”为白色。

文字框的“边线颜色”为“没有边线”。

文字字体为华文细黑；字型为粗体；大小为二号。

“字符颜色”为藏青色。

设置完成后文字框图效果如图 18－10 所示。其他文字框的属性设置类似。

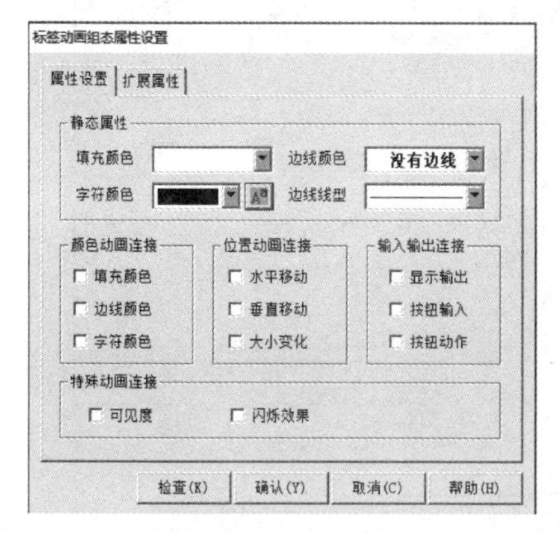

图 18－9　“标签动画组态属性设置”对话框

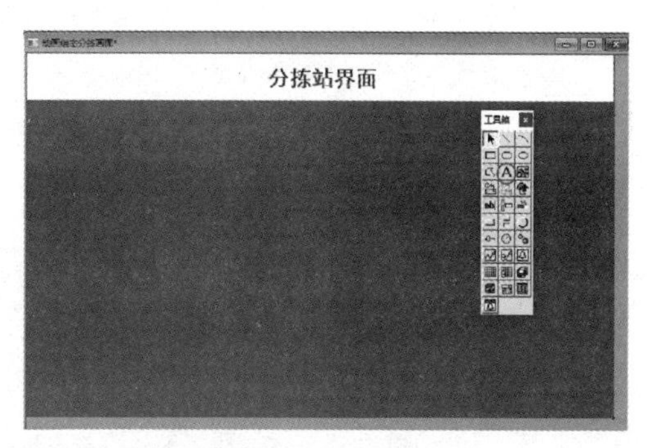

图 18－10　文字框图效果

（3）制作状态指示灯，以“单机/全线”指示灯为例说明制作方法。

单击“工具箱”对话框中的“插入元件”图标，弹出“对象元件库管理”对话框，如图 18－11 所示，选择“指示灯 6”选项，单击“确定”按钮。双击制作的“指示灯”，在图 18－12（a）所示的“单元属性设置”对话框中进行设置。

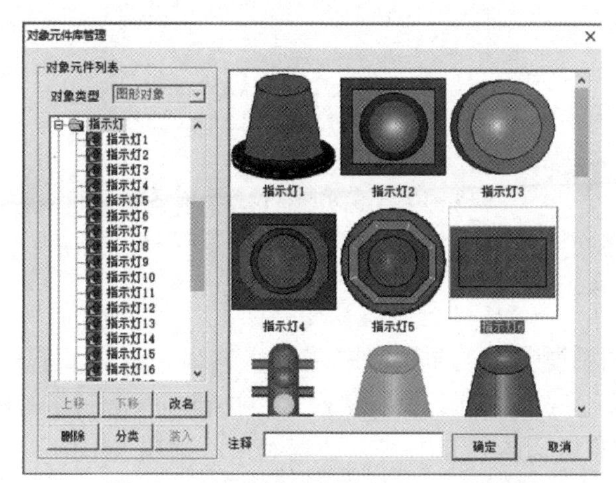

图 18－11　“对象元件库管理”对话框

在“数据对象”选项卡中，单击最右侧的?按钮，选择“单机全线切换”变量，如图18－12（b）所示。

在“动画连接”选项卡中，选中“填充颜色”，如图18－12（c）所示，单击>按钮，弹出“标签动画组态属性设置”对话框。

在“属性设置”选项卡中，设置“填充颜色”为白色，如图18－13所示。

在“填充颜色”选项卡中，设置分段点0对应颜色为白色；分段点1对应颜色为浅绿色。单击“确认”按钮，如图18－14所示。

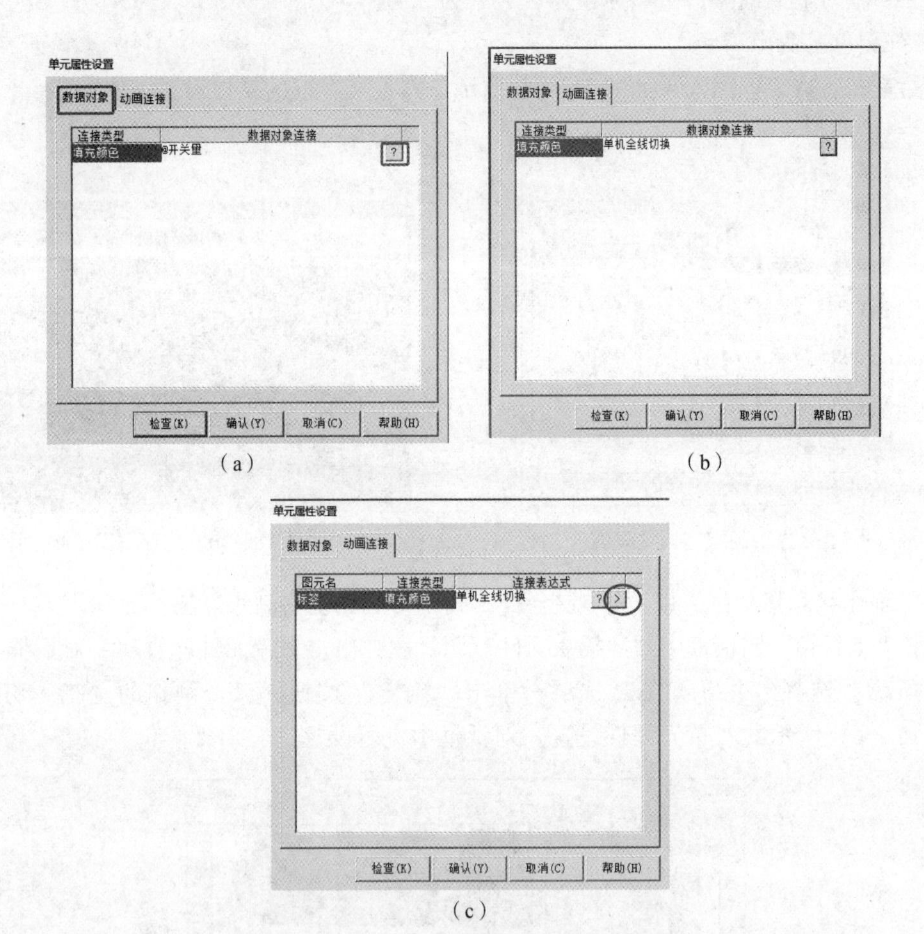

（a）　（b）

（c）

图18－12　“单元属性设置”对话框

（a）“单元属性设置”对话框；（b）“数据对象”选项卡；（c）“动画连接”选项卡

（4）制作切换旋钮。

单击“工具箱”对话框中的“插入元件”图标，弹出“对象元件库管理”对话框，如图18－15所示，选择“开关6”选项，单击“确定”按钮。双击制作的旋钮，弹出“单元属性设置”对话框，如图18－16所示。将“数据对象”选项卡中的“按钮输入”和“可见度”选项连接数据对象“单机全线切换”。

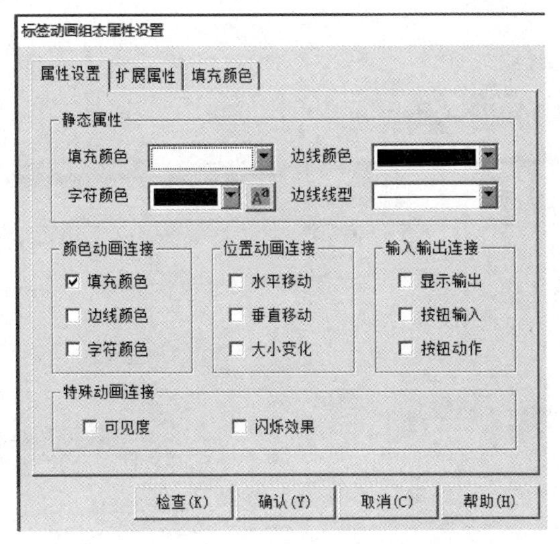

图 18 – 13 “属性设置”选项卡

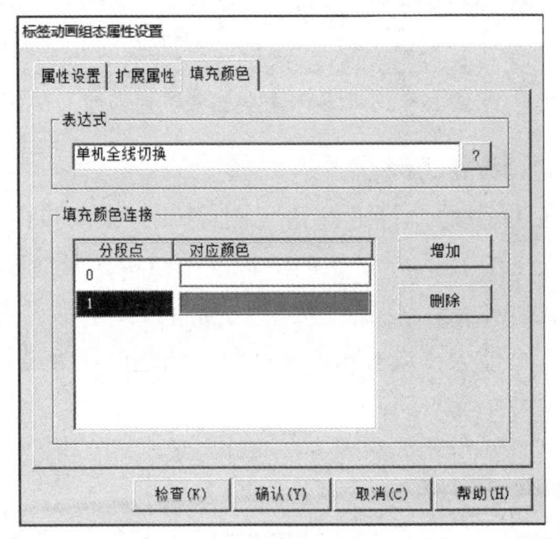

图 18 – 14 “填充颜色 ”选项卡

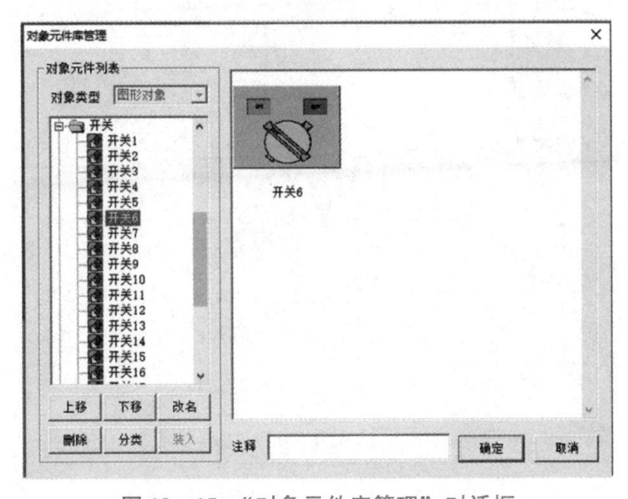

图 18 – 15 “对象元件库管理”对话框

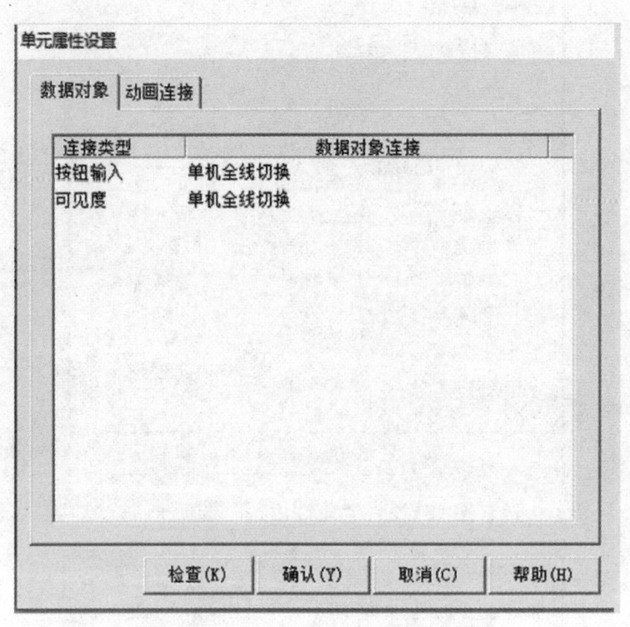

图 18－16 “单元属性设置”对话框

（5）制作按钮，以启动按钮为例。

单击“工具箱”对话框中的“标准按钮”图标，在窗口中拖出一个大小合适的按钮，双击制作的按钮，弹出图 18－17 所示的“标准按钮构件属性设置”对话框。在“基本属性”选项卡中，无论是“抬起”还是“按下”选项，文本都设置为“启动按钮”；“抬起”的字体设置为宋体，字体大小设置为五号，背景颜色设置为浅绿色；“按下”的字体大小设置为小五号，其他同“抬起”选项。

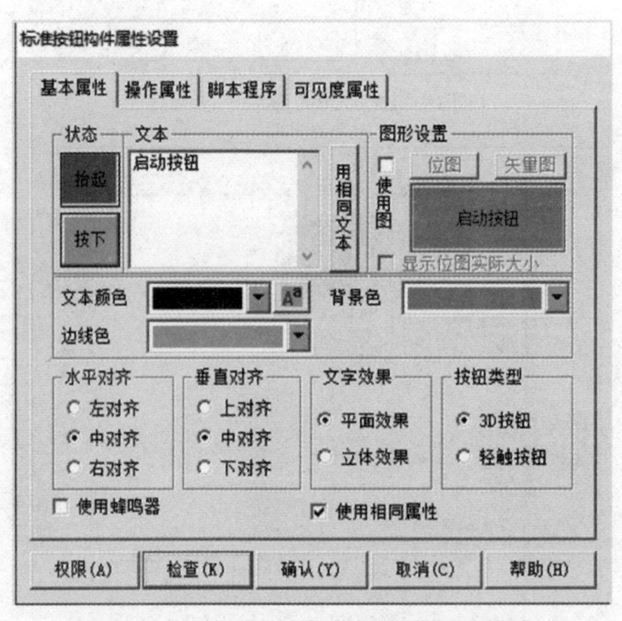

图 18－17 “标准按钮构件属性设置”对话框

在图 18－18 所示的“操作属性”选项卡中，单击“抬起功能”按钮，勾选“数据对象值操作”复选框，选择“清 0”选项，连接“启动”变量；单击“按下功能”按钮，勾选“数据对象值操作”复选框，选择“置 1”选项，连接“启动”变量，如图 18－19 所示。其他默认。单击“确认”按钮完成。

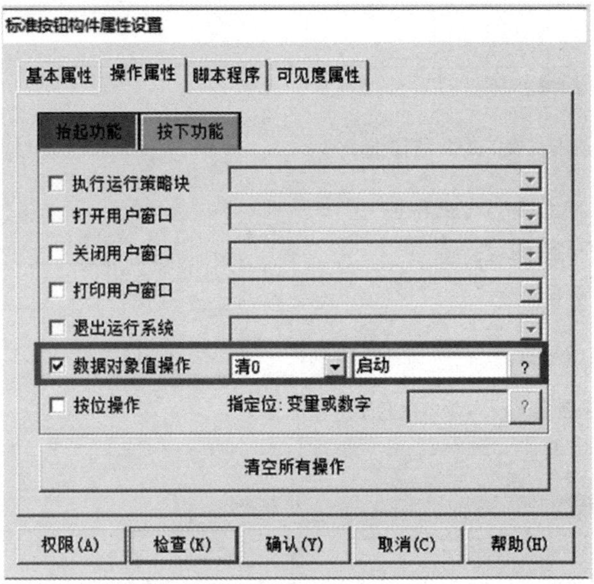

图 18－18　“操作属性”选项卡（“抬起功能”设置）

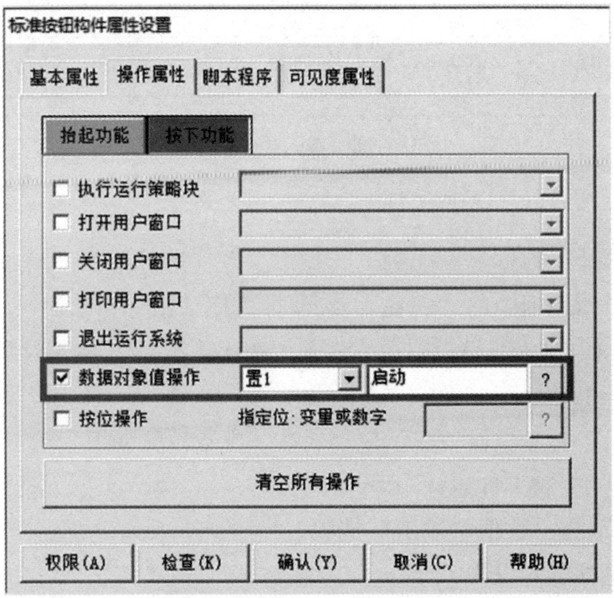

图 18－19　“操作属性”选项卡（“按下功能”设置）

（6）数值输入框。

单击“工具箱”对话框中的输入框 abl 图标，在窗口拖动绘制一个输入框。双击绘制的输入框，进行属性设置，如图 18－20 所示。

“对应数据对象的名称”设为“变频器给定频率”。

勾选“使用单位”选项，并设为Hz。

“最小值”设为40。

“最大值”设为50。

“小数位数”设为0。

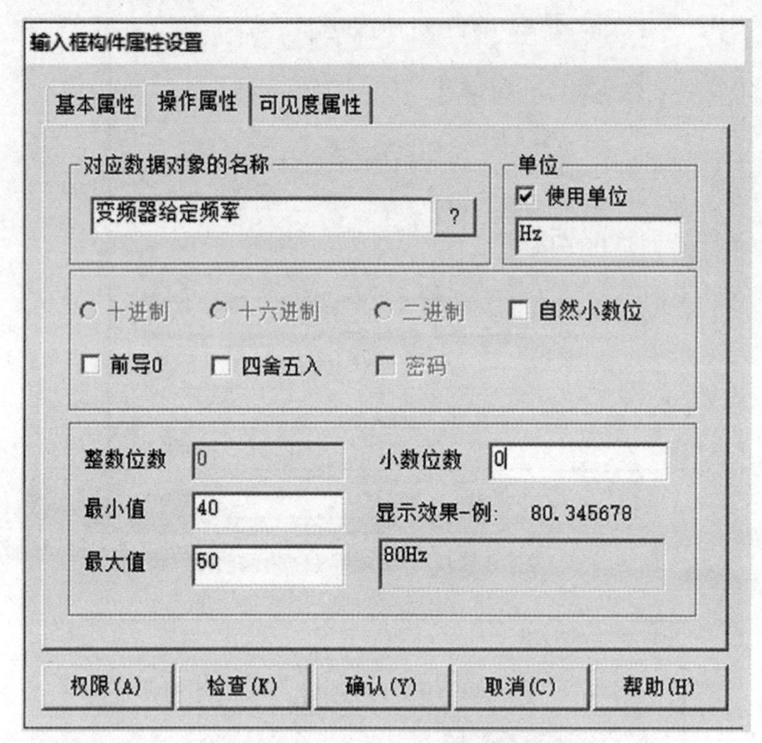

图 18－20　输入框属性设置

(7) 数据显示。

以“金属工件累计”数据显示为例。

单击“工具箱”对话框中的“标签” A 图标，拖动鼠标，绘制一个显示框。双击绘制的显示框，弹出图18－21所示对话框。选择“显示输出”选项，对话框会出现“显示输出”标签，如图18－22所示。

单击“显示输出”标签，设置显示输出属性。参数设置如下。

“表达式”设为“金属工件累计”。

“输出值类型”选择“数值量输出”选项。

勾选“单位”选项，并设为“个”。

“输出格式”选择“十进制”选项。

“整数位数”设为0。

“小数位数”设为0。

最后，单击“确认”按钮，制作完毕。

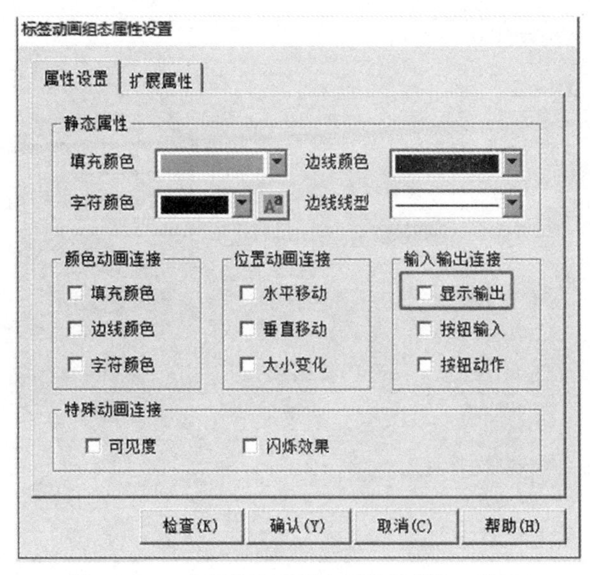

图 18－21　“标签动画组态属性设置”对话框

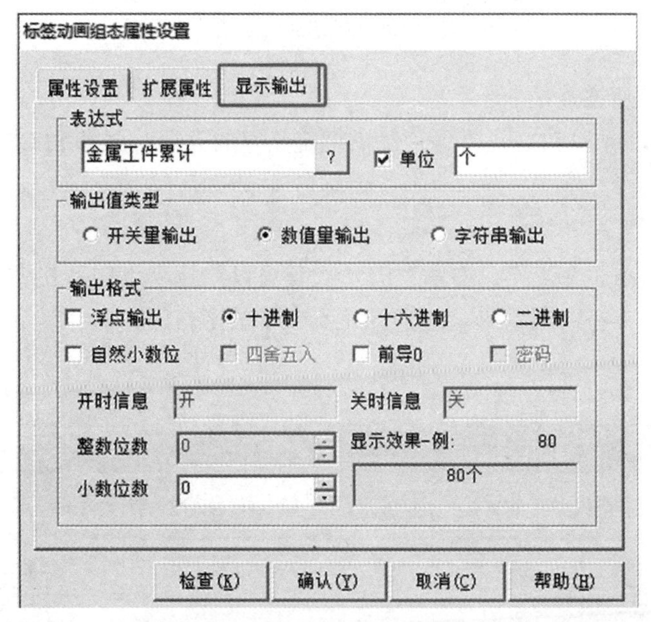

图 18－22　“标签动画组态属性设置”(“显示输出”选项卡)

（8）制作矩形框。

单击“工具箱”对话框中的“矩形”图标，在窗口左上方拖出一个大小适合的矩形，双击绘制的矩形，弹出“动画组态属性设置”对话框，如图 18－23 所示，设置属性。

设置矩形框的“填充颜色”为“没有填充”。

设置矩形框的“边线颜色”为白色。

其他默认。单击“确认”按钮完成设置。

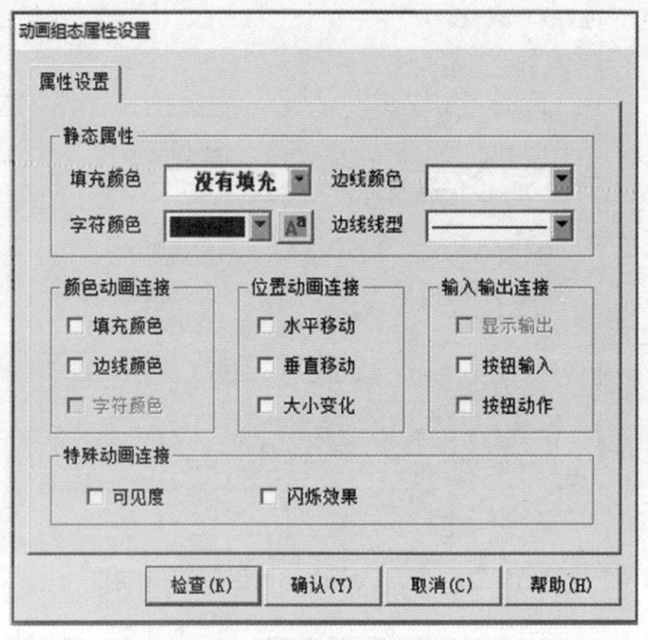

图 18－23 “动画组态属性设置”对话框

4）设备组态与通道连接

为了能够使触摸屏和 PLC 正常通信，需把定义好的数据对象和 PLC 内部变量进行连接，具体操作步骤如下。

（1）添加设备。

如图 18－24 所示，在工作台对话框的“设备窗口”选项卡中双击“设备窗口”图标进入“设备组态”窗口。单击图 18－25 所示工具条中的工具箱按钮，弹出“设备工具箱”对话框。

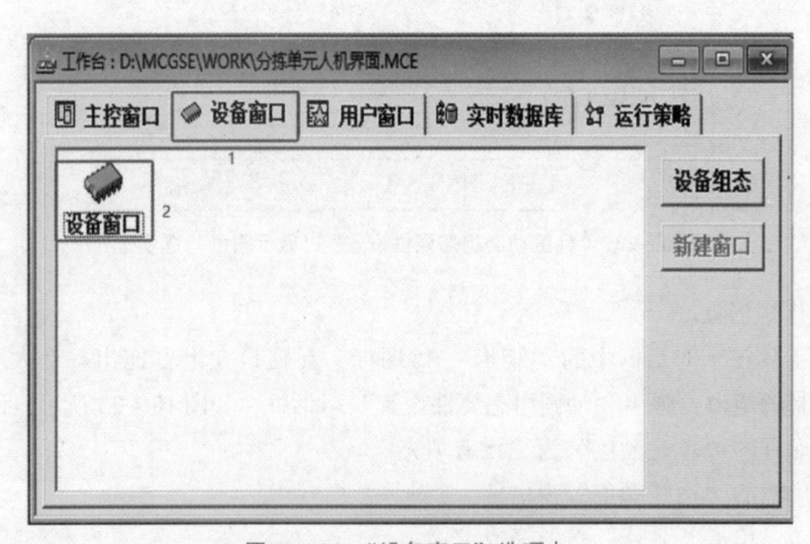

图 18－24 “设备窗口”选项卡

图 18－25　设备组态窗口

单击图 18－26 所示的“设备管理”按钮，在弹出的“设备管理”对话框中，选择“西门子_Smart200”选项，并添加到窗口右侧，如图 18－27 所示。单击“确认”按钮完成设置。

图 18－26　“设备工具箱”对话框

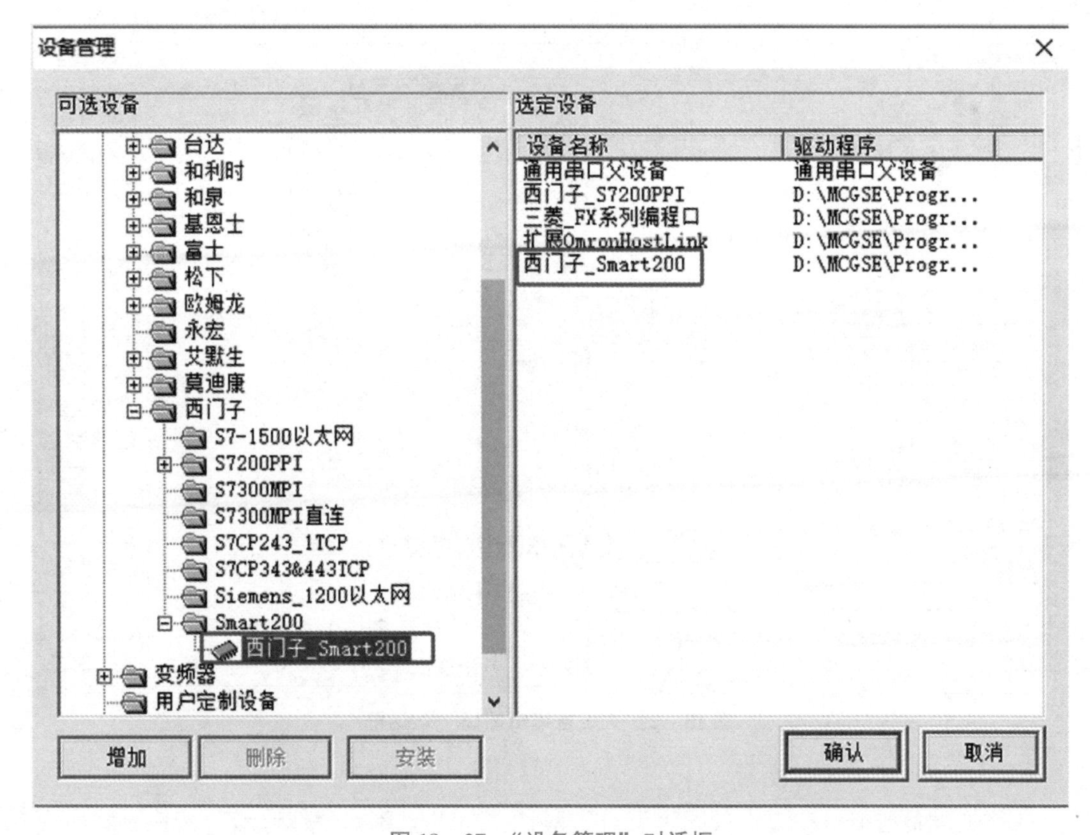

图 18－27　“设备管理”对话框

在“设备工具箱”中，双击“西门子_Smart200”选项，并将其添加到“设备组态：设备窗口”对话框左上角，如图18－28所示。

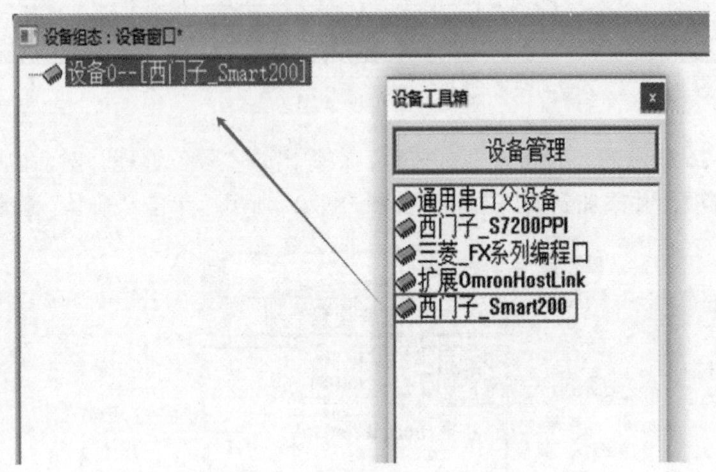

图18－28 “设备组态：设备窗口”

（2）设置IP地址。

双击添加的设备，弹出“设备编辑窗口”对话框。将“本地IP地址”和“远端IP地址”设置在同一网段，“本地IP地址”为触摸屏IP地址，“远端IP地址”为PLC的IP地址，如图18－29所示。

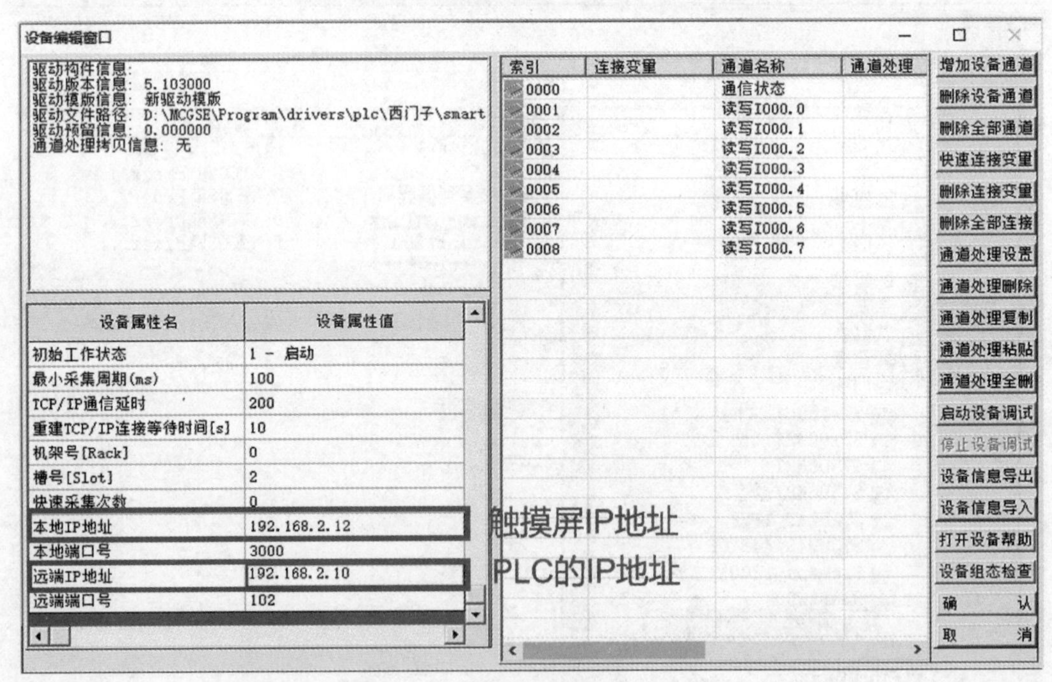

图18－29 “设备编辑窗口”对话框

（3）建立通道并连接变量。

①添加设备通道。在“设备编辑窗口”对话框单击“删除全部通道”按钮删除所有默

认通道，如图 18－30 所示，以变量“运行状态”的通道添加为例说明增加设备通道的过程。单击“增加设备通道”按钮，弹出“添加设备通道”对话框。“通道类型”选择“M 内部继电器”选项；“通道地址”输入 0，表示第 0 个字节；“数据类型”选择“通道的第 00 位”选项；“通道个数”输入 1；“读写方式”选择“只读”选项。注意，4 个数值型通道的“数据类型”均选择“16 位　无符号二进制”选项，如图 18－31 所示。用同样的方法，按照表 18－3 规划的地址增加其他通道，如图 18－32 所示。

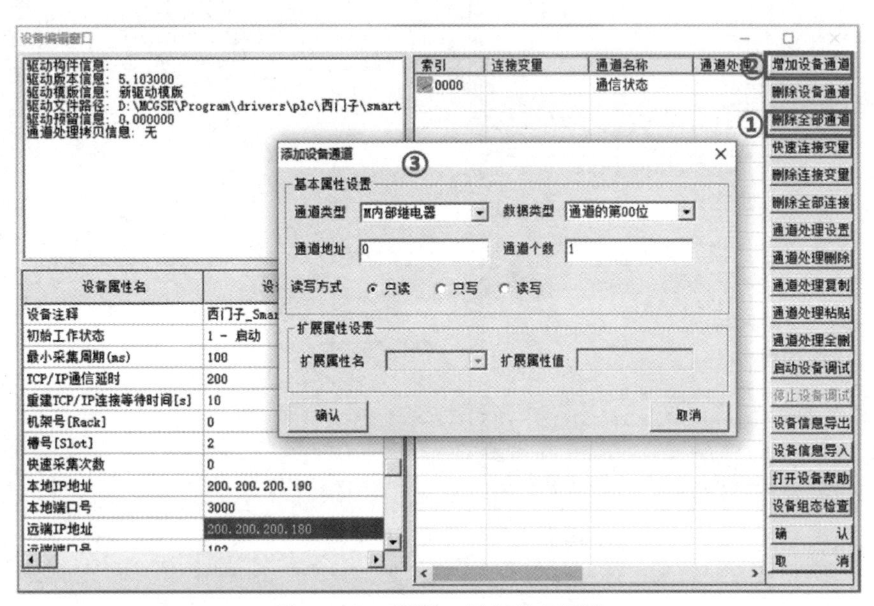

图 18－30　删除、添加设备通道

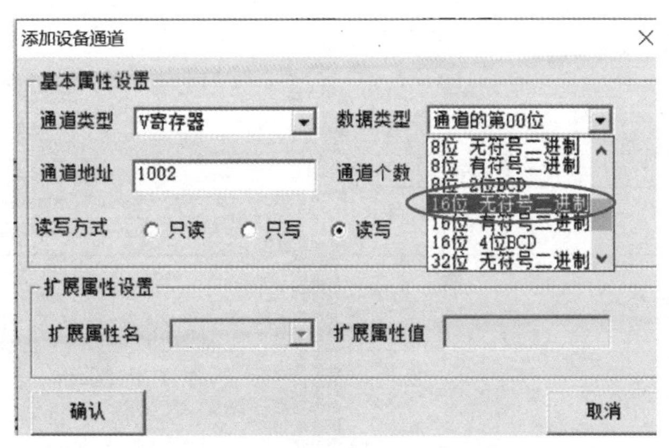

图 18－31　添加设备通道（数值型）

②设备通道连接变量。双击增加的通道“只读 M000.0”左侧的“连接变量”，在弹出的“变量选择”对话框中，将“选择变量”设为“运行状态”，如图 18－33 所示。单击“确认”按钮变量连接完毕，如图 18－34 所示。用同样的方法，连接其他变量，如图 18－35 所示。完成后单击“确认”按钮。设备连接完成。

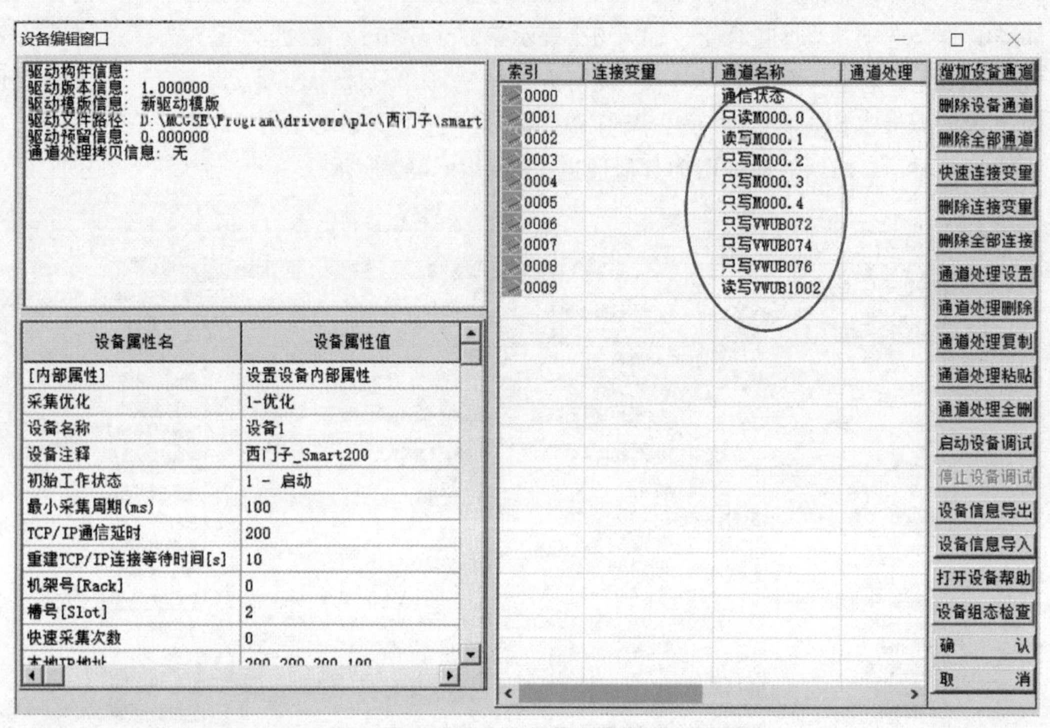

图 18－32　添加的所有通道

变量选择

变量选择方式

从数据中心选择|自定义　　根据采集信息生成　　确认　　退出

根据设备信息连接

选择通信端口　　通道类型　　数据类型

选择采集设备　　通道地址　　读写类型

从数据中心选择

选择变量　运行状态　　☑ 数值型　☑ 开关型　☐ 字符型　☐ 事件型　☐ 组对象　☑ 内部对象

对象名	对象类型
$Day	数值型
$Hour	数值型
$Minute	数值型
$Month	数值型
$PageNum	数值型
$RunTime	数值型
$Second	数值型
$Timer	数值型
$Week	数值型
$Year	数值型
变频器给定频率	数值型
单机全线切换	开关型
金属工件累计	数值型
启动	开关型
运行状态	开关型

图 18－33　“变量选择”对话框

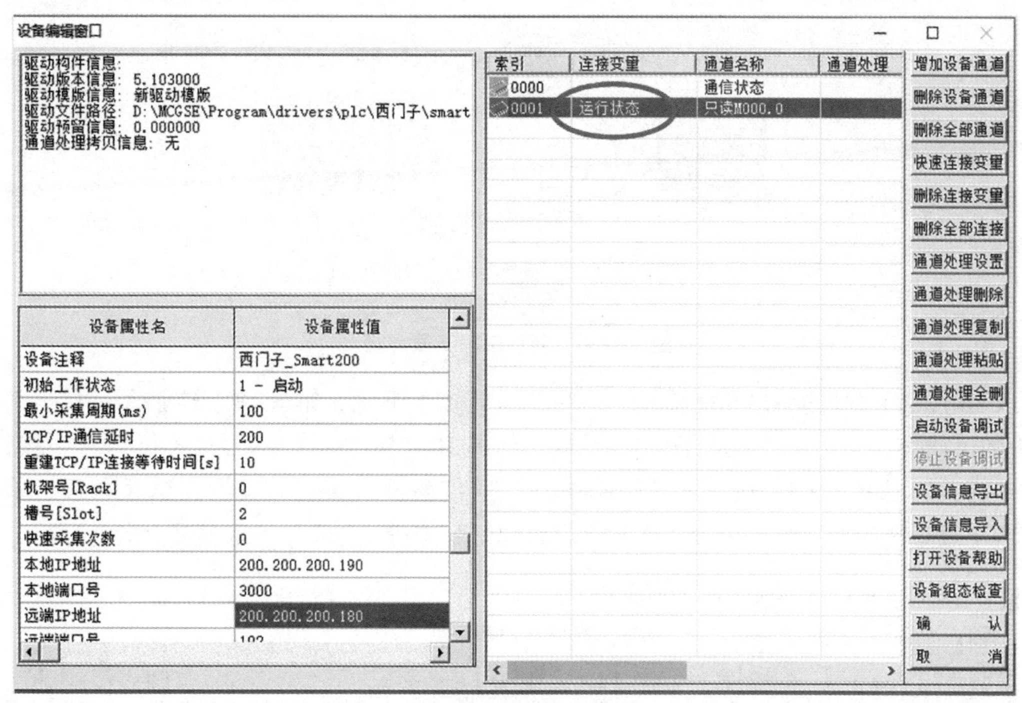

图 18－34　通道连接变量

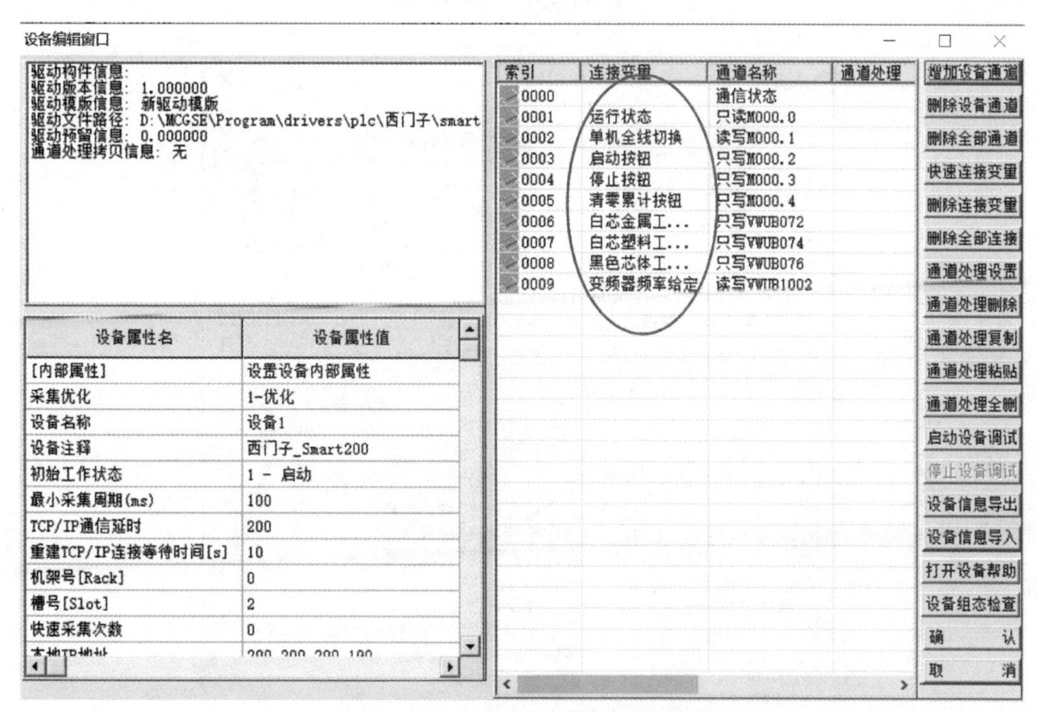

图 18－35　所有设备通道连接变量

5）工程下载

可用两种方式把工程从 PC 下载到 TPC7062Ti 触摸屏：以太网接口或者 USB2 接口，如图 18－36 所示。

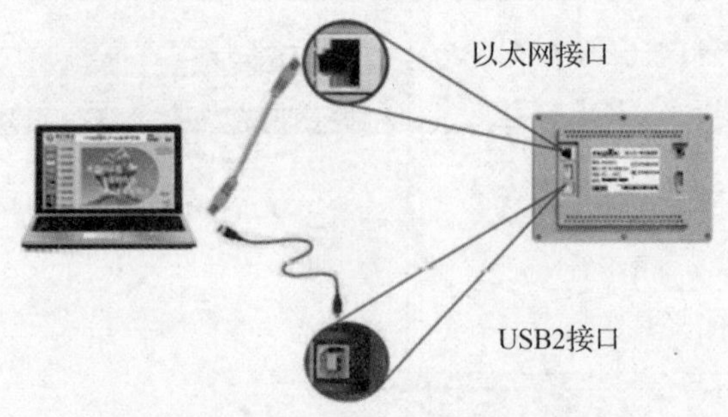

图 18－36　两种工程下载方式

USB 接口下载是指用 USB2 接口，即从口进行工程下载。如图 18－37 所示，单击工具栏中的下载按钮弹出“下载配置”对话框，如图 18－38 所示。单击“连机运行”按钮，“连接方式”选择“USB 通信”选项，单击“通信测试”按钮，提示测试正常后，单击“工程下载”按钮，下载成功后，单击“启动运行”按钮，也可以在触摸屏上启动运行。

图 18－37　工具栏

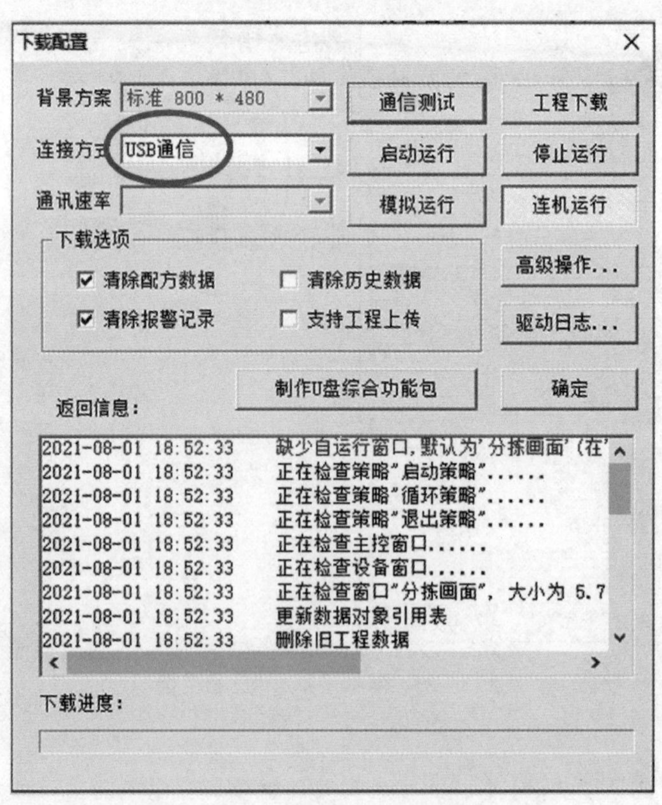

图 18－38　下载配置（USB2 接口下载）

用以太网接口下载，先将触摸屏和计算机的 IP 地址设置在同一个网段。例如，触摸屏 IP 地址为 192.168.2.12，则计算机的 IP 地址可设为 192.168.2.9。单击工具栏中的下载按钮弹出“下载配置”对话框，如图 18－39 所示，单击“连机运行”按钮，“连接方式”选择“TCP/IP 网络”选项，“目标机名”设为触摸屏的 IP 地址 192.168.2.12。其他和 USB2 接口下载方法相同。

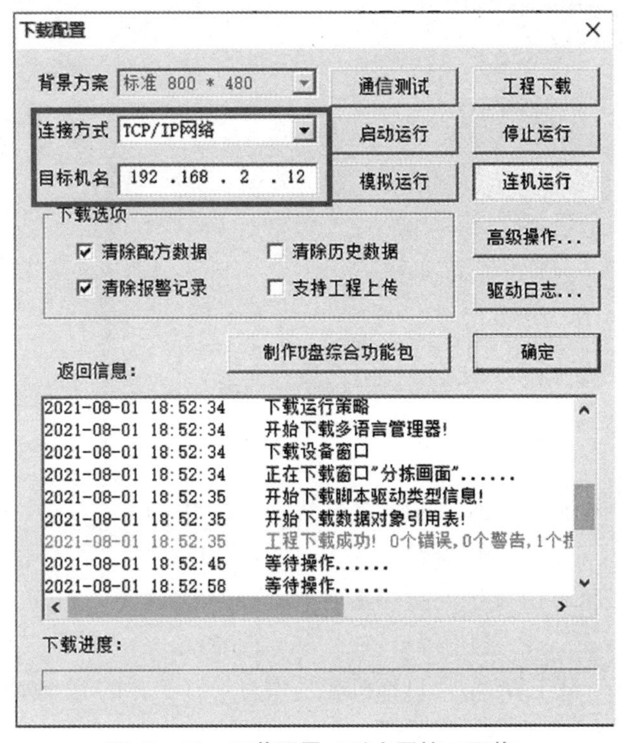

图 18－39　下载配置（以太网接口下载）

交流与思考

通过实际操作对比两种工程下载的方式有什么不同？

触摸屏默认 IP 地址为 200.200.200.190，如果需要修改，则应在下载工程前进行。修改方法：在触摸屏开机出现“正在启动”提示进度条时，单击触摸屏即可进入“启动属性”界面，查看并修改 IP 地址。

注意：PLC、触摸屏、计算机三者必须处于同一网段，即前三段数字要相同。

任务实施

填写表 18－3。

表 18－3　基于 MCGS 的分拣单元人机界面组态任务表

任务名称	基于 MCGS 的分拣单元人机界面组态
任务目标	能够完成人机界面的组态和工程下载

续表

人机界面组态步骤	(1) 创建工程。 (2) 定义数据对象。 (3) 工程画面组态。 (4) 设备组态与通道连接。 (5) 工程下载		
工程组态过程记录			
所遇问题及解决方法			
教师签字		得分	

习　　题

选择题

1. 设备组态时“本地 IP 地址”指的是（　　）的 IP 地址。

A. 计算机　　B. 触摸屏　　C. PLC

2. 设备组态时“远端 IP 地址”指的是（　　）的 IP 地址。

A. 计算机　　B. 触摸屏　　C. PLC

3. 用以太网方式下载工程时，“目标机名”填写（　　）的 IP 地址。

A. 计算机　　B. 触摸屏　　C. PLC

任务 2　PLC 控制系统的设计

知识目标

1. 掌握配置模拟量通道的方法。
2. 掌握通过上位机控制的分拣单元 PLC 程序设计方法。

技能目标

能够完成上位机控制的分拣单元 PLC 程序的编写与调试。

素养目标

1. 培养学生勇于创新的意识。
2. 培养学生耐心、执着的工作态度。

任务导入

本任务是建立在分拣单元单站控制的基础上，把单站控制时变频器的固定频率给定变为由触摸屏给定频率，并且频率在 40～50 Hz 可调。其他控制不变，只需要将主令信号和状态指示等通过触摸屏读写即可。本任务中重点分析触摸屏给定频率、工件累计的设计。

知识储备

根据任务要求，变频器的频率给定采用模拟给定方式，本任务选用单极性电压 0 ~ 10 V 给定频率。因此除了原分拣单元设定的变频器一些基本参数外，还需要设定 G120C 变频器参数：P0015 = 12，P0756 = 0。此外，需要将变频器的模拟量输入 DIP 开关打到电压挡。

一、PLC 控制电路的设计与接线

电路设计与接线参见第三篇项目 13 任务 5 中的图 13 – 7。

二、程序设计

1. 触摸屏给定频率的程序设计

分拣单元 PLC 采用 CPU SR40 型，模拟量模块采用 SMART EM AM06，有 2 路模拟量输出，4 路模拟量输入，信号类型有电压和电流 2 种。模拟量输入的电压信号范围是 – 10 ~ + 10 V，– 5 ~ + 5 V，– 2.5 ~ + 2.5 V，电流信号是 0 ~ 20 mA，模拟量输出的电压信号范围是 – 10 ~ + 10 V，电流信号是 0 ~ 20 mA，在 PLC 中对应的数字量满量程都是 – 27 684 ~ + 27 648。选用哪个输出类型和信号范围，需要在 PLC 编程软件中进行设置。

根据控制要求，需要使用模拟量，采用电压型输出。打开编程软件，进入“系统块”对话框进行设置。如图 18 – 40 所示，选好①CPU 模块后，选择②模拟量模块 EM AM06，再选中③“模拟量输出”节点下的“通道 0”节点，最后选择④信号类型和范围。

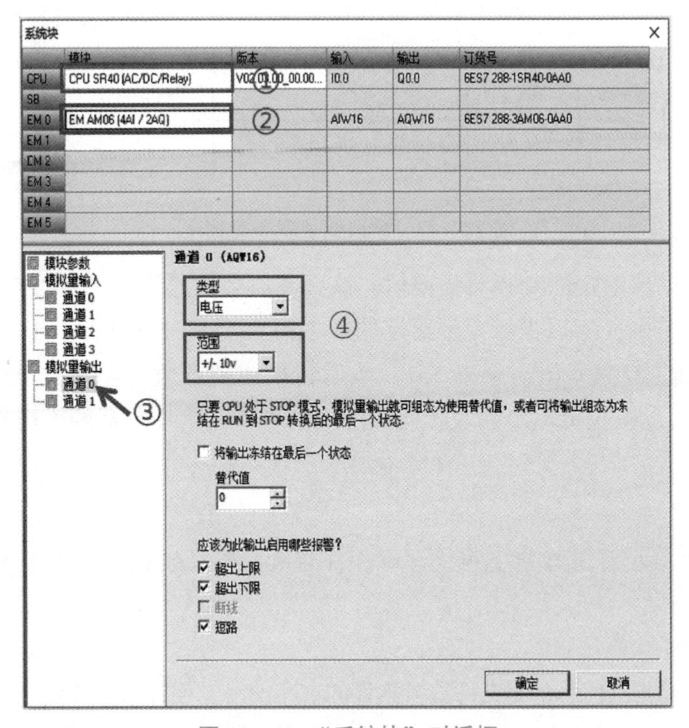

图 18 – 40　“系统块”对话框

变频器频率和 PLC 模拟量输出电压成正比关系，模拟量输出是数字量通过 D/A（Digital - to - Analog conversion）转换器转换而来的，而模拟量和数字量也成正比关系，因此变频器频率和数字量成正比关系。由图 18 - 41 可知，1 Hz 对应的数字量是 552. 96，由于存在误差，因此将其调整为 557。写程序时，只要把触摸屏给定频率乘以 557 作为模拟量输出即可，参考程序如图 18 - 42 所示。

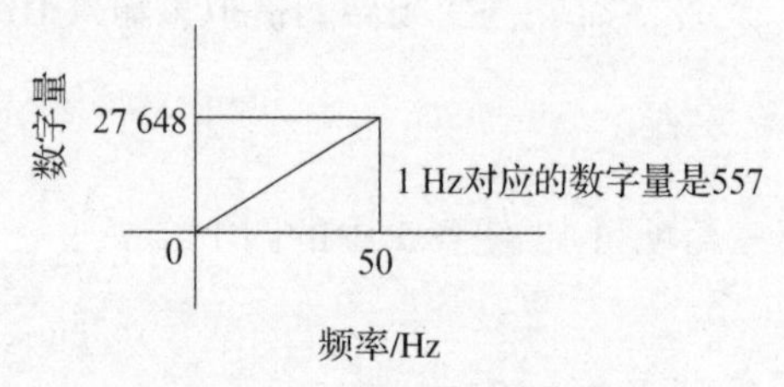

图 18 - 41　频率和数字量关系

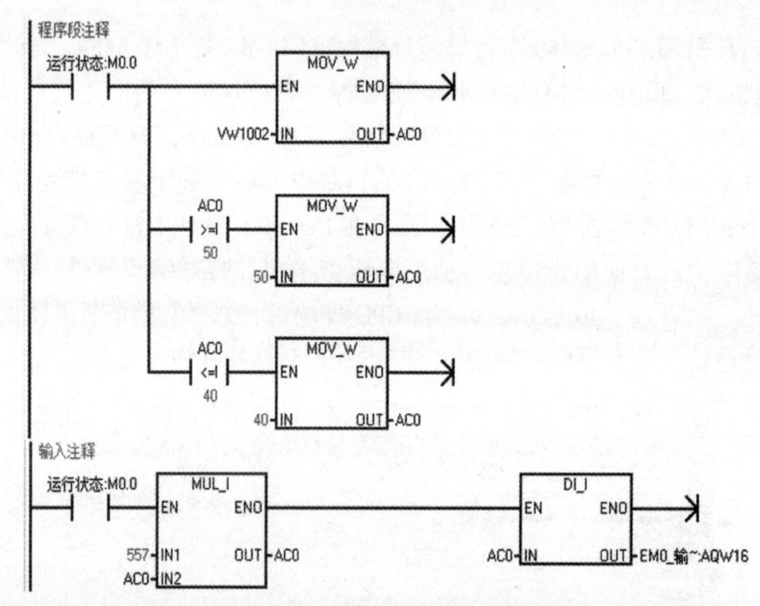

图 18 - 42　模拟量处理参考程序

VW1002 是触摸屏给定的变频器频率值，该频率值会传送到 AC0 累加器，因为控制要求频率在 40 ~ 50 Hz 范围，所以当触摸屏给定的频率值大于 50 Hz 或者小于 40 Hz 时，分别按 50 Hz，40 Hz 处理。将频率值再乘以 557，然后转换成整数输出给 PLC 的模拟量输出通道 AQ16，这个值就通过模拟量输出模块转换成电压信号传送给变频器的模拟量输入端口。

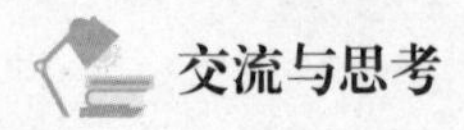

交流与思考

如果要求在触摸屏上显示变频器当前运行频率，那么程序设计思路是怎样的？

2. 工件累计的程序设计

以 1 号槽为例说明白色芯金属工件数量累计的程序编写。用计数器先统计工件数量，再将统计的数量传送给人机界面白色芯金属工件累计所连接的通道 VW72。具体程序如图 18 - 43 所示。

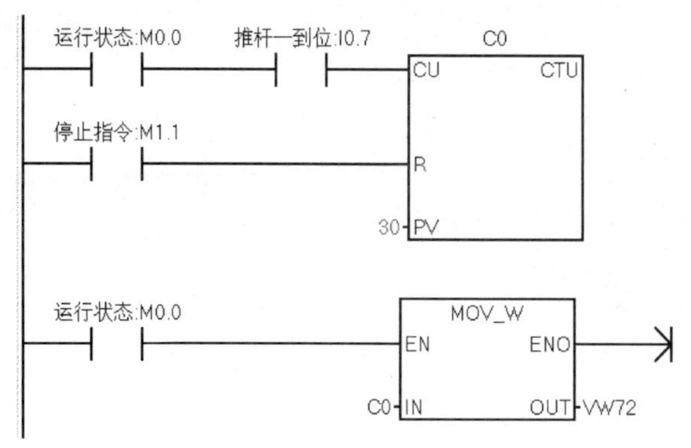

图 18－43　工件累计参考程序

任务实施

填写表 18－4。

表 18－4　PLC 控制系统的设计任务表

任务名称	PLC 控制系统的设计		
任务目标	完成上位机控制分拣单元 PLC 程序的编写与调试		
设备调试步骤	在项目 17 的程序基础上修改或添加程序，主要考虑以下几个方面。 （1）从触摸屏发出主令信号的程序设计。 （2）触摸屏给定频率的程序设计。 （3）工件累计的程序设计		
设备调试 过程记录			
所遇问题 及解决方法			
教师签字		得分	

习　　题

设计题

写出 2 号槽白色芯塑料工件数量累计并显示到触摸屏上的梯形图程序。

项目19

输送单元的程序编写与调试

项目概述

输送单元的功能是驱动抓取机械手装置精确定位到指定单元的物料台，在物料台上抓取工件，并把抓取到的工件输送到指定地点然后放下。本项目主要完成输送单元单站运行时的程序编写与调试。

任务1 输送单元控制要求

知识目标

掌握输送单元控制系统设计要求的分析及分解方法。

技能目标

1. 能够认真研读、分析输送单元控制系统设计要求。
2. 能够通过分析控制系统设计要求将控制任务模块化。

素养目标

1. 通过研读控制系统设计要求，培养学生耐心、严谨的工作态度。
2. 通过对控制系统设计要求的分析、分解，培养学生的整体规划能力。

任务导入

输送单元主要是抓取、传送、放下工件，为了能够顺利完成程序编写，需要认真研读、分析具体的控制系统设计要求。

知识储备

输送单元单站运行的目标是测试其传送工件的功能。进行测试时，要求其他各工作单元已经就位，如图19-1所示，抓取机械手处于中间位置，即非原点，并在供料单元的出料台上放置一个工件。图19-1中给出了各单元的位置参数。

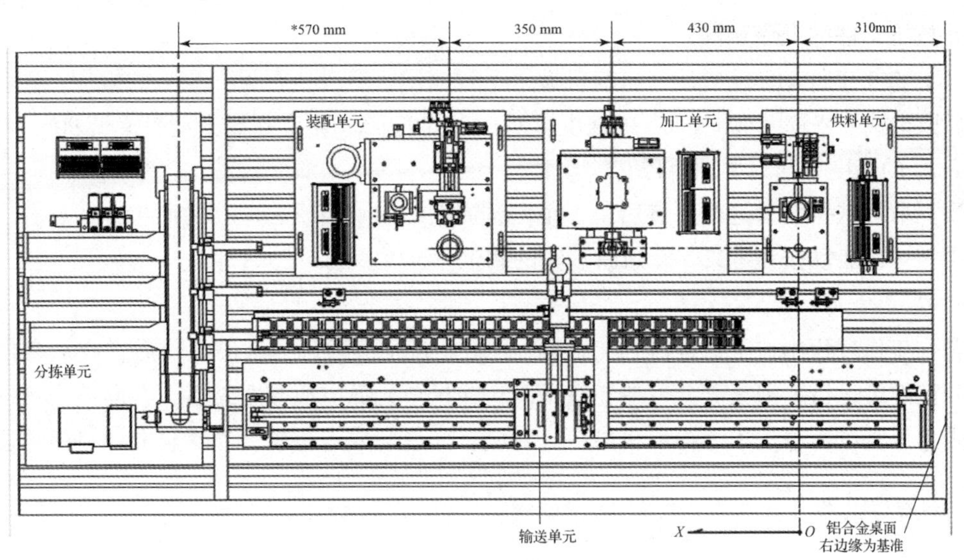

图 19－1 YL－335B 型自动化生产线安装图

一、任务要求

1. 复位功能

输送单元在通电后，按下复位按键 SB1，执行复位操作，使抓取机械手装置回到原点位置。在复位过程中，“正常工作”指示灯 HL1 以 1 Hz 频率闪烁。

当抓取机械手装置回到原点位置，且输送单元各个气缸满足初始位置的要求时，复位完成，“正常工作”指示灯 HL1 常亮。按下启动按键 SB2，设备启动，“设备运行”指示灯 HL2 也常亮，开始功能测试过程。

2. 正常功能测试

（1）抓取机械手装置从供料单元出料台抓取工件，抓取的顺序是：手臂伸出→手爪夹紧抓取工件→提升台上升→手臂缩回。

（2）抓取动作完成后，伺服电机驱动抓取机械手装置向加工单元移动，移动速度不小于 300 mm/s。

（3）抓取机械手装置移动到加工单元加工台的正前方后，把工件放到加工单元加工台上。抓取机械手装置在加工单元放下工件的顺序是：手臂伸出→提升台下降→手爪松开放下工件→手臂缩回。

（4）放下工件动作完成 2 s 后，抓取机械手装置执行抓取加工单元工件的操作。抓取的顺序与供料单元抓取工件的顺序相同。

（5）抓取动作完成后，伺服电机驱动抓取机械手装置移动到装配单元装配台的正前方。然后把工件放到装配单元装配台中。其动作顺序与加工单元放下工件的顺序相同。

（6）放下工件动作完成 2 s 后，抓取机械手装置执行抓取装配单元工件的操作。抓取的顺序与供料单元抓取工件的顺序相同。

（7）抓取机械手手臂缩回后，摆台逆时针旋转 90°，伺服电机驱动抓取机械手装置从装配单元向分拣单元运送工件，到达分拣单元传送带上方进料口后把工件放下，动作顺序与加工单元放下工件的顺序相同。

（8）放下工件动作完成后，抓取机械手手臂缩回，然后执行返回原点的操作。伺服电机驱动抓取机械手装置以 400 mm/s 的速度返回，返回 900 mm 后，摆台顺时针旋转 90°，然后以 100 mm/s 的速度低速返回原点停止。

当抓取机械手装置返回原点后，一个测试周期结束。当供料单元的出料台上放置了工件时，再按一次启动按钮 SB2，开始新一轮的测试。

3. 急停功能

若在工作过程中按下急停按钮 QS，则系统立即停止运行。急停复位后，应从急停前的断点开始继续运行。但是若急停按钮按下时，输送单元抓取机械手装置正在向某一目标点移动，则急停复位后输送单元抓取机械手装置应首先返回原点位置，然后再向原目标点运动。

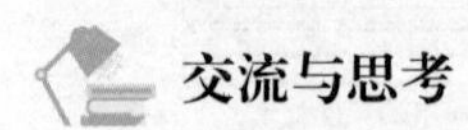

交流与思考

本任务要求较前几个单元略为复杂，需要对控制系统设计要求认真研读并分析，为了能顺利完成本任务，最好对任务做整体规划。那么需要做哪几个部分的工作？

二、PLC 的 I/O 地址分配及接线

1. I/O 地址分配

由于需要输出驱动伺服电机的高速脉冲，PLC 应采用晶体管输出型。根据控制要求分析，PLC 的输入信号有 15 个，输出信号有 11 个，输送单元选用 PLC 的型号为 S7－200 SMART CPU ST40 DC/DC/DC，24 点输入，16 点输出。规划 PLC 的 I/O 地址分配见表 19－1。

表 19－1　PLC 的 I/O 地址分配

输入信号				输出信号			
序号	PLC 入点	信号名称	信号来源	序号	PLC 出点	信号名称	信号输出目标
1	I0.0	原点形状检测（BG1）	装置侧	1	Q0.0	伺服电动机脉冲（PULS）	装置侧
2	I0.1	右限位保护（SQ1_K）					
3	I0.2	左限位保护（SQ2_K）		2	Q0.2	伺服电动机方向（DIR）	
4	I0.3	提升机构下限（1B1）					
5	I0.4	提升机构上限（1B2）		3	Q0.3	提升机构上升（1Y）	
6	I0.5	手臂旋转左限（2B1）		4	Q0.4	手臂左转驱动（2Y1）	
7	I0.6	手臂旋转右限（2B2）		5	Q0.5	手臂右转驱动（2Y2）	
8	I0.7	手臂伸出到位（3B1）		6	Q0.6	手爪伸出驱动（3Y）	
9	I1.0	手臂缩回到位（3B2）		7	Q0.7	手爪夹紧驱动（4Y1）	
10	I1.1	手指夹紧检测（4B）		8	Q1.0	手爪放松驱动（4Y2）	
11	I1.2	伺服报警信号（ALM＋）					

续表

<table>
<tr><th colspan="4">输入信号</th><th colspan="4">输出信号</th></tr>
<tr><th>序号</th><th>PLC 入点</th><th>信号名称</th><th>信号来源</th><th>序号</th><th>PLC 出点</th><th>信号名称</th><th>信号输出目标</th></tr>
<tr><td>12</td><td>I2.4</td><td>启动按钮（SB1）</td><td rowspan="4">按钮/
指示灯
模块</td><td rowspan="2">9</td><td rowspan="2">Q1.5</td><td rowspan="2">正常工作指示（HL1）</td><td rowspan="4">按钮/
指示灯
模块</td></tr>
<tr><td>13</td><td>I2.5</td><td>复位按钮（SB2）</td></tr>
<tr><td>14</td><td>I1.6</td><td>急停按钮（QS）</td><td>10</td><td>Q1.6</td><td>设备运行指示（HL2）</td></tr>
<tr><td>15</td><td>I2.7</td><td>单机/全线工作方式选择（SA）</td><td>11</td><td>Q1.7</td><td>停止指示（HL3）</td></tr>
</table>

2. PLC 的 I/O 接线图

按照 I/O 地址分配表，输送单元 PLC 的接线参见第三篇项目 13 的任务 6 中图 13－8。其中，PLC 输入点 I0.1 和 I0.2 分别与右、左限位开关 SQ1 和 SQ2 常开触点连接，给 PLC 提供越程故障信号。

当系统发生右越程故障时，右限位开关 SQ1 动作，其常闭触点断开，向伺服驱动器发出报警信号，使伺服驱动器发生 Err38.0 报警；同时，SQ1 常开触点接通，越程故障信号输入 PLC，此时伺服电动机立即停止，PLC 接收到故障信号后立即作出故障处理，从而使系统运行的可靠性得以提高。

当系统发生左越程故障时，左限位开关 SQ2 的常闭触点动作情况同 SQ1。

注意：晶体管输出的 S7－200 SMART 系列 PLC，供电电源采用 DC 24 V 电源，与其他工作单元继电器输出的 PLC 不同。接线时千万不要把 AC 220 V 电源连接到其电源输入端。

三、伺服参数设置

完成输送单元的电气接线后，需要对伺服驱动器进行参数设置，输送单元需要设置 7 个参数，见表 19－2。

表 19－2　伺服驱动器参数设置

序号	参数编号	参数名称	设置值	默认值	功能
1	Pr5.28	LED 初态	1	1	显示电机的速度
2	Pr0.00	旋转方向	1	1	指定电机旋转的正方向
3	Pr0.01	控制模式	0	0	位置控制
4	Pr5.04	驱动禁止/输入设定	2	1	两限位单方输入时发生 38 错误
5	Pr0.06	指令脉冲和旋转方向极性设置	0	0	设置指令脉冲信号的极性
6	Pr0.07	指令脉冲输入方式	3	1	指令脉冲输入方式设置为脉冲序列＋符号
7	Pr0.08	电动机每旋转一周的指令脉冲数	6 000	10 000	设置电机旋转一周所需的脉冲数

任务实施

填写表 19－3。

表 19－3　输送单元控制要求任务表

任务名称	输送单元控制要求		
任务目标	能够研读较为复杂的控制系统设计要求并完成整体规划		
简要写出本系统的控制功能			
程序编写主体结构			
在研读控制要求时遇到的疑惑			
教师签字		得分	

习　题

简答题

简述抓取机械手装置从供料到分拣单元的动作过程。

任务 2　输送单元程序的设计与调试

知识目标

1. 掌握运动控制向导的配置方法。
2. 掌握输送单元程序的编写思路。

技能目标

1. 能够完成输送单元运动控制向导的配置。
2. 能够完成输送单元程序的编写与调试。

素养目标

1. 培养学生社会责任感。
2. 培养学生精益求精的工匠精神。

任务导入

通过对输送单元控制系统设计要求的研读与分析，明确了要实现的控制任务，接下来进行程序的编写与调试。

知识储备

一、程序总体构架

根据控制要求，输送单元的程序可设计为主程序、初态检查复位子程序、回原点子程序、运行控制子程序、抓取工件子程序、放下工件子程序 6 部分。

主程序：包括上电初始化、复位过程（子程序）、准备就绪后投入运行等阶段。

初态检查复位子程序：实现气缸和直线运动机构的复位。气缸复位重点考虑 2 个双作用气缸的复位，直线运动机构的复位用回原点子程序实现。

回原点子程序：实现抓取机械手装置返回原点。主要通过运动控制向导组态生成的子例程来实现。

运行控制子程序：实现工件的传送。工件传送过程是个典型的顺序控制过程。

抓取工件子程序：手臂伸出→手爪夹紧→提升台上升→手臂缩回。

放下工件子程序：手臂伸出→提升台下降→手爪松开→手臂缩回。

输送单元程序控制的关键点是伺服电机的定位控制，在编写程序时，应预先规划好各段的位置，然后借助位置控制向导组态轴输出。表 19－4 为伺服电机运行的运动包络数据，是根据工作任务的要求和图 19－1 所示的各工作单元位置确定的。

表 19－4　伺服电机运行包络参数

站点	脉冲量
供料单元→加工单元 430 mm	43 000
加工单元→装配单元 350 mm	78 000
装配单元→分拣单元 570 mm	135 000
分拣单元→高速回零行程 1 150 mm	20 000
低速回零段行程 200 mm	0

表 19－4 中的脉冲量是绝对位移脉冲量。伺服电机旋转一周抓取机械手位移为 60 mm，方法是指令脉冲为 6 000 个，因此位移与脉冲比为 1∶100，即脉冲当量为 0.01 mm。高速回零段的绝对位移脉冲量确定方法是：原点（供料单元）→分拣站单元 430＋350＋570＝1 350 mm，高速回零段行程为 1 150 mm，所以绝对位移脉冲量为（1 350－1 150）×100＝20 000。

交流与思考

加工单元加工台到装配单元装配台的距离为 350 mm，为什么脉冲量需要 78 000?

二、运动控制向导组态

编写程序前要进行运动控制向导组态。

(1) 打开“运动控制向导”对话框，双击“轴0”节点。

(2) 选中“测量系统”节点，在“选择测量系统”下拉列表框中选择“相对脉冲”选项，如图19-2所示。

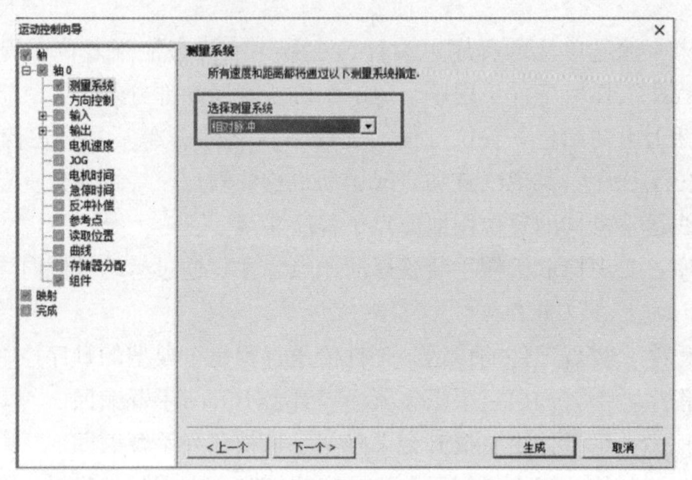

图19-2 “运动控制向导”对话框(“测量系统”设置)

(3) 选中“方向控制”节点，在“相位”下拉列表框中选择“单相（2输出）”选项，在“极性”下位列表框中选择“正”选项，如图19-3所示。

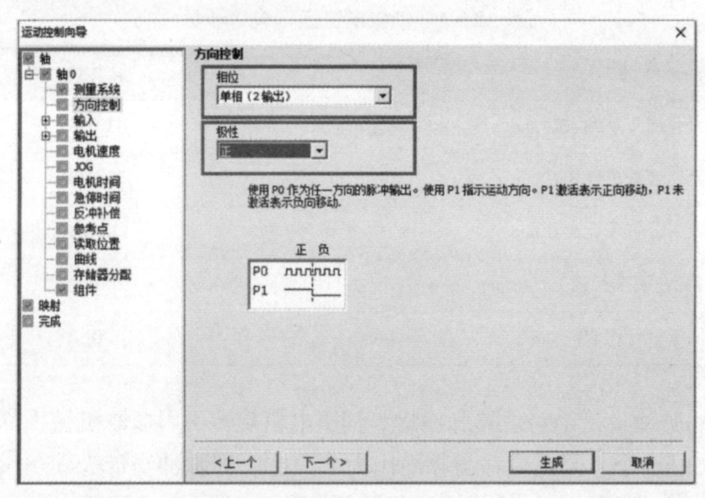

图19-3 “运动控制向导”对话框(“方向控制”设置)

(4) 因为伺服电机向左运动为正，而左限位开关地址为I0.2，所以，选中“输入”节点下的“LMT+”节点后，在“输入”下拉列表框中选择I0.2选项，这是“响应”下拉列表框中选择为“立即停止”选项，如图19-4所示。

(5) 因为伺服电机向右运动为负，而右限位开关地址为I0.1，所以，选中“LMT-”节点后，在“输入”下列列表框中选择I0.1选项，在“响应”下拉列表框中选择为“立即停止”选项，如图19-5所示。

(6) 选中RPS节点，在“输入”下拉列表框中选择I0.0选项，这是因为原点开关分配的地址是I0.0，如图19-6所示。

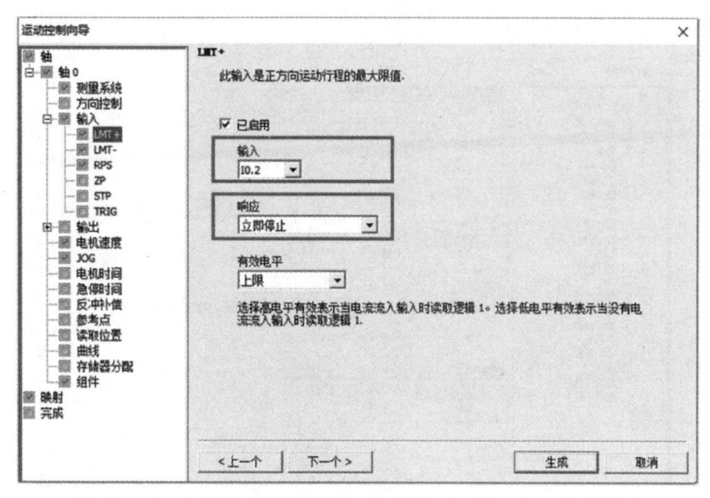

图 19－4　“运动控制向导”对话框（“LMT＋”设置）

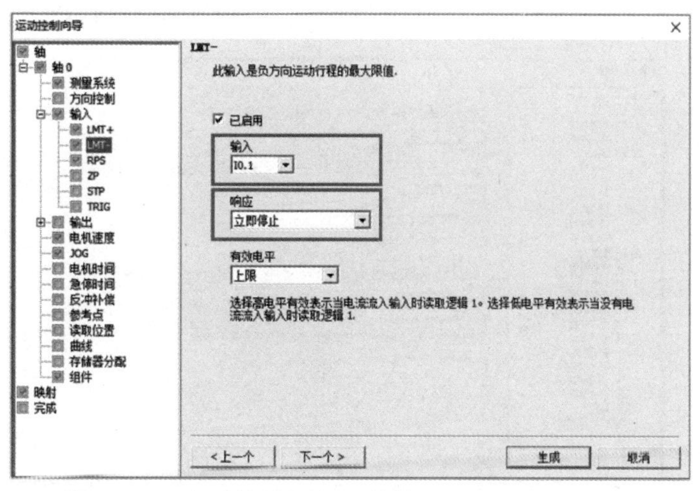

图 19－5　“运动控制向导”对话框（“LMT－”设置）

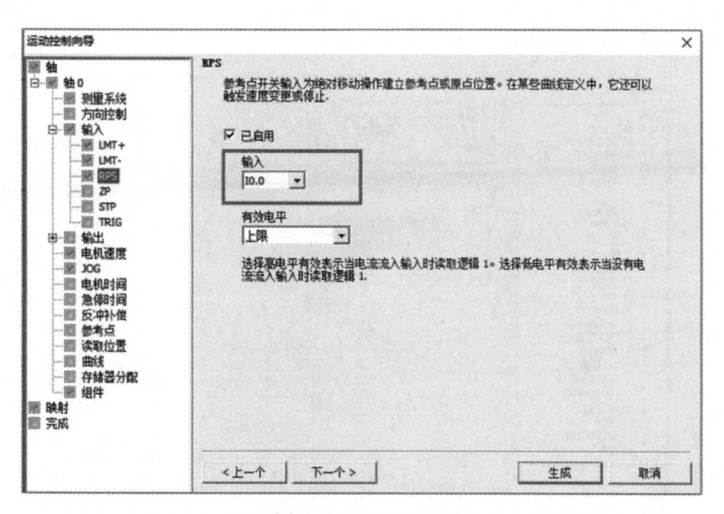

图 19－6　“运动控制向导”对话框（RPS 设置）

（7）“电机速度”最大值设为 100 000，启停速度设为 1 000，如图 19－7 所示。

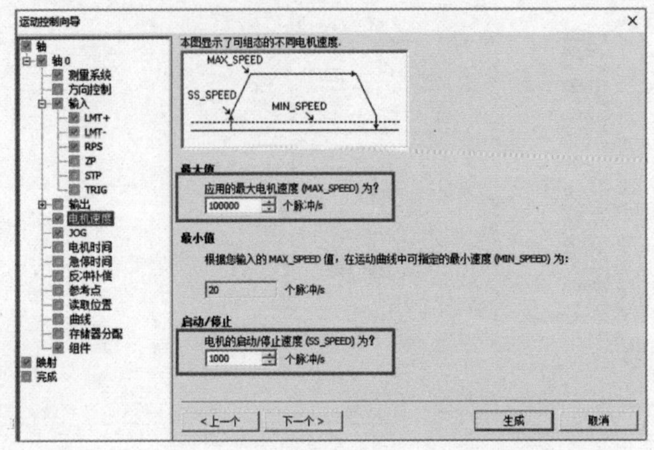

图 19－7 “运动控制向导”对话框（“电机速度”设置）

（8）快速参考点查找速度设为 5 000，慢速参考点查找速度设为 1 000，如图 19－8 所示。

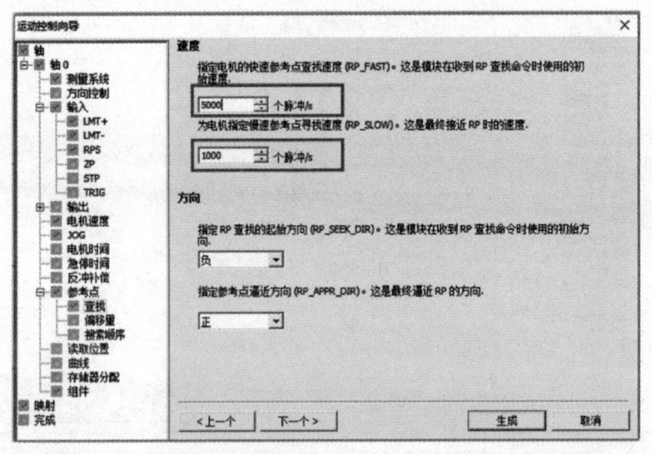

图 19－8 “运动控制向导”对话框（查找参考点设置）

（9）搜索顺序设为 2，如图 19－9 所示。

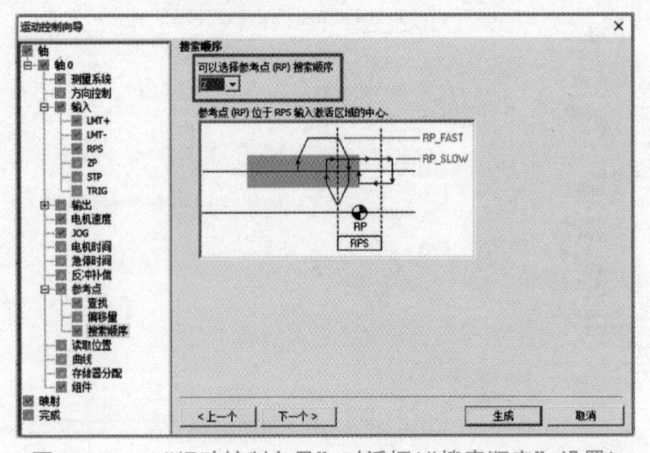

图 19－9 “运动控制向导”对话框（“搜索顺序”设置）

（10）在“存储器分配”节点，可查看生成的子例程占用的 V 存储区地址，也可修改此地址，编程时一定不能和此地址冲突，如图 19－10 所示。

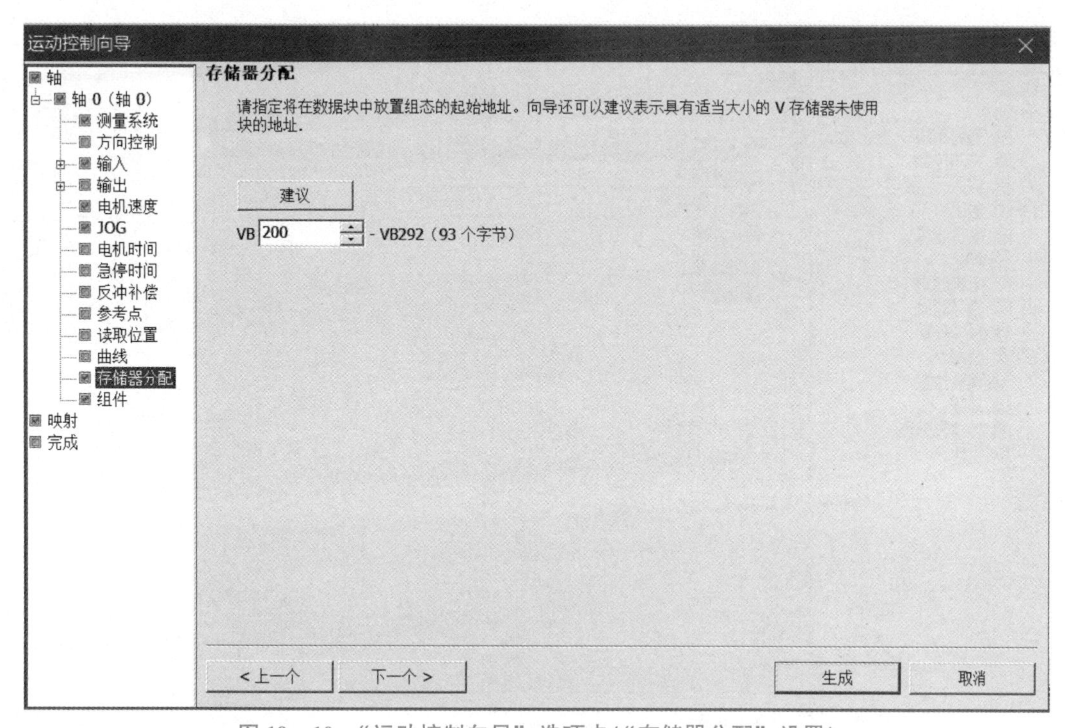

图 19－10 “运动控制向导”选项卡(“存储器分配”设置)

（11）选中“组件”节点，去掉不需要的子程序，以减少对 V 存储区空间的占用，如图 19－11 所示。

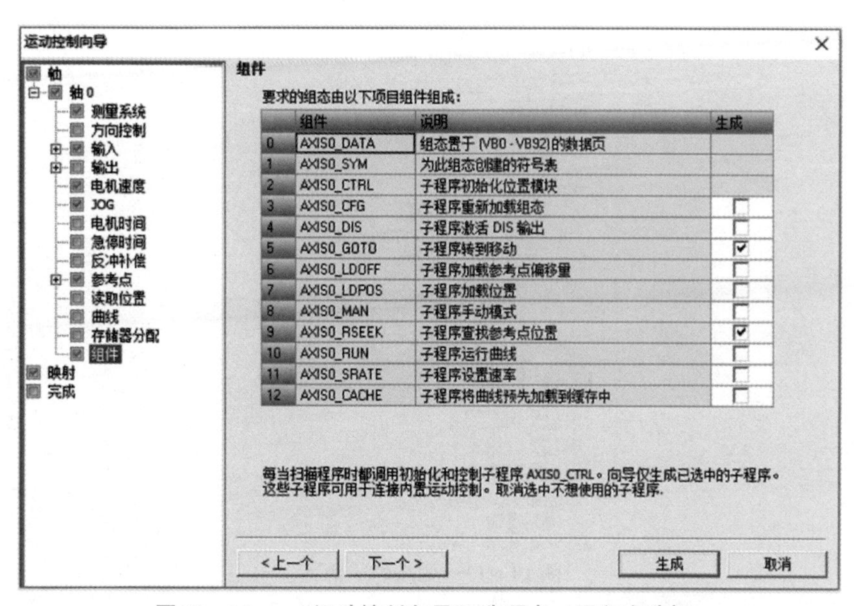

图 19－11 “运动控制向导”选项卡（子程序选择）

（12）在“运动控制向导”对话框的“映射”节点，可查看组态的功能所对应的输入/输出点，这些输入/输出点要与设计的程序以及实际接线一致，如图 19－12 所示。

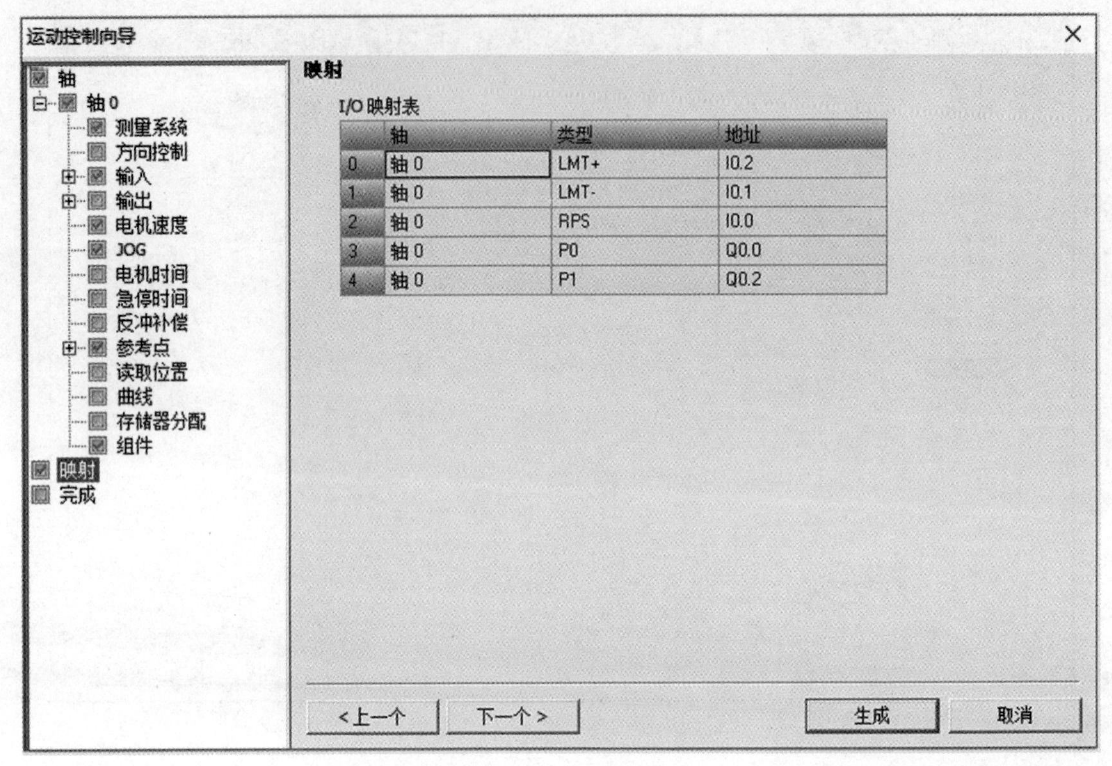

图 19－12　I/O 映射表

向导配置结束后在程序块的向导下可看到生成的子例程，以供编程时调用，如图 19－13 所示。

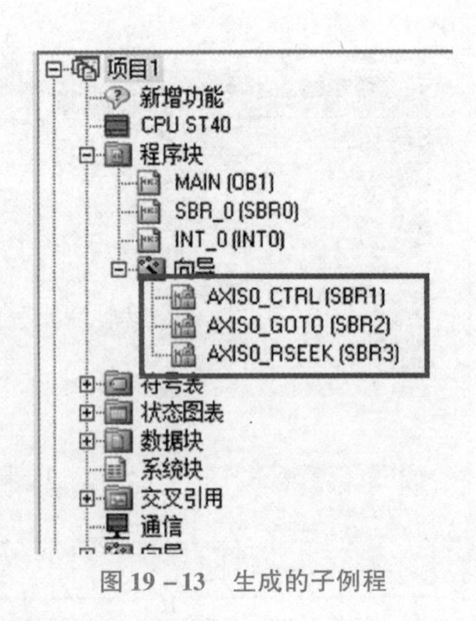

图 19－13　生成的子例程

三、程序编写

1. 主程序

编写输送单元主程序梯形图，如图 19 – 14 所示。

2. 初态检查复位子程序及回原点子程序

输送单元上电且按下复位按钮后，调用初态检查复位子程序，进入初始状态检查及复位操作阶段，目标是确定系统是否准备就绪，若未准备就绪，则系统不能启动进入运行状态。

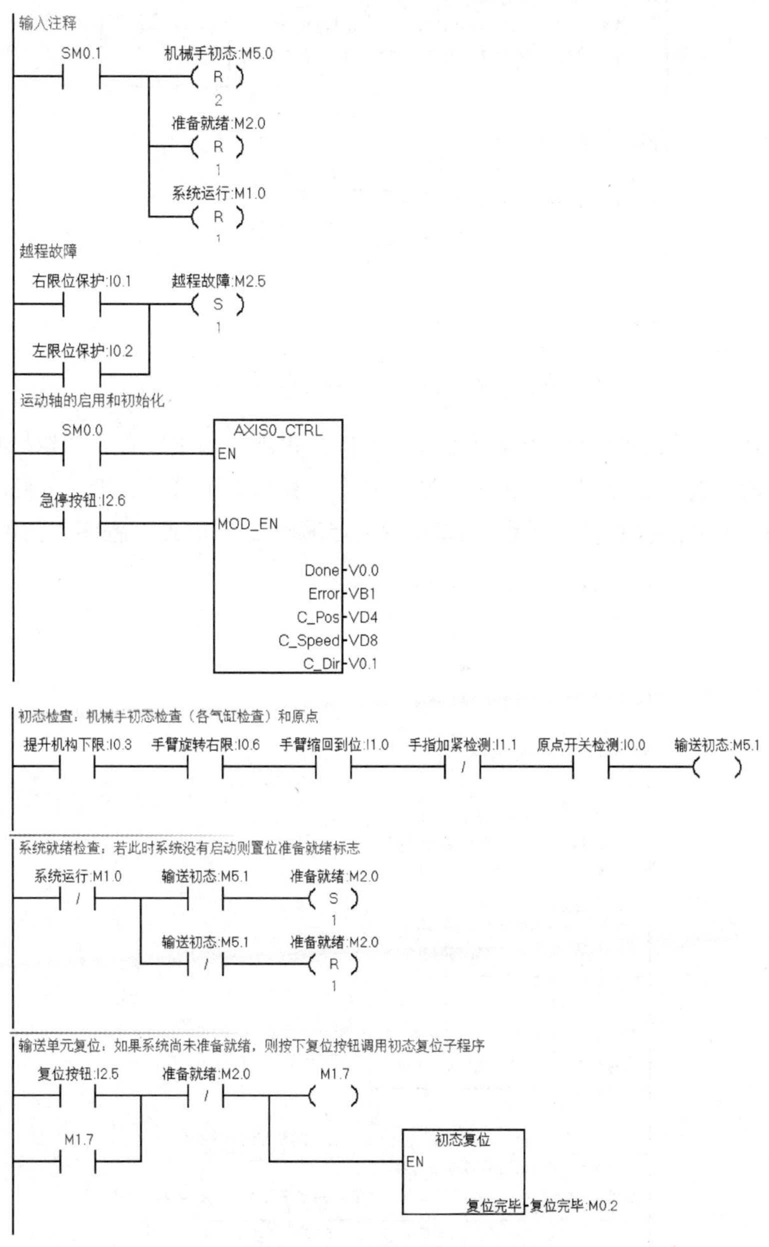

图 19 – 14　输送单元梯形图

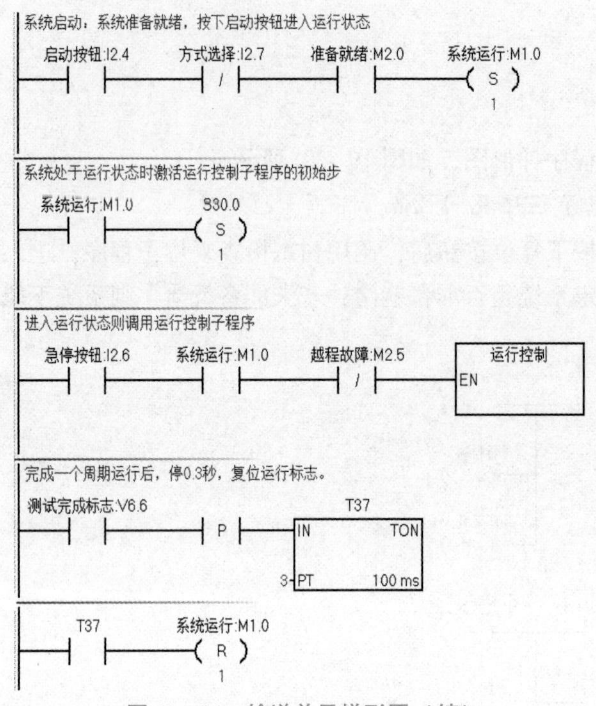

图 19-14　输送单元梯形图（续）

初态检查复位子程序的内容是检查各气动元件是否处在初始位置，抓取机械手装置是否在原点位置，若检查不通过则进行相应的复位操作，直至准备就绪，准备就绪后才可进行回原点子程序操作。初态检查复位子程序如图 19-15 所示，回原点子程序如图 19-16 所示。

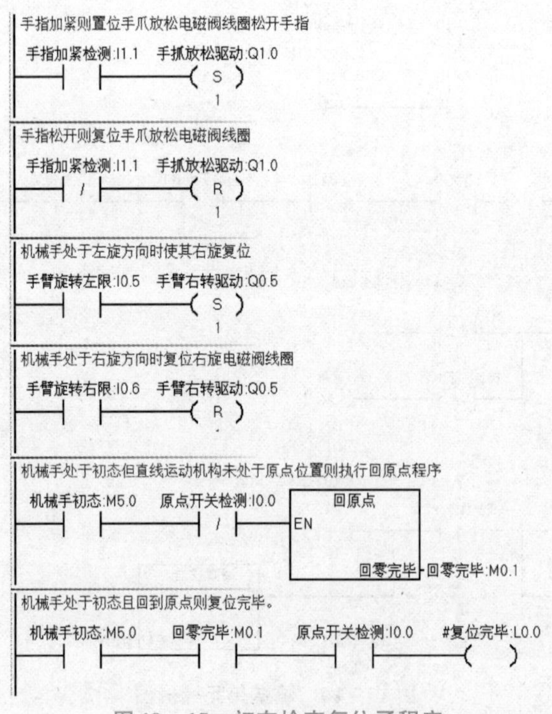

图 19-15　初态检查复位子程序

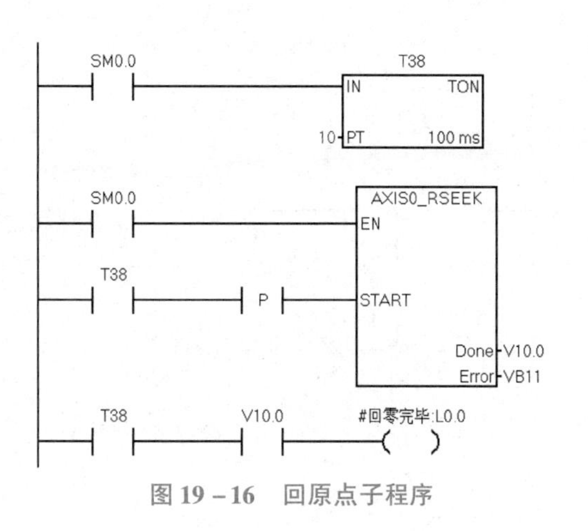

图 19－16　回原点子程序

3. 运行控制子程序

运动控制是单序列的传送工件顺序控制过程，其流程图如图 19－17 所示。

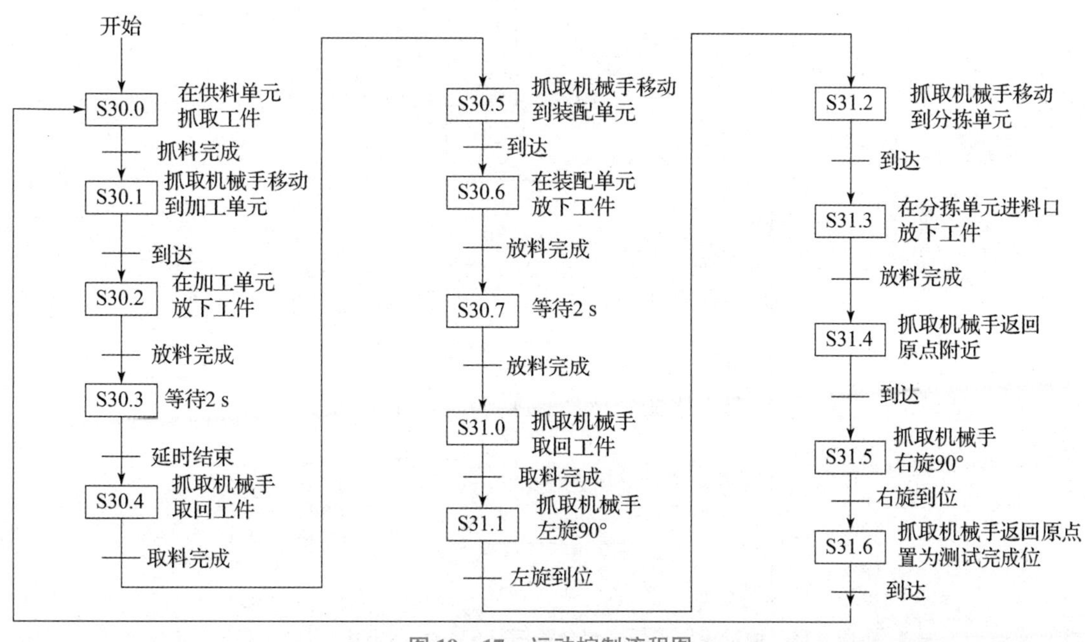

图 19－17　运动控制流程图

其中，S30.1，S30.5，S31.2，S31.4 步都是伺服电动机驱动机械手分别向加工单元、装配单元、分拣单元和原点运动的过程。在一个测试周期内，抓取机械手装置需要进行多次抓取工件和放下工件的操作，因此可以采用子程序调用的方式实现。以 S30.0，S30.1，S30.2 为例编写在供料单元抓取工件、从供料单元移动到加工单元、在加工单元放下工件的程序，如图 19－18 所示。图 19－19 所示为机械手低速返回原点 S31.6 步的程序。

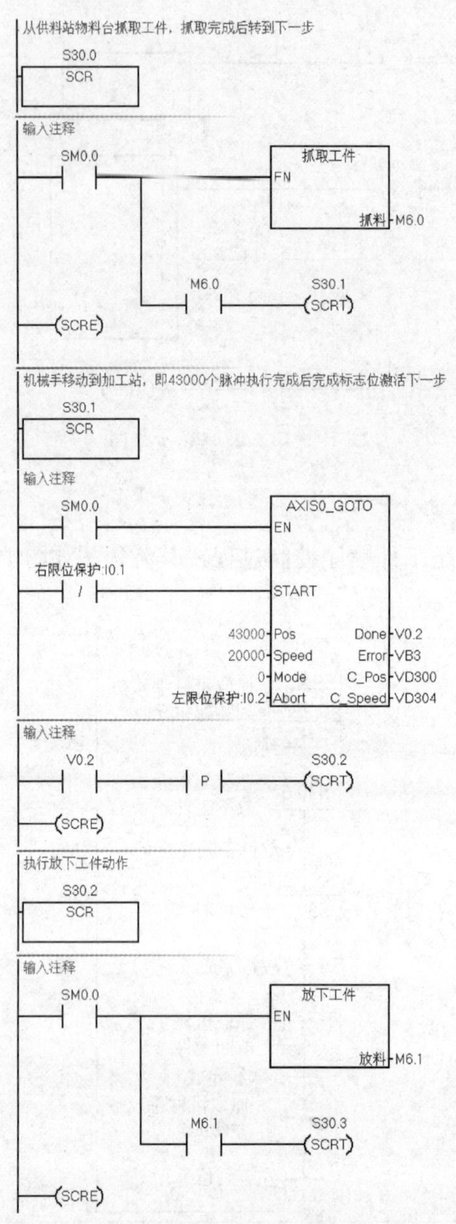

图 19 - 18　运行控制子程序部分程序（S30.0，S30.1，S30.2 步）

4. 抓取和放下工件子程序

抓取工件动作过程：抓取机械手伸出，伸出到位后延时 0.5 s 夹紧，夹紧到位后延时 0.5 s 机械手提升，提升到位后抓取机械手缩回，同时复位手爪夹紧电磁阀。抓取机械手缩回到位后抓取工件完成。抓取工件子程序如图 19 - 20 所示。

放下工件动作过程：抓取机械手伸出，伸出到位后延时 0.5 s 提升机构下降，下降到位后延时 0.5 s 手爪松开，松开后抓取机械手缩回，同时复位手爪松开电磁阀。抓取机械手缩回到位后放下工件完成。放下工件子程序如图 19 - 21 所示。

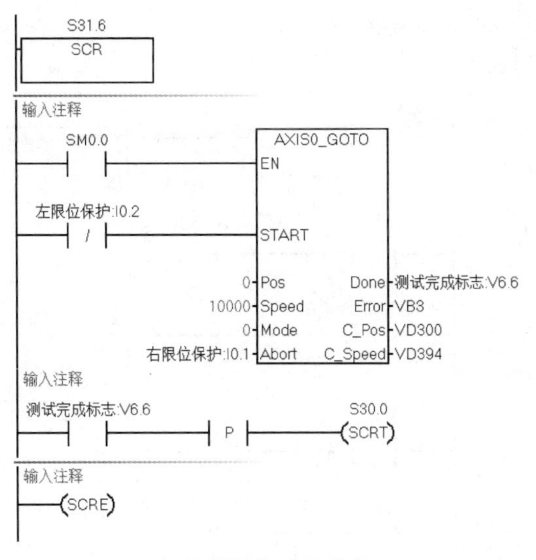

图 19－19　运行控制子程序部分程序（S31.6 步）

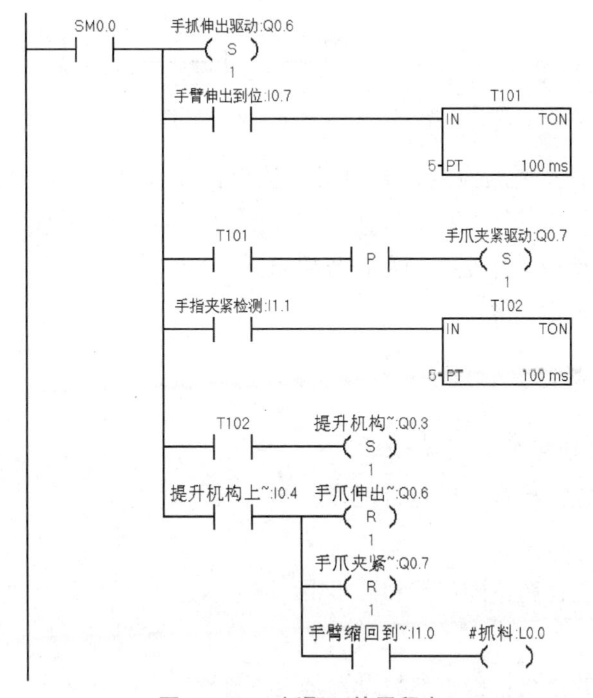

图 19－20　抓取工件子程序

四、调试与运行

（1）调整气动部分，检查气路是否正确、气压是否合理，气缸的动作速度是否合理。

（2）检查磁性开关的安装位置是否到位、磁性开关工作是否正常。

（3）检查 I/O 接线是否正确。

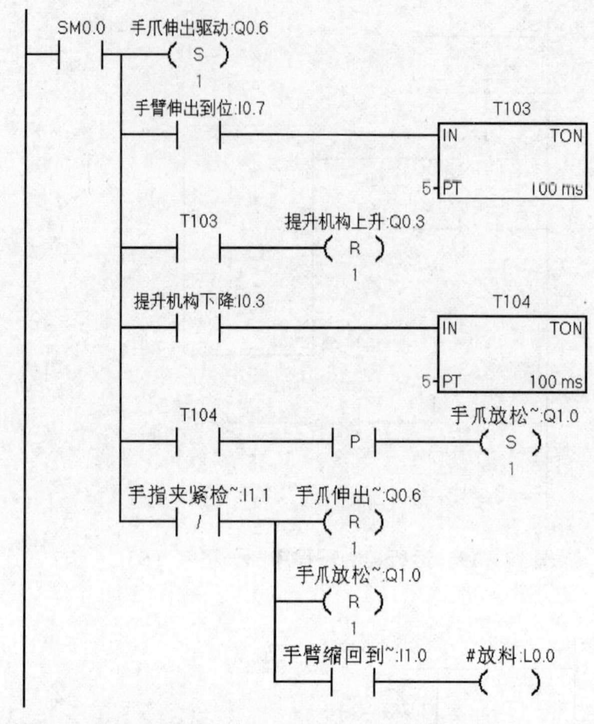

图 19－21　放下工件子程序

（4）检查限位开关及原点检测开关的安装是否合理、距离设定是否合适，保证检测的可靠性。

（5）运行程序，检查动作是否满足任务要求。

（6）调试中优化程序。

五、输送单元的常见故障及解决方法

1. 气缸动作到位但磁性开关无动作

调整磁性开关位置；检查接线是否正确。

2. 同步带不动或者打滑

检查电机轴的位置；调整同步轮和同步带。

3. 伺服电机不转

检查伺服驱动器的接线；检查参数设置是否正确。

4. 抓取机械手返回到原点位置时 PLC 输入 I0.0 的 LED 指示灯不亮

检查原点接近开关接线是否正确。

5. 抓取机械手摆动不到位

调整旋转气缸旋转角度。

6. 伺服驱动器报警 Err38.0

检查左、右限位开关是否正常动作；检查限位开关接线是否正确。

任务实施

填写表 19－5。

表 19－5　输送单元程序的设计与调试任务表

任务名称	输送单元程序的设计与调试		
任务目标	完成输送单元程序的编写与调试		
任务实施步骤	（1）I/O 地址分配。 （2）伺服参数设置。 （3）配置运动控制向导。 （4）编写主程序。 （5）编写初态检查复位子程序、回原点子程序、运动控制子程序、抓取工件和放下工件子程序。 （6）运行调试		
设备调试过程记录			
所遇问题及解决方法			
教师签字		得分	

习　　题

一、简答题

简述抓取机械手装置的抓取工件和放下工件动作过程。

二、分析题

若抓取机械手在运动过程中出现旋转不到位，分析可能产生这一现象的原因。

项目20

自动化生产线总体程序设计与程序编写

项目概述

在前面的项目中，重点介绍了 YL－335B 型自动化生产线的各工作单元在作为独立设备工作时用 PLC 对其实现控制的基本思路，这相当于模拟了一个简单的单体设备控制过程。本项目将以 YL－335B 型自动化生产线为载体，介绍如何通过西门子 S7－200 SMART PLC 实现对由几个相对独立的单元组成的一个群体设备（生产线）的控制。

任务1　系统整体控制的工作要求

知识目标

掌握系统控制要求的分析及分解方法。

技能目标

1. 能够认真研读并分析系统控制要求。
2. 能够从整体系统控制要求中分解出要实施的模块任务。

素养目标

1. 通过研读系统控制要求，培养学生耐心、严谨的工作态度。
2. 通过对系统控制要求的分析、分解，培养学生的整体规划能力。

任务导入

在项目 14～项目 19 中学习了供料单元、加工单元、装配单元、分拣单元、输送单元的单站运行控制，各工作单元之间没有任何关系，那么如何使这 5 个独立的工作单元形成一个有机的整体，相互配合自动完成系统的供料、加工、装配、分拣及工件搬运呢？

知识储备

一、自动化生产线的工作目标

自动化生产线的工作目标是，将供料单元料仓内的工件送往加工单元的加工台，加工完成后，把加工好的工件送往装配单元的装配台，然后把装配单元料仓内的白色和黑色两种不同颜色的小圆柱芯件嵌入到装配台上的工件中，再将完成装配的成品送往分拣单元进行分拣。

二、控制要求

1. 工作模式

系统的工作模式分为单站工作和全线运行模式。

从单站工作模式切换到全线运行模式的条件是：各工作单元均处于停止状态，按键/指示灯模块上的工作方式选择开关置于全线运行模式，此时若人机界面中选择开关切换到全线运行模式，则系统进入全线运行状态。要从全线运行模式切换到单站工作模式，仅限当前工作周期完成后在人机界面中将选择开关切换到单站运行模式。

在全线运行模式下，各工作单元仅通过网络接收来自人机界面的主令信号，除主站急停按键外，所有本站主令信号无效。

2. 正常运行

1）复位过程

系统在上电，且以太网网络正常后开始工作。单击人机界面上的复位按钮，执行复位操作。

复位过程包括：使输送单元抓取机械手装置回到原点位置和检查各工作单元是否处于初始状态。

各工作单元的初始状态说明如下。

（1）各工作单元气动执行元件均处于初始位置。

（2）供料单元料仓内有足够的待加工工件。

（3）装配单元料仓内有足够的小圆柱芯件。

（4）输送单元的紧急停止按键未按下。

当输送单元抓取机械手装置回到原点位置，且各工作单元均处于初始状态时，复位完成，绿色警示灯常亮，表示允许启动系统。这时若单击人机界面上的启动按钮，则系统启动，绿色和黄色警示灯均常亮。

2）供料单元的运行

系统启动后，若供料单元的出料台上没有工件，则应把工件推到出料台上，并向系统发出出料台上有工件信号。若供料单元的料仓内没有工件或工件不足，则向系统发出报警或预警信号。出料台上的工件被输送单元抓取机械手取出后，若系统仍然需要推出工件进行加工，则进行下一次推出工件操作。

3）输送单元运行1

当工件推到供料单元出料台后，输送单元抓取机械手装置应执行抓取供料单元工件的操作。动作完成后，伺服电机驱动抓取机械手装置移动到加工单元加工台的正前方，把工件放到加工单元的加工台上。

4）加工单元运行

加工单元加工台的工件被检出后，执行加工过程。当加工好的工件被重新送回加工台原位置时，向系统发出冲压加工完成信号。

5）输送单元运行2

系统接收到加工完成信号后，输送单元抓取机械手应执行抓取已加工工件的操作。抓取动作完成后，伺服电机驱动抓取机械手装置移动到装配单元装配台的正前方，然后把工件放到装配单元装配台中。

6）装配单元运行

装配单元装配台的传感器检测到工件到来后，开始执行装配过程。装入动作完成后，向系统发出装配完成信号。如果装配单元的料仓或料槽内没有小圆柱芯件或芯件不足，应向系统发出报警或预警信号。

7）输送单元运行3

系统接收到装配完成信号后，输送单元抓取机械手应抓取已装配的工件，然后向分拣单元运送工件，到达分拣单元传送带上方进料口后把工件放下，并执行返回原点的操作。

8）分拣单元运行

输送单元抓取机械手装置放下工件、缩回到位后，分拣单元的变频器立即启动，驱动传动电动机以80%最高运行频率（由人机界面指定）的速度，把工件带入分拣区进行分拣，工件分拣原则与单站运行相同。当分拣气缸活塞杆推出工件并返回后，应向系统发出分拣完成信号。

9）工作周期结束

当且仅当分拣单元分拣工作完成，并且输送单元抓取机械手装置回到原点时，系统的一个工作周期才结束。如果在工作周期内没有单击停止按钮，则系统在延时1 s后开始下一周期的工作；如果在工作周期内单击过停止按钮，则系统工作结束，警示灯中黄色灯熄灭，绿色灯仍保持常亮。系统工作结束后若再次单击启动按钮，则系统又重新工作。

3. 异常工作状态

1）工件供给状态的信号警示

如果发生来自供料单元或装配单元“工件不足”的预报警信号或“工件没有”的报警信号，则系统动作如下。

(1) 如果发生“工件不足”的预报警信号，则警示灯中红色灯以1 Hz闪烁，绿色和黄色灯保持常亮，系统继续工作。

(2) 如果发生“工件没有”的报警信号，则警示灯中红色灯以亮1 s，灭0.5 s的方式闪烁，黄色灯熄灭，绿色灯保持常亮。

若“工件没有”的报警信号来自供料单元，且供料单元物料台上已推出工件，则系统继续运行，直至完成该工作周期尚未完成的工作。当该工作周期结束，系统将停止工作，除非“工件没有”的报警信号消失，系统才可再次启动。

若“工件没有”的报警信号来自装配单元，且装配单元回转物料台上已落下小圆柱芯件，则系统继续运行，直至完成该工作周期尚未完成的工作。当该工作周期结束，系统将停止工作，除非“工件没有”的报警信号消失，系统才可再启动。

2）急停与复位

若系统工作过程中按下输送单元的急停按键，则输送单元立即停车。在急停复位后，应从急停前的断点开始继续运行。但若急停按键按下时，抓取机械手装置正在向某一目标点移动，则急停复位后输送单元抓取机械手装置应首先返回原点位置，然后再向原目标点运动。

交流与思考

本任务要求较为复杂，需要对系统控制要求认真研读并分析，对任务要做整体的规划。那么完成本任务需要做哪几个部分的工作？

任务实施

填写表 20－1。

表 20－1　系统整体控制的工作要求分析任务表

任务名称	系统整体控制的工作要求分析		
任务目标	能够从较为复杂的系统控制要求中分解出模块任务		
从系统控制要求分解的模块内容			
每个模块需要完成的具体内容			
在研读系统控制要求时遇到的疑惑			
教师签字		得分	

习　题

简答题

系统的复位过程包括使输送单元抓取机械手装置回到原点位置和检查各工作单元是否处于初始状态。那么各工作单元初始状态具体是指什么？

任务 2　总体网络组建

知识目标

1. 掌握西门子 S7－200 SMART PLC 以太网组网的基本方法。
2. 掌握“Get/Put 向导”对话框的配置方法。

技能目标

1. 能够完成通过以太网方式进行 PLC 的组网。
2. 能够配置“Get/Put 向导”对话框。

素养目标

1. 培养学生的团队协作意识和沟通能力。
2. 培养学生进行网络组建的工程实践能力。

任务导入

根据对系统控制要求的分析，各工作单元之间需要配合协同工作，那么如何才能实现各工作单元之间的信息交互呢？

知识储备

一、YL－335B 型自动化生产线网络通信概述

本项目以 YL－335B 型自动化生产线设备为载体，介绍如何通过 PLC 实现由 5 个相对独立的单元组成的整体设备（生产线）的控制功能。

YL－335B 型自动化生产线系统的控制方式采用每一个工作单元由一台 PLC 承担其控制任务，各 PLC 之间通过以太网通信实现互联的分布式控制方式。

PLC 网络的具体通信模式，取决于所选厂家的 PLC 类型。YL－335B 型自动化生产线的标准配置为：若 PLC 选用 SMART 200 系列，则通信方式采用西门子专用 TCP/IP 协议通信。TCP/IP 协议是 SMART 200 CPU 最基本的通信方式，可通过自身的 LAN 端口实现通信，是 SMART 200 默认的通信方式。

二、实现以太网通信的步骤

下面以 YL－335B 型自动化生产线 5 个工作单元 PLC 实现以太网通信的操作步骤为例，说明使用 TCP/IP 协议实现通信的步骤。

1. 设置每个工作单元 PLC 的 IP 地址

打开编程软件，在“系统块”对话框中设置每个工作单元 PLC 的 IP 地址，图 20－1 所示为输送单元的 IP 地址设置。利用网线将设置好的系统块下载到相应 PLC。各工作单元 PLC 的 IP 地址规划见表 20－2。

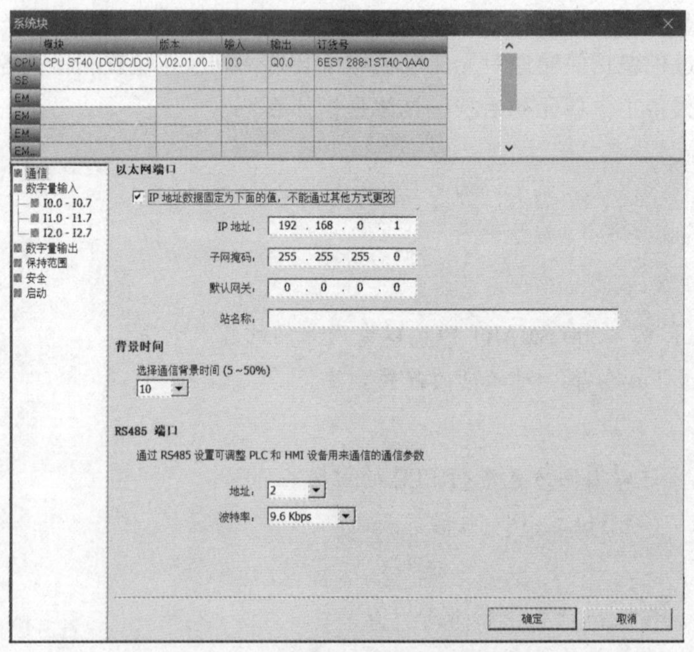

图 20－1　输送单元的 IP 地址设置

表 20－2　各工作单元 PLC 的 IP 地址规划

序号	工作单元名称	IP 地址
1	输送单元	192.168.0.1
2	供料单元	192.168.0.2
3	加工单元	192.168.0.3
4	装配单元	192.168.0.4
5	分拣单元	192.168.0.5

2. 完成 5 个工作单元 PLC 的以太网连接

利用交换机和网线连接各台 PLC 的 LAN，然后利用 STEP 7－Micro/WIN SMART 软件和网线搜索 TCP/IP 网络的 5 个工作单元 IP 地址，如图 20－2 所示。

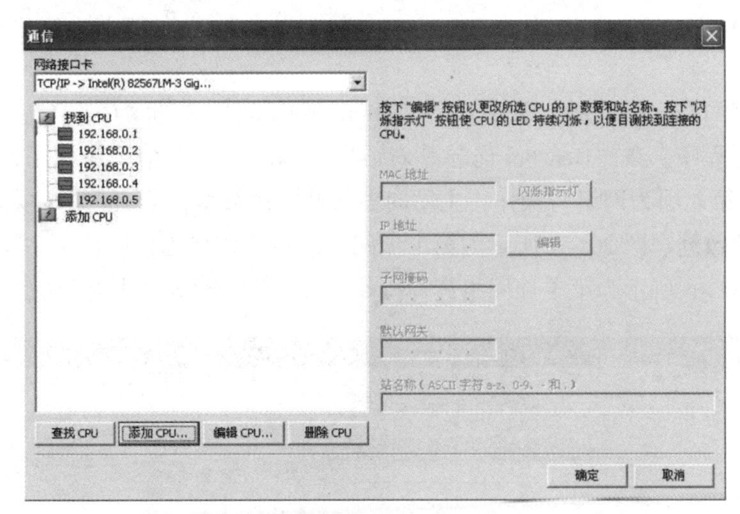

图 20－2　TCP/IP 网络上的 5 个工作单元 IP 地址

3. 指定网络中的主、从站

YL－335B 型自动化生产线系统中，按键/指示灯模块的按键、开关信号连接到输送单元的 PLC 输入口，以提供系统的主令信号。因此在网络中输送单元被指定为主站，其余各工作单元均指定为从站。图 20－3 所示为 YL－335B 型自动化生产线的以太网网络。

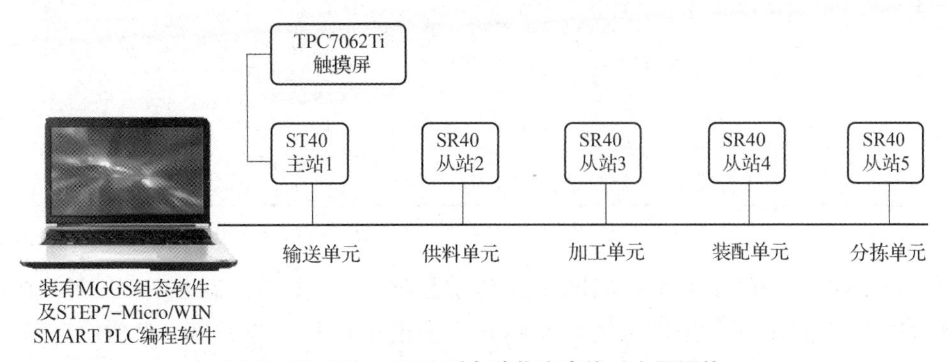

图 20－3　YL－335B 型自动化生产线以太网网络

4. 编写主站（输送单元）的网络读写程序段

在以太网网络中，只有主站程序中使用网络读写指令来读写从站信息。在编写主站的网络读写程序前，应预先规划好网络读写数据，见表 20－3。

表 20－3　网络读写数据规划

项目	输送单元 1#站（主站）	供料单元 2#站（从站）	加工单元 3#站（从站）	装配单元 4#站（从站）	分拣单元 5#站（从站）
PUT	VB1000—VB1001	VB1000—VB1001	VB1000—VB1001	VB1000—VB1001	VB1000—VB1001
GET	VB1020—VB1021	VB1020—VB1021			
	VB1030—VB1031		VB1030—VB1031		
	VB1040—VB1041			VB1040—VB1041	
	VB1050—VB1051				VB1050—VB1051

依据规划的网络读写数据，用 STEP 7－Micro/WIN 软件中的“Get/Put 向导”对话框中主站的网络读写程序。在“Get/Put 向导”对话框中添加 8 项网络读写操作，如图 20－4 所示。其中第 1～第 4 项为网络写操作，主站向各从站发送数据；第 5～第 8 项为网络读操作，主站读取各从站数据。图 20－5 所示为第 1 项网络读写操作界面，即从主站写数据给供料单元的界面；图 20－6 所示为第 5 项网络读写操作界面，即主站从供料单元读取数据的界面。

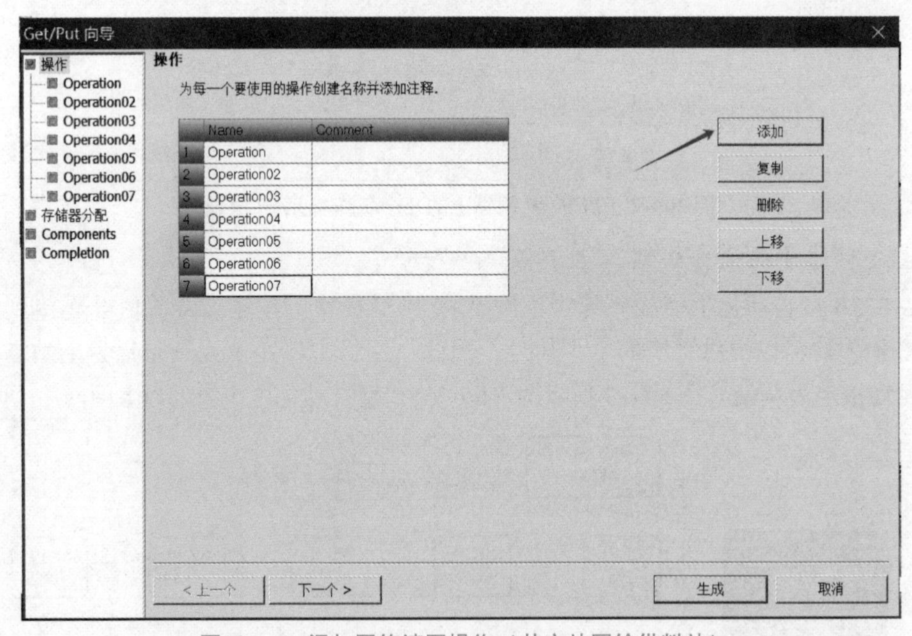

图 20－4　添加网络读写操作（从主站写给供料站）

所有操作配置完成后向导生成网络读写子程序 NET_EXE。在主站的主程序中使用 SM0.0 调用 NET_EXE 子程序即可实现 5 台 PLC 的网络读写，如图 20－7 所示。NET_EXE 子程序各端子参数在第二篇的项目 7 中已做具体说明，此处不再赘述。

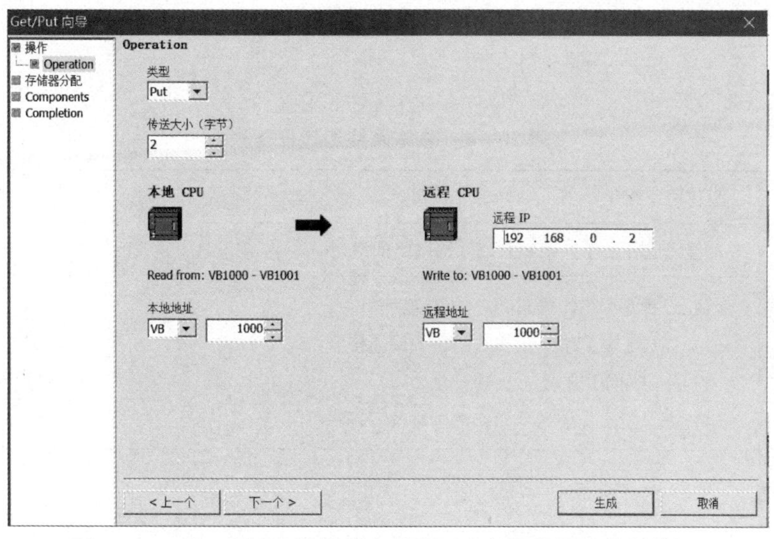

图 20 – 5　第 1 项网络读写操作界面（主站写数据给供料单元）

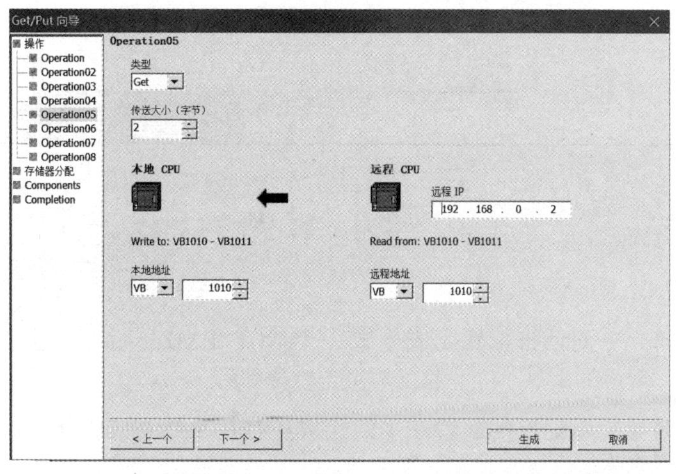

图 20 – 6　第 5 项网络读写操作界面（主站从供料单元读取数据）

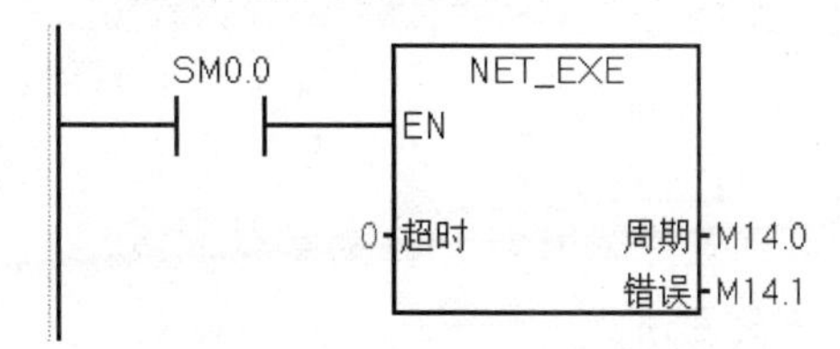

图 20 – 7　调用 NET_EXE 子程序

交流与思考

进行“Get/Put 向导”对话框配置时，需要提前规划网络读写数据，规划的网络读写数据的字节个数依据是什么？

任务实施

填写表 20－4。

表 20－4　总体网络组建任务表

任务名称	总体网络组建		
任务目标	能够完成各工作单元 PLC 以太网网络的组建		
5 个工作单元 PLC 实现以太网通信的操作步骤	(1) 设置每个工作单元 PLC 的 IP 地址。 (2) 完成 5 个工作单元 PLC 的以太网连接。 (3) 指定网络中的主、从站。 (4) 编写主站（输送单元）的网络读写程序段		
任务实施过程记录			
所遇问题及解决方法			
教师签字		得分	

习　题

简答题

1. “Get/Put 向导”对话框配置完成生成一个 NET_EXE 子程序，主程序如何调用这个子程序？

2. “Get/Put 向导”对话框的配置在主站完成还是在从站完成？

任务 3　人机界面设计

知识目标

1. 掌握 MCGS 触摸屏工程组态方法及与 PLC 的通信方法。
2. 掌握用以太网下载工程的方法。

技能目标

1. 能够按要求完成系统人机界面的组态。
2. 能够实现 MCGS 触摸屏与主站的通信。

素养目标

1. 通过对触摸屏界面的设计培养学生的审美意识和质量意识。
2. 培养学生进行工业设备通信的工程实践能力。

任务导入

YL－335B型自动化生产线在运行中需要监控很多数据，使用中需要设置一些参数，同时也须查看一些运行状态数据，以实现用户和系统的交互，此重任就需要人机界面来承担。

知识储备

一、人机界面组态要求

YL－335B型自动化生产线采用MCGS TPC7062Ti触摸屏作为人机界面，该触摸屏可用网线连接到系统中的交换机。人机界面的组态画面包括主界面和欢迎界面，其中，欢迎界面作为启动界面，是在触摸屏上电后运行的。当单击欢迎界面上任意部位时，都将切换到主界面。主界面组态应具有下列功能。

（1）提供系统工作方式（单站/全线）选择信号及系统复位、启动和停止信号。

（2）设定分拣单元变频器的输入运行频率（40～50 Hz）。

（3）动态显示输送单元抓取机械手装置当前位置（以原点位置为参考点，单位为mm）。

（4）指示网络的运行状态（正常、故障）。

（5）指示各工作单元的运行、故障状态。其中故障状态包括以下几点。

①供料单元的供料不足和缺料状态。

②装配单元的供料不足和缺料状态。

③输送单元抓取机械手装置越程故障（左或右限位开关动作）。

（6）指示全线运行时系统的紧急停止状态。

二、人机界面效果

欢迎界面和主界面分别如图20－8和图20－9所示。

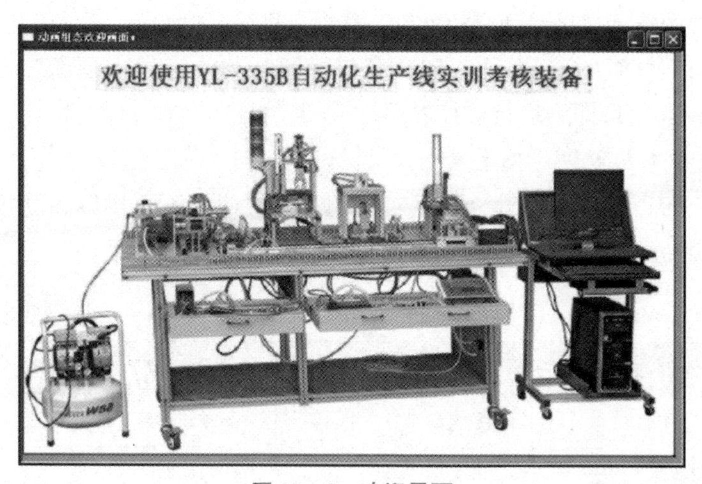

图20－8　欢迎界面

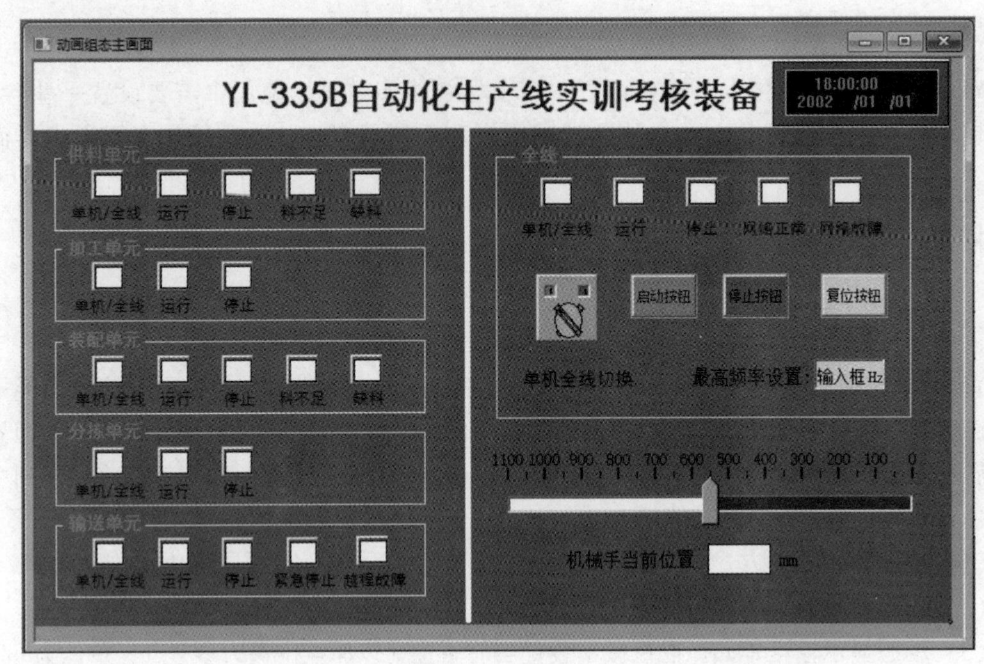

图 20-9 主界面

三、人机界面组态

1. 创建工程与窗口

打开 MCGS 组态软件，创建一个命名为“联机运行”的工程。此工程需要添加两个窗口，默认名称为“窗口 0”“窗口 1”。

在“工作台”对话框的“用户窗口”选项卡中选择“窗口 0”选项，单击“窗口属性”按钮，弹出“用户窗口属性设置”对话框。“窗口名称”改为“欢迎画面”；“窗口标题”改为“欢迎画面”单击“确认”按钮，返回“用户窗口”选项卡，右击“欢迎画面”选项，在弹出的快捷菜单中选择“设置为启动窗口”选项，将该窗口设置为运行时自动加载的界面。

新建“窗口 1”，将“窗口名称”和“窗口标题”均改为“主画面”，“窗口背景”中选择需要的颜色。此窗口即为运行监控界面。

2. 工程画面组态与数据对象定义

在分拣单元已经学习了集中建立数据对象的方法，此处不再讲解建立数据对象的过程，默认数据对象已建立。表 20-5 所示是建立的数据对象。

表 20-5 数据对象

序号	对象名称	类型	序号	对象名称	类型
1	移动	数值型	4	单机全线_ 输送	开关型
2	越程故障_ 输送	开关型	5	单机全线_ 全线	开关型
3	运行_ 输送	开关型	6	复位按钮_ 全线	开关型

续表

序号	对象名称	类型	序号	对象名称	类型
7	停止按钮_ 全线	开关型	17	缺料_ 供料	开关型
8	启动按钮_ 全线	开关型	18	单机全线_ 加工	开关型
9	单机全线切换_ 全线	开关型	19	运行_ 加工	开关型
10	网络正常_ 全线	开关型	20	单机全线_ 装配	开关型
11	网络故障_ 全线	开关型	21	运行_ 装配	开关型
12	运行_ 全线	开关型	22	料不足_ 装配	开关型
13	急停_ 输送	开关型	23	缺料_ 装配	开关型
14	单机全线_供料	开关型	24	单机全线_分拣	开关型
15	运行_供料	开关型	25	运行_分拣	开关型
16	料不足_供料	开关型	26	手爪当前位置_输送	数值型

1）欢迎界面组态

在“工作台”对话框中单击“欢迎画面”窗口图标，单击“动画组态”按钮，进入动画组态窗口开始编辑画面。

（1）装载位图。

单击“工具箱”对话框中的位图图标，光标呈十字形，在窗口左上角位置拖动出一个矩形，使其填充整个窗口。

右击绘制的位图，在弹出的快捷菜单中选择“装载位图”选项，弹出“打开”对话框，在其中找到要装载的位图并选中，如图20－10所示，然后单击“打开”按钮，即将该图片装载到窗口。

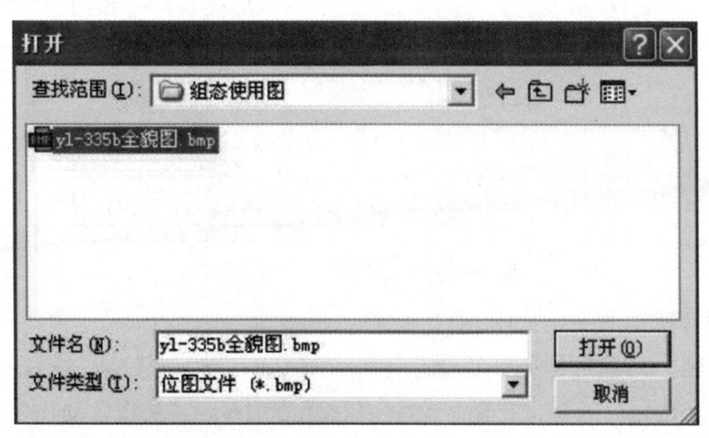

图20－10　装载位图

右击装载的位图，在弹出的快捷菜单中选择“属性”选项，弹出“动画组态属性设置”对话框。在“属性设置”选项卡中勾选“按钮动作”复选框，如图20－11所示。在

"按钮动作"选项卡中勾选"打开用户窗口"复选框，选择"主画面"选项，如图20－12所示。

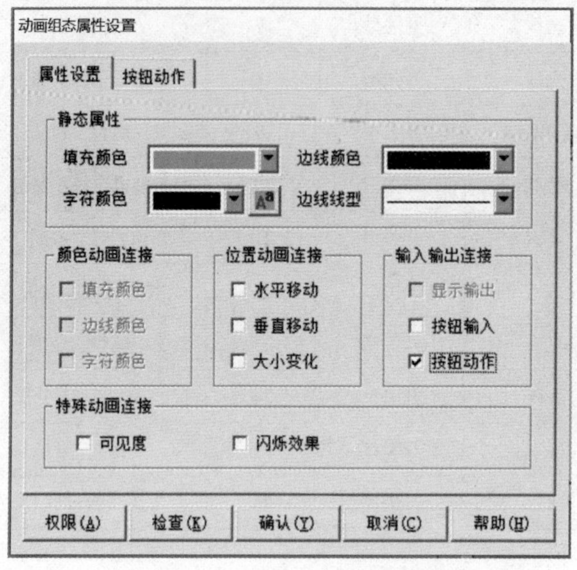

图20－11 "属性设置"选项卡

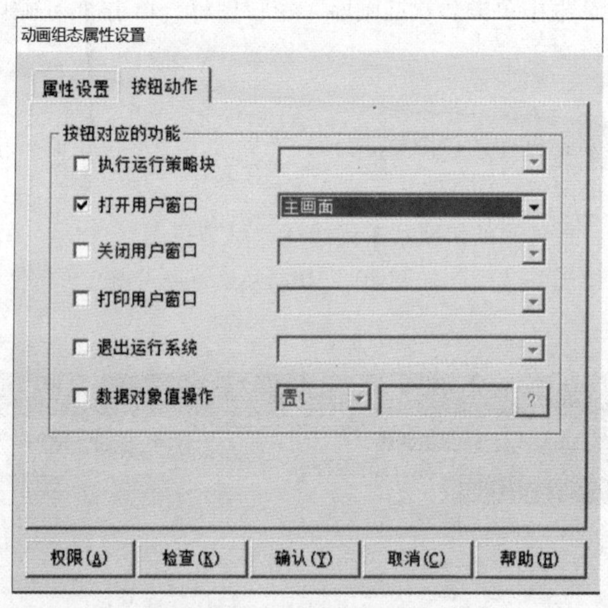

图20－12 "按钮动作"选项卡

（2）制作循环移动的文字框图。

单击"工具箱"对话框中的标签图标，在窗口上方中心位置，根据需要拖动出一个大小适合的矩形。在光标闪烁位置输入文字"欢迎使用YL－335B自动化生产线实训考核装备!"，按Enter键或在窗口任意位置单击，完成文字输入。

双击该文字设置静态属性：文字框的背景颜色为没有填充；文字框的边线颜色为没有边线；字符颜色为艳粉色；文字字体为华文细黑，字型为粗体，大小为二号。

（3）动画连接。

为了使文字循环移动，在“动画组态属性设置”对话框的“属性设置”选项卡的“位置动画连接”选项组中勾选“水平移动”复选框，这时在对话框上端就增添了“水平移动”标签。“水平移动”选项卡的设置如图20－13所示。

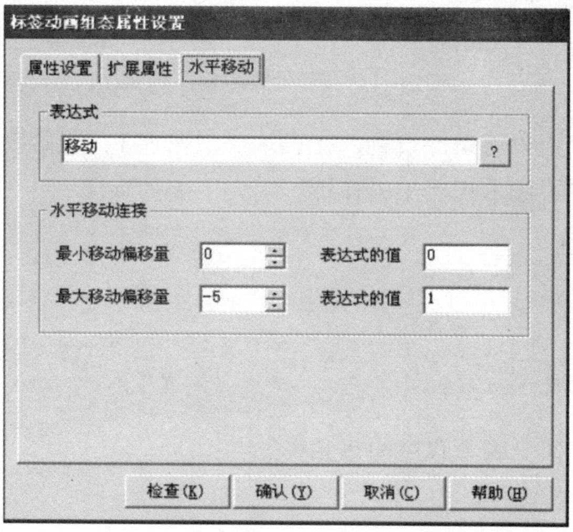

图20－13　“水平移动”选项卡

为了实现水平移动的动画连接，首先要确定对应连接对象的表达式，然后再定义表达式的值所对应的位置偏移量。图20－13中，定义了一个内部数据对象“移动”作为表达式，它是一个与文字对象的位置偏移量成比例的增量值，当表达式“移动”的值为0时，文字对象的位置向右移动0点（即不动），当表达式“移动”的值为1时，文字对象的位置向左移动5点（－5），这就是说“移动”变量与文字对象位置之间的关系是一个斜率为－5的线性关系。

触摸屏图形对象所在的水平位置定义为：以左上角为坐标原点，单位为像素点，向左为负方向，向右为正方向。TPC7062Ti触摸屏的分辨率是800×480，文字串“欢迎使用YL－335B自动化生产线实训考核装备！”向左全部移出的偏移量约为－700点，故表达式“移动”的值为＋140（－700/－5＝140）点。因此本任务文字循环移动的策略是，如果文字串向左全部移出，则返回初始位置重新移动。

组态循环策略的具体操作如下。

①在“工作台”对话框的“运行策略”选项卡中，双击“循环策略”图标进入策略组态窗口。

②双击按钮，弹出“策略属性设置”对话框，将循环时间设为100 ms，单击“确认”按钮。

③在策略组态窗口中，单击工具条中的新增策略行按钮，增加一个策略行，如图20－14所示。

④单击“策略工具箱”中的“脚本程序”按钮，将光标移到策略块图标上，单击，即可添加脚本程序构件，如图20－15所示。

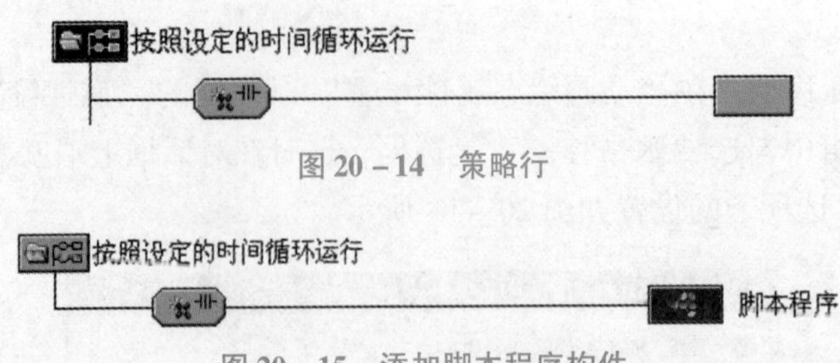

图 20 - 14　策略行

图 20 - 15　添加脚本程序构件

⑤双击按钮进入策略条件设置，在表达式中输入 1，即始终满足条件。

⑥双击按钮进入脚本程序编辑环境，输入下面的程序。

```
if 移动 < =140 then
移动 = 移动 +1
else
移动 = -140
endif
```

⑦单击“确认”按钮，脚本程序编写完毕。

交流与思考

数据对象“移动”需要与 PLC 通信吗？是否需要与 PLC 通道连接？

2）主界面组态

（1）制作主界面的标题文字、插入时钟。在“工具箱”对话框中单击直线构件图标，把标题文字下方的区域划分为图 20 - 16 所示的两部分。区域左面制作各从站单元画面，右面制作主站输送单元画面。

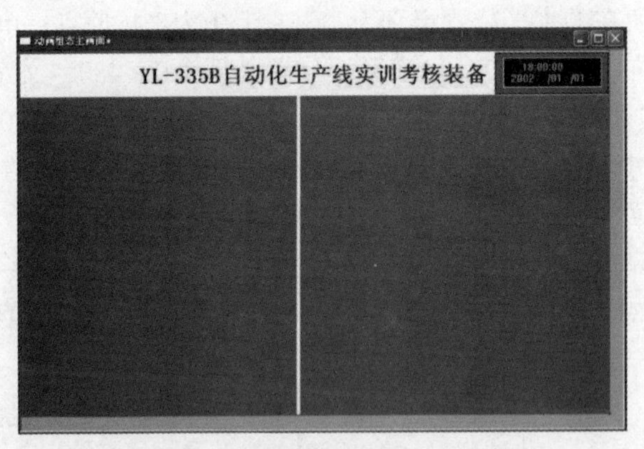

图 20 - 16　标题文字、时钟、区域划分

（2）制作各从站单元界面并组态。以供料单元组态为例，其画面如图 20 - 17 所示，图中指出了各元件的名称。这些元件的制作和属性设置在项目 18 已有详细介绍，但“料不足”和“缺料”两状态指示灯有报警时闪烁功能的要求，下面通过制作供料单元“缺料”报警指示灯着重介绍这一属性的设置方法。

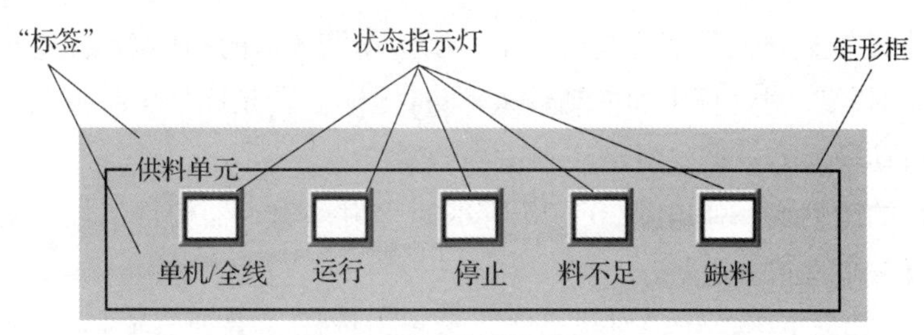

图 20－17　供料单元画面

与其他指示灯组态不同的是，缺料报警分段点 1 设置的颜色是红色，并且还需组态闪烁功能。步骤是：在"属性设置"选项卡的"特殊动画连接"选项组中勾选"闪烁效果"复选框，在"颜色动画连接"选项组中勾选"填充颜色"复选框，此时出现这两项动画连接的标签，如图 20－18 所示。单击"闪烁效果"标签进入"闪烁效果"选项卡，将"表达式"设为"料不足_供料"选项；在"闪烁实现方式"选项组中选择"用图元属性的变化实现闪烁"选项，在"填充颜色"下拉列表框中选择黄色选项，如图 20－19 所示。

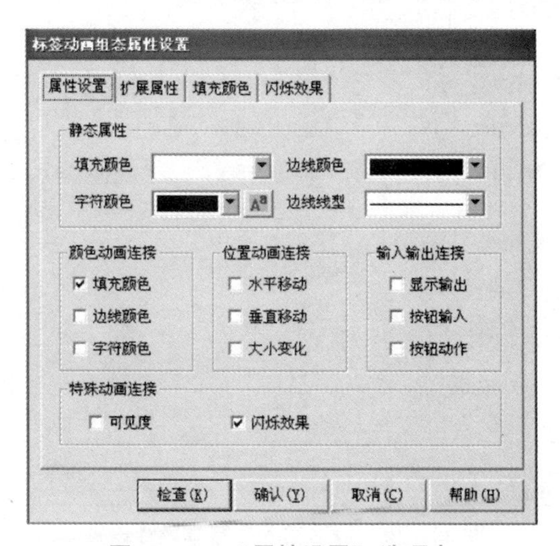

图 20－18　"属性设置"选项卡

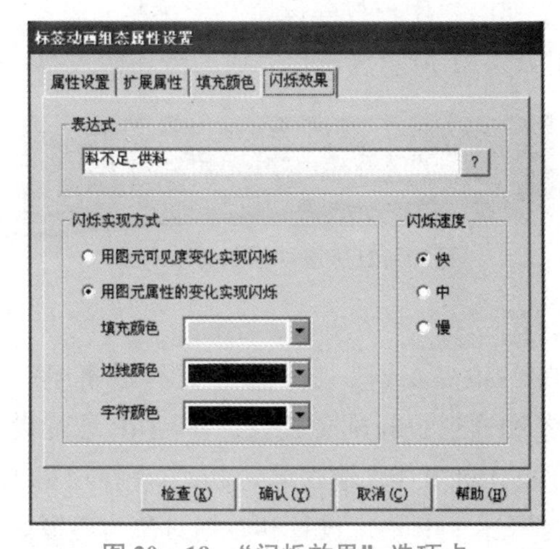

图 20－19　"闪烁效果"选项卡

(3) 制作主站输送单元界面。此处着重说明滑动输入器的制作方法，步骤如下。

①单击“工具箱”对话框中的滑动输入器图标，当光标呈十字形后，拖动并拉出一个适当大小的滑动输入器，调整滑动块到适当位置。

②双击制作的滑动块，弹出图 20 - 20 所示的“滑动输入器构件属性设置”对话框。按照下面的值设置各个参数。

“基本属性”选项卡中，在“滑块指向”选项组选择“指向左（上）”选项。

“刻度与标注属性”选项卡中，“主划线数目”设置为 11，“次划线数目”设置为 2，“小数位数”设置为 0。

“操作属性”选项卡中，“对应数据对象名称”设置为“手爪当前位置_输送”，滑块在最左（下）边时对应的值为 1 100，滑块在最右（上）边时对应的值为 0。

其他为默认值。

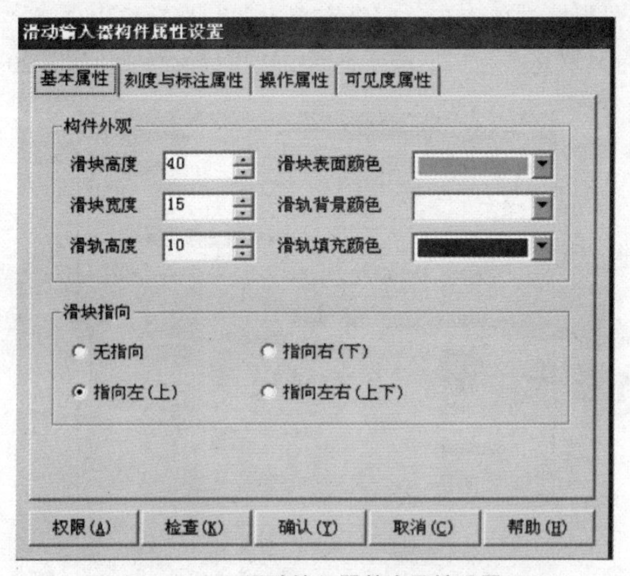

图 20 - 20　滑动输入器基本属性设置

③单击“权限”按钮，弹出“用户权限设置”对话框，选择“管理员组”选项，单击“确认”按钮完成制作。图 20 - 21 所示为制作完成的滑动输入器效果图。

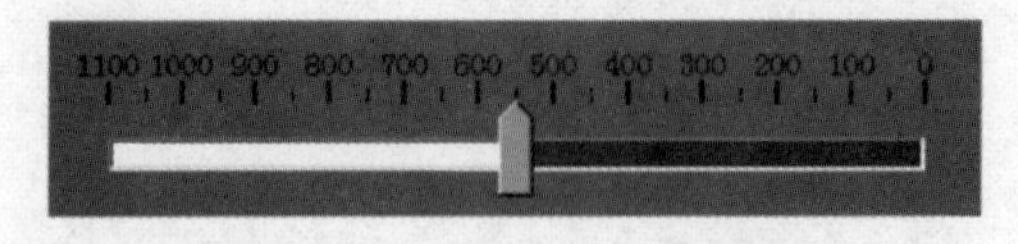

图 20 - 21　滑动输入器效果图

3. 设备组态与通道连接

在“工作台”对话框的“设备窗口”选项卡中进行设备组态，并在“设备编辑窗口”对话框按规划好的数据对象和通道进行通道连接。本地 IP 地址设置为 192. 168. 0. 6（触摸屏），远端 IP 地址设置为 192. 168. 0. 1（输送单元 PLC）。在项目 18 中已介绍了设备组态和通道连接的方法，这里不再赘述。IP 地址设置和数据对象与通道如图 20 - 22 所示。

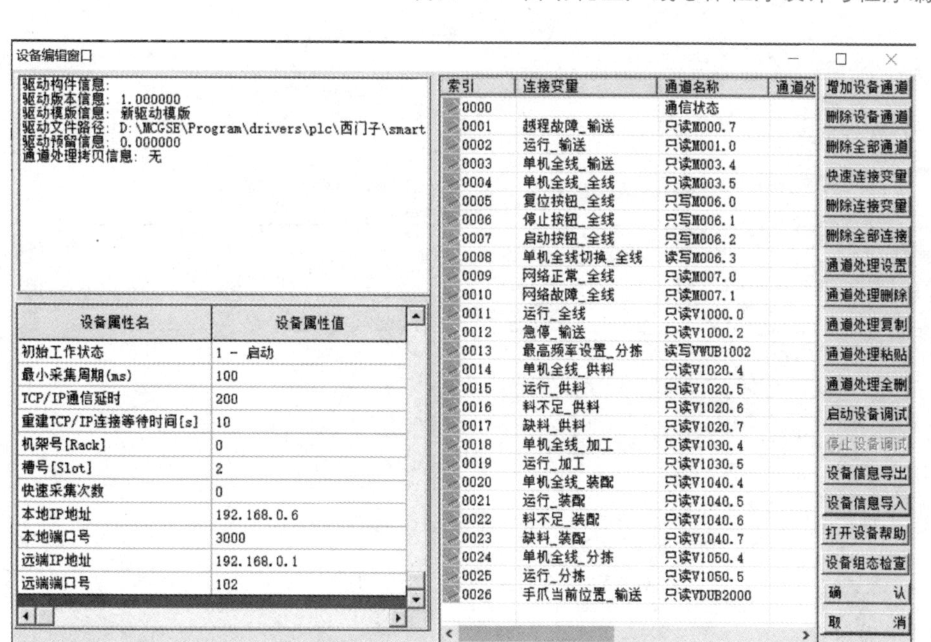

图 20－22　IP 地址设置和数据对象与通道

4. 下载工程至触摸屏

本项目采用以太网下载的方法，如图 20－23 所示。具体方法在项目 18 中已介绍，这里不再赘述。

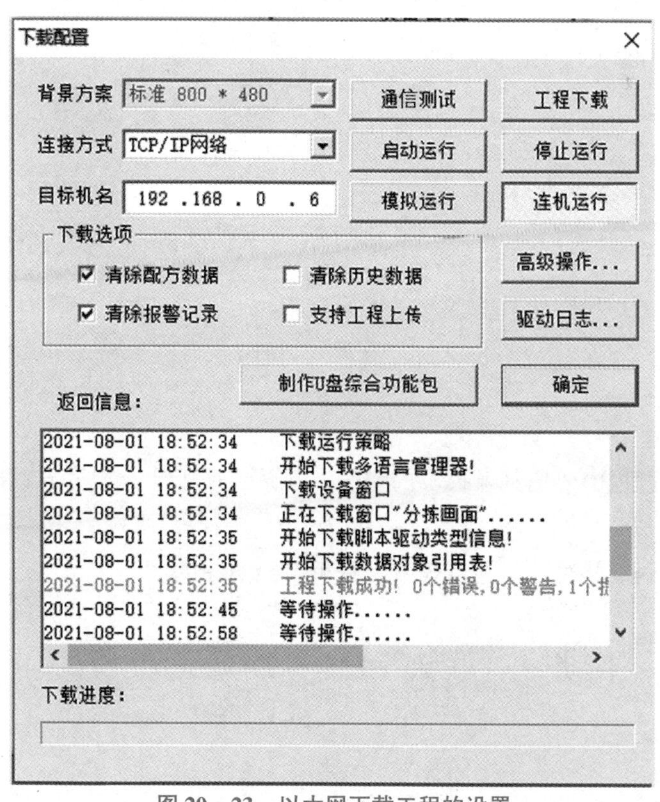

图 20－23　以太网下载工程的设置

任务实施

填写表 20 - 6。

表 20 - 6　人机界面设计任务表

任务名称	人机界面设计		
任务目标	实现 MCGS 触摸屏与主站的通信		
实施步骤	（1）创建工程与窗口。 （2）定义数据对象。 （3）工程界面组态。 ①欢迎界面组态； ②主界面组态。 （4）设备组态与通道连接。 （5）下载工程至触摸屏		
实施过程记录			
所遇问题及解决方法			
教师签字		得分	

习　　题

一、简答题

人机界面组态过程中要用到触摸屏的型号，本系统采用什么型号的触摸屏？

二、分析题

组态完成的工程下载时提示通信失败，分析可能的原因。

任务 4　联机 PLC 程序设计与调试

知识目标

1. 掌握联机运行各工作单元程序的编写方法。

2. 掌握联机运行的调试方法。

技能目标

1. 能编写各工作单元的联机程序。
2. 能进行系统的联机调试。

素养目标

1. 培养学生的团队协作意识和沟通能力。
2. 培养学生攻坚克难的劳模精神。

任务导入

YL－335B型是一个分布式控制的自动化生产线，在设计整体控制程序时，应首先从它的系统性着手，通过组建网络，规划通信数据，使系统组织起来，然后根据各工作单元的工艺任务，分别编制控制程序。

知识储备

一、规划通信数据

联机系统数据规划见表20－7～表20－11。

表20－7　输送单元（1#站）发送缓冲区数据位定义

输送单元位地址	数据意义	备注
V1000.0	联机运行信号	
V1000.2	急停信号	正常＝0，急停＝1
V1000.4	复位标志	
V1000.5	全线复位	
V1000.6	系统就绪	
V1000.7	触摸屏单机/全线方式	单机＝0，全线＝1
V1001.2	允许供料信号	
V1001.3	允许加工信号	
V1001.4	允许装配信号	
V1001.5	允许分拣信号	
V1001.6	供料单元物料不足	
V1001.7	供料单元没有物料	
VW1002	变频器最高频率输入	
注：（主站）输送单元（VB1000～VB1003）→（从站）2#，3#，4#，5#（VB1000～VB1003）。		

表 20－8　输送单元接收（2#站）缓冲区数据位定义（数据来自供料单元）

供料单元位地址	数据意义	备注
V1020.0	供料单元在初始状态	供料单元联机准备就绪
V1020.1	单站运行信号	
V1020.2	单站停止信号	
V1020.3	物料不足	料不足＝1
V1020.4	没有物料	没有物料＝0
V1020.5	单机/全线方式	单机＝0，全线＝1
V1020.6	推料完成	
注：（主站）输送单元（VB1020～VB1021）←供料单元（2#从站）（VB1020～VB1021）。		

表 20－9　输送单元接收（3#站）缓冲区数据位定义（数据来自加工单元）

加工单元位地址	数据意义	备注
V1030.0	加工单元在初始状态	
V1030.1	冲压完成信号	
V1030.4	单机/全线方式	单机＝0，全线＝1
V1030.5	单站运行信号	
注：（主站）输送单元（VB1030～VB1031）←加工单元（3#从站）（VB1030～VB1031）。		

表 20－10　输送单元接收（4#站）缓冲区数据位定义（数据来自装配单元）

装配单元位地址	数据意义	备注
V1040.0	装配单元在初始状态	
V1040.1	装配完成信号	
V1040.4	单机/全线方式	单机＝0，全线＝1
V1040.5	单站运行信号	
V1040.6	料仓物料不足	
V1040.7	料仓没有物料	
注：（主站）输送单元（VB1040～VB1041）←装配单元（4#从站）（VB1040～VB1041）。		

表 20－11　输送单元接收（5#站）缓冲区数据位定义（数据来自分拣单元）

分拣单元位地址	数据意义	备注
V1050.0	分拣单元在初始状态	
V1050.1	分拣完成信号	
V1050.4	单机/全线方式	单机＝0，全线＝1
V1050.5	单站运行信号	
注：（主站）输送单元（VB1050～VB1051）←分拣单元（5#从站）（VB1050～VB1051）。		

二、主站单元控制程序的编写

输送单元作为主站是 YL－335B 型自动化生产线系统中最重要同时也是承担任务最繁重的工作单元，主要任务有两方面：一方面与触摸屏进行信息交换，即接收来自触摸屏的主令信号，同时把系统状态信息反馈到触摸屏；另一方面与各从站进行网络信息交换。图 20－24 为主站单元程序结构。

图 20－24　主站单元程序结构

联机时输送单元的工艺过程和单站运行时差异不大，在输送单元单站程序的基础上注重考虑网络中的信息交换和本站与触摸屏的信息交换即可。下面着重讨论编程中应注意的问题和有关编程思路。

1. V，M 存储区的分配

为了使程序更为清晰合理，编写程序前应尽可能详细规划所需的内存。本项目中已经规划了供网络变量使用的内存，从 V1000 单元开始；在配置“Get/Put 向导”对话框生成网络读写子程序时，指定了所需要的 V 存储区的地址范围；在运动控制向导组态时，也指定了所需要的 V 存储区的地址范围；在人机界面组态中，也规划了人机界面与 PLC 连接变量的设备通道。

只有对存储器做好规划，才能考虑编程中所需的其他中间变量。避免地址冲突是编程中必须注意的问题。

2. 主程序结构

由于输送单元承担的任务较多，联机运行时，主程序有较大的变动。

（1）每个扫描周期，需要调用 AXIS0_CTRL 子程序、网络读写子程序和通信子程序。

（2）完成系统工作模式的判断，这就需要除了输送单元本身要处于联机方式外，还需要所有从站都处于联机方式。

（3）联机方式下，系统复位的主令信号，由触摸屏发出。在初始状态检查中，系统准备就绪的条件，除输送单元本身要就绪外，所有从站均应准备就绪。因此，初态检查复位子程序中，除了完成输送单元初始状态检查和复位操作外，还要通过网络读取各从站准备就绪的信号。

（4）总的来说，整体运行过程仍是按初态检查→准备就绪，等待启动→投入运行等几个阶段逐步进行，但阶段开始或结束的条件会发生变化。

主程序清单如图 20－25 所示。

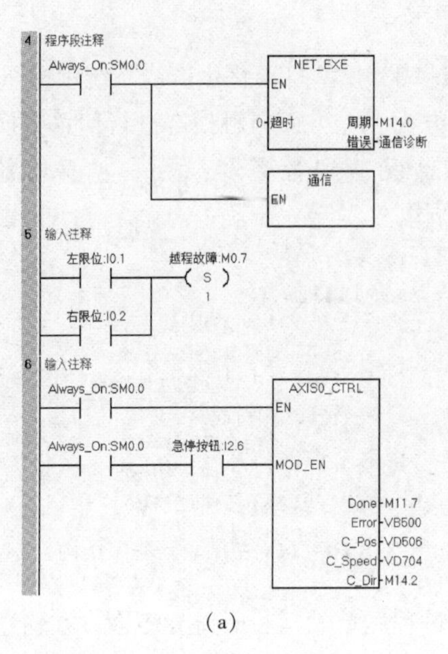

(a)

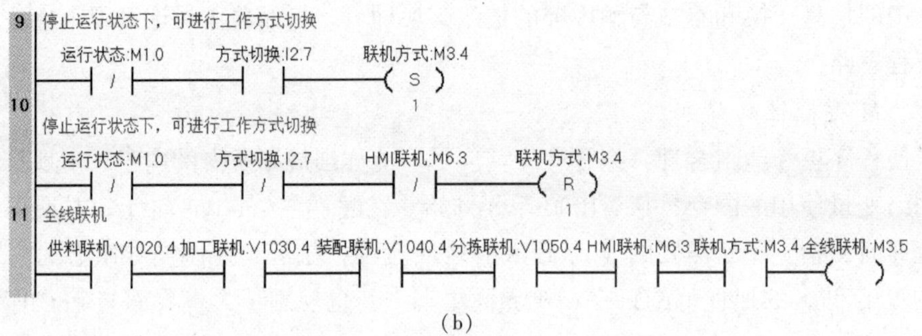

(b)

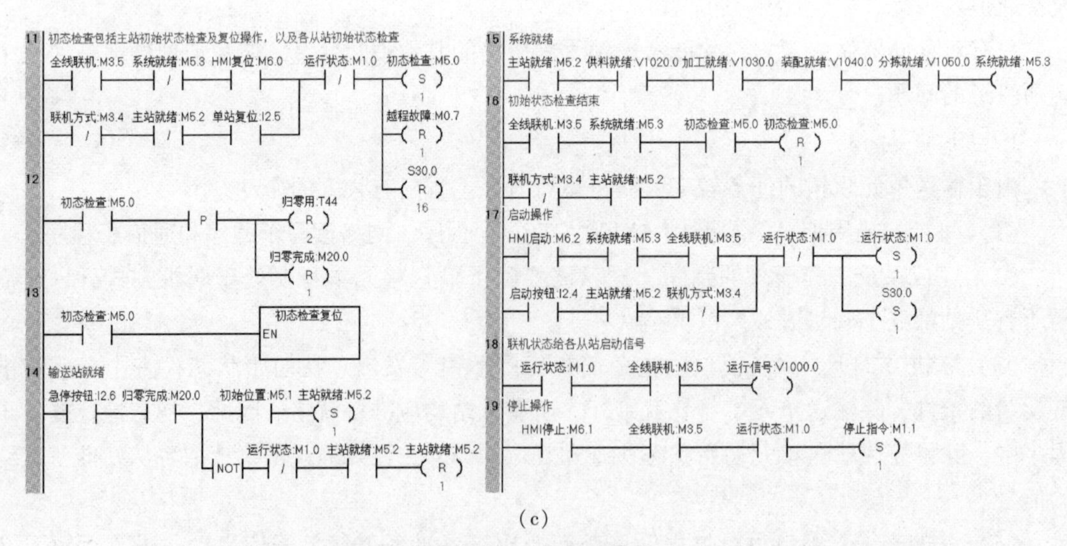

(c)

图 20－25　主程序清单

(a) NET_EXE 子程序和 AXIS0_CTRL 子程序的调用；(b) 系统工作模式的判断；(c) 初态检查及启动操作

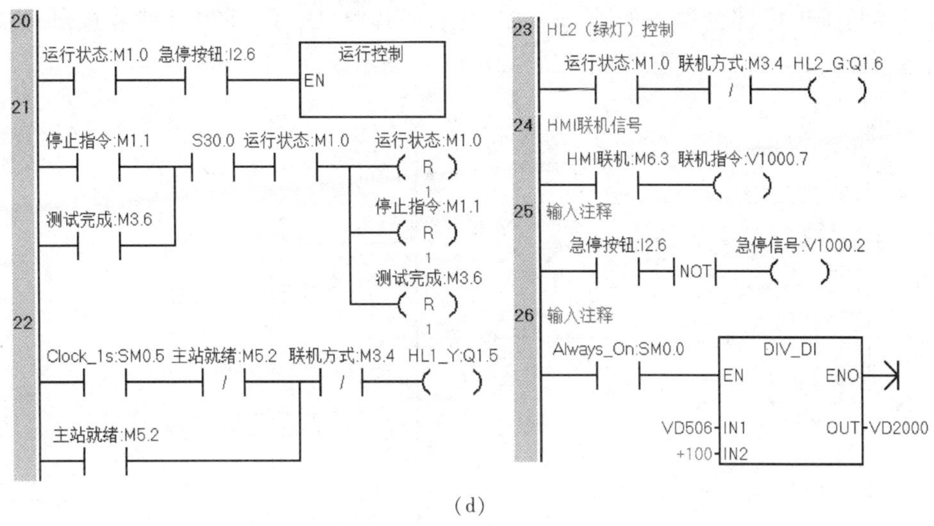

(d)

图 20－25　主程序清单（续）

(d) 运行过程、停止操作和状态显示

3. 运行控制子程序的结构

输送单元联机的工艺过程与单站运行仅略有不同，需修改之处不多。主要有以下几点。

(1) 输送单元单站运行时，运行控制子程序在初始步就开始执行抓取机械手在供料单元出料台抓取工件，而联机方式下，初始步的操作应为通过网络向供料单元请求供料，收到供料单元供料完成信号后，如果没有停止指令，则跳转下一步即执行抓取工件。

(2) 单站运行时，抓取机械手在加工单元加工台放下工件，等待 2 s 取回工件，而联机方式下，取回工件的条件是收到来自网络的加工完成信号。装配单元的情况与此相同。

(3) 单站运行时，测试过程结束即退出运行状态。联机方式下，一个工作周期完成后，返回初始步，如果没有停止指令则开始下一工作周期。

在输送单元单站运行的基础上修改的运行控制子程序流程图如图 20－26 所示。

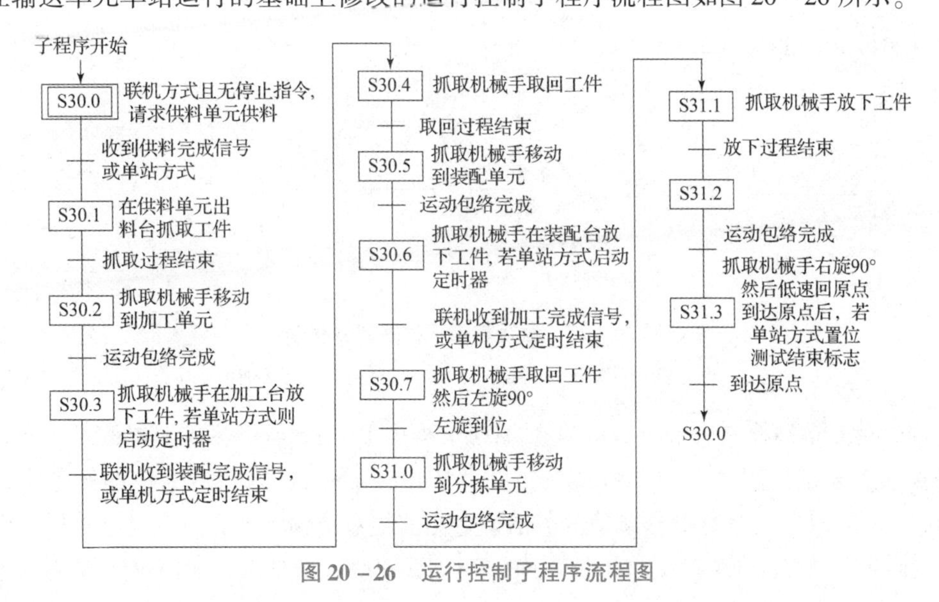

图 20－26　运行控制子程序流程图

运行控制子程序部分程序如图 20－27 所示。其中 S30.0～S30.2 步程序如图 20－27（a）所示，S31.4～S31.5 步程序如图 20－27（b）所示。

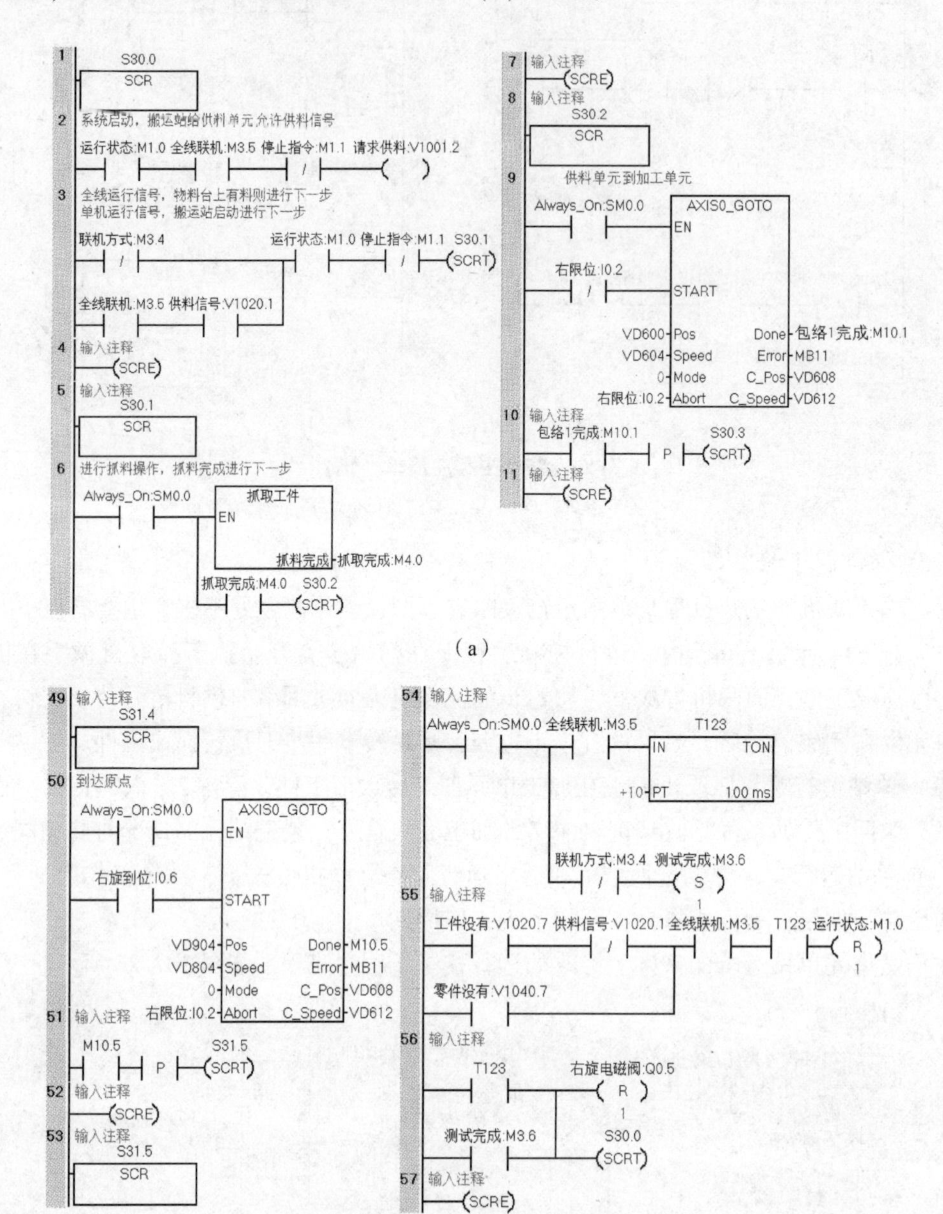

图 20－27　运行控制子程序部分程序

（a）S30.0～S30.2 步程序；（b）S31.4～S31.5 步程序

在输送单元单站控制讲解时 AXIS0_GOTO 子程序 Pos、Speed 参数采用的是常数，也可在“数据块”对话框用对存储器赋值的方法给 PoS、Speed 参数赋值。在本任务中采用在“数据块”对话框中对 V 存储器赋值的方法设置当前绝对位移脉冲和速度，具体如下。

在 STEP 7－Micro/WIN SMART 软件中打开“数据块”对话框，逐行键入 V 存储器起始地址、数据值及其注释（可选），允许用逗号、制表符或空格作地址和数据的分隔符号，如图 20－28 所示。用此方法时供料单元移动到分拣单元的程序修改如图 20－29 所示。

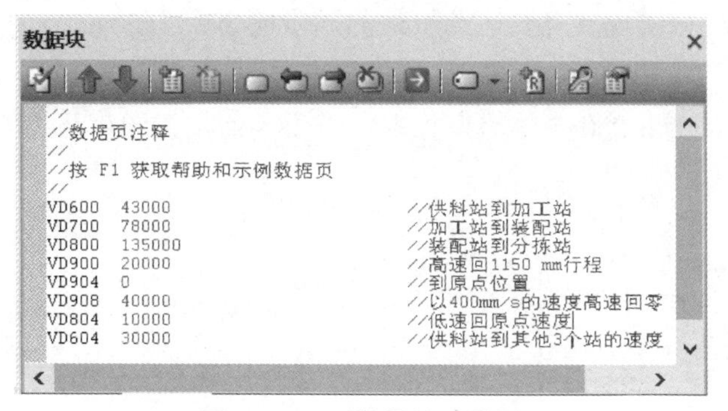

图 20－28　“数据块”界面

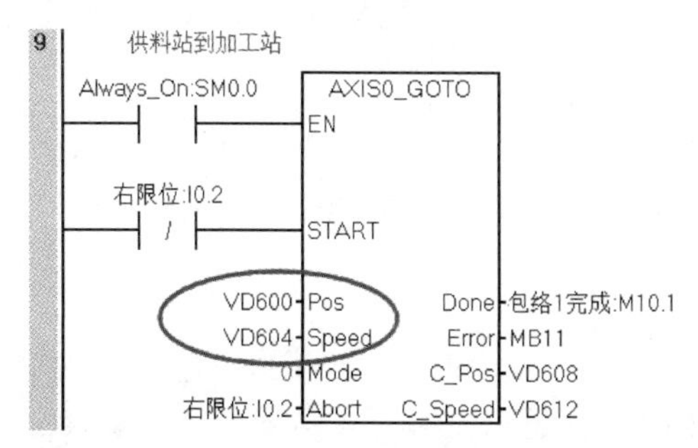

图 20－29　供料单元移动到分拣单元的程序

4. 通信子程序

通信子程序的功能包括从站报警信号处理、转发（从站间、HMI）及向 HMI 提供输送单元抓取机械手当前位置信息。主程序在每个扫描周期都调用通信子程序。通信子程序如图 20－30 所示。

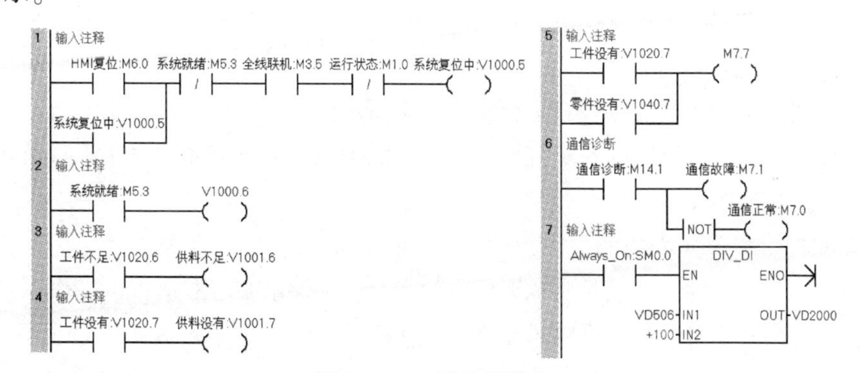

图 20－30　通信子程序

1）报警信号处理、转发

（1）将供料单元“工件不足”和“工件没有”的报警信号转发往装配单元，为警示灯工作提供信息。

（2）处理供料单元“工件没有”或装配单元“零件没有”的报警信号。

（3）向 HMI 提供网络正常/故障信息。

2）向 HMI 提供输送单元抓取机械手当前位置信息

这主要通过 AXIS0_CTRL 子程序的 C_Pos 参数，将以脉冲形式表示的当前位置转换为长度信息，再发给 HMI 来实现。直线运动组件的同步轮齿距为 5 mm，共 12 个齿，旋转一周抓取机械手位移为 60 mm，伺服驱动器 Pr0. 08 的设定值为 6 000，即伺服电机转一周（60 mm）的指令脉冲为 6 000 个。因此抓取机械手当前位置的算法为 C_Pos 参数除以 100。程序如图 20－31 所示。

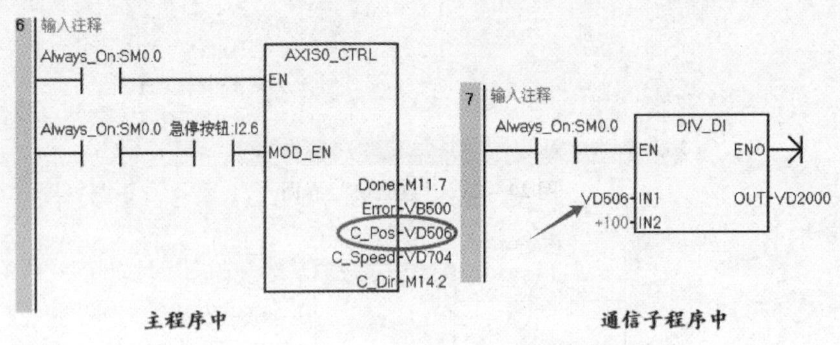

图 20－31　抓取机械手当前位置采集与处理的程序

VD2000 中存放的是什么信息？这个信息如何发送到触摸屏？

三、从站单元控制程序的编写

YL－335B 型自动化生产线各工作单元在单站运行时的编程思路，在项目 14～项目 19 中均作了介绍。在联机运行情况下，由工作任务规定的各从站工艺过程是基本固定的，因此原单站程序中工艺控制子程序基本变动不大，可以在单站程序的基础上修改、编写联机运行程序。以供料单元的联机编程为例说明编程思路。

联机运行情况下的主要变动：在运行条件上有所不同，主令信号来自系统通过网络下载的信号；各工作单元之间通过网络不断交换信号，由此确定各工作单元的程序流向和运行条件。

1. 主令信号来源

首先须明确供料单元当前的工作模式，以此确定当前有效的主令信号。任务要求明确规定了工作模式切换的条件，目的是避免误操作的发生，确保系统可靠运行。工作模式切换条件的判断应在主程序开始时进行，供料单元当前工作模式的判断程序如图 20－32 所示。

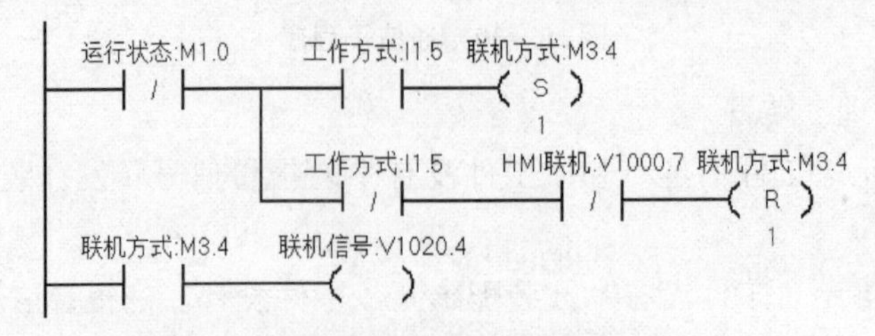

图 20－32　供料单元当前工作模式的判断程序

根据当前工作模式，确定当前有效的主令信号（启动、停止等）。联机或单站方式下的启动与停止程序如图20－33所示。

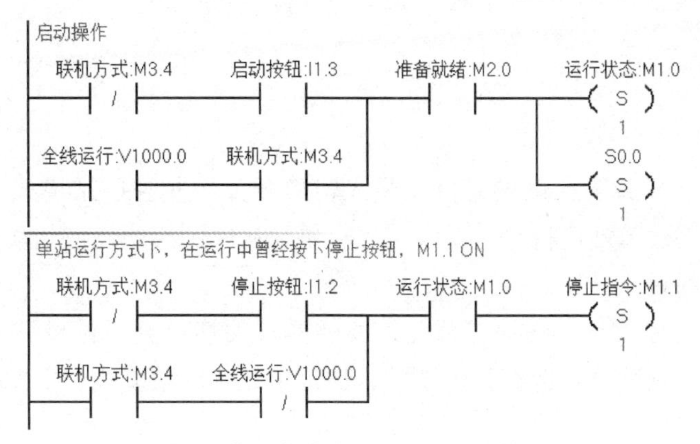

图20－33　联机或单站方式下的启动与停止程序

2. 各单元之间信息交换方法

在程序中处理各单元之间通过网络交换信息的方法有两种。

（1）对于网络信息交换量不大的系统，可在原单站程序中直接插入下传和上传信号。此方法可利用直接使用网络下传来的信号，同时在需要上传信息时立即在程序的相应位置插入上传信息，如直接使用系统发来的全线运行指令（V1000.0）作为联机运行的主令信号。而在需要上传信息时，如在供料控制子程序最后工步，当一次推料完成，顶料气缸缩回到位时，可向系统发出持续1 s的推料完成信号，然后返回初始步。系统在接收到推料完成信号后，输送单元抓取机械手开始抓取工件，从而实现了网络信息交换。供料控制子程序最后工步的梯形图如图20－34所示。

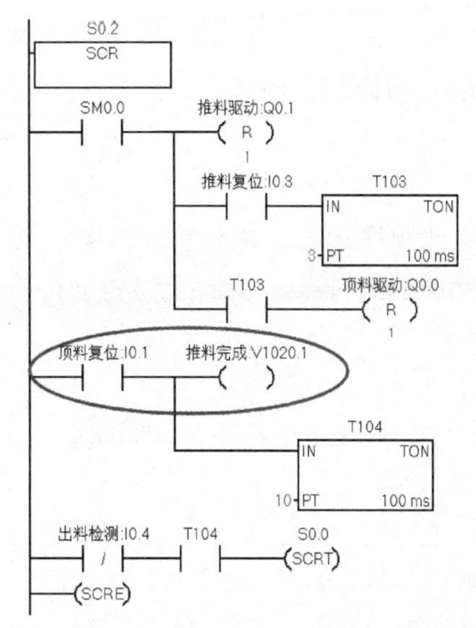

图20－34　供料控制子程序最后工步的梯形图

（2）对于网络信息交换量较大的系统，可编写一个通信子程序。利用此方法主程序在每个扫描周期均会调用已编写的通信子程序，使程序更清晰，更具有可移植性。

其他从站的编程方法与供料单元基本类似，此处不再赘述。

四、运行与调试

1. 联机前准备

（1）在单站运行模式下，将供料单元模式转换开关切换到单站模式，使用启动停止按键启动供料单元，测试单站运行是否正常。供料单元从单站模式切换到联机时必须为停止状态且料仓内有充足的料。

（2）在单站运行模式下，将加工单元模式转换开关切换到单站模式，使用的启动停止按键启动加工单元，测试单站运行是否正常。加工单元从单站模式切换到联机时必须为停止状态且加工台没有工件。

（3）在单站运行模式下，将装配单元模式转换开关切换到单站模式，使用启动停止按键启动装配单元，测试单站运行是否正常。装配单元从单站模式切换到联机时必须为停止状态且装配台上没有工件。

（4）在单站运行模式下，将分拣单元模式转换开关切换到单站模式，使用启动停止按键启动分拣单元，测试单站运行是否正常。分拣单元从单站模式切换到联机时必须为停止状态且分拣单元进料口无工件。

（5）在单站运行模式下，将输送单元模式转换开关切换到单站模式，使用启动停止按键启动输送单元，测试单站运行是否正常。输送单元从单站模式切换到联机时必须为停止状态且供料单元出料台无料。

2. 联机运行调试

1）系统复位

网络通信正常时，点击人机界面上的“复位按钮”，执行复位操作，若输送单元抓取机械手装置回到原点且各工作单元均处于初始状态，则复位完成。复位完成后点击触摸屏的“启动按钮”系统才能启动。

2）正常运行

观察系统启动后是否按照此顺序运行：供料单元运行→输送单元运行 1→加工单元运行→输送单元运行 2→装配单元运行→输送单元运行 3→分拣单元运行→输送单元高速回原点→输送单元低速回原点。

3）系统停止

在运行过程中按下停止按钮，观察系统是否在本周期运行完成后再停止。

小资料

安全生产的八大基本原则：“以人为本”的原则、“谁主管、谁负责”的原则、“管生产必须管安全”的原则、“安全具有否决权”的原则、“三同时”原则、“四不放过”原则、“三个同步”原则、“五同时”原则，其中“安全具有否决权”的原则指安全生产工作是衡量工程项目管理的一项基本内容，它要求对各项指标考核，评优创先时首先必须考虑安全指标的完成情况。安全指标没有实现，即使其他指标顺利完成，也无法实现项目的最优化，安全具有一票否决的作用。

来源：百度百科《安全生产》

任务实施

填写表 20－12。

表 20－12　联机 PLC 程序设计与调试任务表

任务名称	联机 PLC 程序设计与调试		
任务目标	能够编写各工作单元程序，学会联机调试		
实施步骤	（1）规划通信数据。 （2）主站单元控制程序的编写。 （3）各从站单元控制程序的编写。 （4）联机调试		
设备调试过程记录			
所遇问题及解决方法			
教师签字		得分	

习　　题

简答题

1. 抓取机械手运动位置的信息来自何处？这个信息是脉冲形式还是长度形式？
2. AXIS0_CTRL，AXIS0_GOTO 子例程分别如何调用？

参 考 文 献

[1]丁金林,王峰. PLC应用技术项目教程:西门子S7-200 Smart[M].2版.北京:机械工业出版社,2021.

[2]曹建东,龚省新.液压传动与气动技术[M].3版.北京:北京大学出版社,2017.

[3]胡向东.传感器与检测技术[M].2版.北京:机械工业出版社,2013.

[4]李志梅,张同苏.自动化生产线安装与调试:西门子S7-200 SMART系列[M].北京:机械工业出版社,2019.

[5]侍寿永,王玲.西门子PLC、变频器与触摸屏技术及综合应用:S7-1200、G120、KTP系列HMI[M].北京:机械工业出版社,2023.

[6]向晓汉,唐克彬.西门子SINAMICS G120/S120变频器技术与应用[M].北京:机械工业出版社,2020.

[7]孙立书.伺服系统与变频器应用技术教程[M].北京:机械工业出版社,2022.

[8]吕景泉.自动化生产线安装与调试[M].2版.北京:中国铁道出版社,2009.

[9]李志梅,张同苏.自动化生产线安装与调试实训和备赛指导[M].北京:高等教育出版社,2010.

[10]杜丽萍.自动化生产线安装与调试实训和备赛指导[M].北京:机械工业出版社,2021.

[11]梁亮,梁玉文.自动化生产线安装调试和维护技术[M].北京:机械工业出版社,2018.

[12]王烈准.自动化生产线拆装与调试[M].北京:机械工业出版社,2018.

[13]马冬宝,张赛昆.自动化生产线拆装与调试[M].北京:机械工业出版社,2023.